U0283119

普通高等教育"十一五"国家级规划教材
全国高等农林院校"十一五"规划教材

蛋 白 质 组 学

李维平　主编

中国农业出版社

主　编　李维平

副主编　陈　捷　彭宣宪

编　者　（按姓氏笔画排序）

刘师莲（山东大学）

李维平（西北农林科技大学）

杨世海（吉林农业大学）

杨淑慎（西北农林科技大学）

陈　捷（上海交通大学）

秦启伟（中山大学）

彭宣宪（中山大学）

主　审　陈　宏（西北农林科技大学）

前　言

在 20 世纪下半叶，生命科学得到迅猛发展，促进了一些交叉学科和边缘学科的兴起，特别是基因组学技术在生命科学各领域中起到极其重要的作用。到 1994 年，科学家们提出了蛋白质组学的概念，并逐步建立了相应的方法和技术体系，以进行基因功能的研究。蛋白质组学经过十年的发展与普及，已在 21 世纪初成为一门独立的学科。它将生物大分子分离技术、蛋白质化学技术、生物信息技术、计算机技术与基因组学技术有机地融为一体，成为 21 世纪初生命科学发展的一个重要的标志。蛋白质组学不仅是生命科学的研究技术，更是生命学科中一种研究方法学的发展，推动着生命科学各领域的研究向纵深发展。

蛋白质组学的创立是生命科学从揭示生命的所有遗传信息发展到从蛋白质分子水平对基因功能进行系统的研究。蛋白质组学以高通量、高效率、低成本鉴定蛋白质为技术特征，以细胞内全部蛋白质的存在及其活动方式为研究内容，形成了一套具有鲜明特色的技术方法和理论体系，从而提供了一个从蛋白质功能集合体阐明生命规律的分子研究理论和工作平台，促进着生命科学整体研究的发展。"如果说人类基因组计划是把人类送上了月球，那么蛋白质组计划将促使人类成功返回地球；如果说人类基因组计划是写满人类生命奥秘的天书，那么蛋白质组计划便是解读这本天书的方法"。蛋白质组学研究已被列入我国中长期发展计划的基础研究和高科技研究的重点项目中。对这种纵跨基础科学研究和高科技研究的可应用于不同研究领域的科学方法与技术的知识体系的确立与认识，是对我国高科技研究与知识体系的新定位，也体现出蛋白质组学学科体系所具有的独特的领航功能。

随着科学技术的飞速发展，蛋白质组学的重要性日益引起教学工作者的重视，我国有不少高等院校已开设蛋白质组学研究生课程或本科生课程。该课程的开设使同学们尽快掌握国际前沿性知识，达到与"国际接轨"的目的。但在教学过程中苦于没有一本教科书，使普及工作进展缓慢，师生们均感到一本教科书的重要性。《蛋白质组学》被列入普通高等教育"十一五"国家级规划教材，这预示着其知识体系将应运而生。为此我们深感责任重大，不敢怠慢和草率，竭尽全力撰写蛋白质组学教材，使其汇集科学巨匠们的研究成果，促进我国蛋白质科学乃至生命科学的发展。

我们本着使读者既能在理论方面较全面系统地了解蛋白质组学知识，又能在实践方面掌握一定的蛋白质组学的实用技术为原则，从理论与实践相结合的角度按蛋白质实际分析的时序重点介绍了当今蛋白质组学的比较成熟的思想、技术和原理。以双向电泳-质谱分析技术为基本技术路线，试图展现出各种常用的蛋白质分离技术、蛋白质质谱鉴定技术、生物信息学分析技术，同时对蛋白质-蛋白质相互作用、蛋白质定量与修饰等重要的蛋白质组学范畴的技术进行描述。希望蛋白质组学教材的问世能对我国生物科学与医学教学改革起到积极的作用，更希望对从事蛋白质组学研究的学者有所裨益，促进蛋白质科学的发展。

蛋白质组学是一门年轻的学科，处于迅猛发展中。如何把握本书内容的前沿性和新颖性，这对我们这些长期工作于教学和科研一线的教师也是一个很大的挑战。在中国农业出版社和西北农林科技大学的支持下，我们组织全国有关高等院校从事蛋白质组学课程教学的骨干教师，编写这本教科书。经反复讨论，本书立足于蛋白质组学的基本理论、基本知识、基本概念，同时介绍相关重要领域的最新进展，旨在达到基础与进展相结合，概念与创新相衔接的和谐发展，使学习者学会如何在奠定扎实理论的基础上接受新知识，扩展独立思维空间。

本书由李维平教授担任主编，陈捷教授、彭宣宪教授任副主编，陈宏教授主审。全书共 11 章，参加编写的有李维平（第一章、第二章、第五章和第九章）、刘师莲（第三章）、杨世海（第四章和第七章）、陈捷（第八章和第十一章）、彭宣宪（第六章）、秦启伟（第十章）、杨淑慎（参加第二章），李维平和彭宣宪还分别参加了第七章和第九章的编写。

　　编写蛋白质组学教材是一项新的工作，采用了许多大师研究工作的内容或图表，在此由衷地致以感谢。由于时间仓促，经验不足，加之学科交叉，书中一些概念可能会过多，甚至提法不妥之处也在所难免，希望读者能够理解并提出宝贵意见。

编　者

2009 年 5 月

目　　录

第四章　双向凝胶电泳的图像分析

第一章 绪 论

蛋白质（protein）是一类重要的天然有机物质，普遍存在于生物体内。蛋白质是一类复杂的有机生物大分子，具有营养功能与生理功能。蛋白质与核酸是原生质体的主要成分，而原生质是生命的物质基础。蛋白质是生命活动的实际执行者，是生命最基本的组成部分之一，是生物化学主要研究的对象。Protein 一词源于希腊文的 proteios，是"头等重要"意思，表明蛋白质是生命活动中的头等重要物质。蛋白质是生物体的重要组成成分，在谷物中约占 10%，豆类、油料中占 30%～40%，螺旋藻中占 60%以上。没有蛋白质就没有生命，恩格斯说"蛋白质是生命存在的一种形式"。

蛋白质的存在有其自身的"生命周期"，由基因控制而表达，其翻译产物首先在核糖体上出现，翻译后的蛋白具有多种修饰的特性，通过修饰使其具有活性，而进行生命活动，最终降解，形成一个"生命周期"的变化。

对蛋白质这种周期性变化的研究要比对其基因的研究难得多。其研究工作亦经历了从高潮到低谷，再到高潮的发展过程，这就是蛋白质→基因→基因组→蛋白质→蛋白质组。蛋白质组学已成为一门新兴学科。蛋白质组学的基本知识体系包括蛋白质的分离、鉴定和功能分析等。其新技术、新方法、新理论的不断涌现和完善，使通过蛋白质来研究未知基因的功能成为可能，这也决定了它必然成为生命科学前沿的热门领域。蛋白质组学研究，既包含知识资源的创新，又含有方法和技术的改进。

第一节 蛋白质组学研究的目的、内容、任务与方法

一、蛋白质组学的概念

人类、动物、植物和微生物等生物细胞中的全部基因称为基因组，由全套基因编码控制的蛋白质，则相应地被称为蛋白质组（proteome）。研究蛋白质组中蛋白质表达与功能变化的科学称为蛋白质组学。

根据 Wilkins MR 等的定义，"proteome"一词源于"protein"与"genome"的杂合，"意指一种基因组所表达的全套蛋白质"；Swinbanks 则指出"proteome"代表一种完整生物的全套蛋白质。与此同时，Kahn P 则认为"proteome"反映不同细胞的不同蛋白质组合。由此可见，"proteome"有 3 种不同的含义：一个基因组、一种生物或一种细胞、组织所表达的全套蛋白质。

蛋白质鉴定技术的发展与基因组测序计划的实施与相继完成，分别建立了资源数据库，将两

者的生物学信息相沟通，使得"蛋白质组学"这一全新的研究领域得以诞生和发展。这表明蛋白质组学与基因组学密切相关。Pennington S. R. 对蛋白质组学的定义是：蛋白质组学是在基因组学的基础上研究蛋白质的表达与功能的科学，是建立在从 cDNA 阵列到 mRNA 表达谱的基因功能分析，基因组范围的酵母双杂交，蛋白质与蛋白质相互作用分析到蛋白质表达、测序和结构分析等诸多不同实验方法相互融合基础上的科学。

二、蛋白质组学研究的目的

蛋白质组学是在人类基因组计划研究发展的基础上形成的新兴学科，主要是在整体水平上研究细胞内蛋白质的组成及其活动规律。具体讲，它的最终目的是阐明生命细胞代谢、信号传导和调控网络的组织结构和动力学，并理解这些网络如何在病理或生理中执行和失去功能，又如何通过干预（如药物和基因）改变它们的功能。

由于蛋白质是生物功能的主要实现者，而蛋白质又有自身特有的活动规律，所以仅仅从基因的角度来研究是不够的。"如果说人类基因组计划是把人类送上了月球，那么蛋白质组计划将促使人类成功返回地球；如果说人类基因组计划是写满人类生命奥秘的天书，那么蛋白质组计划便是解读这本天书的方法"，贺福初院士用形象的比喻，使蛋白质组学变得浅显易懂。作为基因产物的蛋白质是生命活动的主要承担者和执行者。人类基因组计划的实施，使科技界得以利用大规模基因组研究方法和成果，为临床用药的针对性、高效性和安全性及新药开发、评价，探寻出新的模式，这就是最近几年提出的药物基因组学。由于人类基因组计划并不像事前所预期的那样，能够逾越蛋白质这一生物功能的执行体层次揭示人类生老病死的全部秘密，而药物基因组学也必须借用蛋白质组学的学术成就。因此，研究蛋白质组学就成为当务之急。

蛋白质组研究最初的目标是寻找可以大规模分离和鉴定蛋白质的研究方法，摆脱以往只能研究单个或少数蛋白质状态。到目前为止，蛋白质组学已形成相对成熟的理论和技术体系，使从蛋白质组层次阐明生物学功能成为现实。在不同的学科，由于研究的目的不同，相应形成了植物蛋白质组学、人类蛋白质组学、微生物蛋白质组学、化学蛋白质组学、某个组织或器官的蛋白质组学等领域，开展生物学基础研究或高新技术研究工作。

三、蛋白质组学研究的重要性

1. 蛋白质几乎控制着所有的生物功能　我们看到的生物性状是千变万化的，可是经过仔细分析，都跟蛋白质活动有关。一个细胞可以有千种不同的蛋白质分子，这些蛋白质各有一定的成分和结构，在细胞或体内执行不同的功能，引起一系列错综复杂的代谢变化，最后显示为各色各样的形态特征和生理特性。

蛋白质的种类很多，按照功能不同，大致分为下列几类。

（1）**酶蛋白**　一种酶催化一种反应过程。一个活细胞中进行着几千种反应，它应有相当数目的酶，如果一个细胞中缺少某一种酶，尽管反应中的分子是存在的，但不能进行相应的反应。例如缺少一种尿黑酸氧化酶，不能把尿黑酸变为乙酰乙酸，直接在尿液中排泄出来，这样就出现了黑尿病。又如植物根系吸收矿质离子的过程中，离子通过自由空间到达原生质表面后，可通过主动吸收或被动吸收的方式进入原生质。在细胞内离子可以通过内质网及胞间连丝从表皮细胞进入木质部薄壁细胞（其上有 ATP 酶），然后再从木质部薄壁细胞释放到导管中。

（2）运载蛋白　细胞的膜上或膜内含有很多种类的运载蛋白。它们帮助细胞把需要的物质运入细胞，而把不需要的物质运出细胞。所以，这些运载蛋白质都能认出特定的物质，并把它们运输到特定的场所。例如，细胞中缺少一种能够促进小分子通过细胞膜的运载蛋白，使胱氨酸等氨基酸通过细胞膜的运输过程受到影响，这样就出现胱氨酸尿症。对膜蛋白的研究是蛋白质组学研究中的重要的方面，首先是对膜蛋白的分离方法的改进。

（3）结构蛋白　细胞器（核、染色体、线粒体、叶绿体等）和膜系统是由小的亚基构成，这些亚基大都是蛋白质分子。这些亚基以一定的方式配搭起来，从而决定了总的形状，使它们能够执行特定的功能。

（4）激素　在昆虫和高等动物中，机体的一部分可以产生某种特定的蛋白质，释放到血液中，通过循环系统，调节其他细胞的活动，它们叫做激素。激素的作用也是很专一的。这自然与它的特定的结构和组成有关。例如，男性的脑下垂体前叶产生一种促性腺激素，刺激睾丸的间质细胞，促进睾丸酮的分泌，使精子持续地形成。植物中也有激素，在细胞内合成后，运行到作用部位，对植物的生长发育产生调节作用。

（5）抗体　在脊椎动物中，一种外来的蛋白质、多糖或核酸（称为抗原）进入血液，带到淋巴结和脾，它们可以（作为抗原）刺激机体产生一种特定的蛋白质，这种特定的蛋白质称为抗体。抗原-抗体反应可分为凝集反应、沉淀反应等，这些反应已成为疾病诊断、病原微生物鉴定、流行病学调查和其他科学研究广泛应用的手段。在动物体内，由于自身产生或外界注入抗体，其独特结构和组织可以识别出外来分子（抗原），并与抗原结合，生物体运用这个系统作为一种防御病原物侵染的机制，来防御细菌、病毒等的入侵与致病。

总之，蛋白质组学技术在分离和鉴定蛋白质方面功能强大，而发现新的功能蛋白质及其种类是蛋白质组学研究的内容之一。

2. 蛋白质和蛋白质之间的相互作用控制着绝大多数的细胞发育过程　在细胞发育过程中，蛋白质和蛋白质之间的相互作用执行着细胞的发育与死亡。例如，在蛋白质的代谢中，一种蛋白质的变化可以影响到另一种蛋白质的变化——富集或缺乏。蛋白质体外实验表明，在正常的细胞中某种蛋白质的富集有害于细胞，会导致细胞的凋亡。

3. 动植物疾病、抗性发生与控制机理　人体绝大多数疾病都是由蛋白质组的变异或被破坏引起的。血红蛋白（hemoglobin）是人和动物体内含量最多的蛋白质之一，是具有特殊生理（携带 O_2）功能的蛋白质。血红蛋白病也称为地中海贫血，到目前为止，全世界已经发现异常血红蛋白 400 种以上。对血红蛋白病的研究明确了其异常在于单一氨基酸的置换。通过正常人和病人的蛋白质组的对比研究，能够发现异常蛋白。因此，治疗上是针对异常蛋白的变化而治疗的。

在寻找糖尿病、老年痴呆症、克雅氏病（人类感染疯牛病）等人类疾病的病因上，科学家认为这些疾病都是因为分子异样，造成蛋白质凝集而产生的。从事这项研究的美国科学家在《自然》杂志上发表论文指出，蛋白质这种凝集的过程可能毒性极强。虽然科学家们尚不清楚这种蛋白质的凝集体是否对人体有害，但在进行动物实验时，发现在蛋白质凝集的最初阶段，这一过程会损伤老鼠的大脑机能。同时，英国的科学家在改变了一些通常是无害的蛋白质的形状后，然后将这些蛋白质放在培养液中观察，结果发现蛋白质在凝集的过程中对细胞的毒性增强，导致细胞中毒死亡。科学家们在一些克雅氏病病人脑中以及糖尿病病人的胰腺中发现了凝集起来的蛋白质。

4. 蛋白质是药物的靶子或被制成药品 上文已述，人体绝大多数疾病都是由蛋白质组的变异或被破坏引起的，而药物也大多是通过影响或修复蛋白质组起作用的。故蛋白质是生物细胞赖以生存的各种代谢和调控途径的主要执行者，因此蛋白质不仅是多种致病因子对机体作用最重要的靶分子，并且也成为大多数药物的靶标乃至直接的药物。药靶，来源于对生命活动的生理病理过程的研究；药靶，又形成制药业的发展源头。蛋白质组学正是近年来新发展起来的强有力的发现药靶的技术平台，作为一个新的学科发展领域，它对所有及时进入蛋白质组学研究的国家都将提供巨大的机会。机不可失，时不我待。

一项科学统计表明：在 20 世纪 90 年代中期，全世界制药业用于找寻新药的药靶共约 483 个，它们主要是蛋白质（受体占 45%，酶占 28% 等）；而当时全世界正在使用的药物总数约是 2 000 种，其中 85% 都是针对上述 483 种药靶。这 483 种药靶分子构成了全世界药厂的最重要的发展源泉。

从功能基因组学的角度看，每种疾病平均与 10 个左右基因相关，而每种基因又与 3~10 种蛋白质相关，如果以人类主要的 100~150 种疾病进行计算，则应该有 3 000~15 000 种蛋白质具有成为药靶的可能。也就是说还可能有几千到上万种的新药靶将被发现，这将是功能基因组研究有可能带来的一笔巨大的科学、经济财富。毋庸置疑，这也是为什么蛋白质组学作为发现药靶的主要技术平台在 20 世纪 90 年代末期以来越来越受国际巨型跨国制药集团垂青的重要原因所在。

5. 基因组计划未解决的可读框 任何一种生物基因组计划，按经典含义，结构基因组学（structural genomics）分析的完成均标志着 3 套完整数据的获得：遗传图、物理图和全序列图。理论上，这 3 套数据将提供此生物所有基因在染色体上的精确定位、基因内部序列结构与所有基因间隔序列。但是，由于真核生物中基因结构的复杂性以及现有基因识别（gene identification）理论与技术发展的严重不足，此情况只适用于原核生物或低等真核生物。正因为如此，虽然人类基因组计划（HGP）已在 2001 年完成，也并不表明此时人类对自身基因组的所有基因及其间隔序列已完全确定。真核生物尤其是高等真核生物已测定基因组中 ORF（可读框，或称开读框架）的确定仍是未解决的重大问题，而一个基因在 ORF 确定前很难从分子水平上进行实质性的功能分析。因此，人们提出了功能基因组学与后基因组学的概念。

6. 基因表达的严格调控 基因调控研究表明，即使是简单的微生物（如大肠杆菌），也不是其基因组的所有基因同时表达。通常情况下，生物的基因组只表达少部分基因，其表达的基因类型及其表达程度随生物生存环境及内在状态的变化而表现极大的差别，此差别存在严格调控的时空特异性，基因组计划即使已确定某生物基因组内的全部基因，也不能告诉人们哪些基因在何时何地以何种程度表达，而生命过程的精确机制很大程度上正是基于这类基因的精细调控。由于人类基因组计划并不像事前所预期的那样，能够逾越蛋白质这一生物功能的执行体层次揭示人类生老病死的全部秘密，因此药物基因组学也必须借用蛋白质组学的学术成就。

7. mRNA 难以准确地反映基因的最终产物 研究蛋白质组的关键课题之一是细胞中某个特定蛋白质的表达水平。蛋白质表达水平变化极大，从几个拷贝到多于百万个拷贝。中间代谢关键酶或结构蛋白质在每个细胞中有几千拷贝或更多，而与细胞周期调节有关的某些蛋白激酶在每个细胞中仅有几十个拷贝。酿酒酵母有 6 000 多个基因，根据 mRNA 水平推测，大约有 4 000 个基因在任何时间都表达。

细胞中某一蛋白质在某一特定时间的表达由下列因素控制：①基因的转录速度；②mRNA 翻译成蛋白质的效率；③细胞中蛋白质的降解速度。基因表达在很大程度上决定蛋白质水平。然而，研究表明，基因表达自身并不与蛋白质紧密相关。这是由于 mRNA 的翻译效率和蛋白质降解速度对细胞内蛋白质表达水平的影响，同时也指出了基因表达分析方法的局限性。

为了弥补基因组计划很难从基因表达水平推断蛋白质水平这一天然的局限，近年人们相继引进一系列大规模基因表达检测技术，如微阵列法（microarray）、DNA 芯片（DNA chip）及 SAGE（serial analysis of gene expression）等。这些方法虽然能够定性、定量且大规模地检测基因的表达产物 mRNA，但 mRNA 由于自身存在储存、转运、降解、翻译调控及产物的翻译后加工，难以准确地反映基因的最终产物即基因功能的真正执行体——蛋白质的质与量。

8. 蛋白质的化学修饰 基因与其编码产物蛋白质的线性对应关系只存在于新生肽链而不是最终的功能蛋白中。30 多年前，人们即已发现新生肽链合成后普遍存在多种加工、修饰过程；近些年来人们还发现蛋白质间亦存在类似于 mRNA 分子内的剪切、拼接，并证明其基本元件"intein"广泛存在于多种蛋白质中。此类过程的存在，无疑进一步扩大了基因编码的蛋白质与其最终的功能蛋白间所存在的序列差距。而大量蛋白质尤其是重要调控蛋白的化学修饰（如糖基化、磷酸化）、剪切加工（如酶原降解、结构域拼接）不但可改变其主体结构，而且是实施其功能与调节的重要结构基础。这些均不能从其基因编码序列中预测，而只能通过对其最终的功能蛋白进行分析。

从上可见，基因虽是遗传信息的源头，而功能性蛋白是基因功能的执行体。基因组计划的实现固然为生物有机体全体基因序列的确定，为未来生命科学研究奠定了坚实的基础；但是它并不能提供认识各种生命活动直接的分子基础，其间必须研究生命活动的执行体——蛋白质这一重要环节。

9. 蛋白质的相互作用 每一个人细胞中含有制造一个完整的人所需的全部信息。然而，并不是全部基因在所有细胞中表达。编码细胞实现基本功能（如葡萄糖代谢、DNA 合成）必需酶的基因在所有细胞中表达，而具有高度专一功能的基因只在特定类型的细胞中表达（如在视紫红质的视网膜色素上皮细胞中表达）。一个细胞中表达两类基因：①必需功能蛋白质的基因；②行使细胞专一性功能蛋白质的基因。因此，一种生物有一个基因组，但有许多蛋白质组。

任何细胞的蛋白质组是所有可能基因产物的某种子集，但这并不意味着蛋白质组比基因组简单。事实正相反，任何蛋白质，即使只是同个基因的产物，也可能存在多种形式。在一个特定的细胞内或在不同的细胞之间，蛋白质的存在形式可能不同，大多数蛋白质都以几种不同的修饰形式存在。这些修饰影响着蛋白质的结构、定位、功能和转换。现在，公认的是，人类的复杂性在于人类蛋白质组的多样性，而不是人类基因组的大小。

10. 蛋白质组的多样性 基因组作为遗传信息的载体，其最主要的特征就是同一性。对于单细胞生物而言，不论在什么样的生长条件下，其基因组始终是不变的。对于多细胞生物来说，同一个个体的基因组不论是在不同的发育阶段还是在不同种类的细胞里都是同样的。知道了个体内某一细胞内的基因组就等于知道了该个体所有细胞的基因组。然而，对于蛋白质组而言，由于蛋白质是生命活动的主要执行者，因此，对于不同类型的细胞或同一个细胞在不同的活动状态下，蛋白质组的构成是不一样的。

四、蛋白质组学研究的内容

蛋白质组学的研究是一项系统性的多方位的科学探索。从整体上看，蛋白质组研究主要包括两个方面的内容，一是对蛋白质表达模式的研究，即蛋白质组组成的研究。这主要是对一个细胞或组织中所有蛋白质进行定性、定量的研究，相关技术主要有双向电泳（two-dimensional electrophoresis，2-DE）、液相色谱及质谱。二是对蛋白质组功能模式的研究，即对鉴定出来的蛋白质功能进行研究。目前，蛋白质组学主要集中在蛋白质组相互作用网络关系的研究。蛋白质翻译后修饰研究已成为蛋白质组研究中的重要部分和巨大挑战。蛋白质-蛋白质相互作用的研究也已被纳入蛋白质组学的研究范畴。而蛋白质高级结构的解析即传统的结构生物学，虽也有人试图将其纳入蛋白质组学研究范围，但目前仍未纳入。

现阶段蛋白质组学的研究内容不仅包括对各种蛋白质的识别和定量化，即蛋白质的丰度变化，还包括确定它们在细胞内外的定位、修饰、相互反应、活性和最终确定它们的功能，如蛋白质与疾病的关联性。随着学科的发展，蛋白质组学的研究内容也在不断完善和扩充。目前至少已涉及如下几个方面。

1. 蛋白质 如蛋白质组作图、蛋白质组成分鉴定、蛋白质差异显示、同工体（isoform）比较、新型蛋白质发掘和蛋白质组数据库构建等。

2. 基因 如完善功能基因组计划，可进行基因产物（蛋白）识别，进一步进行基因功能鉴定、基因调控机制分析。

3. 重要生命活动的分子机制 包括细胞周期、细胞分化与发育、肿瘤发生与发展、环境反应与调节、物种进化等。

4. 医药靶分子寻找与分析 靶分子类型包括新型药物靶分子、肿瘤恶性标志、人体病理介导分子、病原菌毒性成分。

由此不难看出，蛋白质组研究与分析已涉及生命科学中的一系列热点领域。

蛋白质组作图是早期蛋白质研究的主要领域。经过最初3年的努力，应用双向电泳技术，在1995年已测定出10种蛋白质组图，到1998年又测定出11种生物或组织的蛋白质组图，其中3种生物（线虫）、豆科植物根瘤菌属、*Ocheobactrum anthropi* 的蛋白质组图超过1 600点，3种蛋白质组图（大肠杆菌、盘基网柄菌、人正常组织与病理组织）建立数据库并上互联网；各类生物中第一个完整的蛋白质组数据库（YPD）完成，含6 021种蛋白；提出蛋白差异显示概念，并用于环境应激、基因突变、病理进程等研究；建立 proteomic contig 方法，进而使蛋白质组图分辨率提高10倍；提出蛋白连锁图（protein linkage map）概念，改进双杂交系统，用于蛋白质组相互作用网络的分析；联合液体自动取样器与 LC-ESI-MS 技术，使蛋白质鉴定速度达每天20个点；建立双向电泳中糖蛋白与膜蛋白微量鉴定方法；建立流线（streamlined）样品处理胶转膜技术，突破了大规模蛋白测序与氨基酸组成分析这两个严重影响蛋白质组分析中蛋白质鉴定的限速步骤。

五、蛋白质组学研究的任务

蛋白质组学不同于传统的蛋白质科学之处在于它的研究是在生物体或其细胞的整体蛋白质水平上进行的,它从一个机体或一个细胞的蛋白质整体活动的角度来揭示和阐明生命活动的基本规律。

1. 诠释基因功能　基因和蛋白质是生命科学两个重要的研究领域。基因是生物遗传信息的携带者,而生物功能的执行者却是蛋白质。随着人类基因组全序列测定的完成,人类基因的诠释与确认已成为生命科学面临的最重要任务之一。蛋白质是生命活动的功能执行体,是生物功能的主要实现者。而蛋白质又有自身特有的活动规律,所以仅仅从基因的角度来研究生物是不够的。人类基因组中绝大部分基因及其功能有待于在蛋白质水平上的揭示与阐述。蛋白质组研究已成为21世纪生命科学的焦点之一。蛋白质组学集分析技术、生物技术和信息技术等的精华,采用大规模、高通量、高速度的分析手段,通过研究全部基因在不同时间与空间所表达的所有蛋白质的表达谱和功能谱,全景式地揭示生命活动的本质。

2. 寻找功能蛋白质　通过蛋白质组研究,可以找到与特定生理反应相关的功能蛋白质。在海洋生物中,盐度、温度等外界环境刺激对海洋生物会产生明显的生理影响,不同生理阶段的蛋白质表达谱也会发生变化。Kimmel 等人(2001)研究了盐度与温度变化导致的桡足类(*Eurytemora affinis*)的特定蛋白质的反应,对极端温度与盐度的环境条件下二维凝胶电泳图谱上蛋白质点的研究发现,有些蛋白质出现或缺失,或者是表达量增加或减少,提示这些蛋白质可能参与调节非必需氨基酸的含量或者参与动物对无机离子的反应。有些生物对光周期比较敏感,通过对处在不同光周期的机体的蛋白质组进行研究,有助于发现调节这个生理过程中的重要蛋白质。

3. 研究生理和病理现象　蛋白质组研究作为功能基因组学的重要支柱,是当今生命科学研究领域的前沿。蛋白质组是生命活动的执行体,既需要进行基础研究,又需要进行应用研究。蛋白质组研究通过研究动植物或人体的生理和病理现象来实现与基因组的对接与确认,直接揭示生命活动规律和本质特点、确定人类重大疾患发生与发展的病理机制,从而可促进生命科学基础学科以及分析科学、信息科学、材料科学等应用学科的发展。因此,各国科学家竞相参与这项研究,我国的蛋白质组研究在国际上也占有了一席之地。

4. 开发蛋白质资源　蛋白质是生命科学与医药产业及生物经济的纽带和桥梁,是极为重要而又有限的生物战略资源。蛋白质组是开发疾病防治药物和技术的直接靶体库,人类蛋白质组已成为新世纪最大的战略资源之一,是国际生物科技的战略制高点和竞争焦点。开发未知功能的蛋白质已成为当代医药产业的重点领域。

在经济上,技术是经济增长的引擎,而科学为技术引擎加油。生物工程制药,主要是生产蛋白质药品。就生物技术产品而言,1997 年全球销售额 5 000 万美元以上的药品共有 15 个,包括:Epogen(EPO,红细胞生成素)、Humulin(胰岛素)、Intron-A(IFN-α,α 干扰素)、EngreiX-B(乙肝疫苗)、Cerezyme(葡萄糖脑苷脂酶)、Activaso(t-PA,组织纤维蛋白溶酶原激活剂)、Humatrope(Somatropin, Hgh,生长激素)、Reoprro(GpⅡb/Ⅲa 抗体)、Avonex(IFN β-1a,β-1a 干扰素)、Protropin/Nutropin(Somatrem/somatropin)、Pulmozyme(α 链球菌 DNA 酶,Dornase)、Proleukin(IL-z,白细胞介素 z)、Leukine(GM-CSF,粒细胞巨噬细胞集落刺激因

子）等。其中增加红细胞、白细胞的一个药销售额 32.7 亿美元，占 15 个药销售额的 45.8%。截止到 2003 年年底，已有 50 多种基因工程药物上市，推动着医药经济的发展。1997 年蛋白质组学的市场为 7 亿美元，2005 年达到 58 亿美元。

抗体是一类重要的蛋白药物，"在当今世界上，谁进行了人类抗体组计划，掌握这个数目庞大的研究结果，谁就掌握生命科学的钥匙。"这是生命科学家对蛋白质组研究重要性的概括。中国的生命科学家也在此表示，"我国有条件也有能力带领世界走进这一新的领域，人类抗体组计划的完成将把中国放在世界科学的前沿。"

5. 进行基础研究　在分类学中，可以通过蛋白质组技术找到种属差异的蛋白质。对形态学上难以区分的种类，通过鉴定蛋白质中多肽序列氨基酸的差异，可以对它们在分子水平上更精确地加以区分，为人类医学、动物医学、微生物学、海洋生物学、农业科学等的病理学、生理学、分类学等提供分子依据。应用蛋白质组技术和手段，从分子水平阐释不同学科某些领域物质的特异性，这也是对传统研究方法的有效补充。

在人类蛋白质组计划中，中国科学家承担了 30% 的研究任务，成为推动该项目计划的主力军。贺福初院士领衔的中国科学家在国际上率先提出并提倡了国际人类肝脏蛋白质组计划，获得国际学术同行的高度认可。

第二节　蛋白质科学发展的历史与现状

一、前沿科学技术发展的历史

基因研究是 20 世纪生命科学的主线。20 世纪的上半叶，以遗传学为代表，生命科学通过对基因分离、独立分配、连锁及化学属性等的研究，最后以作为遗传信息载体的 DNA 双螺旋结构的提出而告捷。

20 世纪的下半叶，以分子生物学为代表，生命科学通过对基因复制、转录、翻译及遗传密码的分析与破译，最终以统一生命世界各层次、生命科学各分支的中心法则的问世而集成。到 90 年代，随着全球性基因组计划尤其是人类基因组计划（HGP）规模空前、速度惊人的推进，基因研究已接近登峰造极，人类对生命世界的理性认识达到了前所未有的深度与广度。

任一层次的生命活动均是非线性复杂系统中各种功能单元协同、整合的结果，生命活动的最小单元——细胞即是多类"蛋白机理"（protein machine）的有机组合。人类对于蛋白质的研究已逾百年，但以往的视角只是针对生命活动中某一种或某几种蛋白质，这样难以形成一种整体观，难以系统透彻地阐释生命活动的基本机制。因此，无论是从基因组计划的局限、还是从蛋白质研究的自身发展而言，大规模、全方位的蛋白质研究均是势在必行。

人类基因组计划被誉为 20 世纪的三大科技工程之一。人们在欢呼基因组计划辉煌业绩之时，亦愈来愈清醒地意识到一项更艰巨、更宏大的任务即基因组功能的阐明已经摆在面前。随着划时代的研究成果——人类基因组序列草图的完成，宣告了一个新的纪元——后基因组时代的到来。生命科学几乎在转瞬之间开始了新的征程——蛋白质组研究，进入了一个新的纪元——后基因组时代（post genome era）。其中，功能基因组学（functional genomics）成为研究的重心，蛋白质组学（proteomics）则是其中流砥柱。人类经过一个世纪的跋涉，重返现代生命科学的发源地之一，蛋白质——这一生命活动的执行体。当然，这不是简单的回归，而是一次真正的螺旋式上升的重返。

二、蛋白质组研究的开端

20 世纪 70～80 年代，以不同蛋白质分子的电荷不同为原理的等电聚焦电泳技术在载体方面不断发展；以不同蛋白质的分子质量不同为原理的分离技术亦在不断发展，加表面活性剂舒展蛋白质及消除蛋白质电荷的影响。当混合物中蛋白质种类包括了所测样品（细胞、组织等）的全部蛋白质，"组"的概念便由此产生。有人已经提出了类似的蛋白质组的概念，于是有了蛋白质组的分离。因此，蛋白质组是先于基因组被提出的。

1994 年，Wilkins Marc 在意大利 Siena 的一次双向电泳（2‑DE）会议上首次提出蛋白质组（proteome）一词。其导师澳大利亚 Macquarie 大学的 Williams Keith 于同年向澳大利亚政府提出一项建议：通过对某一种生物的所有蛋白质全部进行质谱筛选与序列分析，以一种不同于 DNA 快速测序的途径对其提供分子水平的全面分析。

1995 年，悉尼大学 Humphery Smith I 实验室与 Williams 等 4 家实验室合作，对至今已知最小的自我复制生物 *Mycoplasma genitalium* （一种支原体）进行了蛋白质成分的大规模分离与鉴定。并在文献中首次使用"proteome"一词，同时指出该文所采用的技术体系对于大规模鉴定并分析基因对应的产物以及发现新型蛋白质均具有十分重要的意义。

1996 年，世界上第一个蛋白质组研究中心 APAF（Australia Proteome Analysis Facility）于在澳大利亚创建了。随后，丹麦、加拿大、日本、瑞士也成立了类似的研发机构。

20 世纪 90 年代中后期，随着各种科学技术日益成熟，蛋白质组学研究的进展加快，从基础理论到实验技术，都在不断改进和完善。而且建立相当多的蛋白质组数据库，相应的国际互联网站也层出不穷。

正因为如此，《Nature》、《Science》杂志分别在 2001 年 2 月 15 日和 16 日公布人类基因组草图的同时，分别发表了 "And Now for the Proteome"（Nature 409：747，2001）、"Proteomics in Genome Land"（Science 291：1221，2001）的述评与展望，将蛋白质组学的地位提到前所未有的高度，认为是功能基因组学这一前沿研究的战略制高点，蛋白质组学将成为新世纪最大的战略资源——人类基因尤其是重要功能基因争夺战的重要"战场"。

2001 年 4 月，在美国成立了国际人类蛋白质组研究组织（Human Proteome Organization，HPO），并和欧洲、亚太地区的区域性蛋白质组研究组织一起，试图通过合作的方式，融合各方面的力量，完成人类蛋白质组计划（Human Proteome Project，HPP）。

随着人类基因组计划（HGP）的实施和推进，研究重心开始从揭示生命的所有遗传信息转移到在分子整体水平对功能的研究。这种转向的第一个标志是产生了功能基因组学（functional genomics）这一新概念，即从基因组整体水平上对基因的活动规律进行阐述，如在 mRNA 水平上通过 DNA 芯片技术检测大量基因的表达模式。第二个标志则是蛋白质组学的兴起，它是以细胞内全部蛋白质的存在及其活动方式为研究对象。可以说，蛋白质组的研究重点已转向了一个崭新的研究领域——蛋白质组学。

三、蛋白质组研究的现状

1. 研究材料的选择 1995 年，Wasinger 等在第一篇蛋白质组研究文章中的研究对象为目前已知最小但能自主复制的原核微生物——支原体 *Mycoplasma genitalium*。1996 年，研究对象即扩展到单细胞真核生物——酵母，以及人体正常组织及病理标本，进而突破了早期人们普遍认为的"蛋白质组研究只适用于基因组计划已完成的生物"的界限。因此，1997 年，研究对象一下扩展到 14 种生物，其中虽然绝大多数为原核生物，但也包含多细胞真核生物如线虫。2005 年以后，蛋白质组研究对象已无任何限制，无需基因组计划完成（当然完成者更好），无原核生物与真核生物之分、单细胞与多细胞之分、组织之分。

2. 研究领域和范围在不断扩大 蛋白质组不仅其研究已成为具有重大战略意义的科学命题，而且其分析已成为一种十分有效且应用广泛的研究手段。蛋白质组学主要包括：①细胞器蛋白质组学，又称为细胞图谱蛋白质组学（cell-map proteomics），即确定蛋白质在亚细胞结构中的位置，通过纯化细胞器或用质谱仪鉴定蛋白质复合物组成等来确定；②表达蛋白质组学（expression proteomics），把细胞、组织中的所有蛋白质建立成定量表达图谱或扫描 EST 图。蛋白质组学涉及生物学的方方面面，还涉及非生物学，如微生物、人类、动物、植物、蛋白质化学等。

就蛋白质领域而言，包括结构蛋白质组学、糖蛋白质组学、相互作用蛋白质组学、翻译后修饰蛋白质组学等。就人类医学领域而言，包括神经蛋白质组学、血浆蛋白质组学、疾病诊断蛋白质组学、肝脏蛋白质组学等。其中，相互作用蛋白质组学也称为细胞图谱蛋白质组学，它包括两方面的内容：研究蛋白质相互作用的网络，分析蛋白质复合体的组成。

蛋白质组学研究的范围在不断扩大，新的名词也在不断出现，如统计蛋白质组学（statistical proteomics）、化学蛋白质组学（chemistry proteomics）、蛋白质产业（proteomics industry）；还有 proteomics teacher，相对应的是 proteomics audience 等。正因如此，蛋白质组的研究与分析的范围在短时间内即扩展到令人惊诧的程度。

3. 国内形势 在我国，有关蛋白质组学的研究，首先是在中国医学科学院开始，其紧跟世界科学前沿。之后，中国科学院系统也开始从事蛋白质组学研究。再后，就是 2002 年以来，我国一些有实力的综合性大学，在国家重大项目的支持下，也进行了蛋白质组学的研究。

我国在加速蛋白质组学研究方面，采取的有力工作是筹办和召开各类蛋白质组学大会。2004 年承办了国际第三届人类蛋白质组学大会，有 3 位诺贝尔奖获得者和 2 000 多名科学家参加盛会。我国蛋白质组学会议每年一次，第五次会议于 2007 年在广州召开，使我们在蛋白质组学领域的知识水平有一个大的提高。

4. 蛋白质组学开发的市场前景 蛋白质组学研究成果具有广阔的应用前景，市场潜力巨大，1997 年蛋白质组学开发的几种重要药物的市场为 7 亿美元，2005 年就达到 58 亿美元。以蛋白质液相色谱（一种把蛋白质与复杂的混合物分开，从而可以进一步分析蛋白质的生物技术）为例，全球市场增长速度预计每年已经达到 10%～15%。来自 Frost & Sullivan 研究机构的最新调查报告"全球蛋白质液相色谱市场"一文中指出，2003 年该市场的全球总销售额为 1.54 亿美元，估计到 2010 年将会达到 2.37 亿美元。而全部类型的液相色谱市场 2003 年全球的总销售额为 25.16 亿美元，预计 2010 年将达到 33.83 亿美元。

第三节　蛋白质组学研究的特点

一、技术上的先进性

与基因组学相比较，蛋白质组学研究并没有类似于 PCR 反应扩增 DNA 的完善而单一的基本方法。因此，增加了蛋白质组学研究方法和技术的复杂性，并且需要不断发展和出现新的技术，从而形成多头并进的各种先进的技术。

1. 分离技术大幅度改进　蛋白质组的核心技术是蛋白质的分离技术，分离样品的精确性就成了至关重要的问题。蛋白质的分离技术包括从动植物样品中分离总蛋白质和对蛋白质的单个分离。蛋白质分离技术的关键是对蛋白质总体的提取与分离。提取是指从原始材料中分离和纯化蛋白，即去粗取精的过程；分离则是指对提纯了的总蛋白进行其个体间的解离。分离方法又包括一维分离和二维分离。其中二维凝胶电泳分离技术，又称为 2 - DE 分离技术，该技术发展很快，已成为蛋白质组学的核心技术，它一次可分离成千上万的蛋白质。在二维凝胶电泳分离技术中，第一向的等电聚焦技术已从载体两性电解质 pH 梯度等电聚焦电泳发展为固相 pH 梯度等电聚焦电泳。目前又研制出固相干胶条 pH 梯度等电聚焦电泳技术体系，使双向电泳的稳定性、重复性和准确性大大提高。在该体系中，已能合成极端 pH 的具有一个 pH 梯度的干胶条，大大提高了提取和检测样品中近于全部蛋白质的可能性。

2. 质谱技术突破万位级　质谱分析技术是蛋白质组学的支撑技术。质谱分析技术发展很快，首先是从有机质谱分析仪发展到生物质谱分析仪，其次是在生物质谱分析仪基础上的精确度的改进与提高。

生物质谱分析仪的发展，主要是 20 世纪 80 年代末诞生了两种新的软电离技术，一是基质辅助激光解吸电离（matrix-assisted laser desorption ionization，MALDI），二是电喷雾电离（electrospray ionization，ESI）。这两种电离技术可以使核酸或蛋白质、多肽等不易挥发的生物大分子产生汽化的带单电荷或多电荷的分子离子，从而可以测定其分子质量。基质辅助激光解吸电离技术应用于对蛋白质数据库中已知蛋白的鉴定和分析的质谱分析仪，电喷雾电离技术应用于对蛋白质数据库中未知蛋白的鉴定和分析的质谱分析仪，两者的结合，使对蛋白质的鉴定方法和技术更加完善。

有机质谱分析仪对化合物的分析，其分子质量能达到4 000 u；而生物质谱分析仪对生物大分子化合物的分析，其分子质量能达到50 000 u左右。

除了电喷雾和大气压化学电离两种接口之外，极少数仪器还使用粒子束喷雾和电子轰击相结合的电离方式，这种接口装置可以得到标准质谱，可以库检索，但只适用于小分子，应用也不普遍，故不详述。此外，还有超声喷雾电离接口。

3. 庞大的数据库　随着人类基因组计划研究工作的启动与完成，带动了一批生物基因组的测序研究工作，已建成了庞大的核酸数据库和蛋白质库。同时，随着双向电泳分离技术和质谱分析技术的快速发展，表达蛋白质组学研究不断深入，将会不断增加生物蛋白质组数据库的信息量，这可为大量其他生物的蛋白质鉴定和研究提供丰富的网上资源。其结果是，蛋白质组学研究不仅可以作为现有基因组功能研究的鉴定和补充，而且可以独立地完成基因组功能注释。

植物蛋白质组学研究的兴起，为研究不同植物间蛋白质组的差异和同一植物蛋白质组特异性蛋白质的差异（如植物生理变化、植物抗性机理以及环境因子引起的基因组表达的变化等）的研究和分析方法提供了一个化难为易的可行的途径，使农业科学研究的手段更先进。

二、学科的综合性

1. 化学学科 首先从蛋白质组学科学研究的基础谈起。分析化学相关的诺贝尔奖的工作是发展蛋白质组研究的基础。蛋白质组研究的第一步是蛋白质的分离。分析技术的发展才使蛋白质组的研究成为可能。

1922 年，Aston F. W. 用质谱仪发现了同位素获诺贝尔化学奖。1948 年，Tiselius A. W. K. 因研究和发明蛋白质电泳技术而获得诺贝尔化学奖。1952 年，Martin A. J. P. 和 Synge R. L. M. 因发明纸色谱和薄层色谱分离蛋白质和氨基酸而获得诺贝尔化学奖。上述两位诺贝尔化学奖获得者的工作奠定了今天蛋白质分离技术的基础。

1958 年，Sanger F. 研究胰岛素结构时因发明蛋白质测序而获得诺贝尔化学奖。在 20 世纪 90 年代以前，蛋白质的鉴定主要依靠 Sanger 发明的测序技术。1991 年，Ernst R. R. 因将傅里叶变换引进核磁共振仪而获得诺贝尔化学奖，他的成果被引进到傅里叶变换-质谱（FT-MS），已成为当今蛋白质组研究的主要仪器之一。1996 年，Curl R. F.、Smalley R. E. 和 Kroto H. W. 用质谱仪观察到激光轰击下产生的 C60，因此而获得诺贝尔化学奖，他们的研究从另一方面刺激了基质辅助激光解吸电离（MALDI）技术的发展。20 世纪 90 年代前，虽然有了质谱技术的基础，但由于缺乏合适的离子化手段，还不能有效地利用质谱技术来鉴定生物大分子。蛋白质组的鉴定从 20 世纪 90 年代初有了突破性进展。2002 年的诺贝尔化学奖授予了 3 位研究人员，其中包括美国科学家芬恩（Fenn J. B.）和日本科学家田中耕一（Tanaka K.），表彰他们在 20 世纪 80 年代末发明生物大分子质谱技术的具有里程碑意义的贡献，以及对蛋白质组学研究的深远影响。

2. 物理学科 蛋白质的鉴定特别是质谱鉴定经历了曲折的发展阶段。1906 年，Thompson 因发明质谱技术而获得诺贝尔物理奖。1980 年，Paul W. 因发明离子阱质谱技术而获得诺贝尔物理奖。

1994 年，蛋白质组学正式被提出是因为生物质谱技术已经可以用来测定蛋白质组及生物大分子结构。因此，在 1995 年后，生物大分子质谱已融入到生物化学和生物科学领域。2001 年以后，随着基因组测序计划的完成，蛋白质组进入规模化研究时代，生物质谱正在发挥着其不可取代的中坚作用。

3. 计算机学科 在蛋白质组学研究中，对双向电泳图像的蛋白质组分析的软件就是在较大内存的计算机上进行的。质谱指纹图谱的分析，也是靠先进的计算机分析软件来完成的。蛋白质组信息的分析，更是依赖于计算机网络来完成的。

4. 数学学科 数学是解决复杂问题运算的基础，在双向电泳的蛋白质分离图谱的计算机分析软件中、在质谱图的多肽信息分析中高等数学知识已经发挥了应有的作用。常用鉴定软件中使用的匹配打分算法有 SEQUEST 软件的交叉互相关（cross correlation）分析和 Mascot 软件的基于概率的打分算法等。这些算法在蛋白质鉴定问题上还没有达到满意的程度，例如，鉴定的假阳性仍然较高，可有效利用的质谱数量也仅占实验质谱的 10%左右，因此需要研究新的更有效的匹配打分算法。同时，计算蛋白质组学的研究工作也正在进行之中，它必将促进蛋白质组信息学的大力发展。

5. 信息学 基因组学的发展，产生了大量的核酸数据，为了分析数据间的各种关系和寻找其规律，便产生了生物信息学。同理，蛋白质组研究也产生了大量的蛋白质数据，对这些数据的分析，也要应用信息学上的方法。蛋白质组信息学还是一门很年轻的学科，许多方法和技术还有待于研究与开发。

三、研究的巨观性

2000 年以来，与生物学密切相关的"组学"（-omics）蓬勃发展，例如基因组学（genomics）、蛋白质组学（proteomics）以及糖类组学（glycomics）等。这些组学主要都是以一个大规模的且巨观的研究方法来观察整个生物体的分子层次的生理活动，而这些方法再与以往先有假设后有实验的研究想法背道而驰。支持这些方法的是许多能够平行化及大量化分析的技术，这就是组学的先进性。蛋白质组学的特点是采用高分辨率的蛋白质分离手段，结合高效率的蛋白质鉴定技术，全景式地研究在各种特定情况下的蛋白质谱。蛋白质组学的这种综合性的研究方法，易于发现事物的规律。质谱分析与核磁共振技术无疑是相当重要的基础。因此，仅仅十多年时间蛋白质组学就得到了飞速的发展。

1. 平台建设 生命科学的发展得益于分析化学家的贡献。人类基因组和蛋白质组研究的发展必须依赖于许多学科的进步，它已经远远超出了生物学的范畴。特别是基因组和蛋白质组的技术平台与方法学的研究，渗透着生物学、化学、物理学、数学、医学、技术学科等许多领域的综合技术。在这方面，"人类基因组计划"有着非常深刻的教训，有人认为是分析化学家挽救了人类基因组计划。人类基因组计划的完成有许多令科学家关注的经验，其中一条就是创新支撑平台的建立。

在基因组学研究中，测序计划之所以得以迅速完成，96 道毛细管电泳测序技术起到了关键的作用。这个重要技术平台的创建人——两位分析化学家 Dovichi 和 Kambara 博士被科学界誉为幕后英雄。

1996 年，生物质谱被认为是蛋白质组学技术平台的重要组成部分，其可以取代 Edman 测序方法，了解蛋白质生成的早期结构域，以及当时显示出来的可以鉴定翻译后修饰的能力。生物质谱还可以用来测定非共价键作用，比如抗体-抗原结合作用。

2. 规模化 蛋白质组学的双向电泳技术可以一次性分离成千甚至上万蛋白质点，并能鉴定出翻译后加工的机制，可用于蛋白质丰度、翻译后修饰的研究。

3. 高通量 通量是稳态条件下各个单元工作的速率。速率高则通量高，速率低则通量低。高通量代表了高效率。蛋白质组学已研制出新的酶解仪器，每天酶解样品的处理能力达到2 536个或更多。MALDI-TOF 质谱分析仪每天也可鉴定样品 200 多个。

4. 自动化 当前，蛋白质组分析虽然以双向电泳和质谱分析为其基本的技术基础，但离不开各种先进的数据分析和图象分析软件及网络技术的支持。各个工作单元之间的相互连接以及实验仪器也在不断研制和完善。为了保证分析过程的精确性和重复性,大规模样品处理机器人也已被应用。它既有利于实现自动化,又有利于实现规模化。

四、技术的实用性

功能基因组学,特别是作为其重要组成部分的蛋白质组学的发展给我们这个时代的有志者的发展,提供了一个难得的机遇。由于蛋白质是生物细胞赖以生存的各种代谢和调控途径的主要执行者,因此蛋白质不仅是多种致病因子对机体作用最重要的靶分子,并且也成为大多数药物的靶标乃至直接的药物。蛋白质组学研究正是近年来新发展起来的强有力的发现药靶的技术平台,作为一个新的学科发展领域,它对所有及时进入的国家都将提供巨大的机会。可以认为蛋白质药物商机无限,研究工作机不可失。当然,蛋白质组学还有很多其他的应用领域。

蛋白质组学研究作为功能基因组学的重要支柱,是当今生命科学领域的前沿。蛋白质组学研究不仅可实现与基因组的对接与确认,直接揭示生命活动的规律和本质、发现人类重大疾病与病原体致病的物质基础以及发生与发展的病理机制,而且还可广泛推动生命科学基础学科以及分析、信息、材料等应用科学的发展,对提高人类生物医学原始创新能力、重大疾病防治水平具有重要意义。

五、学科的交叉性

蛋白质组学是化学、物理、数学、生物学等相互融合的交叉性学科。蛋白质组学研究的方法论、基本技术和基本方法,主要体现在双向电泳和质谱技术上,如质谱技术过去只是分析小分子的化合物,而蛋白质是大分子的化合物,它不容易汽化,就难以进行质谱分析,而科学家找到了能帮助蛋白质分子离子化和在激光的作用下使蛋白质起飞的一种新的物质,使得蛋白质也能够进行质谱分析。此中就是化学学科和物理学科的密切结合,相得益彰。蛋白质芯片技术则是化学、物理与生物技术相结合的产物。

第四节　蛋白质组学研究的技术和方法

一、方法的分类

现阶段蛋白质组学的研究,其可分为3个主要的步骤:①应用双向电泳,双向高效柱层析分离蛋白质;②C端或N末端氨基酸序列分析及质谱分析鉴定所分离的蛋白质;③应用生物信息学数据库对鉴定结果进行存储、处理、对比和分析。

质谱分析本是一种物理方法,其基本原理是使试样中各组分在离子源中发生电离,生成不同荷质比的带正电荷的离子,经加速电场的作用,形成离子束,进入质量分析器。在质量分析器中,再利用电场和磁场使发生相反的速度色散,将它们分别聚焦而得到质谱图,从而确定其质量。

蛋白质组学的主要研究方法可分为结构蛋白质组学和功能蛋白质组学两大类。结构蛋白质组学是由双向聚丙烯酰胺凝胶电泳(2D-PAGE)、质谱、Edman降解法等技术测得的完整蛋白质的分子质量、蛋白质的肽质谱以及部分肽序列等数据，通过相应的数据库的搜寻来鉴定蛋白质组。功能蛋白质组是指与对照相比的条件下功能蛋白所发生的变化，如蛋白质表达量的变化、翻译后的加工修饰；或者在可能的条件下分析蛋白质在亚细胞水平上的定位的改变等，从而发现和鉴定出特定功能的蛋白质组。

结构蛋白质组学研究方法分 3 方面：蛋白质结构测定主要以 X 射线衍射为主要研究手段；分析测定蛋白质数量及种类以双向聚丙烯酰胺凝胶电泳为主要手段，现在一张 2-DE（双向电泳）图谱可辨出 5 000～10 000 个蛋白质斑点；质谱是对蛋白质鉴定的基本手段。

在功能蛋白质组学方面，比较常用的研究方法有酵母双杂交系统和反向杂交系统、免疫共沉淀技术、表面等离子技术和荧光能量转移技术等。

二、技术体系分类

蛋白质组学研究技术体系主要分为以生物质谱为基础的研究技术体系和以非生物质谱技术进行研究的研究体系。

以生物质谱为基础的技术体系，包括实验技术体系和生物信息学两方面的内容。蛋白质组学的核心实验技术是双向聚丙烯酰胺凝胶电泳和质谱技术，另有与其配套的微量制备和分析技术。生物信息学常由数据库、计算机网络和应用软件三大部分组成，已在基因组计划中发挥了巨大作用，在蛋白质组学研究中也占有十分重要的地位，已发展成为独立的蛋白质组信息学。

一般来说，细胞含有数千种乃至上万种可检测的蛋白质。蛋白质组研究的宗旨是将组织或细胞所有蛋白质（至少是大部分）进行分离与鉴定。为达到目的，集成了下列技术：双向电泳（2-DE），如 ISO-DALT（丙烯酰胺和两性电解质外加电场下形成梯度凝胶）电泳、IPG-DALT（丙烯酰胺和 Immobilines 形成 pH 梯度的凝胶）电泳、NEPHGE（非平衡 pH 梯度电泳）；图像分析系统，如 ELSIE 4 & 8、gellab Ⅰ & Ⅱ、MELANIE Ⅰ & Ⅱ、QUEST Ⅰ & Ⅱ 与 PDQUEST、TYCHO & KEPLAR 等软件；蛋白质鉴定方法，如氨基酸组成分析、序列测定、肽质量指纹图（peptide mass fingerprinting，PMF）、相对分子质量精确测定；HTS（high throughput system）与大规模样品处理机器人；数据库设置与检索系统。其中，蛋白质鉴定采用了新近出现的新型质谱技术，如基质辅助激光解吸电离飞行时间（matrix assisted laser desorption ionisation-time of flight，MALDI-TOF）质谱与电喷雾电离（electrospray ionization）-质谱-质谱。

三、具体技术

1. 蛋白质分离技术 蛋白质组研究必需获得这样的信息：细胞、组织或有机体内的蛋白质种类、翻译后修饰、分布、表达和表达量等。为此，蛋白质组分析首先要求分离亚细胞结构、细胞或组织等不同生命结构层次的蛋白质。

为了尽可能分辨细胞或组织内所有蛋白质，主要采用基于聚丙烯酰胺凝胶电泳液相分离技术来分离复杂的蛋白质组分。基于凝胶电泳分离蛋白质的技术包括双向聚丙烯酰胺凝胶电泳（2D-PAGE）技术和十二烷基硫酸钠-聚丙烯酰胺凝胶电泳（SDS-PAGE）与等电聚焦（IEF）技术；基于液相的分离技术包括高压液相色谱技术（HPLC）和自由流电泳（FFE）技术。高压液相色谱-质谱联用技术（LC-ESI-MS-MS），前者是一种分离技术，后者是一种鉴定技术，两者的结合使蛋白质的分离和鉴定依次完成。

一种正常细胞的双向电泳图谱通过扫描仪扫描并数字化，运用二维分析软件，可对数字化的图谱进行各种图像分析，包括分离蛋白质在图谱上的定位、分离蛋白质的计数、图谱间蛋白质差异表达的检测等。一张理想的双向电泳图谱可成为蛋白质组数据库的参考图（reference map）。

2. 蛋白质鉴定技术 蛋白质组研究通常需要对双向电泳分离的蛋白质进行鉴定。一种细胞或组织的蛋白质组双向电泳后可分离到数千甚至上万种蛋白质，为进行大规模蛋白质组分析，质谱（MS）已逐渐成为蛋白质鉴定的核心技术。

质谱鉴定技术包括质谱（MS）和串联质谱（MS-MS）两种技术，在 MS 技术中又有基质辅助激光解吸电离飞行时间质谱技术（MALDI-TOF-MS）（仪）和电喷雾电离质谱（ESI-MS）技术；在串联质谱技术中又有 MALDI-TOF-TOF、MALDI-Q-TOF 和 ESI-MS-MS 3 种技术。

从质谱技术测得的完整蛋白质分子质量、肽质谱（或称肽质量指纹，peptide mass fingerprint）以及部分肽序列等数据，通过相应数据库的搜寻来鉴定蛋白质。Edman 降解测得的蛋白质序列在蛋白质鉴定中也具重要作用。蛋白质的可靠鉴定往往需要多种数据的结合。此外，尚需对蛋白质翻译后修饰的类型和程度进行分析。

3. 相关技术

（1）双向等电聚焦 SDS-聚丙烯酰胺凝胶电泳（2D-IEF/SDS-PAGE）　这种分离方法是蛋白质组学中分离蛋白质的最重要的方法之一，一直是分离高度复杂蛋白质混合物的最好方法。双向 SDS-聚烯酰胺凝胶电泳实际上是两种不同分离方法的结合。首先，根据等电点用等电聚焦（IEF）分离蛋白质。然后，在聚丙烯酰胺凝胶上电泳进一步分离聚焦的蛋白质。双向 SDS-聚烯酰胺凝胶电泳在第一向电泳根据等电的不同，第二向电泳根据分子质量的不同分离蛋白质。

（2）质谱　质谱是分子及其碎片的质量比值谱，质谱分析法是通过对样品离子的质量和强度的测定，来进行成分和结构分析的一种分析方法。被分析的样品首先要离子化，然后利用离子在电场或磁场中的运动性质，把离子按质荷比（m/z）大小依次排列成谱波记录下来，称为质谱。进行质谱分析的仪器称为质谱仪。

（3）肽谱　肽质量指纹谱是用质谱测定蛋白质水解肽片段质量的蛋白质鉴定技术。用实验测得的蛋白质酶解肽段质量在蛋白质数据库中检索，寻找具有相似质量的肽，从而鉴定蛋白质。肽质量指纹谱很适合分析蛋白质组，因为它将简单的方法与稳定的高通量仪器操作（特别是基质辅助激光解吸电离飞行时间质谱，MALDI-TOF-MS）相结合。与其他基于质谱的分析蛋白质组学技术一样，用肽质量指纹谱进行蛋白质鉴定的质量取决于质谱数据的质量、数据库的准确性以及使用的检索算法和软件的功能。

第五节　蛋白质组学的学习方法

一、注意学习研究方法

1. 对比的方法 在整体的蛋白质组学研究中，贯穿了多种对比形式的比较试验（如比较蛋白质组、实验组与对照组比较），蛋白质的鉴定也是试验蛋白质图谱与理论蛋白质图谱的比较。

通过对比，物以类分；通过对比，同族归一。

2. 逐步分析的方法　逐步分析方法在蛋白质组学的研究中，贯穿于多种形式的试验之中，如质谱分析中蛋白的逐步降解或基团的逐步分解等。

二、树立多学科综合的思想

在科学上，蛋白质组学使我们从综合和总体的角度，在蛋白质组分子水平上的巨观来研究生命现象。先后出现的组学有基因组学、蛋白质组学、代谢组学等，但蛋白质组学将把"组学"推向一个更高峰。

然而，人类基因工程成功的关键在于开发出了自动化程度高、易于操作，且能够快速、大批量进行基因测序的技术。而目前蛋白质组学研究的开展远没有达到大批量和大产出的程度，同时还面临着自动化程度较低、缺乏高水平专业技术人员的局面。因此，我们必须加大力度培养人才，生物学科的大学生更应掌握蛋白质组学的有关理论与相关的技术与技能。

三、坚持理论与实践并重的原则

蛋白质组学是在人类基因组计划研究发展的基础上形成的新兴学科，主要是在整体水平上研究细胞内蛋白质的组成及其活动规律。就整体而言，蛋白质组学研究可以定位为是一门综合性非常强的实验性学科。不管是蛋白质的提取与纯化，还是蛋白质的双向电泳，都要人工操作进行大量的试剂的处理和样品的处理；也不管是蛋白质的双向电泳结果的图谱分析，还是蛋白质的质谱鉴定，都要人工进行大量的计算机操作和数据的处理。蛋白质组学科学研究既有理论性，又有实践经验性，理论与实践相结合应是蛋白质组学的最大特征，且以实验为重要的基础。因此，必须在重视学科均衡发展的基础上，提高实验技能。

四、建立科学发展观

社会在进步，科学在发展。与基因组学相比，现在蛋白质组学面临着的问题是：我们急需建立一个更快速、高效的复杂样品蛋白组的分离和规模鉴定的创新平台，使科学家能够高通量、准确地筛选功能蛋白，从而为蛋白质组的研究和重大疾病的研究提供实用的、有效的支撑平台，为阐明疾病相关功能基因与功能蛋白的作用机制，为寻求有效的药物靶蛋白，为提高我国人口健康的素质做出贡献。

随着对生物学、物理、化学及信息学的各种尖端技术的综合应用，蛋白质组研究也正逐步变成高产量、高精确度的分析过程。整个研究过程包括：样品处理、蛋白质的分离、蛋白质丰度分析、蛋白质鉴定等步骤。但双向电泳对分离等电点过高或过低及疏水性强的蛋白质具有明显的局限性，只适于对高丰度蛋白质的研究比较。

在蛋白质组学研究中，定量蛋白质组学仍处在起步阶段，许多实验材料、分析仪器、实验方法以及相应的数据分析系统都处在不断完善、发展之中，因此，对计算方法，工具的开发也提出了新的要求。针对具体的实验方法，缺乏高准确度和高速度的自动化蛋白质量化分析软件，是当前高通量定量蛋白质组学的主要瓶颈。

因此，我们应当更多地关注相关领域的技术发展，通过分析学科交叉领域的结合，有的放矢地探求技术平台的重大突破。

五、认识蛋白质组学研究的最终目标

蛋白质组学研究的最终目标是阐明生命细胞进行代谢、信号转导和调控网络的组织结构和动力学，并理解这些网络如何在病理中失去功能，又如何通过干预（如药物和基因）改变它们的功能。几乎所有的生理和病理过程，以及药物和环境因子的作用都依赖于蛋白质，并引起蛋白质的变化。对蛋白质组变化的分析也能提供对上述过程或其结果的重要信息。蛋白质组学的研究不仅为生命活动规律提供物质基础，也为某些疾病发生发展机理的阐明和解决途径提供理论根据。这是进行研究型学习，向前沿学科靠近的捷径与航标。

相关研究发现，人体的绝大多数疾病都是由蛋白质组的变异或被破坏引起的，而药物也大多是通过影响或修复蛋白质组起作用。因此，人类蛋白质组研究对直接揭示生命活动本质、发现人类重大疾患的发生发展规律，从而更加有的放矢地开发创新药物，具有十分重大的意义。蛋白质组学从综合和总体的角度，在蛋白质分子水平上研究和把握生命现象，这对于理解生命现象的本质，对于生命科学的每一个分支都将起到强有力的推动作用。

现已启动的人类蛋白质组计划的单项行动计划包括：人类血浆蛋白质组计划、人类肝脏蛋白质组计划、人类脑蛋白质组计划、大规模抗体计划、蛋白质组标准计划、模式动物蛋白质组计划，我国将承担整个国际蛋白质组计划的30％以上的任务，希望我国能有更多的有志学子能投身于蛋白质组学的研究之中。

在技术上，创新是知识经济社会的总趋势，知识资源成为科技创新的第一要素。蛋白质是有限的生物资源，既是药靶，又是药品。任何一种疾病在表现出可察觉的症状之前，就已经有一些蛋白质发生了变化。因此寻找各种疾病的关键蛋白和标志蛋白，对于疾病的诊断、病理的研究和药物的筛选都具有重要意义。医药靶分子的寻找与分析商机无限。国外已有人提出蛋白质组时代正在来临。这些表明，世界科技的发展使对执行生命活动的蛋白质组的研究成为"领航技术"。因此，发展医学蛋白质组学研究，已成为世界医学的总趋势。

思 考 题

1. 简述蛋白质的理化性质。
2. 蛋白质组学的目的是什么？
3. 分别论述基因组与蛋白质组的含义。
4. 从整体上看，蛋白质组研究主要包括哪两个方面的内容？
5. 蛋白质组学研究的任务是什么？
6. 蛋白质组学与基因组学的研究方法是否不同？如不同，其特点又是什么？
7. 你怎样认识蛋白质组学这门课程？打算用怎样的方法学好这门课程？

第二章　蛋白质样品的制备

在蛋白质组学中，蛋白质样品的制备是蛋白质组分析的基础，也是研究工作的第一步。由于蛋白质分子具有是生物大分子，其形态、结构、特性各异，又必须使其完全溶解或保持蛋白质生物活性，还应尽可能减少蛋白质的化学修饰。所以，在还没有一个通用技术的情况下来完成实验，只能通过大量的实验来积累经验。这是蛋白质样品制备的关键和重要性的所在。

蛋白质样品的制备，包含蛋白质的分离、提取与纯化3个过程。蛋白质分离是指将生物原材料提取液中的蛋白质与大量的其他物质分开；蛋白质提取是指将已经与其他物质分开的蛋白质提取出来；蛋白质纯化是指对提取出来的蛋白质进一步清除杂质而使样品成为单一的蛋白质组分。对蛋白质的分离、提取和纯化，可以结合起来进行，也可以分步进行。不论用何种方法，获得高质量的纯化蛋白质是最重要的。

双向电泳技术是蛋白质组学核心技术，而这一核心技术操作的成功与否首先取决于蛋白质样品的制备。在研究蛋白质组的过程中，既需要严谨的技术流程、规范的操作手段来确保每个蛋白质分子的完整性，也需要将其看成是独特而奇妙的个体，结合以往经验但又不拘泥于经验，使目标蛋白得以最大化的提取和获得。

第一节　样品制备总则

一、目的

蛋白质电泳的目的是要将从原材料中提取出的混合蛋白质样品再分离为单一的个体或不同类的蛋白质。从供试材料中提取混合蛋白质样本的过程称为样品制备。为什么要进行蛋白质样品的制备？首先，在细胞水平上，要从某些组织样本中寻找功能蛋白质，就要排除非蛋白质的影响。对植物进行基因功能研究，由于植物光合作用产生了大量的糖分、色素、脂肪等，这些物质影响蛋白质正常电泳，会降低蛋白质分离效果，因此需要将它们分离出去。其次，在目前多数实验室的一般条件下，双向电泳能分辨到 $1\,000\sim5\,000$ 个蛋白质点（spot），而生物的蛋白种类多达 10 万种以上，样品中的蛋白质种类也可达到 1 万种以上，但大部分蛋白质的拷贝数都少，因此通过样品制备可以起到浓缩蛋白质的作用。第三，样本都是各种细胞或组织的混杂，而且状态不一。要对组织样本进行研究，就要消除这些影响。如肿瘤组织中，研究目的是寻找疾病标记的蛋白质组，而发生癌变的往往是上皮类细胞，而这类细胞在肿瘤中总是与血管、基质细胞等混杂。所以常规采用的癌和癌旁组织或肿瘤与正常组织进行差异比较，实际上是多种细胞甚至组织蛋白质组混合物的比较，而蛋白质组研究的通常是单一的细胞类型，因此需要进行有效的样品制备。

二、原则

蛋白样品制备的原则如下：

①尽可能采用简单方法进行样品处理，以避免蛋白质丢失。

②尽可能的提高样品的溶解度，使所有待分析的蛋白质样品全部处于溶解状态（包括多数疏水性蛋白），且制备方法应具有可重现性。

③细胞和组织样品的制备应尽可能减少蛋白质的降解（如酶降解、化学降解等），低温和蛋白酶抑制剂可以防止蛋白质的降解。

④在样品制备过程中，防止发生人为的蛋白质样品化学修饰，例如，加入尿素之后加温不要超过 37℃，防止氨甲酰化而修饰蛋白。

⑤防止样品在等电聚焦时发生蛋白质的聚集和沉淀。

⑥破坏蛋白质与其他生物大分子之间的相互作用，以产生独立的多肽链。

⑦有的研究中必须保持蛋白质的活性。

⑧通过超速冷冻离心等方法清除所有的非蛋白杂质（如核酸、脂肪、色素等），对可能起干扰作用的高丰度或无关蛋白质也应去除，从而保证待研究蛋白质的可检测性。

⑨制备的样品裂解液应该新鲜，进行分装并冻存于−80℃；不可反复冻融已制备好的样品。

以上原则中，尽可能溶解全部蛋白质、避免蛋白质的修饰与降解，以及去除脂类、核酸、盐等物质的干扰最为重要。

三、流程

蛋白质样品制备过程可分为 3 步：组织或细胞破碎、分离或沉淀蛋白质、纯化蛋白质或称去除杂质。在蛋白质组学实验中，蛋白质的沉淀与去除杂质往往是结合在一起进行的。

组织或细胞破碎的原则是，在整个过程中最大限度地限制蛋白质的水解和其他形式的蛋白质降解。样品制备的第一步是细胞或者组织、菌体的破碎。这一步看似简单，但如果操作不当，就有可能会丢失样品中的蛋白质和导致蛋白质被修饰。具体的破碎方法应针对分析样品的来源，做到有的放矢，例如，是易碎的细胞还是坚硬的组织？是植物细胞还是菌类？

沉淀溶液样品中的蛋白质，清除杂质是可选择的步骤，这主要依赖于样品本身和研究目的。它可以除去样品中的盐离子、小分子、离子去污剂、核酸、多糖、脂类和酚类等杂质。通常建议采用最简单的样品制备方法。例如，具有低蛋白质浓度和高盐的样品可经脱盐，随后通过冷冻干燥进行聚集，或者通过三氯乙酸、冰丙酮沉淀，再以重泡涨溶液（rehydration solution）溶解。

蛋白质的纯化是对沉淀的蛋白质进行再溶解，重复沉淀的过程。通常利用重泡涨溶液稀释样品。如果蛋白质聚集和杂质难以去除，则沉淀和清除步骤是必需的。可通过三氯乙酸＋冷丙酮等方法进行沉淀。

四、诸要素的协调

进行样品制备时其流程的选择，实际是对细节的选择，这取决于研究的材料和实验目的。对低温条件的选择、细胞破碎方法的选择、去除杂质方法的选择，都要慎重考虑。对不同类型的蛋白质进行样品制备时，需要采用不同的方法和条件。是获得尽可能多的蛋白质，还是仅获得所感兴趣的某些蛋白质？某些蛋白质在天然状态下与细胞膜、核酸或其他蛋白质形成复合物；某些蛋白质形成各种非特异性聚合体；而某些蛋白质在脱离其正常环境时则发生沉淀。溶解的效果依靠选择细胞破碎方法、蛋白质解聚和溶解方法、去污剂和裂解液成分等方法来实现。如果其中任何一个步骤没有得到优化，分离很可能是不完全的，或者是变异的。同时，对后续研究亦要加以考虑，对全蛋白质表达谱或可重复的清晰图谱哪一个更重要？尽管采用一些附加的样品制备方法会提高双向电泳图谱的质量，但是同时也会导致某些种类蛋白质的丢失。因此，必须谨慎地权衡上述各因素之间的关系来做出决定。

第二节 样品破碎与分离蛋白质

一、样品的类型

1. 整体样品 整体样品是生物个体小的物种（如微生物），可以整体取样。

2. 组织样品 组织样品常有一个采样的过程，就是从整体部分或整批器官中抽取一定量具有代表性的样品进行试验。

3. 细胞样品 细胞样品包括固体基质中培养的细胞、体外悬浮培养生长的细胞、周期性细胞样品（如红细胞、淋巴细胞）和从组织中分离同类的细胞样品。

4. 可溶性样品 可溶性样品就是可溶性液体样品，如血清、血浆、尿样、脑脊液以及细胞和组织的水溶性提取物。

二、组织与细胞破碎

为了完全分析所有的细胞内蛋白，组织与细胞必须进行有效的破碎。破碎方法的选择依赖于样品来源（如细胞、固体组织或者其他的生物材料），同时也依赖于这种分析是获得所有的蛋白质还是特殊的亚细胞器组分。一些温和的和剧烈的裂解方法将在下面进行讨论。

蛋白酶在细胞破碎时很可能释放出来，其会导致某些蛋白质降解而使双向电泳图谱的分析复杂化，因此蛋白质样品应该利用蛋白酶抑制剂加以保护。

（一）温和的裂解方法

温和的裂解方法通常应用于组成比较简单的样品，例如组织培养的细胞、血细胞和一些微生物，或者用于分析某一特定的细胞器，例如只需要裂解细胞质蛋白质、完整的线粒体或其他的细胞器。

1. 渗透裂解 此法主要应用于血细胞、组织培养细胞，通常用低渗溶液悬浮细胞。

2. 冻融裂解 此法常用于细菌、组织培养细胞，一般用液氮迅速冷冻细胞，随后在 37℃融化，反复几次。

3. 去污剂裂解 用去污剂溶解细胞膜、裂解细胞，释放其内容物。此法常用于组织细胞，通常用含有去污剂的裂解液重悬细胞，也可以直接用样品裂解液或重泡涨溶液进行裂解。另外，如果阴离子去污剂 SDS 用于裂解细胞，可以用含有兼性离子去污剂、非离子去污剂的裂解液稀释样品，也可用丙酮沉淀以分离出 SDS。

4. 酶裂解法 某些细胞含有细胞壁，需要首先用酶来消化细胞壁。例如：用溶菌酶（lyso-zyme）来消化细菌的细胞壁；用纤维素酶（cellulase）和果胶酶（pectinase）消化植物细胞壁；用溶细胞酶（lyticase）消化酵母细胞壁。此法常用于植物、细菌和真菌。

通常这些酶在等渗溶液中对细胞进行裂解处理。有时，将上述技术联合起来应用，如在蛋白酶抑制剂的存在下进行渗透裂解、在去污剂的存在下进行反复冻融裂解。

（二）剧烈的破碎方法

剧烈的破碎方法常用于难于破碎的细胞，如固体组织内的细胞，或具有坚硬细胞壁的细胞，如酵母细胞。

1. 超声波裂解法 超声仪可产生超声波，通过切应力来裂解细胞。在剧烈搅拌的状态下会产生剪切效果，但需注意应最大可能减少热量和气泡的产生。此法常用于细胞样品，通常是迅速地进行超声波处理重悬细胞，并在冰上冷却。

2. 弗氏压碎器（French pressure cell） 弗氏压碎器是在高压下迫使细胞穿过小孔径而产生剪切力，从而裂解细胞。此法常用于含有细胞壁的微生物，如细菌、酵母和藻类。通常将细胞悬液置于预冷弗氏压碎器中，加压后收集粗提液。

3. 研磨法 研磨法即用研钵或研杵研磨细胞。此法常用于固体组织、微生物。组织和细胞通常冻存于液氮中，随后研磨成粉状。铝或砂有助于研磨。

4. 机械匀浆法 机械匀浆法常用于固体组织。Dounce 和 Potter-Elvehjem 匀浆器可用于破碎细胞或一些软组织；而混合器或一些研磨设备用于一些较大的组织。通常将组织切成小片，加入预冷的匀浆缓冲液（3～5 倍于组织体积），简单匀浆，通过过滤或离心获得裂解液。

5. 玻璃珠匀浆法 剧烈振荡的玻璃珠可以打破细胞壁，释放细胞内容物。此法常用于细胞悬液或微生物。用等体积的预冷裂解液重悬细胞，置于结实的管子内。每克细胞（湿重）加入 1～3 g 玻璃珠，剧烈振荡 1 min，冰浴 1 min。重复上述步骤。

三、蛋白酶活性抑制剂的使用

当进行细胞裂解时，蛋白酶会释放出来水解相应的蛋白质，这会严重影响双向电泳的结果，因此需要采用一些措施来减少蛋白酶的作用。通常的做法是在低温下进行，这样可降低酶活性，防止修饰和减少降解，同时使用蛋白酶活性抑制剂。每一种蛋白酶抑制剂仅对特殊的一类蛋白质发生作用。

1. 变性剂 在低温条件下处理。①直接加入强变性剂 8 mol/L 脲、10% TCA 或 2% SDS。②强碱下抑制酶活，许多组织蛋白酶在 pH 超过 9.0 的时候失活。

2. 苯甲基磺酰氟 苯甲基磺酰氟（PMSF）是一种不可逆抑制剂，常用浓度为 1 mmol/L，用于灭活丝氨酸蛋白酶和一些半胱氨酸蛋白酶。苯甲基磺酰氟的局限性在于易在水溶液中迅速失活，因此现用现加效果较好。另外，在二硫苏糖醇（DTT）或者 β-巯基乙醇溶液中苯甲基磺酰氟的抑制效果可能会减小。因此，含巯基的试剂可在晚些时候加入。

3. AEBSF AEBSF（Pefabloc™ SC）为不可逆抑制剂。通常工作浓度为 4 mmol/L，其作用与苯甲基磺酰氟相似，但溶解性较好，且毒性低。但是 AEBSF 可能改变蛋白质的等电点。

4. 金属蛋白酶抑制剂　金属蛋白酶抑制剂为可逆抑制剂，包括乙二胺四乙酸（EDTA）和乙二醇双四乙酸（EGTA），通常应用 1 mmol/L 的工作浓度，通过螯合自由的金属离子来抑制金属蛋白酶活性。

5. 肽蛋白酶抑制剂　肽蛋白酶抑制剂为可逆制剂。亮抑酶肽（leupeptin），在含 DTT 的溶液中以低浓度的形式保持活性，抑制一些丝氨酸和半胱氨酸蛋白酶的活性；胃蛋白酶抑制剂 A（pepstatin A），抑制天冬氨酸蛋白酶（如酸性蛋白酶）的活性；抑蛋白酶肽（aprotinin），抑制许多丝氨酸蛋白酶；苯丁抑制素（bestatin），抑制氨基蛋白酶。但是，这些蛋白酶抑制剂价格昂贵，而且它们是小肽片段，可能会出现在双向电泳图谱中，其中胃蛋白酶抑制剂 A 在 pH 9 的时候不能抑制蛋白酶。

6. 甲苯磺酰赖氨酰氯甲酮（TLCK）和甲苯磺酰苯丙氨酰氯甲酮（TPCK）　通常作用浓度在 0.1～0.15 mmol/L，这些相同的成分不可逆抑制许多丝氨酸蛋白酶和半胱氨酸蛋白酶。

7. Benzamidine　通常作用浓度为 1～2 mmol/L，抑制丝氨酸蛋白酶。

四、分离和提取蛋白质

不同的生物材料，提取蛋白质的方法不同，从动物、植物组织中提取蛋白质，有多种沉淀蛋白质的方法，不同的沉淀方法原理不同，提取的步骤也不相同。通常用于选择性清除杂质的盐离子、核酸、脂类等会干扰双向电泳。

（一）硫酸铵沉淀（盐析）

1. 原理　在高盐溶液中，蛋白质倾向于聚合，并从溶液中沉淀下来。许多潜在的杂质（如核酸）将保持在溶液中。

2. 步骤　蛋白质浓度大于 1 mg/mL，缓冲液浓度大于 50 mmol/L，并含有 EDTA，缓慢加入硫酸铵至饱和，搅拌 10～30 min，通过离心沉淀蛋白。

但是，许多蛋白在高盐溶液中是可溶的，因此，这种方法只能被用来预分离或富集蛋白。并且，残存的硫酸铵会干扰等电聚焦（IEF），必须予以清除。

（二）三氯乙酸沉淀（TCA 沉淀）

三氯乙酸沉淀是一种有效的蛋白质沉淀方法，将三氯乙酸加到提取液中，终浓度高达 10%～20%。蛋白质可于冰上沉淀 30 min。另外，组织样品可以直接用 10%～20% 的三氯乙酸进行匀浆。这种方法可限制蛋白质降解和化学修饰。最后用丙酮或乙醇清洗沉淀，以除去三氯乙酸。

但是，蛋白质再溶解是很困难的，并且不能完全再溶。残留的三氯乙酸必须通过丙酮或乙醇进行彻底清洗，若过多存在于低 pH 溶液中可能导致某些蛋白质降解或修饰。

（三）丙酮沉淀

丙酮通常用来沉淀蛋白质，以清除多种杂质，如去污剂、脂类。在提取物中加入至少 3 倍体积的冰丙酮，使蛋白质在 −20℃ 沉淀至少 2 h，再离心沉淀蛋白质。残留的丙酮通过空气干燥或冻干除去。

（四）在丙酮中用三氯乙酸沉淀

丙酮和三氯乙酸两者联合应用更加有效，通常用 10% 三氯乙酸在丙酮中重悬裂解的样品溶液（含有 0.01% β-巯基乙醇溶液或 20 mmol/L 二硫苏糖醇）。至少在 20℃ 沉淀 45 min，通过离心沉淀蛋白质，并用含有 0.01％β-巯基乙醇溶液或 20 mmol/L 二硫苏糖醇的冰丙酮清洗沉淀。通过空气干燥或冻干去除残留的丙酮。此法同样存在难再溶解的问题。

（五）用苯酚提取，随后在甲醇中用醋酸铵沉淀

蛋白质被提取到饱和酚中，然后在甲醇中用醋酸铵从酚相中沉淀蛋白质。这些沉淀在甲醇中用醋酸铵洗涤几次，然后用丙酮清洗，残留的丙酮通过蒸发除去。此方法操作较复杂，并且耗时较多，但对于杂质含量高的植物样品很有效。

重悬之后沉淀蛋白质也可以用来制备浓度低的样品（如植物、尿液）。沉淀并不是完全有效的，某些蛋白质在沉淀后不容易重悬。因此，在样品制备的过程中，应用沉淀的步骤可能会改变蛋白的双向电泳图谱，应引起注意。

第三节　蛋白质裂解技术

在蛋白质样品制备中，蛋白质裂解是指对样品蛋白质进行增溶性溶解的过程，其目的是破坏蛋白质与蛋白质分子之间、蛋白质与非蛋白质之间的共价与非共价相互作用；使蛋白质变性及还原；去除非蛋白质组分，如核酸、脂类等。为了达到这一目的，在蛋白质样品制备过程中需使用表面活性剂、还原剂及离液剂。

一、裂解剂

在蛋白质组学研究中，蛋白质裂解是一个重要的环节。蛋白质间的分开与疏远程度关系到双向电泳的分离效果。选择适宜的裂解剂能够实现蛋白质间的良好分离，是提高双向电泳分离效果的一个有力措施。

1. 离液剂　最普遍的离液剂（chaotrope）是脲，其作用主要是改变或破坏氢键等次级键的结构，使蛋白质的肽链伸展开来，充分暴露疏水中心，降低接近疏水残基的能量域，但通常当脲和表面活性剂 CHAPS 联合使用时，会使某些蛋白质吸附在固相 pH 梯度（IPG）凝胶中而丢失。因此，近年常将一种新的离液剂硫脲（thiourea）和脲（urea）联合使用，以增加蛋白质在固相 pH 梯度凝胶中的溶解性。硫脲的使用大大改善了蛋白质的溶解性能，特别是改善了膜蛋白的提取。但硫脲在水中溶解性差，需用高浓度的脲助溶，因此在实际应用中常用 2 mol/L 硫脲与 5～7 mol/L 脲联合使用，以利于膜蛋白的提取。

2. 表面活性剂　蛋白质在去折叠后，会暴露出大量疏水性残基，因此常需使用表面活性剂破坏蛋白质分子之间的疏水相互作用。常使用的表面活性剂有阴离子去污剂十二烷基硫酸钠（SDS），两性离子去污剂 CHAPS [3 - (3 - cholamidopropyl) dimethylammonio - 1 - propanesul-fenate]，非离子去污剂 Triton X - 100 和 NP - 40 等。离子型去污剂如 SDS 不利于稳定等电聚焦中蛋白质的等电点，因此一般不宜在等电聚焦样品溶解液中使用，但 SDS 能有力地溶解膜蛋白，故可用于样品处理的初始阶段，当其浓度低于 0.25％时，对等电聚焦（IEF）不会产生太大的影响。目前可用于等电聚焦的表面活性剂主要为 CHAPS 等非离子或两性离子表面活性剂。在高浓度的增溶剂里特别是含高浓度的硫脲时，这些表面活性剂溶解蛋白质的能力仍然有限。含有长线性烷基尾端的 SB3 - 10 等两性离子表面活性剂比 CHAPS 更有效，但 SB3 - 10 不溶于浓度高于

5 mol/L的脲中。

3. 还原剂　在蛋白质制备中常需要用还原剂使蛋白质分子中的二硫键断裂，以利于肽链的分离，因此样品还原的好坏也会影响到蛋白质的分离效果。一般使用β-巯基乙醇和二硫苏糖醇（DTT）做还原剂，但二硫苏糖醇本身带有电荷，在等电聚焦时，常常会迁移到 pH 范围以外，从而使某些蛋白质的二硫键重新配对，使溶解度降低而重新沉淀下来。采用非离子型还原剂如三丁基膦（tributyl phosphine，TBP）可大大增强蛋白质的溶解性，并可帮助蛋白质从第一向转移到第二向。

二、裂解技术

1. 裂解液的组成　为完成良好的第一向等电聚焦，蛋白质必须完全溶解和解聚。无论样品是粗提物还是经过沉淀步骤，样品裂解液必须包含一定的组分以确保蛋白质在进行第一向等电聚焦之前的完全溶解和变性。裂解液基本成分包括：脲、一种或几种去污剂。目前，含有脲（urea）和兼性离子去污剂（如 CHAPS）的裂解液具有良好的裂解效果。还原剂和固相 pH 梯度缓冲液（IPG buffer）也可以增强样品的溶解性。

在变性条件下进行等电聚焦可以给予最高的分辨率和最清晰的图像。脲作为一种中性离液剂，通常在裂解液中的浓度为 8 mol/L，脲可溶解和解折叠大多数的蛋白质，形成完全随机的构象，使所有的离子基团暴露于溶液中。

硫脲的加入可以进一步提高溶解度，特别是膜蛋白。在裂解液中均包含非离子去污剂和兼性离子去污剂，以确保蛋白完全溶解和防止通过疏水相互作用导致蛋白质聚合。两个相似的非离子去污剂 NP-40 和 Triton X-100 曾广泛应用。研究表明，兼性离子去污剂 CHAPS 的效果更好，基本浓度达 4%。如果使用上述裂解液时发生溶解困难，可以考虑用 SDS，但由于它是一种阴性离子去污剂，所以必须与其他的去污剂合用，并且其终浓度应低于 0.25%，或者其他去污剂与 SDS 的比率为 8∶1。

还原剂可以断裂二硫键，以保持蛋白处于一种还原状态。β-巯基乙醇被用来作为还原剂，但它不仅要求高浓度，而且某些不纯的物质容易产生人工假像。最常用的还原剂是二硫苏糖醇（DTT），浓度变化范围为 20～100 mmol/L。二硫赤藓糖醇（DTE）与二硫苏糖醇相似，也可以作为还原剂应用。近来，非巯基的还原剂三丁基膦（2 mmol/L）也被用来作为还原剂。

Rabillored（1996，1998）提出以含 5 mol/L 脲、2 mol/L 硫脲、2% CHAPS 及 2% SB3-10 的裂解液来溶解需要强烈表面活性剂的蛋白质。以含 7 mol/L 脲、2 mol/L 硫脲、4% CHAPS 的裂解液用于需要高浓度离液剂的蛋白质。

载体两性电解质（carrier ampholyte）和固相 pH 梯度缓冲液也包含于裂解液中，可以通过电荷与电荷之间的相互作用减少蛋白质聚合来增强其溶解性。

样品在进行离心之前应该在室温下保持至少 1 h 来达到完全的变性和溶解，称其为室温平衡。在含有脲的溶液中不可加热，防止蛋白质的修饰作用。超声裂解可以帮助加速溶解。

2. 裂解策略　选择合适的样品制备方法对获得满意的双向电泳图谱是很重要的。由于蛋白质样品的来源和类型差异较大，因此在这里仅提供常用的裂解策略。对每一种样品而言，适宜的裂解步骤可由经验而定，其目的均是尽可能地完全溶解、解离、变性和还原蛋白质。另外，在采用增强溶解性措施时要认识其可能存在的缺陷，对于复杂样品而言，双向电泳的分离会出现许多重叠的蛋白质斑点，特别是对上样量较大的制备型电泳，应引起重视。

有许多试剂用在等电聚焦之前可以大大提高样品的溶解度，如硫脲、硫代甜菜碱（sulfobetaine，一种表面合性剂）和三丁基膦。通过联合硫脲、表面活性剂 SB 3‑10 和不带电荷还原剂三丁基膦，可产生一个高效的等电聚焦样品裂解溶液。联合应用不同裂解剂的思路对溶解那些传统方法中不溶的蛋白质是一种很好的裂解方法，用分步裂解的方法进行不同蛋白质的提取也是一种优良的策略。

为了解决表面活性剂与离液剂在高浓度脲中的溶解度低问题，有人合成了一种新的包括具有线性碱性尾的酰胺硫代甜菜碱（ASB）或具有 alkylaryl（烷基芳香基）尾的酰胺硫代甜菜碱如 C8 以增加其在高浓度脲中的溶解性。由于它们比 SB3‑10 具有更多的极性头，能溶解于高浓度的脲中。因酰胺硫代甜菜碱及 C8 比 CHAPS 具有更强的膜蛋白溶解力，所以更适合于对膜蛋白的提取。

第四节 样品预分级

通常可以用细胞或组织中的全蛋白质组分进行蛋白质的分析，也可以进行样品的分级，即采用各种方法将细胞或组织中的全蛋白质分成几部分，分别进行蛋白质组的研究。样品预分级的主要方法包括根据蛋白质的溶解性和蛋白质在细胞中不同的细胞器定位进行分级，如专门分离出细胞核、核糖体、细菌细胞壁、叶绿体、线粒体等的蛋白质成分。样品预分级不仅可以提高低丰度蛋白质的上样量和检测，还可以针对某一细胞器的蛋白质组进行分析。

一、亚细胞器的分离

主要是利用细胞内各种颗粒大小、形状和密度不同，在不同离心力场下进行差速离心或在不同密度梯度下进行密度梯度离心，从而获得不同亚细胞器组分。

（一）细胞匀浆

取待分析的组织细胞样品以 0.9% NaCl 溶液反复清洗后，加入 SE 缓冲液（0.25 mol/L 蔗糖、1 mmol/L EDTA），在低温下研磨成匀浆备用。

（二）亚细胞器的差速离心及密度梯度离心分离

1. 差速离心 差速离心指在密度均一的介质中不同大小的颗粒通过在不同的离心力场的作用下沉降而分离。理论上，沉降快的颗粒首先到达管底，而沉降慢的颗粒仍留在悬液中。但实际上，由于各种颗粒于离心沉降前在介质中是均匀分布的，因而某些慢沉降颗粒被快沉降颗粒裹到后者的沉淀块中，而使分离不够完全。需重复进行 2～3 次差速离心，但这样做会损伤细胞。故差速离心可用于分离大小悬殊的细胞，而更适合于分离细胞器。其具体步骤如下：①取上述匀浆物以 1 000 g 在 4℃下离心 20 min，沉淀部分为细胞核。②取上清液以 3 000 g 在 4℃下离心 10 min，沉淀部分为线粒体。③取上清液再以 16 300 g 在 4℃下离心，沉淀为溶酶体，上清液为内质网和核蛋白体部分。

2. 密度梯度离心 密度梯度离心是用一定的介质在离心管中形成连续或不连续的梯度，将细胞混悬液置于介质的顶部,通过重力或离心力场的作用使细胞分层分离。这类分离还可分为速度沉降和等密度沉降平衡。

(1) **速度沉降** 速度沉降主要用于分离密度相近而大小不等的细胞或细胞器,其原理是生物颗粒在密度梯度介质中按各自的沉降系数以不同的速度沉降。这种方法所采用的介质密度较低,介质的最大密度应小于被分离生物颗粒的最小密度,如大多数哺乳动物细胞的相对密度为1.050~1.100,故应采用相对密度小于1.040的密度梯度介质,可用3%~30%的小牛血清、2%~4%Ficoll(高聚蔗糖)或1%~2%白蛋白制成。为了能完好地保存细胞及亚细胞结构的功能,沉降最好在4℃下进行。必须在沉降最快的生物颗粒达到管底前停止沉降,并将各部分分别收集。该法的优点是:①由于大多数细胞的密度相差不大,而大小差别明显,故通过沉降速度的区别进行分离是比较理想的;②由于所采用的介质密度较低,一般不需要高速度离心;③分离所需时间短,所受外力轻,有利于保持生物颗粒的完整性;④可在无菌条件下进行全部操作。

速度沉降分离细胞器的步骤举例如下:①取细胞匀浆物加在10%蔗糖的缓冲液中,以500 g 于4℃下离心10min,沉淀部分为细胞核。②上清液以15 000 g 于4℃下离心10min。获得沉淀部分及上清液部分,沉淀部分以10%蔗糖溶液洗2次,每次以15 000 g 于4℃下离心10min,然后在10%蔗糖溶液、30%蔗糖溶液、50%蔗糖溶液中以25 000 r/min 于4℃下离心120min,获得纯化的质膜。③上清液部分以100 000 g 于4℃下离心60min,沉淀部分为线粒体,上清液部分为微粒体等其他组分。[离心机离心的功能有两种表示方式,即离心力(g)和每分钟转速(r/min)。有些离心机上面有按钮可以在转速与离心力之间切换,有些离心机上面没有自动切换功能。两者之间的关系可以用下面的公式计算:$g = r \times 11.18 \times 10^{-6} \times n^2$,式中,$r$ 为有效离心半径,即从离心机轴心到离心管桶底的长度;n 为转速(r/min)]。

(2) **等密度沉降平衡** 等密度沉降平衡适用于分离密度不等的颗粒。细胞或细胞器在连续梯度的介质中经足够大的离心力和足够长时间沉降或漂浮到与其自身密度相等的介质处,并停留在那里达到平衡,从而将不同密度的细胞或细胞器分离。等密度沉降离心通常在较高的介质中进行,介质的最高密度应大于被分离组分的最大密度,而且介质的梯度要求较高的陡度。再者,该法所需要的离心力场通常比速度沉降法大10~100倍,故需要高速或超速离心,离心时间也较长,这对细胞不利,故此法适用于分离细胞器,不太适于分离纯化细胞。

目前常用的介质有Ficoll、Percoll、Metrizamide等。Ficoll是蔗糖的多聚体,呈中性、多分支、亲水性高,其平均分子质量为4 000 000 u,易溶于水,可制成50%(m/V)的溶液,密度可高达1.2 g/mL,而不超出生理渗透压,不能穿过生物膜,故不像蔗糖那样会改变被分离物质颗粒的密度,因而广泛用于速度沉降分离细胞。

Percoll是包被乙烯吡烷酮的胶颗粒,渗透压很低,黏度亦很小,可形成高达1.3 g/mL的密度,密度梯度可预先形成,也可在离心过程中形成,所需离心力为3 000~10 000 g。其扩散常数很低,黏度也低,故其梯度十分稳定。此外,它也不穿透生物膜,对细胞无毒害,Percoll广泛用于分离细胞、亚细胞成分及细菌等,既可用于等密度沉降平衡,又可用于速度沉降。

Metrizamide是一种脱氧葡萄糖的三碘化苯甲酰胺衍生物,分子质量为789 u,密度为2.17 g/mL,室温稳定,光不稳定,易溶于水,易溶于多种有机试剂,在水性环境中可形成黏稠的聚合物。制备溶液时应慢慢地加入水中并不停地搅拌,使用时应注意所用条件不致引起碘的释放。

因该试剂属于还原糖的衍生物，故应避免与强氧化剂、还原剂一同使用。又因细菌可使其溶液降解，故应过滤除菌或于－20℃冰箱储存。其黏度比某些离子型介质大，但比同密度的蔗糖及Ficoll小得多。在通常所用的密度范围（1.3g/mL）内，其黏度大于颗粒达到等密度位置，因而无严重阻碍。其渗透压随浓度改变的幅度要比蔗糖及离子型介质小，故适用于做等密度沉降的介质，用于分离亚细胞结构。对于某些高密度细胞的分离可以获得优于Ficoll的分辨率。

近来，一种X-ray contrast compounds lodixanol and nycodenz亦成为一种常用的介质。它同样具有低黏度、低渗透压、低毒性及高密度，但它们不像Percoll那样为胶状介质，也不像一些三碘苯酸的非离子型衍生物那样与三链脂肪酸的亲水性末端结合。它们是通过自身聚合形成梯度而大范围地分离细胞膜及其他细胞器，且该试剂对许多酶无影响。

等密度梯度沉降平衡法的操作主要有以下3步。

①密度梯度介质的制备：介质的密度梯度可做成连续或不连续密度梯度。连续梯度可用梯度形成器或通过离心制备，有时也可通过不连续的自然扩散形成。不连续梯度的制备可用长针头注射器插至管底从低密度到高密度逐层放置介质。在等密度沉降时，应在管底铺置一定厚度的高密度介质作为垫层，以防止细胞沉底。离心后，细胞或细胞器按密度停留在一定的界面处。因此，对界面上下介质密度的选定十分重要。不连续梯度适用于分离亚细胞结构和分离外周血细胞。用不连续梯度介质分离细胞时所得的纯度及分辨率不如连续梯度好。这是因为在界面聚集的细胞易发生聚合，而且界面处介质密度的骤然变化影响一些成分的沉降。故介质的梯度根据细胞的特点及实验要求而定。

②装样：样品的体积、浓度及装样方式因细胞种类和所用的分离方法而异。一般在速度沉降分离时将样品装在梯度的顶部。体积应尽量小，浓度不可过高。否则会发生细胞聚合，影响分离和回收。

③取样：细胞器分带分离后，应立即将管中内容物分部收集，并检测各分部中细胞器的分布、种类和数量。分部收集可从管底进行，也可从管顶进行。前者在离心管底穿一适当大小的孔，借天然重力或蠕动泵的压力使管中内容物缓缓流出，分部收取。后者在离心管上加盖并插入一细长管至管底，压入密度大于介质最高密度的液体将分离后的内容物从顶端的出口依次赶出，分部收取。

二、细胞的分离

选择具有高度可比性、特异性差异显著的对比对象是差异蛋白组学的关键。由于样本成分复杂，实验者为保证差异蛋白确实存在及其与研究因素的相关性，一个重要的策略就是减少干扰因素或个体差异，提高样本的均一性。

对临床组织样本进行研究，寻找疾病标记，是蛋白质组研究的重要方向之一。但临床样本都是各种细胞或组织混杂，而且状态不一。如肿瘤组织中，发生癌变的往往是上皮类细胞，而这类细胞在肿瘤中总是与血管、基质细胞等混杂。所以，常规采用的癌和癌旁组织或肿瘤与正常组织进行差异比较，实际上是多种细胞甚至组织蛋白质组混合物的比较。而蛋白质组研究需要的通常是单一的细胞类型。组织水平上的蛋白质组样品制备方面已有新的进展，如采用激光捕获微切割技术（laser capture microdissection，LCM）分离癌变上皮类细胞。

　　激光捕获微切割技术的出现和发展促进了差异蛋白组学研究中具有高度可比性标本的选择。该技术的工作原理为：将专用组织切片放置在倒置显微镜的载物台上，在一个与标准 0.5 mL EP 管（eppendorf microfuge tube）配套的扁平盖子上贴附一层直径大约 6 mm 的透明热塑型薄膜，通过机械手使薄膜的另一面以适当压力紧密覆盖在切片的表面，在显微镜下将选定细胞调至视野的中心，通过定位光束标定被选细胞后，引导脉冲激光束从侧面通过一个透镜和一个反光镜，使反射光垂直照射于所选定的细胞上，这时贴附于该细胞上的薄膜在受到适当强度的脉冲激光（0.5～5.0 ms）照射后，瞬间温度升高使薄膜溶化并与其下方的细胞紧密粘连（其黏附力远大于组织同载玻片的黏附力），当薄膜重新塑性后与薄膜相连的细胞可以被完整地从组织切片中取出来，而且不会损伤细胞。然后将黏附有被选细胞的盖子盖在含有相应微量缓冲液的 EP 管上，通过对膜的消化使细胞与薄膜分离而获得完整的细胞。这样，激光捕获微切割技术借助显微仪器，利用激光切割组织而获得某一特定类型的靶细胞群，避免其他细胞掺杂，提高了样本的均一性。

三、分步裂解提取

　　1. 目的与原理　由于蛋白质在细胞中存在部位不同，而不同蛋白质的溶解性亦不相同，为了提高双向电泳的分离效果，有时需要采取分步提取的方法来尽可能地提取更多的蛋白质。一些实验室提出了细胞组分的分步提取，即先对不同的细胞进行分级。

　　在蛋白质组领域中，目前所鉴定的蛋白质组通常仅占预期蛋白质组的一小部分。如果在一个细胞中有数千种蛋白质，在一个细胞器中蛋白质的数目可降至数百种，这样便可增加电泳时蛋白质的点样量，有利于提高低丰度蛋白质的分辨率。这种亚分级方法主要基于细胞组分的大小或密度不同，采用超速离心法分离出线粒体、溶酶体等细胞器，以及质膜和细胞核等成分，再用适当的蛋白质溶解液将不同细胞组分的蛋白质溶解分离出来。

　　虽然对细胞器和质膜预分级可减少样品的复杂性，然而，这要求相当多的经验和价格昂贵的仪器，如超速冷冻离心机等。因此，研究者们也提出利用蛋白质溶解性的不同来分步提取蛋白的方法。将一个细胞的总蛋白质分成不同的蛋白质组分，以降低蛋白质的复杂性，提高双向电泳的分辨率。这主要是基于不同蛋白质溶解度的差异而使用不同强度的增溶剂（chaotrope 离液剂）、表面活性剂顺序提取不同蛋白质组分。进行亚蛋白质组分的分步提取，一般按顺序式进行，样品采用不同的提取和裂解技术。

　　分步提取法现已被用于提取各种不同组织的蛋白质，其中通常采用以水相、有机相和表面活性剂为基础的提取溶液。但是，仍然很难提取到样品的全部蛋白质组和低丰度蛋白质。此外，一些疏水蛋白，包括膜蛋白和膜相关蛋白，以及高度抗性组织（如头发和皮肤组织）的蛋白质几乎很难进行双向电泳分离，特别是在应用固相 pH 梯度的等电聚焦中有待进一步的研究。

　　2. 方法　Molley 等（1998）首先提出了顺序抽提（sequence extracting）法，其步骤是和高效裂解缓冲液结合起来。用该方法提取的蛋白样品，在 IEF - SDS - PAGE 中可以获得高分辨率的、清晰的双向电泳图谱。具体操作步骤如下（图 2 - 1）。

　　第一步，水溶液的提取：取 5～15 mg 细胞加入 2 mL 裂解液Ⅰ（40 mmol/L Tris）中。反复冻融 3～4 个循环，加入适量的 DNase Ⅰ 和 RNase A，振荡混匀。离心收集上清液，冷冻干燥器中抽干后即为第一步提取物。

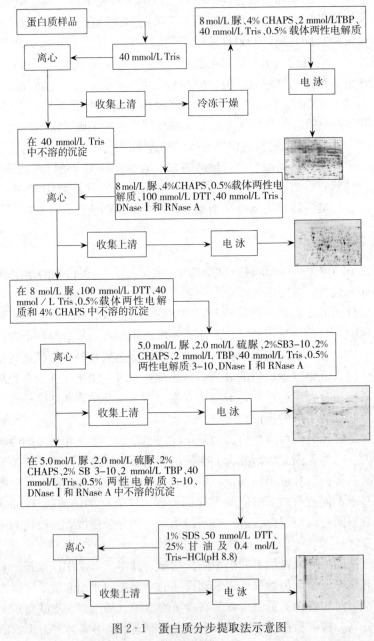

图 2-1 蛋白质分步提取法示意图

(仿钱小红等，2003)

第二步，含脲-CHAPS-二硫苏糖醇溶液的提取：向第一步的沉淀中加入 $500\,\mu L$ 的裂解液 II [8 mol/L 脲、4% CHAPS、100 mmol/L-二硫苏糖醇（DTT）、40 mmol/L Tris、0.5% 两性电解质 3-10，$20\,\mu g/mL$ DNase I 和 $5\,\mu g/mL$ RNase A]。剧烈振荡混匀，离心收集上清液为第二步提取物。

第三步，含硫脲-SB3-10-三丁基膦溶液的提取：将上一步所余的沉淀用 40 mmol/L Tris 清洗后，加入 $200\,\mu L$ 裂解液 Ⅲ ［$5.0\,mol/L$ 脲、$2.0\,mol/L$ 硫脲、2% CHAPS、2% SB3 - 10、$2\,mmol/L$ 三丁基膦（TBP）、$40\,mmol/L$ Tris、0.5% 两性电解质 3 - 10、$20\,\mu g/mL$ DNase Ⅰ 和 $5\,\mu g/mL$ RNase A］。强烈振荡均匀，离心后收集上清，保存于 $-70\,℃$。

第四步，如有必要也可进行抽提：即把第三步未溶解的细胞沉淀再用 1% SDS、$50\,mmol/L$ 二硫苏糖醇、25% 甘油及 $0.4\,mol/L$ Tris - HCl（pH 8.8）溶解抽提，这样可使与细胞膜或细胞器中结合很牢的常规提取不能溶解的膜蛋白、不溶性蛋白质溶解出来。

Klose 等（1995）报道了另一种分步提取法将细胞总蛋白质也分为 3 个不同的步骤：第一步用 $50\,mmol/L$ Tris、$100\,mmol/L$ KCl、20% 甘油（pH 7.0）及 $1\,mmol/L$ 苯甲基磺酰氟（PMSF）进行抽提，获得细胞液及核质中的可溶性蛋白质；第二步用 $0.1\,mol/L$ 磷酸缓冲液、$0.2\,mol/L$ KCl、20% 甘油、$1\,mmol/L$ 苯甲基磺酰氟、$25\,mol/L$ 脲及 2% CHAPS 抽提第一步的不溶性组分，从而获得来自细胞膜的蛋白质、细胞的结构蛋白及细胞器中的蛋白质；第三采用 $50\,mmol/L$ Tris、$1\,mmol/L$ $MgSO_4$、benzonase（一种降解 DNA 的酶）处理第二步的不溶性组分，从而获得碱性的组蛋白及染色体中的蛋白质。

3. 效果　分步提取法所采用裂解液的溶解性能是逐渐增加的。第一步裂解液只含有 $40\,mmol/L$ Tris，其余为去离子水，只溶解偏亲水性的蛋白质。第二步裂解液属于传统的裂解方法，含有表面活性剂 CHAPS、还原剂二硫苏糖醇，解聚剂脲等成分，由于具有良好的溶解能力，可以溶解亲水性、中性和较疏水性的蛋白质。第三步裂解液中添加了能够促进疏水蛋白质溶解的成分，如表面活性剂 SB3 - 10、还原剂二硫苏糖醇、解聚剂硫脲，主要溶解偏疏水性的蛋白质。有报道表明，从这最后一步的裂解液中鉴定出 11 个大肠杆菌膜蛋白。

在抽提肝细胞中的总蛋白质时，应用这种分级顺序提取方法分步提取，然后将不同组分进行双向电泳分离，共获得约 11 270 个不同的蛋白质点。有报道表明，11 个大肠杆菌膜蛋白从这最后一步的裂解液中鉴定出来。分步提取的蛋白在电泳时，上样量与原供试样品含量相比较，实际上是提高了上样量，增大了蛋白的检出率。因此，分级提取方法较一步提取法更为优越，是分离和获取细胞全部蛋白质的一种好策略。

上述基本的操作步骤可依据样品类型而变化。在多数情况下，大部分蛋白质在第一步和第二步操作中可被提取，而且第一步和第二步操作很可能出现相似的图谱，这称为重叠现象。在蛋白质提取过程中，重叠现象的发生依赖于破碎细胞和组织所选用的物理过程效率的高低。例如，在超声破碎时，大肠杆菌在数秒内即可裂解完全，而结核杆菌则需 25 min 才达到 90% 的裂解。这些信息需要在进行分步提取之前就了解清楚，以便获得最优化的裂解效果。

这种分步提取方法是一种快速有效的分级和浓缩不溶性蛋白质（如膜蛋白）的方法。进而，分步提取蛋白质与细胞器分级联合起来也是有效的方法。例如，分步提取纯化的细胞器不但可以提供细胞的定位，而且还可以通过分离可溶性组分导致双向电泳图谱的简化。在蛋白质组研究领域中，发展目标之一是：将继续优化预分级和增强蛋白质的溶解度，并联合多范围 pH 梯度进行双向电泳的分离，以期获得更高的分辨率，获得更多的蛋白质组分，提供更丰富的生物学数据。

四、特殊蛋白质的提取

1. 细胞器蛋白质的提取　通常可采用细胞或组织中的全蛋白质组分进行细胞器蛋白质的分

析，但其蛋白质样品中蛋白质的类型复杂，从双向电泳和质谱分析结果中往往难以鉴定出全部细胞器蛋白质。因此，进行细胞器蛋白质组分研究时应进行细胞预分级。细胞样品预分级的主要方法是根据蛋白质在细胞中不同的细胞器定位和蛋白质溶解性进行分级，分离出细胞核、线粒体、高尔基体等细胞器的蛋白质成分。样品预分级不仅可以提高低丰度蛋白质的上样量和检测，还可以针对某一细胞器的蛋白质组进行研究。

将所获的不同细胞组分加入样品裂解溶液 [9.8 mol/L 脲、2%CHAPS、0.5%固相 pH 梯度缓冲液（IPG buffer pH 3～10）或 pharmalyte（pH 3～10）、65 mmol/L 二硫苏糖醇]，抽提 30 min，然后以 13 000 r/min 离心 15 min，收集上清液，即可做等电聚焦电泳。

2. 膜蛋白质的提取 膜蛋白质存在于细胞膜或有关细胞器（如线粒体、内质网、细胞核等）的膜上，根据其在膜中分布的位置及分离的难易，可分为外在膜蛋白和内在膜蛋白。膜蛋白被简单定义为与膜（例如脂双分子层）相关的蛋白。然而，"相关"二字似乎意味着不确定性。从结构角度而言，多肽链不同程度地跨越脂双分子层的蛋白被定义为膜整合蛋白或膜内在蛋白。由于脂双分子层的低电环境限制了跨膜氨基酸的组成和结构排列，所以，膜内在蛋白的跨膜结构域必须折叠形成 α 螺旋或 β 片层的二级结构。近来，从几个基因组的全序列估计，跨膜蛋白（锚定到膜上的蛋白除外）占细胞总蛋白的 30%。另外，膜蛋白处于细胞的边界，在细胞的各种生命活动中发挥重要的作用，如信号转导、细胞黏附和代谢、离子交换、内吞等。因此，它们也可以作为细胞药物治疗的靶点。

外在膜蛋白是通过次级键和外膜脂质的极性头部整合在一起，可以用含乙二胺四乙酸（EDTA）二钠的缓冲液抽提。对于内在膜蛋白，因其嵌合在脂双层中，抽提时要削弱它与膜脂的疏水相互作用，因此要通过增溶溶解。比较理想的增溶溶解剂是去污剂，它既有疏水部分也有亲水部分，当浓度高于临界胶团浓度时，形成胶团，胶团内部为疏水核，外部为亲水层，增溶时膜蛋白疏水部分嵌入胶团的疏水核中而与膜脱离，同时又保住了膜蛋白表面的疏水结构。在抽提膜蛋白时常用的去污剂有 SDS、Triton X-100、NP-40、CHAPS、SB3-10、ASB、脱氧胆酸、溴化十二烷基三甲胺等。但 SDS 等离子型去污剂常用于抽提的初始步骤，并在其后经样品液稀释使终浓度低于 0.25%，否则会干扰等电聚焦电泳。

膜蛋白的制备可以参考以下方法（Pasquali C. 等，1997）进行。

①取一定量的组织样品或培养细胞置一微型离心管中，并立即置液氮中冻结。

②将已冻结的样品转移到一瓷研钵中，加入适量（约 1:2）匀浆缓冲液 [1%（m/V）SDS、5%（m/V）β-巯基乙醇或二硫苏糖醇、2 mol/L 硫脲及 5 mol/L 脲] 在液氮中研磨成粉末。

③溶化匀浆，并用匀浆缓冲液稀释至 5 倍，并转移至匀浆器中充分匀浆。这些操作在 4℃ 下进行。

④以 1 000 g 于 4℃ 下离心 10 min，将上部悬浮物转移至另一离心管中，以 105 000 g 于 4℃ 下离心 30 min，收集沉淀部分，即为膜蛋白质组分。

⑤将膜蛋白质组分按一定比例溶于 1%（m/V）SDS、5%（V/V）β-巯基乙醇中，在 95℃ 下加热 5 min，并振荡混合。SDS 可帮助蛋白质溶解，这一步对膜蛋白的增溶特别重要。

⑥以 8 000 g 离心 5 min。在电泳前用样品稀释液以 1:4 的比例稀释，使 SDS 浓度低于 0.25% 而不影响等电聚焦电泳，即可用于等电聚焦电泳。

在进行膜蛋白提取的时候，有两点需要注意。

首先，应注意提取所得的膜蛋白的纯度。当细胞在水相、去污剂中进行裂解时，细胞膜和内膜网将会断裂成碎片或颗粒，通过沉淀或分级技术加以分离。同时，这些技术也能分离膜结合的细胞器（如线粒体）蛋白。然而，在这种样品制备中，并不是每一个蛋白质都是膜蛋白。到目前为止，多数对膜蛋白的研究在进行样品制备时或多或少地含有膜样品制备的粗提物。并没有任何证据表明，在双向电泳图谱中所呈现出斑点是真正的膜蛋白，而不是可溶性蛋白杂质。文献报道，通过生化方法已经产生了两种广泛应用的技术可最低限度地减少样品制备的污染。一种是应用盐，主要是溴化钾，或更多的离液剂进行清洗，可以使与膜相互作用较弱的蛋白质分离出来（亦可尝试应用碳酸钠），目的是富集膜内在蛋白。从而，在双向电泳的凝胶图谱中尽量使膜内在蛋白占主要部分。另一种方法是应用去污剂分级来除去膜样品制备中的可溶性杂质。膜蛋白通常位于两相去污剂系统中相对较丰富的那一相中，但是，不是所有分配于此相的蛋白质都是膜蛋白。去污剂的种类、温度和离子强度都会影响膜蛋白的分级效率。

第二个需要注意的问题是，无论是动物和植物的细胞还是酵母和细菌，其膜蛋白都很难出现在双向电泳凝胶图谱上，原因是：膜蛋白是低丰度的、多为偏碱性、难溶于等电聚焦的水相介质中的蛋白质。因此，为了能够从双向电泳凝胶图谱中分离出膜蛋白，首先必须实现 3 个条件：①必须保证膜的脂类环境，同时，应避免多余的脂类对等电聚焦造成干扰；②必须以一种可溶的形式（通常是去污剂-蛋白质复合物）从膜中分离出来；③所提取的膜蛋白必须在等电聚焦过程中维持可溶状态，特别是在等电点的位置。

尽管这些条件限制了用双向电泳分析膜蛋白。但是，根据技术的发展，这种限制是可以克服的。例如，制备型电泳已可以使上样量达到毫克级，而且，新的、宽范围的 pH 预制干胶条的出现对此也提供了一定的帮助，使之变得容易解决。

一些新的去污剂、离液剂、还原剂及有机溶剂能够溶解膜内在蛋白。例如，Chevallet M 报道，利用相分离技术可从拟南芥叶中纯化质膜蛋白。Rabilloud T. 等利用 4 个不同的步骤（Triton X-100、Triton X-114、碳酸盐处理和氯仿-甲醇处理）来检验从质膜中提取疏水蛋白的能力，利用 6 个不同的裂解缓冲液来检验溶解疏水蛋白的能力。裂解缓冲液包括：7mol/L 脲、2mol/L 硫脲、0.5% Triton X-100、1.2% pharmalytes 3-10、20mmol/L 二硫苏糖醇（DTT）和 2%（m/V）新去污剂或 4% CHAPS。新去污剂包括 $\phi C5$、$\phi C6$、$\phi C7$、$\phi C8$、ASB14。这项研究表明，能溶解疏水蛋白的新去污剂的使用依赖于样品中的脂肪含量，高脂肪含量者宜使用新去污剂。

依据上述方法已经通过质谱鉴定出一系列相关的膜内在蛋白。然而，与疏水相关的问题仍很难解决。很明显，研究一种分离疏水性蛋白质和建立双向电泳对疏水性蛋白质进行有效分离的方法仍然是一个重要任务。尽管新的去污剂、离液剂、还原剂及有机溶剂的应用，即前述所提到的分步提取蛋白质的方法可以分离出富集的膜蛋白，并且，硫酸盐类的去污剂似乎比含有聚乙二醇（PEG）或糖基头的去污剂更有效，但常规线性的硫酸盐类与双向电泳所必需的离液剂的相容性很弱。虽可应用各种化学组分（如氨基）以增加溶解性，但这些组分又可能降低去污剂的作用。总之，生物膜蛋白的双向电泳需要根据样品的不同要求预先优化溶解条件，才能达到更完美的分离。

3. 核蛋白的分离提取 细胞核主要由核仁和核基质组成。核基质包括核表面核纤层蛋白、多种低丰度核蛋白、核内不均一核糖核蛋白及与基质相关的 DNA 结合区。英国爱丁堡的 MRC 人类遗传学研究中心准备启动建立一个关于细胞核蛋白的特殊数据库，可以通过国际互连网络进行搜索查询（网址是 http://www.hug.mrc.ac.uk/users/Wendy.Bickmore/npdintro.html/）。

核基质蛋白提取方法：在含有 0.5% Triton X-100 和 1.2 mmol/L 蛋白酶抑制剂的缓冲液中匀浆数分钟，离心去除脂类和可溶性蛋白质。其沉淀与提取液（100 mmol/L KCl、3 mmol/L $MgCl_2$、0.5% Triton X-100、1.2 mmol/L 苯甲基磺酰氟）于 4℃反应 15 min，离心去除可溶性骨架蛋白。沉淀再于消化液内（50 mmol/L NaCl、3 mmol/L $MgCl_2$、1.2 mmol/L 苯甲基磺酰氟、100 μg/μL DNase、100 μg/μL RNase A）室温下消化 30 min，离心后沉淀蛋白质主要包括核基质蛋白和中间丝。沉淀蛋白质溶于 8 mol/L 脲的蛋白裂解液内后，经透析除去脲。不溶性细胞外基质、糖及中间丝，经超速离心沉淀下来，上清即为细胞核基质蛋白。Gerner C. 等人应用纳喷-ESI-MS/MS 已经鉴定出 33 个蛋白质，主要属于核基质蛋白。

真核细胞核膜的组成主要有：与内质网连续的核外膜、由核纤层支撑的核内膜、由核纤层蛋白组成的中间纤维网络和位于核孔复合体的连接内外核膜的核孔膜。核外膜的蛋白质成分与内质网相似。迄今为止，几乎没有特殊的蛋白质与内膜相关；核纤层蛋白 B 受体及其相关的多肽、Emerin、Nurim 和 MAN-1 等蛋白质或是位于核纤层上，或是与染色质相结合，参与染色体的结构，这对于维持细胞核的正常形态与功能是必需的。

核膜含有几个富集在不同组分的膜内在蛋白和多蛋白复合物，而且许多膜内在蛋白与结构蛋白的相互作用网络不能通过去污剂提取，这个问题与任何其他复合物的膜蛋白的分析相似。通常采用不同的提取策略来完成核膜蛋白的分级制备，经过基质辅助激光解吸电离飞行时间（MALDI-TOF）已经鉴定出 129 个已知蛋白质。其中，已鉴定的 19 个基因产物此前在蛋白质水平并没有被检测到。

具体的核蛋白及核膜蛋白的提取和分级制备参照 Dreger M 的方法。简而言之，细胞核用冰 TP 缓冲液 [10 mmol/L Tris-HCl（pH 7.4），10 mmol/L NaH_2PO_4（pH 7.4），1 mmol/L 苯甲基磺酰氟，10 μg/mL 抑蛋白酶肽（aprotinin），10 mmol/L 亮抑酶肽（leupeptin）] 匀浆，缓冲液中含有 250 μg/mL 肝素（heparin）、1 mmol/L Na_3VO_4、10 mmol/L NaF、400 U Benton nuclease。在 4℃下搅拌 90 min，细胞核膜通过离心（10 000 g，30 min，4℃）沉淀下来，随后用 STM 0.25 缓冲液 [20 mmol/L Tris-HCl（pH 7.4）、0.25 mol/L 蔗糖、5 mmol/L $MgSO_4$、1 mmol/L Na_3VO_4、1 mmol/L 苯甲基磺酰氟、10 μg/mL 抑蛋白酶肽、10 μg/mL 亮抑酶肽] 重悬沉淀。蛋白质浓度用 Bradford 方法检测，为了进一步分级，在 STM 0.25 缓冲液（每个样品约有 200 μg 蛋白质）中的核膜提取物或者加入 Triton X-100（TX-100，终浓度为 0.5%），或者加入脲和 Na_2CO_3（终浓度分别为 4 mol/L 和 0.1 mol/L），或者加入 NaCl（终浓度为 1 mol/L）。样品在 4℃下振荡 15 min。TX-100 的抗性物质以及经 NaCl 清洗的样品以 13 000 r/min 离心获得。离液剂抗性物质以 50 000 r/min 超速离心可以获得。

第五节　样品蛋白质含量测定

测定蛋白质含量的方法一般可分为间接方法和直接方法。间接方法是通过测定样品中蛋白质的含氮量进行推算蛋白质的含量；直接方法则是根据蛋白质的物理和化学性质，直接测定蛋白质的含量。利用蛋白质的主要性质（如含氮量、肽键、折射率等）和蛋白质含有的特定氨基酸残基（如芳香基、酸性基、碱性基等）来测定蛋白质含量的方法，主要有凯氏定氮法（国际经典测定方法）、分光光度法和滴定法等。

不同蛋白质样品含量的一致性是不同样品之间进行比较的基础。每种测定法都不是完美无缺的，都有其优缺点。在选择样品蛋白质含量测定方法时应考虑：①实验对测定所要求的灵敏度和精确度；②蛋白质的性质；③溶液中存在的干扰物质；④测定所要花费的时间。通常应选择操作较简易，结果较精确的方法。考马斯亮蓝法（Bradford 法），由于其突出的优点，正得到越来越广泛的应用。

一、紫外吸收测定法

蛋白质分子中，酪氨酸、苯丙氨酸和色氨酸残基的苯环含有共轭双键，使蛋白质具有吸收紫外光的性质。吸收高峰在 280 nm 处，其吸光度（即光密度值）与蛋白质含量成正相关。此外，蛋白质溶液在 238 nm 的光吸收值与肽键含量成正比。利用在一定波长下蛋白质溶液的光吸收值与蛋白质浓度的正相关关系，可以进行蛋白质含量的测定。

紫外吸收法简便、灵敏、快速，不消耗样品，测定后仍能回收使用。低浓度的盐，例如生化制备中常用的 $(NH_4)_2SO_4$ 等和大多数缓冲液不干扰测定。特别适用于柱层析洗脱液的快速连续检测，因为此时只需测定蛋白质浓度的变化，而不需知道其绝对值。

此法的特点是测定蛋白质含量的准确度较差，干扰物质多，在用标准曲线法测定蛋白质含量时，对那些与标准蛋白质中酪氨酸和色氨酸含量差异大的蛋白质，有一定的误差。故该法适用于测定与标准蛋白质氨基酸组成相似的蛋白质。若样品中含有嘌呤、嘧啶及核酸等吸收紫外光的物质，会出现较大的干扰。核酸的干扰可以通过查校正表，再进行计算的方法，加以适当的校正。但是因为不同的蛋白质和核酸的紫外吸收是不相同的，虽然经过校正，测定的结果还是存在一定的误差。此外，进行紫外吸收法测定时，由于蛋白质吸收高峰常因 pH 的改变而变化，因此要注意溶液的 pH，测定样品时的 pH 要与测定标准曲线的 pH 相一致。

1. 280 nm 光吸收法　因蛋白质分子中的酪氨酸、苯丙氨酸和色氨酸在 280 nm 处具有最大吸收，且各种蛋白质的这 3 种氨基酸的含量差别不大，因此测定蛋白质溶液在 280 nm 处的吸光度值是最常用的紫外吸收法。

测定时，将待测蛋白质溶液倒入石英比色皿中，用配制蛋白质溶液的溶剂（水或缓冲液）做空白对照，在紫外分光光度计上直接读取 280 nm 的吸光度值 A_{280}。蛋白质浓度可控制在 $0.1\sim1.0$ mg/mL。通常用 1 cm 光径的标准石英比色皿，盛有浓度为 1 mg/mL 的蛋白质溶液时，A_{280} 约为 1.0 左右。由此可立即计算出蛋白质的大致浓度。

许多蛋白质在一定浓度和一定波长下的光吸收值（$A_{1cm}^{1\%}$）有文献数据可查，根据此光吸收值可以较准确地计算蛋白质浓度。下式列出了蛋白质浓度与 $A_{1cm}^{1\%}$（即蛋白质溶液浓度为 1%，光径为 1cm 时的光吸收值）的关系。$A_{1cm}^{1\%}$ 称为百分吸收系数或比吸收系数。

$$蛋白质浓度（mg/mL）= (A_{280}\times10)/A_{1cm,280nm}^{1\%}$$

例如牛血清蛋白：$A_{1cm,280nm}^{1\%}=6.3$；溶菌酶：$A_{1cm,280nm}^{1\%}=22.8$。

若查不到待测蛋白质的 $A_{1\,cm}^{1\%}$ 值，则可选用一种与待测蛋白质的酪氨酸和色氨酸含量相近的蛋白质作为标准蛋白质，用标准曲线法进行测定。标准蛋白质溶液配制的浓度为 1.0 mg/mL。常用的标准蛋白质为牛血清白蛋白（BSA）。

2. 280 nm 和 260 nm 的吸收差法 核酸对紫外光有很强的吸收，在 280 nm 处的吸收比蛋白质强 10 倍，但核酸在 260 nm 处的吸收更强，其吸收高峰在 260 nm 附近。核酸 260 nm 处的消光系数是 280 nm 处的 2 倍，而蛋白质 280 nm 紫外吸收值大于 260 nm 的吸收值。通常有：纯蛋白质的光吸收比值：$A_{280}/A_{260}=1.8$；纯核酸的光吸收比值：$A_{280}/A_{260}=0.5$。

含有核酸的蛋白质溶液，可分别测定其 A_{280} 和 A_{260}，由此吸收差值，用下面的经验公式，即可算出蛋白质的浓度。

$$蛋白质浓度（mg/mL）=1.45\times A_{280}-0.74\times A_{260}$$

此经验公式是通过一系列已知不同浓度比例的蛋白质（酵母烯醇化酶）和核酸（酵母核酸）的混合液所测定的数据来建立的。

3. 肽键测定法

（1）238 nm 光吸收值法 蛋白质溶液在 238 nm 处光吸收的强弱，与肽键的多少成正相关。因此可以用标准蛋白质溶液配制一系列 50～500 μg/mL 已知浓度的 5.0 mL 蛋白质溶液，测定 238 nm 的光吸收值 A_{238}，以 A_{238} 为纵坐标，蛋白质含量为横坐标，绘制出标准曲线。未知样品的浓度即可由标准曲线求得。进行蛋白质溶液的柱层析分离时，洗脱液也可以用检测 238 nm 的光吸收值来测定蛋白质的峰位。

测定 238 nm 的光吸收值方法比测定 280 nm 吸收值法灵敏。但多种有机物，如醇、酮、醛、醚、有机酸、酰胺类和过氧化物等都有干扰作用。所以最好用无机盐、无机碱和水溶液进行测定。若含有有机溶剂，可先将样品蒸干，或用其他方法除去干扰物质，然后用水、稀酸和稀碱溶解后再做测定。

（2）双缩脲法 双缩脲（$NH_3CONHCONH_3$）是两个分子脲经 180 ℃左右加热，放出一个分子氨后得到的产物。在强碱性溶液中，双缩脲与 $CuSO_4$ 形成紫色络合物，称为双缩脲反应。凡具有两个酰胺基或两个直接连接的肽键，或能通过一个中间碳原子相连的肽键，这类化合物都有双缩脲反应。双缩脲反应的结果靠紫色络合物的颜色来判别。

紫色络合物颜色的深浅与蛋白质浓度成正相关，而与蛋白质分子质量及氨基酸成分无关，故可用来测定蛋白质含量。测定范围为 1～10 mg/mL 蛋白质。干扰这一测定的物质主要有：硫酸铵、Tris 缓冲液和某些氨基酸等。

此法的优点是较快速，不同的蛋白质产生颜色的深浅相近，干扰物质少。主要的缺点是灵敏度差。因此双缩脲法常用于需要快速，但并不需要十分精确的蛋白质测定。

4. Folin-酚试剂法（Lowry 法） Folin-酚试剂中的磷钼酸盐-磷钨酸盐被蛋白质中的酪氨酸和苯丙氨酸残基还原，产生深蓝色（钼蓝和钨蓝的混合物）。在一定的条件下，蓝色深度与蛋白质的量成正相关。这种蛋白质测定法是最灵敏的方法之一。此法的显色原理与双缩脲方法是相同的，只是加入了第二种试剂，即 Folin-酚试剂，以增加显色量，从而提高了检测蛋白质的灵敏度。这两种显色反应产生深蓝色的原因是：在碱性条件下，蛋白质中的肽键与铜结合生成复合物。

这个测定法的优点是灵敏度高，比双缩脲法灵敏得多，缺点是费时间较长，要精确控制操作时间，标准曲线也不是严格的直线形式，且专一性较差，干扰物质较多。对双缩脲反应发生干扰的离子，同样容易干扰 Lowry 反应。而且对后者的影响还要大得多。酚类、柠檬酸、硫酸铵、Tris 缓冲液、甘氨酸、糖类、甘油等均有干扰作用。浓度较低的脲（0.5%）、硫酸钠（1%）、硝酸钠（1%）、三氯乙酸（0.5%）、乙醇（5%）、乙醚（5%）、丙酮（0.5%）等溶液对显色无影响，但这些物质浓度高时，必须做校正曲线。含硫酸铵的溶液，只需加浓碳酸钠-氢氧化钠溶液，即可显色测定。若样品酸度较高，显色后会色浅，则必须提高碳酸钠-氢氧化钠溶液的浓度 1~2 倍。进行测定时，加 Folin-酚试剂时要特别小心，因为该试剂仅在酸性条件下稳定，但上述还原反应只在 pH 10 的情况下发生，故当 Folin-酚试剂加到碱性的铜-蛋白质溶液中时，必须立即混匀，以便在磷钼酸-磷钨酸试剂被破坏之前，还原反应即能发生。此法也适用于酪氨酸和色氨酸的定量测定。

此法可检测的最低蛋白质量达 $5\,\mu g/mL$，通常测定范围是 $20\sim250\,\mu g/mL$。

二、考马斯亮蓝法

在蛋白质测定中，光度法应用最多，适用较广，对该类方法的研究较深入并不断被发展。有机染料结合分光光度法测定蛋白质，操作简便，比较灵敏，一般实验室条件均能满足检测要求，近年来国内外对该类方法的研究应用倍加重视。该类方法的基本原理是在酸性介质中，蛋白质的肽键和 N 端氨基质子化成阳离子，由于电荷作用，蛋白质与阴离子染料结合沉淀或改变结合染料的光吸收特性，由染料颜色的减退或变化的程度来测定蛋白质的含量。

考马斯亮蓝 G-250 染料，在酸性溶液中与蛋白质结合，使染料的最大吸收峰的位置由 465 nm 变为 595 nm，溶液的颜色也由棕黑色变为蓝色。染料主要是与蛋白质中的碱性氨基酸（特别是精氨酸）和芳香族氨基酸残基相结合，在 595 nm 下测定的吸光度值 A_{595}，与蛋白质浓度成正比。这一方法是目前灵敏度最高的蛋白质测定法，其最低蛋白质检测量可达 $1\,\mu g/mL$。染料与蛋白质结合的过程，大约只要 2 min 即可完成，其颜色可以在 1 h 内保持稳定，且在 5~20 min 之间颜色的稳定性最好。

但应注意：①由于各种蛋白质中的精氨酸和芳香族氨基酸的含量不同，因此考马斯亮蓝法用于不同蛋白质测定时有较大的偏差，在制作标准曲线时通常选用球蛋白为标准蛋白质，以减少这方面的偏差。②仍有一些物质干扰此法的测定，主要的干扰物质有：去污剂、Triton X-100、十二烷基硫酸钠（SDS）和大于 0.1 mol/L 的 NaOH。如同 0.1 mol/L 的酸干扰 Lowary 法一样。③标准曲线也有轻微的非线性，因而不能用 Beer 定律（欲测物质的浓度与测量时的光程及测得吸光度的关系）进行计算，而只能用标准曲线来测定未知蛋白质的浓度。

考马斯亮蓝 G-250 染料已被广泛应用，橙红 G、溴甲酚绿、埃铬青 R、溴酚蓝、酸性品红等染料也已被用于蛋白质测定，偶氮胂 K、偶氮胂 Ⅲ、偶氮胂 M、硝基磺酚 C、硝基磺酚 S、氯磺酚 K、氯磺酚 S、茜红素 S、变色酸 2C、变色酸 2B、曙红 Y 等染料测定蛋白质的分光光度法研究也有报道。

三、试剂盒测定

二喹啉甲酸（bicinchoninic acid，BCA）蛋白质检测试剂是当前比 Folin-酚试剂法更优越的专用于检测总蛋白质含量的产品。该方法快速灵敏、稳定可靠，对不同种类蛋白质变异系数甚小，是目前已知的最灵敏的蛋白质检测试剂之一。其中 Pierce 的 BCA 试剂的蛋白质测定范围是 $20\sim2\,000\,\mu g/mL$，采用加强方法可检测到 $5\,\mu g/mL$；Micro BCA 试剂测定范围是 $0.5\sim20\,\mu g/mL$。一般 45min 内完成测定，比经典的 Folin-酚试剂法快 4 倍而且更加方便。除试管外，测定工作可在微孔板中进行，大大节约样品和试剂用量。不受样品中离子型和非离子型去污剂影响。

类似的试剂盒还有 Folin-酚法试剂盒，可进行蛋白质含量测定。

四、其他测定方法

近几年利用金属离子和有机染料形成配合物体系，结合光度法测定蛋白质含量的方法得到了发展。金属离子与含有—OH 或 C＝O 的有机染料相遇时，氧原子中的孤对电子可顺利进入杂化轨道，形成稳定的配合体系，在酸性条件下，该体系遇到结构不对称的蛋白质分子时，互相极化产生静电作用而组合成新的大分子团，改变了原体系的广谱性能，从而能定量测定蛋白质的含量。此类方法具有灵敏度高、线性范围广、干扰离子少、操作简单、快速及适于常规应用等特点。金属离子有机染料结合分光光度法测定蛋白质含量的发展很快，如 Cu（Ⅱ）-氯磺酚 S 配合物、Cu（Ⅱ）-偶氮胂 K 等。

荧光光度法用于蛋白质定量测定是近年逐渐兴起的新方法，利用反应物的荧光强度随蛋白浓度的增加而增加的现象进行蛋白质测定，具有工作曲线的线性范围窄和检出限高的特点。用于荧光光度法的试剂有吖啶橙、茜红素 S、曙红 Y 和灿烂甲酚蓝等。

第六节 蛋白质制备过程中出现的问题和解决办法

样品中非蛋白质的不纯物质可能干扰蛋白质的分离及双向电泳图谱的质量。因此，在样品制备中需考虑清除这些杂质。

一、裂解液的影响

离子去污剂（如 SDS），通常用于蛋白质的提取和溶解，但却强烈干扰等电聚焦。SDS 与多肽形成复合物。如果 SDS 不被除去，则不能正确聚焦。

通常用含有兼性离子去污剂或非离子去污剂的重泡涨溶液稀释含 SDS 的样品，使 SDS 的终浓度为 0.25% 或更低。其他去污剂与 SDS 的比率为 8∶1。

通过丙酮沉淀也可去除部分 SDS。在高温下沉淀将最大限度除去 SDS。但是在 -20℃沉淀会更完全。

苯酚通常在许多植物组织中出现，通过酶催化的氧化反应来修饰蛋白质。通常在组织提取过程中应用还原剂防止苯酚的氧化（如 β-巯基乙醇、二硫苏糖醇），也可通过沉淀方法迅速从酚组分中分离蛋白质。或者用抑制剂（如硫脲）来灭活多酚氧化酶，或用聚乙烯吡咯烷酮或聚乙烯聚吡咯烷酮吸收酚来清除酚组分。

二、盐浓度的影响

盐离子可干扰电泳过程，应尽可能保持低浓度或加以清除。在固相 pH 梯度胶条中，盐离子可导致溶液的电导率增大。通过延长等电聚焦的聚焦时间，直到离子移至胶条末端时聚焦才会完成。水的运动也可能导致胶条一端干燥，一端膨胀，在胶条中的盐离子可能导致较大区域不能聚焦（如水平条纹）。

如果固相 pH 梯度胶条在样品中进行重泡涨，则重泡涨溶液的盐浓度，应低于 10 mmol/L。如果在样品杯中加样，则可耐受 50 mmol/L 左右的盐浓度。然而，当蛋白质忽然移到一个低盐环境中时，可能在加样处发生沉淀。

通常用透析、旋转透析、凝胶过滤和沉淀-重悬的方法进行脱盐处理。透析是一个很有效的方法，可出现较少的样品丢失，然而耗时较多，并要求较大体积的溶液。尽管旋转透析较迅速，但蛋白质吸附于透析膜也是一个问题。它应该在加入脲和去污剂之前应用。凝胶过滤和沉淀-重悬后同样可导致蛋白丢失。

三、其他影响因素

1. 内源性小分子　内源性小分子（主要是相对分子质量小于 1 000 的小分子，如核苷酸、代谢物和磷脂等）通常带负电荷，能使蛋白质在 IEF 时发生偏阳极侧的蛋白质聚焦不完全。通常 TCA-丙酮沉淀在除去这类物质时特别有效。

2. 核酸　核酸（RNA、DNA）增加样品的黏度，并导致背景弥散；高分子质量的核酸能阻滞凝胶孔径；核酸可能通过电稳态相互作用与蛋白质结合，从而阻碍聚焦；如果分离的蛋白质通过银染检测，凝胶中的核酸也将染色，导致高背景。

通常可用 DNase 和 RNase A 混合物处理样品中的核酸，将其变为单核苷酸或寡核苷酸。这经常需加入 0.1 倍体积的含有 1 mg/L DNase、0.25 mg/mL RNase A 的溶液和 50 mmol/L MgCl$_2$ 溶液在冰上孵育。然而，DNase 和 RNase A 也可能出现在双向电泳图像中。

超速离心也可用来除去大分子核酸，然而，也会除去相对高分子质量的蛋白质。当应用低离子强度的提取溶液时，带负电荷的核酸很可能与带正电荷的蛋白质形成复合物。高离子强度提取或高 pH 提取可最大限度减少这些相互作用（注意：提取时所加的盐离子必须在后续步骤中除去）。

3. 多糖　多糖能阻碍凝胶孔径，或导致沉淀，或延长聚焦时间，或出现水平条纹。某些多糖含有负电荷，能与蛋白质形成复合物。

通常用硫酸铵或苯酚-醋酸铵沉淀的方法，随后离心。超速离心可以除去高分子多糖。

4. 脂肪　许多蛋白质，尤其是膜蛋白，可以与脂类形成复合物，这会降低其溶解性，影响其等电点和分子质量的测定结果。脂类也能与去污剂形成复合物，降低其效率。

通常用强变性剂和去污剂最大限度减少蛋白质与脂类的相互作用，但可能需过多的去污剂。

5. 不溶物质　在样品中的不溶物质能阻碍凝胶孔径，并导致聚焦不良。当应用样品杯时，它能阻碍蛋白质进入固相 pH 梯度胶条中。通常在等电聚焦之前，应除去不溶物质。

思 考 题

1. 蛋白质样品的制备有哪些过程？各个过程的意义是什么？

2. 蛋白样品制备的目的和原则各是什么？

3. 如何理解样品制备过程中的蛋白质分离、提取和纯化？

4. 蛋白质样品的制备过程中为什么要加入某些抑制剂？

5. 为什么要进行样品预分级？预分级主要有哪些方法？

6. 蛋白质制备过程中常出现的问题有哪些？各应怎样解决？

第三章　双向电泳技术

1937 年，Tiselius 首先建立了电泳技术。直到 1948 年，电泳方法的改进才被广泛接受和重视。随着科学技术的迅猛发展，电泳技术也在不断完善和发展，由一维电泳发展到二维电泳，也称为双向电泳。双向电泳（two‐dimensional gel electrophoresis，2‐DE）技术是一种从细胞、组织或其他生物样本中提取蛋白质混合物进行分析的有力手段。特别是计算机和网络技术的发展，使电泳的控制及电泳结果的分析更为精确和深入，因而其应用也就更广泛，已成为蛋白质研究领域不可缺少的技术。双向电泳技术、质谱技术、计算机图像分析与大规模数据处理技术（生物信息技术）被称为蛋白质组研究的三大主要技术。其中，双向电泳技术是基本核心，质谱技术是关键，生物信息技术是保障。它们在蛋白质组学研究中分别占有不同的重要地位。就核心技术而言，像 Fey 和 Larsen 在他们的综述中提到："尽管人们都想有新技术取代它，可是如果希望对细胞活动有全面的认识，其他技术无法在分辨率和灵敏度上与双向电泳技术相媲美"。

目前，双向电泳是唯一能将数千种蛋白质同时分离与展示的分离技术，其具有分辨率高、重复性好和兼具微量制备的优点。双向电泳的目的是为了分离蛋白质，分离蛋白质检测的难易程度则与样品的上样量有关，值得注意。

第一节　蛋白质电泳的基本原理

一、电泳的基本原理

在电场作用下，带正电荷的粒子向负极方向移动，带负电荷的粒子向正极方向移动。这种带电颗粒向着与其电性相反的电极移动的现象称为电泳（electrophoresis）。当把一个带电荷（q）的颗粒放入电场时，便有一个力（F）作用于其上。F 的大小取决于颗粒静电荷及其所处的电场强度（E），它们的关系是

$$F = Eq \qquad\qquad ①$$

由于 F 的作用，使带电颗粒在电场中向一定方向泳动。此颗粒在泳动过程中还受到一个相反方向的摩擦力（f）阻挡，当这两种力相等时，颗粒则以相等速度（v）向前移动。即带电颗粒等速度移动时，有

$$f = Eq \qquad\qquad ②$$

式中，f 为摩擦力。根据 Stoke 公式，阻力大小取决于带电颗粒的大小、形状及所用介质的黏度，即

$$f = 6\pi r v \eta \qquad\qquad ③$$

式中，r 为颗粒半径，η 为介质黏度，v 是在黏度为 η 和半径为 r 的颗粒的移动速度。该公式

系指球形颗粒所受的阻力。把③式代入②式得

$$v = Eq / (6\pi r\eta) \qquad\qquad ④$$

从④式可看出，带电颗粒在电场中泳动的速度与电场强度和带电颗粒的净电荷量成正比，与颗粒半径和介质黏度成反比。蛋白质是一种两性电解质，在一定 pH 条件下，可解离成带电荷的离子，在电场作用下可以向与其电荷相反的电极泳动，泳动速度主要取决于蛋白质分子所带电荷的性质、数量及颗粒的大小和形状。由于各种蛋白质的等电点（pI）不同，在同一 pH 缓冲溶液中所带电荷性质和电荷量不同，加上各种蛋白质分子的黏度和分子质量不同，所以在同一电场作用下移动的方向和速度不同。因此，利用电泳技术可对蛋白质进行分离、纯化。

二、影响电泳速度的因素

1. 电场强度 电场强度是指每厘米的电位降，也称为电势梯度（电位梯度）。电场强度对电泳速度起着决定作用。电场强度愈高，带电颗粒泳动速度愈快。根据电场强度大小，又将电泳分为常压电泳和高压电泳，用高压电泳分离样品所需时间比常压电泳短。

2. 缓冲溶液的 pH 缓冲溶液的 pH 决定带电颗粒解离的程度，亦即决定其净电荷的量。对于蛋白质而言，缓冲溶液的 pH 离等电点越远，蛋白质所带净电荷的量越大，泳动速度越快，反之则越慢。因此，当要分离某一蛋白质混合物时，应选择一个合适的 pH，使各种蛋白质所带电荷的量差异大，有利于彼此分开。

3. 缓冲溶液的离子强度 溶液的离子强度也能影响电泳的速度。溶液的离子强度增高，缓冲液负载的电流增强，样品所负载的电流则降低，使带电颗粒的泳动速度降低；若离子强度过低，则缓冲能力差，往往会因溶液 pH 的变化而影响颗粒的泳动速度。

4. 电渗 在电场中，液体对于固体支持物的相对移动称为电渗。电渗是由于支持介质中某些基团解离并吸附溶液的正离子或负离子，使靠近支持物的溶液相对带电而造成的。例如，滤纸的纤维间具有大量孔隙，其中的一些基团可能解离成正离子，能吸附溶液中的负离子，使与纸相接触的水溶液带正电荷，液体便向负极移动。在电场作用下，液体向负极移动时，可携带颗粒同时移动。例如，在 pH8.6，血清蛋白进行纸电泳时，γ 球蛋白与其他蛋白质一样带负电荷，应该向正极移动，然而它却向负极方向移动，这就是电渗作用的结果。所以，电泳时颗粒泳动的表观速度是颗粒本身的泳动速度与由于电渗影响而携带的移动速度两者的和。若电泳方向与电渗方向相同，则其表观速度将比泳动速度快，若二者方向相反，则其表观速度将比泳动速度慢。

5. 焦耳热 在电场中，根据热量 $Q = I^2 R$，电泳时会产生热量，使电泳系统的温度升高，促使支持介质上的溶剂蒸发，并且电阻随温度升高而升高，因此如果电压保持不变，温度升高会引起电流的降低。为了消除这些不利影响使电泳的可重复性增高，可使用经过稳定的电源装置，进行稳压或稳流电泳；还可用一个密闭的电泳槽以减少缓冲液的蒸发；也可在电泳槽中加设一个冷却系统，起到外加冷却的作用。

三、电泳的分类

（一）按原理分类

电泳的种类很多，根据电泳的原理来分，大致可分为 3 种形式：自由移动界面电泳、区带电

泳和稳态电泳（或称置换电泳）。自由移动界面电泳即电场加在大分子溶液和缓冲液之间的一个非常窄的界面上，带电分子的移动速率通过观察界面的移动来测定。稳态电泳（或称置换电泳）的特点是分子颗粒的电泳迁移在一定时间达到一个稳态，达到稳态后，带的宽度不随时间而变化。区带电泳则是在半固相或胶状介质上加一个点或一薄层样品溶液，然后加电场，样品在支持介质上或支持介质中迁移。其中，区带电泳应用比较广泛。

（二）区带电泳的分类

1. 按其支持物的物理性状分

（1）滤纸及其他纤维膜电泳　支持物有玻璃纤维、醋酸纤维、聚氯乙烯纤维薄膜等。

（2）凝胶电泳　支持物有琼脂、聚丙烯酰胺凝胶、淀粉凝胶，制成凝胶板或凝胶柱。

（3）粉末电泳　支持物有纤维素粉、淀粉、琼脂粉等，将粉末与适当的溶剂调和，制成平板。

（4）线丝电泳　如尼龙丝电泳、人造丝电泳等，为微量电泳方法。

2. 按支持物的装置形式分

（1）平板式电泳　支持物水平放置，是最常用的电泳方式。

（2）垂直板式电泳　板状支持物，在电泳时，按垂直方向进行。如聚丙烯酰胺凝胶可做成垂直板式电泳。

（3）圆盘电泳　电泳支持物灌于两通的玻璃管中，被分离的物质在其中泳动后，区带呈圆盘状，如聚丙烯酰胺凝胶盘状电泳。

（4）连续式电泳　首先应用于纸电泳，将滤纸垂直放置，两边各放一电极，缓冲液和样品自顶端流下，与电泳方向垂直。也可用其他材料做支持物。该法的主要用途是制备一定量的电泳纯物质。

3. 按 pH 的连续性不同分

（1）连续 pH 电泳　即整个电泳过程 pH 保持不变，如常用的纸电泳、醋酸纤维薄膜电泳等。

（2）非连续 pH 电泳　即缓冲液和电泳支持物间有不同的 pH，如聚丙烯酰胺凝胶盘状电泳、等电聚焦电泳等。

应用电泳技术可以使许多复杂高分子化合物（如蛋白质、酶、核酸等）进行分离，还可用于某种物质纯度分析，结合其他层析法等分离技术可以提高对物质的结构分析和鉴别能力，所以电泳技术已成为生物化学与分子生物学研究的重要工具。

四、聚丙烯酰胺凝胶电泳

早期的电泳形式是自由界面电泳，已经成为历史。而今广泛采用支持介质的区带电泳。电泳采用支持介质的目的是防止电泳过程中的对流和扩散，以使被分离的成分得到最大分辨率的分离。为此，支持介质应具备以下的特性：具有化学惰性，不与其他物质反应；不干扰大分子的电泳过程；自身化学稳定性好；成胶均匀；电泳重复性好；电内渗小等。聚丙烯酰胺凝胶电泳已是实验室最常用的支持介质。

1. 聚丙烯酰胺凝胶的聚合　聚丙烯酰胺凝胶（polyacrylamide gel，PAG）是由单体丙烯酰胺（acrylamide，Arc）和交联剂 N，N′-甲叉双丙烯酰胺（N，N′- methylenebisacrylamide，Bis）

在有自由基存在的条件下聚合而成为凝胶。丙烯酰胺的单体形成长链，由交联剂 N，N′-甲叉双丙烯酰胺的双功能基团和长链末端的自由功能基团反应而发生交联。聚丙烯酰胺凝胶的化学结构式和三维网状结构见图 3-1 和图 3-2，两个单体的物理化学性质见表 3-1。丙烯酰胺和 N，N′-甲叉双丙烯酰胺无论单独存在或混合在一起时都是稳定的，出现自由基时，就会发生聚合反应。引发产生自由基的方法有化学法和光合法。

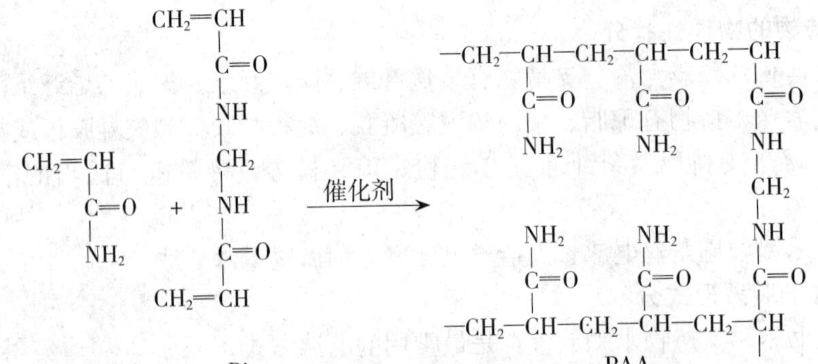

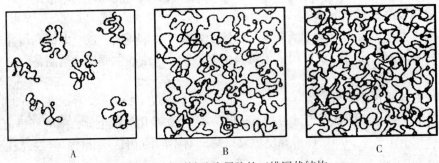

图 3-1　丙烯酰胺（Acr）、N，N′-甲叉双丙烯酰胺（Bis）和
聚丙烯酰胺（PAA）的化学结构式

图 3-2　聚丙烯酰胺凝胶的三维网状结构
A. 稀溶液　B. 浓溶液　C. 凝胶

表 3-1　丙烯酰胺和 N，N′-甲叉双丙烯酰胺的物理化学特性

特　　性	丙烯酰胺	N，N′-甲叉双丙烯酰胺
分子式	$CH_2=CH-CO-NH_2$	$(CH_2=CH-CO-NH)_2CH_2$
相对分子质量	71.08	154.17
外观	白色结晶粉末	白色结晶粉末
气味	无	无
pH	＞5（5%水溶液）	＞5（2.5%水溶液）
可溶性（g/mL，30℃）	2.0（水），1.1（甲醇），0.4（丙酮），0.4（氯仿）	0.31（水）
熔点或沸点（℃）	84.5±0.3	185（聚合时）
相对密度（D_4^{30}）	1.122	—
保存要求	密封、避光	冷、密封、避光
毒性	中枢神经毒物	中枢神经毒物

（1）化学聚合　化学聚合的催化剂一般采用过硫酸铵（ammonium persulfate，APS），加速剂是脂肪族的叔胺，如四甲基乙二胺（tetramethyl ethylenediamine，TEMED）、三乙醇胺和二甲基氨基丙腈（DMPN）等。其中以四甲基乙二胺为最好，其与过硫酸铵组成氧化还原体系。当过硫酸铵被加入丙烯酰胺、N，N′-甲叉双丙烯酰胺和四甲基乙二胺的水溶液时，立即产生过硫酸自由基，该自由基再激活四甲基乙二胺，随后四甲基乙二胺作为一个电子载体提供一个未配对电子，将丙烯酰胺单体活化。活化的丙烯酰胺彼此连接，聚合成含有酰胺基侧链的脂肪族多聚链。相邻的两条多聚链之间，随机地通过 N，N′-甲叉双丙烯酰胺交联起来，形成三维网状结构的凝胶物质。

（2）光聚合　通常以光敏物质核黄素代替过硫酸铵作催化剂，四甲基乙二胺并非必需，但加入可加速聚合。光聚合通常需要痕量氧的存在，核黄素经光解形成无色基，再被氧化成自由基，后者使丙烯酰胺形成自由基并聚合成凝胶（PAA）。一般光聚合用于制备大孔胶，化学聚合用来制备小孔胶。

2. 聚丙烯酰胺凝胶的有效孔径　聚丙烯酰胺的有效孔径、机械性能（弹性）、透明度等在很大程度上取决于丙烯酰胺和 N，N′-甲叉双丙烯酰胺的总浓度，通常用 $T\%$ 表示，即 100 mL 凝胶溶液中含的丙烯酰胺和 N，N′-甲叉双丙烯酰胺的总克数。凝胶的 $T\%$ 越大，其内孔径越小，则机械强度越高。凝胶具有孔状结构的特点使其产生了分子筛效应。凝胶在聚合前，可通过调节单体的浓度来控制凝胶孔径的大小，有利于针对样品分子大小，提高分辨力。也就是说，可以根据分离样品分子大小制备不同孔径的凝胶。当总浓度小于 2.5% 时，可以筛分相对分子质量为 10^6 以上的大分子，但是凝胶此时几乎为液体。如果总浓度大于 30%，则可以筛分相对分子质量小于 2 000 的多肽，但是高浓度的凝胶既硬又脆，是无法使用的。所以要分离好一个混合物，必须选择好胶的浓度范围。另外，聚丙烯酰胺的有效孔径除与总浓度 T 有关外，还与其交联度有关，交联度通常用 $C\%$ 表示，即交联剂（Bis）占单体和交联剂总量的百分数。在一定范围内，有效孔径随交联剂的增加而减小。总浓度，交联度的计算公式如下。

$$T\% = (a+b) \div m \times 100$$
$$C\% = b \div (a+b) \times 100$$

式中，a 为单体丙烯酰胺的重量（g）；b 代表交联剂 N，N′-甲叉双丙烯酰胺的重量（g）；m 为溶液的体积（mL）。其中 a 与 b 的比例是很重要的，如果 $a:b$ 小于 10，凝胶脆、硬，呈乳白色。如果 $a:b$ 大于 100，T 为 5% 的凝胶呈糊状。富有弹性且完全透明的凝胶，$a:b$ 应在 30 左右，其中丙烯酰胺的浓度必须高于 3%。

通常凝胶的孔径、透明度和弹性随着凝胶浓度的增加而降低。分离不同分子质量蛋白质的混合物时，只有选择适宜浓度的凝胶才能奏效。常用于分离血清蛋白的标准凝胶是浓度为 7.5% 的凝胶。用此胶分离大多数生物体内的蛋白质，电泳结果一般都满意。当分析一个未知样品时，常常先用 7.5% 的标准凝胶或用 4%～10% 的梯度凝胶试验，以便选择到理想浓度的凝胶。当分离物的分子质量已知时，可参考表 3-2 选择适宜的凝胶浓度。

3. 聚丙烯酰胺凝胶的优点

①机械强度高，弹性好，透明，无电渗作用，吸附作用极小。

②化学性质稳定，与待分离的物质不起任何化学反应。

③样品不易扩散，用量少，其灵敏度可达 10^{-6} g。

④凝胶孔径可调节，可根据被分离物的分子质量选择合适的浓度，通过改变单体及交联剂的浓度调节凝胶的孔径。

⑤分辨率高，尤其在不连续凝胶电泳中，集浓缩、分子筛和电荷效应为一体，因而较醋酸纤维素薄膜电泳、琼脂糖电泳等有更高的分辨率。

表 3 - 2　蛋白质样品选择聚丙烯酰胺凝胶浓度参考值

相对分子质量	适宜凝胶浓度（$T\%$）
$<10^4$	20～30
$1\times10^4\sim4\times10^4$	15～20
$4\times10^4\sim1\times10^5$	10～15
$1\times10^5\sim5\times10^5$	5～10
$>5\times10^5$	2～5

第二节　蛋白质等电聚焦电泳

1966 年，由瑞典科学家 Rible 和 Vesterberg 建立的一种蛋白质分离分析手段——等电聚焦 (isoelectric focusing，IEF) 技术，近年来已发展为一维电泳中分辨率最高的技术。目前等电聚焦技术已可以分辨等电点（pI）只差 0.001 pH 单位的生物分子。由于其分辨率高，重复性好，样品容量大，操作简便迅速，在生物化学、分子生物学及临床医学研究中得到广泛应用。它的基本原理是利用蛋白质分子或其他两性分子等电点的不同，在一个稳定的、连续的、线性的（或非线性）pH 梯度中进行蛋白质的分离和分析。所以利用等电聚焦技术分析的对象只限于蛋白质和其他两性分子。等电聚焦的关键是稳定的、连续的和线性的（或非线性的）pH 梯度的建立。根据建立 pH 梯度原理的不同，梯度又分为载体两性电解质 pH 梯度（carrier ampholyte pH gradient）和固相 pH 梯度（immobilized pH gradient，IPG）。前者是在电场中通过两性缓冲离子建立的 pH 梯度（线性）。后者是将缓冲基团共价键合在介质上成为凝胶介质的一部分而建立 pH 梯度（线性和非线性），分辨率比前者高一个数量级。

一、基本原理

1. 蛋白质的等电点　从电泳观点看，蛋白质最主要的特征是它的带电行为。蛋白质是由 20 种不同的氨基酸按不同比例由肽键连接构成的。由于蛋白质的一些氨基酸侧链在一定的 pH 的溶液中是可解离的，从而带有一定的电荷。构成蛋白质的所有氨基酸残基上所带正负电荷的总和便是蛋白质所带的净电荷。蛋白质在不同的 pH 环境中带不同数量的正电或负电，在低 pH 时蛋白质的净电荷是正的，在高 pH 时其净电荷是负的，但在某一 pH 时，它的净电荷为零，此 pH 即为该蛋白质的等电点（isoelectric point，pI）。蛋白质的等电点值取决于其氨基酸的组成，是一个物理化学常数。组成每一种蛋白质或多肽的氨基酸的数目和比例是不同的，因此蛋白质的等电点范围很宽，如一种 α-酸性糖蛋白（chimpanzee）的 pI 可低达 1.8，而人胎盘溶菌酶的 pI 可高达 11.7，这样宽广的 pI 范围使得可以利用它来进行蛋白质的分离和分析。

2. 聚焦效应　在常规聚丙烯酰胺凝胶电泳中，分离通常是在恒定的缓冲系统中进行的。这种分离是基于净电荷、分子大小和形状 3 种因素的综合。电泳是在恒定缓冲系统中进行的，由于受扩散作用的影响，随着时间和泳动距离加长，区带越走越宽，为此样品必须被加成一个窄带，否则会因电泳过程中蛋白质带变宽而影响分离。

等电聚焦电泳时，形成正极为酸性，负极为碱性的连续的、稳定的 pH 梯度。将某种蛋白质（或多种蛋白质的混合物）样品置于负极端时，因 pH＞pI，蛋白质分子带负电，电泳时向正极移动；在移动过程中，由于 pH 逐渐下降，蛋白质分子所带的负电荷量逐渐减少，移动的速度也随之变慢；当 pH＝pI 时，蛋白质所带的净电荷为零，蛋白质即停止移动。同理，当蛋白质样品置于阳极端时，因 pH＜pI，蛋白质分子带正电，电泳时向负极泳动，移动过程中，pH 不断升高，蛋白质所带的正电逐渐减少，速度也随之减慢，直到到达净电荷为零的等电点位置则停止移动。因此，在一个有 pH 梯度的环境中，对各种不同等电点的蛋白质混合样品进行电泳，在电场作用下，不管这些蛋白质分子的原始分布如何，各种蛋白质分子将按照它们各自的等电点大小在 pH 梯度中相对应的位置处进行聚焦，经过一定时间的电泳以后，不同等电点的蛋白质分子会分别聚集于其相应的等电点位置，这种按等电点的大小，生物分子在 pH 梯度的某一相应位置上进行聚焦的行为就称为等电聚焦。各种不同的蛋白质在电泳结束后，形成很窄的一个区带，很稀的样品也可进行分离。在等电聚焦中蛋白质区带的位置，是由电泳的 pH 梯度的分布和蛋白质的 pI 决定的，而与蛋白质分子的大小和形状无关。

蛋白质到达它的等电点位置后，净电荷为零，就不能进一步迁移。如果蛋白带向阴极扩散，将进入高 pH 范围而带负电，阳极就会将其吸引回去，直到回到净电荷为零的位置，同理，如果它向阳极扩散而带正电，阴极则将其吸引回净电荷为零的位置。因此蛋白质只能在它的等电点位置会被聚集成一条窄而稳定的带（图 3-3）。所以，等电聚焦不仅能获得不同蛋白质分离和纯化效果，同时也能得到蛋白质的浓缩效果。这种聚焦效应或称浓缩效应是等电聚焦最大的优点，是高分辨率的保证。

3. 等电聚焦的分辨率　高分辨率是等电聚焦的生命力所在，通常用两个邻近带的 pI 差（ΔpI）来表示其分辨率，表达式为

$$\Delta\,(pI)=3\sqrt{\frac{D\,[\,d\,(pH)\,/dx\,]}{E\,[-du/d\,(pH)\,]}}$$

式中，D 为蛋白质的扩散系数；E 为电场强度，$d\,(pH)\,/dx$ 为 pH 梯度；$du/d\,(pH)$ 为蛋白质的迁移率的斜率。D 和 $du/d\,(pH)$ 是常数，所以只有通过提高电场强度和使用窄 pH 范围来提高分辨率。但是电压过高产生的热会使蛋白质变性甚至烧胶，所以电场强度的提高受到一定的限制。在窄的 pH 范围，分辨率会明显提高。

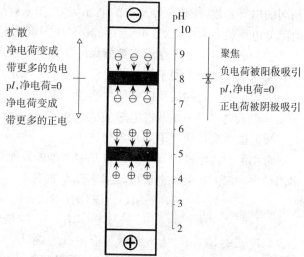

图 3-3　等电聚焦的聚焦效应

（引自郭尧君，2003）

大多数情况下，使用载体两性电解质的等电聚焦技术可将等电点相差 0.01～0.02 pH 单位的蛋白质分开。使用窄的 pH 范围时，甚至可达到0.002 5 pH 单位和 0.001 pH 单位。

二、载体两性电解质 pH 梯度等电聚焦电泳

等电聚焦技术的关键在于 pH 梯度的建立，所以载体两性电解质合成的历史就是等电聚焦技术发展的历史。1912 年，两个日本科学家在一个用膜隔开的，并在阳极与阴极之间按 pI 的增加排列起来的 3 个腔的电解槽中将蛋白水解成氨基酸。1929 年，Willians 设计成多槽，减少了扩散和对流，以提高分辨率。1948 年，Svensson 对此做了综述。20 世纪 50 年代，Kolin 提出：聚焦离子应为一个 pH 梯度，用蔗糖密度梯度来稳定，并定名为等电谱：在一个 Tiselius 似的装置中，把被分离的物质放到酸性和碱性缓冲液中间的内界面处，通电后，利用两个不同 pH 的缓冲液互相扩散平衡，在其混合区形成人工 pH 梯度。1961 年，Svensson 提出了载体两性电解质（carrier ampholyte，CA）的概念。1964 年，Vesterberg 成功合成了载体两性电解质，从此开创了高分辨率电泳技术的新阶段。这些科学家的努力为等电聚焦技术奠定了理论的和实践的基础。

所谓载体两性电解质 pH 梯度等电聚焦，就是在支持介质中放入载体两性电解质在电场中构成连续的 pH 梯度，使蛋白质或其他具有两性电解质性质的样品进行聚焦，从而达到分离、测定和鉴定的目的。

1. 载体两性电解质应具备的条件 由于蛋白质分子本身也是两性电解质，在电泳时，它会影响梯度的 pH，这就要求形成 pH 梯度的物质必须有足够的缓冲能力来克服蛋白质的影响。此外，形成梯度的物质还必须有一个好的、均匀的导电性，特别是在等电点，以使整个系统保持电流。所以为保证等电聚焦分离分析蛋白的效果，载体两性电解质应具备如下条件。

①在等电点处必须有足够的缓冲能力，以便能控制 pH 梯度，而不致被样品（蛋白质或其他两性物质）的缓冲能力而改变 pH 梯度的进程。

②在等电点必须有足够高的电导，以便使一定的电流通过，而且要求具备不同 pH 的载体有相同的电导系数，使整个体系中的电导均匀。如果有局部电导过小，就会产生极大的电位降，从而其他部分电压就会太小，以致不能保持梯度，也不能使应聚焦的成分进行电迁移，达到聚焦的目的。

③分子质量要小，便于与被分离的高分子物质用透析或凝胶过滤法分开。

④化学组成应不同于被分离物质，不干扰测定。

⑤应不与分离物质反应或使之变性。

总起来说，当一个两性电解质的等电点介于两个很近的 pH 之间时，它在等电点的解离度大，缓冲能力强，而且电导系数高。

常用的载体两性电解质为多氨基多羧酸的脂肪族化合物，相对分子质量为 300～1 000，是由多乙烯多胺和丙烯酸加合而成，基本反应如下。

$$R_1—NH_2—(CH_2)_2—NH_2—R_2 + CH_2 = CH—COO^- \longrightarrow$$
$$R_1—NH_2—(CH_2)_2—NH(R_2)—CH_2—CH_2—COO^-$$

反应式中 R_1、R_2 为—H 或带有氨基的烷基。合成的产物是多种异构体和同系物的混合物，具有很多既不相同又相互接近的 pI。适当调整两种原料的比例及合成条件，可使等电点分布范围有所改变。常用载体两性电解质的 pI 范围为 3～10、4～7、5～7、6～8、7～9、8～10。

2. 载体两性电解质 pH 梯度的形成 产生 pH 梯度的方法有两种：①用两种不同 pH 的缓冲液互相扩散，在混合区形成 pH 梯度，这是人工 pH 梯度。但是这种 pH 梯度很不稳定，且重复性差，现已不使用。②利用载体两性电解质在电场作用下自然形成 pH 梯度，称为天然 pH 梯度，该方法是常用的方法。

天然 pH 梯度的原理是由 Svensson 提出的。在没有电场的情况下，载体两性电解质溶液的 pH 大约是该溶液 pH 范围的平均值，所有的载体两性电解质分子中正电荷和负电荷的基团数目是相等的，因此总的净电荷是零。通电后，载体两性电解质分子将向阴极或阳极迁移。pI 最小的两性电解质带负电荷（且负电荷最多），将最快地向正极移动至酸液界面，直到到达它的净电荷为零的位置才停止，这个位置最接近阳极，且由于它的缓冲能力，使得环境的 pH 等于分子本身的 pI。pI 稍高一点的载体两性电解质分子（其负电荷次多）也将向阳极迁移，到达净电荷为零的位置后停止，这个位置是其次接近阳极的。它的高的缓冲能力也将使环境的 pH 等于它本身的 pI。依此类推，所有的载体两性电解质分子就会按照等电点由低到高的顺序依次排列，形成一个由阳极向阴极逐步升高的平稳的线性 pH 梯度。此梯度的进程取决于两性电解质的 pH、浓度和缓冲性质。防止对流的情况下，只要电流稳定，这个 pH 梯度将保持不变（图 3-4）。形成 pH 梯度之后可以关闭电源，上样，再进行等电聚焦电泳。

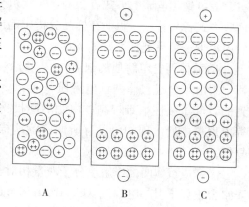

图 3-4 载体两性电解质在电场中形成 pH 梯度的模式图

A. 未通电时的蛋白质状态

B. 接通电源后蛋白质电泳到两极

C. 通过电泳将具有不同电荷的蛋白质依次分开

（仿郭尧君，2003）

3. 载体两性电解质分离原理 载体两性电解质 pH 梯度等电聚焦电泳就是在支持介质中放入载体两性电解质，当通以直流电时，两性电解质即形成一个由阳极到阴极逐步增加的线性的 pH 梯度（预电泳）。当蛋白质放进此体系时，靠近阳极侧的蛋白质处于酸性环境中，带正电荷向负极移动；靠近阴极的蛋白质处于碱性环境中，带负电荷向正极移动，最终都聚焦于与其等电点相当的 pH 位置上，形成不同的蛋白质区带。等电聚焦样品可置于任何位置（图 3-5）。

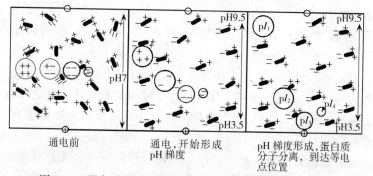

通电前 | 通电，开始形成 pH 梯度 | pH 梯度形成，蛋白质分子分离，到达等电点位置

图 3-5 蛋白质分子在载体两性电解质 pH 梯度中的分离

（引自郭尧君，2003）

等电聚焦常用的支持介质有聚丙烯酰胺凝胶、琼脂糖凝胶和葡聚糖凝胶。在聚焦过程中和聚焦结束取消了外加电场后，保持 pH 梯度的稳定是极为重要的，这就要求凝胶介质在等电聚焦电泳过程中除了起支持介质作用外，尚应防止已聚焦分子的扩散、对流，从而使蛋白质样品在凝胶上可分离出更多致密的区带。其中，聚丙烯酰胺凝胶是等电聚焦电泳分析中最广泛采用的支持介质。等电聚焦电泳时间越长，蛋白质聚焦的区带就越集中，越狭窄，分辨率也越高。这是等电聚焦的一大优点，不像一般的其他电泳，电泳时间过长则会导致区带扩散。

等电聚焦电泳的方式有多种，大致可分为垂直管式、毛细管式、水平板式及超薄水平板式。这些方式各具特点。目前在样品分析中趋向于选用超薄水平板式，它具有分析样品多、两性电解质用量少、结果重复性好等优点。

4. 载体两性电解质的缺点

①由于合成载体两性电解质（synthetic carrier ampholyte，SCA）是通过复杂的合成过程得到的，其重复性很难控制，由此不同批次之间会存在很大的变化，同一点蛋白质在不同批次等电聚焦中所出现的位置有所偏差，这样作为双向电泳中的一向时就限制了蛋白质分离的重复性。

②合成载体两性电解质分子质量相对较小，难以在等电聚焦胶内固定，在等电聚焦过程中由于水合正离子引起电渗流（electroendosmosis）将致使合成载体两性电解质分子向负极迁移（负极漂移），结果使 pH 的不稳定性增加。

③负极漂移作用对碱性区蛋白质的影响尤其大，结果常导致碱性区蛋白质难以成功聚焦甚至导致碱性区蛋白质的丢失。

④每一次灌制合成载体两性电解质凝胶的重复性难以控制，而且这种凝胶的机械稳定性差，易拉伸变形或断裂，同样导致重复性的降低。

基于以上的种种因素，20 世纪 80 年代建立起一种新型的等电聚焦技术——固相 pH 梯度等电聚焦，将在以下的内容中详细介绍。

5. 等电聚焦中应注意的事项

①pH 梯度的选择，可先在宽 pH 范围内载体两性电解质中进行等电聚焦分析。当了解到目的蛋白质的 pI 后，再用窄 pH 范围的载体两性电解质进行分析或制备。

②等电聚焦如在宽 pH 范围载体两性电解质内进行，为了克服在中性区域形成纯水区带，可适当添加中性载体两性电解质。

③为防止电泳过程中 pH 梯度的衰变，一般电流降低达最小而恒定时尽快结束等电聚焦。

④pH 梯度（pI）测定：Rotofer 制备电泳可分管测定收集液的 pH；凝胶等电聚焦后，可分段切割凝胶，用 3～5 倍体积的蒸馏水或 10 mmol KCl 浸泡该凝胶，从凝胶浸出液中测定 pH，或用微电极直接测定凝胶表面 pH；薄层等电聚焦后，可用微电极检测凝胶表面 pH 根据蛋白质分布的 pH 即能确定该蛋白质的 pI。

⑤等电聚焦过程中蛋白质泳动到某一区段，而该区段刚好是该蛋白质的 pI，造成蛋白质的沉淀出现絮凝现象。为了解决此问题，可在样品中添加硫脲、Triton X - 100、NP - 40 或其他一些非离子型表面活性剂。

三、固相 pH 梯度等电聚焦电泳技术

固相 pH 梯度等电聚焦（immobilized pH gradient isoelectric focusing，IPG‐IEF）是 20 世纪 80 年代建立起来的一种新型的等电聚焦技术，它是利用一系列具有弱酸或弱碱性质的丙烯酰胺衍生物滴定时，在滴定终点附近形成 pH 梯度，然后将其共价键合在介质上，成为凝胶介质的一部分，从而形成固定的，不随环境电场等条件变化的 pH 梯度。与传统的载体两性电解质等电聚焦相比，固相 pH 梯度等电聚焦具有更高的分辨率和可重复性、更好的 pH 的稳定性、更大的上样量等优点。分辨率可达 0.001 pH 单位，是目前分辨率最高的电泳方式，可用于分析和制备等电点极其相近的蛋白质和多肽，也是目前唯一可以分析只有一个氨基酸差异的两种蛋白质的电泳方法。

1. 固相 pH 梯度的介质　固相 pH 梯度等电聚焦技术的突破要归功于在 immobiline 试剂（Amersham Pharmacia Biotech，APB）的基础上开发的固相 pH 梯度（IPG）技术。immobiline（固相试剂）是一系列性质稳定的具有弱酸弱碱性质的丙烯酰胺衍生物，与丙烯酰胺和甲叉双丙烯酰胺有类似的聚合行为。每个分子都有一个单一的酸性或碱性缓冲基团与丙烯酰胺单连，其结构式为

$$CH_2{=}CH{-}\overset{O}{\underset{}{C}}{-}\overset{H}{\underset{}{N}}{-}R$$

结构式中，R 代表羧基或第三氨基。分子一端的双键可以在聚合过程中共价键合镶嵌到聚丙烯酰胺介质中。它是固相的，即使是在电场中也不会漂移。分子另一端的 R 基团为弱酸或弱碱性的缓冲基团，利用缓冲体系滴定终点附近一段 pH 范围就可形成近似线性的分布在 pH 3～10 范围的缓冲体系（图 3‐6）。

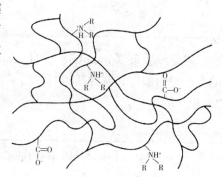

图 3‐6　固相 pH 梯度聚丙烯酰胺凝胶基质结合缓冲基团

正确混合具有不同 pK 的 immobiline 是保证 pH 梯度重复性的最重要的因素。immobiline 的 pK 是随着实验条件（如温度、离子强度 、溶剂的介电常数等）而改变的。其中，温度是最重要的参数。弱酸的 immobiline 对温度的变化不敏感，但是弱碱的 immobiline 对温度的改变很灵敏。另外凝胶系统中的尿素等添加剂，中性或不带电的两性离子去污剂如 NP‐40，CHAPS 等也会改变 immobiline 的 pK 值。

丙烯酰胺衍生物（immobiline）的基本结构是在分子的一端含有丙烯酰胺残基，在另一端酸性 immobiline 含有一个弱的羧基，碱性 immobiline 含有第三氨基。红外光谱证实了所有的分子的酰胺键上有羧基。目前实验室已经能合成 17 种不同 pK 的丙烯酰胺衍生物，商品 immobiline 也有 6～7 种。窄范围固相 pH 梯度的配方见表 3‐3 和表 3‐4。

2. 固相 pH 梯度的建立　固相 pH 梯度的建立是根据一定的计算，把两种不同 pK 的 immobiline 储液按重力梯度混合，分别为相对酸性和碱性的丙烯酰胺衍生物缓冲液的混合物，两种溶液中不同缓冲液的浓度决定了所形成的 pH 梯度的范围和形状。两种溶液都含有丙烯酰胺单体和

催化剂，在聚合过程中，缓冲液中的丙烯酰胺单体和甲叉双丙烯酰胺单体聚合，形成聚丙烯酰胺凝胶，缓冲基团通过乙烯键共价聚合至聚丙烯酰胺骨架中，形成 pH 梯度。所以固相 pH 梯度与载体两性电解质 pH 梯度的区别在于前者的介质不是两性分子，在凝胶聚合时形成 pH 梯度，后者则是两性分子在电场中迁移到各自的等电点后形成 pH 梯度（共电泳）。

表 3-3　酸性丙烯酰胺衍生物

酸性重液的体积 (μL) 0.2mol/L immobiline pK						衍生物	碱性轻液的体积 (μL) 0.2mol/L immobiline pK					
3.6	4.6	6.2	7.0	8.5	9.3	pH 范围	3.6	4.6	6.2	7.0	8.5	9.3
	904	—	—	—	129	3.8~4.8		686	—	—	—	477
—	817	—	—	—	141	3.9~4.9		707	—	—	—	525
—	755	—	—	—	157	4.0~5.0		745	—	—	—	584
—	713	—	—	—	177	4.1~5.1		803	—	—	—	659
—	689	—	—	—	203	4.2~5.2		884	—	—	—	753
—	682	—	—	—	235	4.3~5.3		992	—	—	—	871
—	691	—	—	—	275	4.4~5.4		1 133	—	—	—	1 021
—	716	—	—	—	325	4.5~5.5		1 314	—	—	—	1 208
562	600	863	—	—	—	4.6~5.6		863	863	—	—	105
458	675	863				4.7~5.7		863	863	—	—	150
352	750	863				4.8~5.8		863	863	—	—	202
218	863	863				4.9~5.9		863	863	—	—	248
158	863	863				5.0~6.0		863	803	—	—	338
113	863	863				5.1~6.1		863	713	—	—	443
1 251	—	1 355				5.2~6.2	337	—	724			

固定干胶条（immobiline pH gradients，IPG）由基质和聚丙烯酰胺形成一个整体，pH 梯度的产生是由酸性和碱性基团与聚丙烯酰胺以梯度式共价键连接而形成。即使在电场中，它也是"固相"的。

表 3-4　碱性丙烯酰胺衍生物

酸性重液的体积 (μL) 0.2mol/L immobiline pK						衍生物	碱性轻液的体积 (μL) 0.2mol/L immobiline pK					
3.6	4.6	6.2	7.0	8.5	9.3	pH 范围	3.6	4.6	6.2	7.0	8.5	9.3
1 055	—	1 165	—	—	—	5.3~6.3	284	—	694	—	—	—
899	—	1 017				5.4~6.4	242	—	682			
775	—	903				5.5~6.5	209	—	686			
676	—	817				5.6~6.6	182	—	707			
598	—	755				5.7~6.7	161	—	745			
536	—	713				5.8~6.8	144	—	803			
486	—	689				5.9~6.9	131	—	884			
447	—	682				6.0~7.0	120	—	992			
416	—	691				6.1~7.1	112	—	1 133			
972	—	—	1 086	—	—	6.2~7.2	262	—	—	686		
833	—	—	956			6.3~7.3	224	—	—	682		
722	—	—	857			6.4~7.4	195	—	—	694		
635	—	—	783			6.5~7.5	171	—	—	724		
565	—	—	732			6.6~7.6	152	—	—	771		
509	—	—	699			6.7~7.7	137	—	—	840		

为了改善结果，简化操作，把固相 pH 梯度胶灌到塑料支持膜上。然后，洗胶，以除去凝胶上的催化剂和未聚合的单体，否则，这些物质会对蛋白质产生修饰作用，影响分离。最后，把胶烘干，切成 3 mm 宽的条。可保存于 −20 ℃ 备用。使用前，固相 pH 梯度干胶条用含有等电聚焦所需成分的水化液进行泡涨。

固相 pH 梯度的范围是能被事先计算的，经典的 Henderson‐Hasselbalch（H‐H）公式是计算 pH 梯度的基本公式，即

$$pH = pK + \lg \frac{[A^-]}{[HA]}$$

这里的 $[A^-]$ 是解离物质的摩尔浓度，$[HA]$ 是非解离物质的摩尔浓度。H‐H 公式和电中性条件给出了 pH 和 immobiline 总浓度之间的关系。两种 immobiline 中一种完全离子化的作为滴定剂，另一种作为缓冲剂，则 pH 就可直接从两种 immobiline 浓度中计算出来，主要取决于哪种 immobiline 作为缓冲基团。如果缓冲基团是酸性 immobiline，解离常数是 pK_A，它与非缓冲 immobiline 的摩尔浓度分别为 $[C_A]$、$[C_B]$，则

$$pH = pK_A + \lg \frac{[C_B]}{[C_A] - [C_B]}$$

同理，若缓冲成分是碱性 immobiline，则

$$pH = pK_B + \lg \frac{[C_B] - [C_A]}{[C_A]}$$

由于 immobiline 可以根据不同 pH 的需要而进行调配，这样就可以生产不同 pH 范围的干胶条。如宽范围胶条有 pH 3～10、pH 3～12，窄范围胶条有 pH 4～7、pH 6～11、pH 5～8 等，甚至可以限定到一个 pH 单位，可以根据样品的分布范围来选择胶条的 pH 范围。

3. 固相 pH 梯度等电聚焦原理 固相 pH 梯度等电聚焦的原理是基于凝胶中的固相 pH 梯度。这些具有弱酸或弱碱性物质的丙烯酰胺衍生物共价结合到聚丙烯酰胺凝胶介质形成 pH 梯度后，带电的蛋白质分子便开始向自己的等电点位置迁移，直到到达自己的等电点（图 3‐7）。

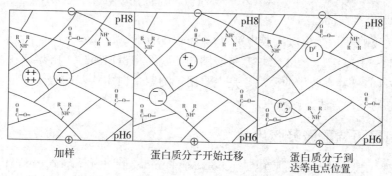

加样　　　蛋白质分子开始迁移　　　蛋白质分子到达等电点位置

图 3‐7　固相 pH 梯度等电聚焦的原理

（引自郭尧君，2003）

目前固相 pH 梯度等电聚焦是分辨率最高的电泳技术，可以达到 0.001 pH 单位，而常规的载体两性电解质等电聚焦的分辨率为 0.01 pH 单位，所以前者要比后者高一个数量级。如前所述，为提高等电聚焦的分辨率，需提高电场强度（E）和使用窄范围 pH 梯度，固相 pH 梯度等

电聚焦正是具备了这两个条件。利用不同 pK 的 immobiline，可得到 0.1 pH 单位间隔的固相 pH 梯度，甚至更窄的 pH 范围的凝胶。由于固相 pH 梯度使用的 immobiline 浓度很低，使得它的导电性差不多低至载体两性电解质凝胶的 1%，而且共价结合到凝胶中的 pH 梯度不会受到长时间聚焦的影响，这就为高电压的使用创造了条件。综合这两方面的因素，蛋白质在靠近等电点时虽然迁移率很小，但是有足够的电压和时间允许它们在极窄的 pH 范围内到达等电点位置，所以它的分辨率可达 0.001 pH 单位，甚至可以分析只有一个氨基酸差别的两种蛋白质。

4. 固相 pH 梯度的优点和注意事项

（1）固相 pH 梯度的主要优点

①分辨率高：如前所述，固相 pH 梯度等电聚焦是目前分辨率最高的电泳技术，至少可以实现等电点仅有 0.01 pH 单位差别的蛋白质的分离，大大提高了分析的灵敏度和精确度。

②pH 梯度稳定：克服了载体两性电解质阴极漂移、pH 梯度不连续性等许多缺点，不随时间而变化，实际上这也有助于分辨率的提高。

③重复性好：pH 梯度和电泳结果都有很好的重复性。与载体两性电解质相比，由于固相 pH 梯度的产生是由不同的 immobiline 滴定而成的，因而 pH 范围、缓冲能力等因素都可以得到控制。

④加样量大：通常加样量可以达到载体两性电解质等电聚焦的 10 倍。

⑤干扰小：盐离子对固相 pH 梯度等电聚焦的影响远远小于对载体两性电解质的影响，所以前者分离的蛋白质带常常很直。

（2）使用固相 pH 梯度胶条的注意事项

①温度：一般控制在 20～30℃，以提高蛋白质的溶解性。

②电压：呈梯度上升，开始低压，目的是胀胶，使胶条充分吸收蛋白；中间过程电压逐步升高；最终为高压，使蛋白在电场能充分运动，达到其等电点所在位置。

第三节　SDS-聚丙烯酰胺凝胶电泳

十二烷基硫酸钠-聚丙烯酰胺凝胶电泳（sodium dodecyl sulphate-polyacryl-amide gel electrophoresis，SDS-PAGE），是十二烷基硫酸钠和还原剂将蛋白质分子解聚成亚基，根据其大小在恒定 pH（碱性）缓冲系统中的分离，是主要用于测定蛋白质亚基的分子质量，是测定亚基的分子质量的最好的一种方法。

一、常规聚丙烯酰胺凝胶电泳

1. 基本原理　聚丙烯酰胺凝胶电泳（polyacrylamide gel electrophoresis，PAGE），即常规聚丙烯酰胺凝胶电泳（conventional PAGE），又称为天然状态生物大分子聚丙烯酰胺凝胶电泳（native PAGE），是一种以聚丙烯酰胺凝胶为支持介质的区带电泳，它是在恒定的、非解离的缓冲系统中分离蛋白质，属于非解离电泳。在电泳过程中仍然保持蛋白质的天然构象、亚基之间的相互作用和生物活性，因而根据其电泳迁移率，可得到天然蛋白质的分子质量。聚丙烯酰胺凝胶电泳具有 3 个优点：可以在天然状态分离生物大分子；可分析蛋白质和别的生物分子的混合物；

电泳分离后仍然保持生物活性。

根据凝胶的形状，聚丙烯酰胺凝胶电泳可以分为圆盘状电泳（disc electrophoresis）和垂直或水平板状电泳（slab electrophoresis）。垂直电泳或水平电泳的同一块胶板上可以同时分离数个样品，重复性较圆盘电泳好，同时平板型电泳可结合等电聚焦、免疫电泳等进行两相分析，还利于通过显影等显示已分离的各个组分，故近年来板状电泳的应用更为广泛。

使用聚丙烯酰胺凝胶作为支持介质进行蛋白质的分离，在电泳过程中不仅取决于蛋白质的电荷密度，还取决于蛋白质的大小和形状。在连续缓冲系统中主要取决于电荷密度，在不连续缓冲系统中，由于介质的分子筛效应，蛋白质的大小和形状影响较大（图3-8）。

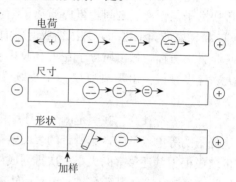

图3-8 蛋白质分子在常规聚丙烯酰胺
凝胶电泳中的分离因素

聚丙烯酰胺凝胶电泳根据其有无浓缩效应，分为连续性电泳和不连续性电泳两大类。连续性电泳系统的凝胶浓度一致，凝胶中的 pH 及离子强度与电泳槽液的相同，带电颗粒在电场作用下，主要靠电荷和分子筛效应。不连续电泳系统存在 4 个不连续性：①凝胶层的不连续性，通常含有 3 种性质不同的凝胶（表3-5）；②缓冲液离子成分的不连续性；③pH 的不连续性；④电位梯度的不连续性。由于上述 4 种不连续性，电泳时会产生 3 种物理效应：样品的浓缩效应、凝胶的分子筛效应以及电荷效应，因此，具有很高的分辨能力。

表3-5 不连续电泳 3 层凝胶的性质

	Tris-HCl	凝胶浓度	凝胶孔径
样品胶	pH6.7	3%	大（大孔凝胶）
浓缩胶	pH6.7	3%	大（大孔凝胶）
分离胶	pH8.9	7.5%	小（小孔凝胶）

不连续体系由电极缓冲液、样品胶、浓缩胶及分离胶组成。样品胶在最上层；中层为浓缩胶，一般丙烯酰胺的浓度为 2%～3%，缓冲液为 pH6.7 左右的 Tris-HCl；分离胶在最下层，丙烯酰胺的浓度为 5%～10%，缓冲液为 pH8.9 的 Tris-HCl。上下电泳槽盛有 pH8.3 的 Tris-甘氨酸缓冲液，上电泳槽接负极，下电泳槽接正极进行电泳。

（1）浓缩效应　由于不连续电泳系统的凝胶层不连续、缓冲液离子成分和 pH 的不连续性以及由此造成的电位梯度的不连续性，使得样品在电泳开始时得以浓缩。在浓缩胶中其缓冲液的 pH 为 6.7，在该 pH 下，HCl 几乎全部解离；甘氨酸的等电点为 pH6，故甘氨酸的解离度很小；体内大多数蛋白质接近于 pH5 左右，其解离度在 HCl 和甘氨酸之间，在这个系统中含有 Cl^-、Pr^-（蛋白质离子）和 $NH_2\!-\!CH_2\!-\!COO^-$（甘氨酸离子）3 种带负电荷的离子，在电场中这 3 种离子在大孔胶内的有效迁移率的大小顺序依次为：

$$m\,Cl^- \cdot \alpha Cl^- > m\,Pr^- \cdot \alpha Pr^- > m\,NH_2\!-\!CH_2\!-\!COO^- \cdot \alpha NH_2\!-\!CH_2\!-\!COO^-$$

（m：迁移率；α：解离度；$m \cdot \alpha$：有效迁移率）

Cl⁻ 称为快离子或前导离子（leading ion），甘氨酸称为慢离子或尾随离子（trailing ion）。当电泳刚开始时，由于 3 种胶中都含有 Tris‑HCl 缓冲液，都含有快离子 Cl⁻，电泳槽中只含有慢离子。电泳开始后，因快离子有最大的有效迁移率，很快超过蛋白质和甘氨酸离子，而使其后面形成一个低电导即高电势梯度的区域。这种高电势梯度使蛋白质和慢离子在快离子后面加速移动，致使高电势梯度与低电势梯度区之间形成一个快速移动的界面。由于蛋白质的有效迁移率介于快离子与慢离子之间，蛋白质离子后有甘氨酸离子向前推，前有 Cl⁻ 阻挡，蛋白质就聚集在 Cl⁻ 和甘氨酸离子之间，被浓缩成薄薄的一层。

另一方面，蛋白质分子在大孔胶中受到的阻力小，移动速度快，进入小孔胶时遇到的阻力大，速度减慢。由于凝胶层的不连续性，在大孔胶与小孔胶的界面处就会使样品浓缩，区带变窄。

（2）电荷效应　在一定的 pH 环境中，各种离子所带电荷不同，其迁移率也不同，不同蛋白质分子的等电点不同，其所带的表面电荷也各不相同，因此它们的迁移率不同。经电泳后，各种蛋白质根据其迁移率的大小依次排列成一条条的区带。浓缩胶和分离胶中均存在这种电荷效应。但是在经过十二烷基硫酸钠（SDS）处理后的蛋白质，由于十二烷基硫酸钠的电荷掩盖了蛋白质本身所带的电荷，因而在十二烷基硫酸钠聚丙烯酰胺凝胶电泳（SDS‑PAGE）中蛋白质的分离不依赖电荷的差别。

（3）分子筛效应　蛋白质在电场作用下泳动，受到两种作用力：静电的引力和介质的阻力。在聚丙烯酰胺凝胶电泳中静电的引力与其他电泳一样，主要取决于蛋白质颗粒的自身带电性状，但所受到的介质的阻力则决定于凝胶孔径的大小。凝胶具有三维结构，凝胶的浓度不同，其网孔的孔径大小不同，根据分离的对象可以调节凝胶浓度，使网孔孔径与分离对象的分子大小处于相匹配的状态。蛋白质分子通过凝胶时，受到的阻力与分子大小有关。所以分子大小不同的蛋白质即使所带电荷相同，自由迁移率相等，但在电泳一段时间后，也能彼此分开，这就是分子筛效应。

2. 影响凝胶聚合的因素　聚丙烯酰胺凝胶是电泳支持介质，其质量直接影响分离效果，对影响凝胶聚合的因素应特别注意。

（1）形成凝胶的试剂的纯度　丙烯酰胺是形成凝胶溶液中的最主要成分，其纯度的高低直接影响凝胶的质量。此外，丙烯酰胺和 N,N'‑甲叉双丙烯酰胺中可能混杂有能影响凝胶形成的杂质，如丙烯酸、线性高聚丙烯酰胺、金属离子等，这些物质也能影响凝胶的聚合质量，影响电泳的结果，应予以充分注意。对丙烯酰胺，最好是选择质量好，达到电泳纯级的产品。过硫酸铵容易吸潮，而潮解后的过硫酸铵会渐渐失去催化活性，故过硫酸铵溶液需新鲜配制。

（2）凝胶浓度　每 100 mL 凝胶溶液中含有单体和胶联剂的总克数称凝胶浓度，常用 $T\%$ 表示。可供选择的凝胶浓度范围为 3%～30%，凝胶浓度增加后聚合速度将加快，因此可适当减少催化剂的用量。凝胶浓度的大小，还会影响凝胶的质量和网孔的大小。凝胶网孔的大小与总浓度相关，总浓度越大，孔径相对变小。故在用聚丙烯酰胺凝胶电泳分离蛋白质时，应根据需要选择凝胶浓度，在一般情况下，大多数生物体内的蛋白质采用 7.5% 浓度的凝胶，所得电泳效果往往是满意的，故称由此浓度组成的凝胶为标准凝胶。凝胶浓度过大，透明度差，而且因其硬度及脆度较大，故容易破碎；而凝胶浓度太低时，形成的凝胶稀软，不易操作。

（3）温度和氧气的影响　聚丙烯酰胺凝胶聚合的过程也受温度的影响，温度高聚合快，温度低则聚合慢，一般以 23～25℃为宜。大气中的氧能淬灭自由基，使聚合反应终止，所以在聚合过程中要使反应液与空气隔绝，最好能在加激活剂前对凝胶溶液进行超声脱气。

3. 聚丙烯酰胺凝胶电泳的优点　以聚丙烯酰胺凝胶为支持介质进行蛋白电泳，可根据被分离物质分子大小及电荷多少来分离蛋白质，具有以下优点：①聚丙烯酰胺凝胶是由丙烯酰胺和 N,N′-甲叉双丙烯酰胺聚合而成的大分子，是带有酰胺侧链的碳-碳聚合物，没有或很少带有离子的侧基，因而电渗作用比较小，不易和样品相互作用。②由于聚丙烯酰胺凝胶是一种人工合成的物质，在聚合前可调节单体的浓度比，形成不同程度的网孔结构，其空隙度可在一个较广的范围内变化，可以根据要分离物质分子的大小选择合适的凝胶成分，使之既有适宜的网孔，又有比较好的机械性质。一般说来，含丙烯酰胺 7%～7.5%的凝胶，机械性能适用于分离相对分子质量范围在 1 万～100 万的物质，1 万以下的蛋白质则采用含丙烯酰胺 15%～30%的凝胶，而分子质量特别大的可采用含丙烯酰胺 4%的凝胶。大孔胶易碎，小孔胶则难从管中取出，因此当丙烯酰胺的浓度增加时可以减少双丙烯酰胺，以改进凝胶的机械性能。③在一定浓度范围内聚丙烯酰胺对热稳定，无色透明，易观察，可用检测仪直接测定；④丙烯酰胺是比较纯的化合物，可以精制，减少污染。

二、SDS-聚丙烯酰胺凝胶电泳

1. 基本原理

（1）蛋白质分子的解聚效应　蛋白质在聚丙烯酰胺凝胶中电泳时，它的迁移率取决于它所带净电荷以及分子的大小和形状等因素。如果加入一种试剂消除电荷、形状等因素的影响，使电泳迁移率只取决于分子的大小，就可以用电泳技术测定蛋白质的分子质量。1967 年，Shapiro 等发现在样品介质和聚丙烯酰胺凝胶中加入阴离子去污剂和强还原剂后具有这种作用并建立了十二烷基硫酸钠（SDS）-聚丙烯酰胺凝胶电泳（SDS-PAGE）。之后，Weber、Glossmann 和 Douglas 等人进行了多次改进，使其在分离、鉴定和纯化蛋白质方面具有优越性。

十二烷基硫酸钠是一种阴离子去污剂，作为变性剂和助溶性试剂，它能够断裂分子内和分子间的氢键，使分子去折叠，破坏蛋白质分子的二级结构和三级结构。强还原剂，如 β-巯基乙醇（β-mercapto ethanol）和二硫苏糖醇（dithiothreitol，DTT）则能使半胱氨酸残基之间的二硫键断裂，不易再氧化，这就保证了蛋白质分子与 SDS 的充分结合（图 3-9）。

（2）去电荷效应　当向蛋白质溶液中加入足够量 SDS 和还原剂后，分子被解聚成多肽链，解聚后的氨基酸侧链与 SDS 充分结合形成蛋白质-SDS 复合物，这种复合物由于结合大量带负电荷的 SDS，犹如蛋白质分子穿上了带有负电荷的外衣。蛋白质-SDS 复合物所带的 SDS 负电荷的量大大超过了蛋白质分子原有的电荷量，因而掩盖了不同种蛋白质间原有的电荷差别。另一方面，蛋白质-SDS 复合物的形状是类似于雪茄烟形的长椭圆棒，不同蛋白质的 SDS 复合物的短轴长度是恒定的，约为 1.8nm，而长轴的长度则与蛋白质分子质量大小成比。这样的蛋白质-SDS 复合物，在凝胶中的迁移率，不再受蛋白质原有的电荷和形状的影响，而取决于椭圆棒的长轴长度，即蛋白质或者亚基的分子质量的大小。因此，SDS-聚丙烯酰胺凝胶电泳可以按蛋白质的分子大小的不同将其分开。当蛋白质亚基的分子质量在 15ku 到 200ku 之间时，电泳迁移率与分子质

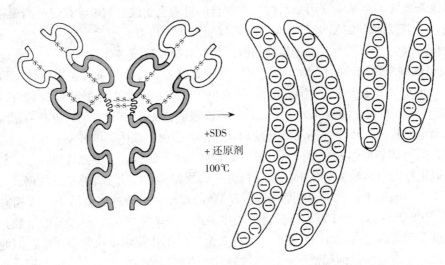

图 3-9 蛋白质样品在 100℃用 SDS 和还原剂处理解聚成亚基
(引自郭尧君，2003)

量的对数呈线性关系。若用已知分子质量的一组蛋白质作
图绘制标准曲线，在同样条件下检测未知样品，就可从标
准曲线推算出未知样品的分子质量（图 3-10）。

2. SDS-聚丙烯酰胺凝胶电泳的分类 SDS-聚丙烯酰胺
凝胶电泳根据对样品的处理方式可分为还原 SDS 电泳（re-
ducing SDS electrophoresis）、非还原 SDS 电泳（nonreduc-
ing SDS eletrophoresis）和带有烷基化作用的还原 SDS 电
泳（reducing SDS treatment with alkylation）。根据缓冲系
统和凝胶孔径的不同分为连续电泳和不连续电泳（包括梯
度凝胶电泳）（图 3-11、图 3-12、图 3-13）。根据电泳的
形式分为圆盘电泳和平板电泳，后者又可分为垂直电泳和
水平电泳。

3. SDS-聚丙烯酰胺凝胶电泳的影响因素

（1）溶液中 SDS 单体的浓度 SDS 在水溶液中是以单
体和 SDS-蛋白质复合物的混合形式存在的，能与蛋白质结
合的是单体。在一定温度和离子强度下，当 SDS 总浓度增
加到某一定值时，溶液中的单体不再随 SDS 总浓度增加而
升高。当单体浓度大于 1 mmol/L 时，大多数蛋白质与 SDS
结合的重量比为 1∶1.4，如果单体浓度下降到 0.5 mmol/L

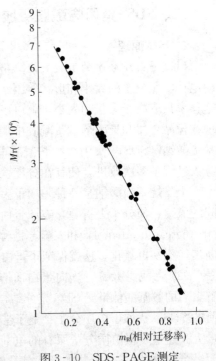

图 3-10 SDS-PAGE 测定
蛋白质分子质量

以下时，二者的结合比仅为 1∶0.4，此时不能消除蛋白质分子原有的电荷差别。为保证蛋白质
与 SDS 的充分结合，二者之间的重量比应为 1∶4 或 1∶3。

（2）二硫键是否完全被还原 只有二硫键完全被还原时，蛋白质分子才能被解聚，SDS 才

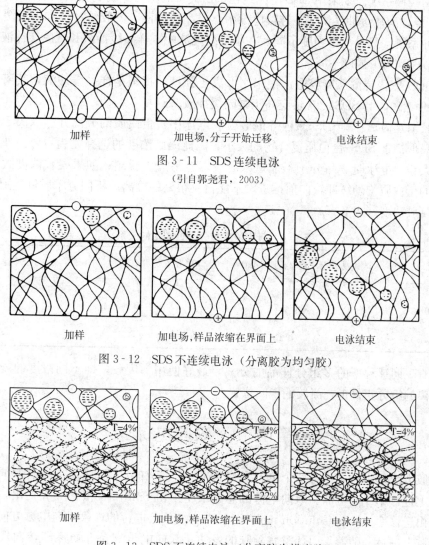

图 3-11　SDS 连续电泳

（引自郭尧君，2003）

图 3-12　SDS 不连续电泳（分离胶为均匀胶）

图 3-13　SDS 不连续电泳（分离胶为梯度胶）

能定量地结合到亚基上而给出相对迁移率和分子质量的对数的线性关系。样品缓冲液中 β-巯基乙醇的浓度通常为 4%～5%，二硫苏糖醇的浓度通常为 2%～3%。

（3）**缓冲系统的选择**　一般来说，由于 SDS 对蛋白质的溶解性能及负电荷的包裹作用，SDS-聚丙烯酰胺凝胶电泳缓冲系统的选择简单得多，在样品蛋白稳定的 pH 范围，凡不与 SDS 发生相互作用的缓冲液都可以使用，但不同的缓冲液对蛋白质带的分离和电泳的速度的影响是不同的。由 Shapiro 建立的 SDS-磷酸缓冲系统经过改进后已被广泛使用，SDS-Tris-磷酸缓冲系统有更好的分辨率。咪唑缓冲系统比磷酸缓冲系统导电性低，所以速度要比后者快一倍。对于低分子质量的蛋白质样品，为了提高分辨率，最好使用 SDS-脲系统。含有 SDS 的不连续缓冲系统已被广泛地用于蛋白质亚基分子质量以及纯度的测定。其中，Laemmli 的 Tri-甘氨酸系统是目前使用最多的缓冲系统。如果用 SDS 电泳纯化蛋白的目的是为了测定氨基酸组成或氨基酸序列，则应使用 Tris-硼酸盐缓冲系统。在连续电泳中，样品缓冲液、凝胶缓冲液和电极缓冲液使用的是相同的缓冲系统，只是离子强度不同。在不连续电泳中，样品缓冲液和凝胶缓冲液常采用同一系统，只是 pH 和离子强度不同。

一般，SDS-聚丙烯酰胺凝胶电泳中采用低离子强度，特别是样品缓冲液，其离子强度通常为凝胶系统的 1/10，但 SDS 的含量应高于凝胶缓冲液。

（4）凝胶浓度的选择 SDS-聚丙烯酰胺凝胶电泳中，蛋白质的分离并不取决于蛋白质的电荷密度，而只取决于 SDS-蛋白质复合物的大小，因此凝胶浓度的选择尤为重要。如果凝胶浓度太大，孔径太小，电泳时样品分子不能进入凝胶，容易产生脱尾；如果凝胶浓度太小，孔径太大，样品中的蛋白质均随缓冲液向前推进，不能得到很好的分离。不同分子质量范围的蛋白质应选用不同的凝胶浓度（表 3-6）。

表 3-6　凝胶浓度与分子量测定的关系

凝胶浓度 $T\%$（$C=2.6\%$）	分子质量范围（ku）	凝胶浓度 $T\%$（$C=5\%$）	分子质量范围（ku）
5	25~200	5	60~170
10	10~70	10	20~100
15	<50	15	10~50
20	<40	20	5~40

对于具有不同迁移率的多组分样品的分离，最好使用梯度胶，即不同浓度的凝胶的组合使用，使欲分离的组分正好走在凝胶的中间位置。

第四节　双向电泳

双向凝胶电泳是一种由任意两个单向凝胶电泳组合而成的，即在第一向电泳后再在与第一向垂直的方向上进行第二向电泳。双向电泳的思路最早是由 Smithies 和 Poulik 提出，蛋白质第一向根据其自由迁移率（free-solution mobility）在滤纸条上进行的；第二向电泳方向与第一向垂直，在淀粉胶上进行。随着聚丙烯酰胺凝胶的发明，双向电泳支持介质逐渐转向聚丙烯酰胺凝胶，即双向凝胶电泳。1969 年，双向电泳在原理上有了新的发展，建立了以等电聚焦为第一向的双向电泳技术（即 IEF-PAGE）。20 世纪 70 年代初，第二向电泳中使用了十二烷基硫酸钠（SDS），使第二向电泳基本上根据蛋白质的分子质量来分离，从而奠定了现代双向凝胶电泳的基础。1975 年 O′Farrell 首先建立了等电聚焦-SDS-聚丙烯酰胺双向凝胶电泳（IEF-SDS-PAGE），至今仍不失为双向凝胶电泳首选的组合方式。在这项组合中，等电聚焦为第一向电泳，是基于蛋白质的等电点不同用等电聚焦法分离；第二向则按分子量不同用 SDS-PAGE 分离，把复杂的蛋白质混合物中的蛋白质在二维平面上分开。近年来经过多方面改进，双向电泳已成为研究蛋白质组的最有价值的核心方法。目前，双向电泳最高可达 11 000 个蛋白点的分辨率。所以，在 20 世纪 90 年代中期 Wilkins 提出蛋白质组学这一概念后，双向电泳即成为这个革命性课题的开门技术。

一、基本原理

目前，双向电泳主要指 O'Farrell 建立的等电聚焦- SDS -聚丙烯酰胺双向凝胶电泳（IEF - SDS - PAGE）的模式。其基本原理是：先将蛋白质根据其等电点在 pH 梯度胶内（载体两性电解质 pH 梯度或固相 pH 梯度）进行等电聚焦，即按照它们等电点的不同进行分离。然后按照它们的分子质量大小进行 SDS - PAGE 第二次电泳分离。样品中的蛋白质经过等电点和分

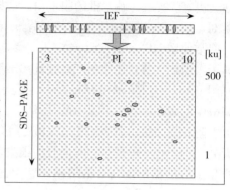

图 3 - 14　双向电泳示意图

子质量的两次分离后，可以得到分子的等电点、分子质量和表达量等信息。值得注意的是，双向电泳分离的结果是蛋白质点而不是条带。根据 Cartesin 坐标系统，从左到右是 pI 的增加，从上到下是分子质量的减小，见图 3 - 14。

根据第一向等电聚焦的条件和方式的不同，可将双向电泳分为 3 种系统：ISO - DALT、NEPHGE 和 IPG - DALT。在 ISO - DALT 系统中，等电聚焦在聚丙烯酰胺管胶（tube gel）中进行，载体两性电解质在外加电场作用下形成 pH 梯度。这种系统的优点是电泳设备要求不高，溶液容易配制，但是 pH 梯度在碱性区不稳定（阴性漂移）、重复性不易掌握和上样量低为其主要的缺点。NEPHGE 为非平衡 pH 梯度电泳，是固相 pH 梯度胶发明前使用的分离碱性蛋白质的一种方法，蛋白质在等电聚焦场中达到平衡前结束电泳，第一向的 pH 也是依靠载体两性电解质和电场来建立的。IPG - DALT 的第一向电泳是采用固相 pH 梯度胶，其 pH 梯度的形成依赖于不同 pK 的化合物 immobiline。如前所述，pH 胶的 pH 梯度是稳定的，不依赖于外加电场，因而 IPG - DALT 具有更高的分辨率、重复性和信息量。

二、流程

下面以 IPG - DALT 系统为例来简要说明一下双向电泳的基本流程。

（一）样品制备

要获得高分辨率和高度重复的双向电泳图谱，蛋白质样品制备是极为关键的一步，这一步处理的好坏将直接影响双向电泳的结果。目前并没有一个通用的制备方法，尽管处理方法是多种多样，但都遵循几个基本的原则：①尽可能地提高样品蛋白质的溶解度，抽提最大量的总蛋白质，减少蛋白质的损失；②减少对蛋白质的人为修饰；③破坏蛋白质与其他生物大分子的相互作用，并使蛋白质处于完全变性状态。

首先，样品不能变质，要使用新鲜的样品或者将新鲜样品速冻（液氮或－70℃），样品需要处理时尽量和处理前的保持一致。分离一种细胞和组织的蛋白质组，要尽可能地使蛋白质组中的各种蛋白质成分溶解在裂解液中，整个蛋白质抽提过程都要避免蛋白质的降解、修饰等。裂解液的基本成分为脲、去垢剂、还原剂和两性电解质等。脲是一种优良的变性剂，通过断裂氢键和疏水键使蛋白质变性，增加其溶解性，而不影响蛋白质所带的电荷。脲和硫脲结合使蛋白质的溶解

性会更好，尤其是疏水性的膜蛋白。去垢剂有离子型、非离子型和兼性离子型等几类。离子型去垢剂，如 SDS 使蛋白质带上负电荷，干扰第一向等电聚焦而避免使用。传统的非离子去垢剂，早期常使用 NP-40、Triton X-100 等，近几年较多的改用如 CHAPS 与 Zwittergent 系列等兼性离子去垢剂代替。还原剂多数使用 β-巯基乙醇、二硫苏糖醇（DTT）、二硫赤藓糖醇（dithio-erythritol，DTE）通过打断二硫键使蛋白质彻底变性。两性电解质能促进蛋白质的溶解，吸附高浓度的脲在溶液中形成氰酸盐离子（cyanate ion），离心时还有助于核酸的沉淀。此外，它还可以阻止样品蛋白质和固相 pH 梯度胶条中固相化的两性电解质之间的相互作用。样品中的核酸大分子会干扰等电聚焦和双向胶的银染，加入核酸水解酶或采用超声的方法可将其降解。为避免样品制备过程中蛋白质的降解，整个过程需要在低温中（约 4℃）进行，并可加入蛋白酶抑制剂。

样品的来源不同，其裂解的缓冲液也各不相同。通过不同试剂的合理组合，达到对样品蛋白质的最大抽提。在对样品蛋白质提取的过程中，必须考虑到去除影响蛋白质可溶性和双向电泳重复性的物质，比如核酸、脂、多糖等大分子以及盐类小分子。大分子的存在会阻塞凝胶孔径，盐浓度过高会降低等电聚焦的电压，甚至会损坏固相 pH 梯度胶条；这些都会造成双向电泳的失败。样品制备的失败很难通过后续工作的完善或改进获得补偿。核酸的去除可采用超声或核酸酶处理，超声处理应控制好条件，并防止产生泡沫；而加入的外源核酸酶则会出现在最终的双向电泳胶上。脂类和多糖都可以通过超速离心除去。透析可以降低盐浓度，但时间太长；也可以采取凝胶过滤或沉淀-重悬法脱盐，但会造成蛋白质的部分损失。因此，处理方法必须根据不同的样品、所处的状态以及目的和要求来进行选择。

（二）第一向：等电聚焦

1. 加样 对一新样品，常使用宽范围、线性 pH 3～10 的固相 pH 梯度。但是这样做会丧失 pH 4～7 区域的分辨率，因为许多蛋白质的 pI 在这个范围。利用非线性 pH 3～10 固相 pH 梯度等电聚焦胶在一定程度上缓解了这个问题，在保证大部分碱性蛋白都能得到分辨的前提下，pH 4～7 区域能得到更好的分离。另外，使用窄范围的固相 pH 梯度胶还可以加大上样量，这样就可以观察到更多的蛋白质点。这些 pH 范围的固相 pH 梯度胶已经实现了商品化，因此基本上解决了双向凝胶电泳重复性的问题。这是双向凝胶电泳技术上的一个非常重要的突破。

商品化的胶条使用前是以干胶条的形式和塑料支撑薄膜粘在一起的，加样前需要先撕掉薄膜，再在重泡涨液中泡涨。重泡涨液和裂解液的成分基本相同，含有高浓度的脲和非离子型去污剂 CHAPS，这些试剂本身并不带电荷，不影响各蛋白质组分原有的电荷量和等电点，但能破坏蛋白质分子内的二硫键，使蛋白质充分变性和肽链舒展，从而有利于蛋白质分子在温和条件下与 SDS 充分结合，以提高第二向电泳的效果。加样的方案有两种，一种是固相 pH 梯度胶重泡涨后，利用加样杯，边运行等电聚焦边上样。这种方式的好处是加样量可以提高很多，由于加样杯和胶面直接接触，使得分子质量大于 100 000u 的蛋白质可以有效地进入固相 pH 梯度胶条；另一种方案是在固相 pH 梯度胶条泡涨的同时样品也掺入胶条，然后再加电压，该方法被称为胶内泡涨法，其优点是泡涨和等电聚焦整合为一个程序即可完成，提高了工作效率，保证了重复性，这是目前常用的加样方法。样品通常是与重泡涨液混合后加在持胶槽（strip holder）的电极内侧，然后选择所需的 pH 范围的胶条放于持胶槽中，将样品溶液从正极到负极均匀展开。但是样品重泡涨过程中的水的挥发可能导致脲结晶，影响胶条的泡涨和等电聚焦时样品的迁移，所以要在加样后的胶条上覆盖一层惰性矿物油，可以阻止水分挥发，同时可以避免高压等电聚焦过程中的氧化作用。重泡涨时加上 30 V 或 50 V 的低压会促进胶条对蛋白质的吸收，但这一操作在制备型电泳时才有意义。

2. 运行　胶条重泡涨的工作结束后就可以加电压开始等电聚焦，此过程中要避免电流过大，因为胶条所承受的电流有限，一般在等电聚焦中限电流 50 μA。等电聚焦的电压上升分为 3 个阶段，首先加上一个比较低的电压，去除胶条中的过多的盐离子；然后加高压，电压上升的模式为缓慢上升；最后是持续高压，电压上升的模式为快速上升。运行的时间决定于几个不同的因素，包括样品类型、蛋白质上样量、固相 pH 梯度胶条长度及所用 pH 梯度。根据胶条的 pH 范围和上样量的多少，总电压时间积可以在一定范围内调整。理论上讲，获得最好的图谱质量和重复性所需最佳时间是等电聚焦分离达到稳定态所需的时间。另外，重泡涨和等电聚焦的过程中温度应稳定在 20℃，温度太低脲也会结晶出来，而且温度不稳定也会造成胶上蛋白质点位置的改变（图 3-15、图 3-16）。等电聚焦完成后的胶条如不能及时进行第二向电泳，胶条可于 −20℃ 保存。

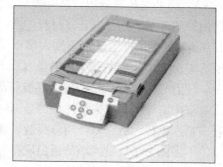

图 3-15　IPGphor 等电聚焦仪

加入样品和重泡涨液

去除固相 pH 梯度胶条保护膜

放入胶条，铺展样品

用覆盖油封胶

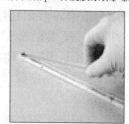
封闭持胶槽

转移持胶槽，编程运行

图 3-16　固相 pH 梯度等电聚焦流程（上样方法为胶内泡涨法）

（三）胶条的平衡

第一向电泳后蛋白质得到了初步分离，凝胶条中所含的蛋白质区带，是第二向电泳的样品，因此，进行第二向电泳前，要将第一向电泳后的凝胶条包埋在第二向电泳的凝胶板中。由于两向电泳的分离系统不同，需将第一向电泳后的凝胶预先在第一向电泳分离系统中振荡平衡，再包埋于第二向电泳凝胶板的电泳起始端，然后按照 SDS-聚丙烯酰胺凝胶电泳的方法进行电泳。

平衡液的体积随胶条的长度而异。平衡的过程分为两步，第一步平衡液的成分主要是 Tris 缓冲液、十二烷基硫酸钠（SDS）、二硫苏糖醇（DTT）、脲和甘油。平衡的主要作用是使第一向胶条上的蛋白质变性。平衡液中的脲和甘油可以增加溶液的黏度，减少电内渗。电内渗作用是由固相化的两性电解质造成的，它影响蛋白质从第一向到第二向转移。SDS 用于变性蛋白质，使蛋白质带上负电荷，这对第二向 SDS-聚丙烯酰胺凝胶电泳来讲是十分重要的。二硫苏糖醇是在蛋白质与 SDS 充分结合的同时，也使二硫键还原。平衡过程第二步采用的平衡液是碘乙酰胺（IAA）而非二硫苏糖醇，这一步是用来烷基化自由二硫苏糖醇和蛋白质所带的自由巯基，否则，自由二硫苏糖醇在二向迁移过程中会产生假条纹现象，在银染后会观察到。两次平衡的时间均为 15 min。如果图谱的竖直条纹太多则平衡时间可适当延长到 20 min，时间太短时蛋白质没有被 SDS 充分包裹，容易产生水平条纹。

（四）第二向：SDS-聚丙烯酰胺凝胶电泳

双向电泳的第二向最常用的是 Laemmli 不连续缓冲液系统，3%T 的固相 pH 梯度胶条可以看成是压缩胶，所以只使用分离胶，即单一浓度或含线性或非线性梯度的凝胶，其覆盖范围就可以使不同的分子质量大小的蛋白质得到有效的分离。固相 pH 梯度胶条平衡好后，一般将胶条在电泳缓冲液中浸润一下，这样做一方面可以清洗胶条，去除胶条上的平衡液，另一方面润湿的胶条也可以沿着玻璃板推到 SDS-聚丙烯酰胺凝胶电泳凝胶上去。

一向胶与二向胶的接触是影响电泳重复性的一个很重要因素，一定要避免两者接触面产生气泡，否则会产生阻力，使得胶条中蛋白无法顺利迁移至二向而产生扭曲现象。固相 pH 梯度胶条转移到 SDS-聚丙烯酰胺凝胶电泳胶有两种方式：一种是将固相 pH 梯度胶条放到 SDS-聚丙烯酰胺凝胶电泳胶上，再加入熔化的琼脂糖凝胶（100℃融化后待 60℃再慢慢加入）。这种方式图谱不易变形，但在两块胶之间容易产生气泡。第二种方式是先加入熔化的琼脂糖溶液，再将固相 pH 梯度胶条放到 SDS-聚丙烯酰胺凝胶电泳胶上。这种方式非常好地解决了胶之间的气泡问题，但琼脂糖容易凝固，插入固相 pH 梯度胶条时会造成图谱变形，采用低熔点琼脂糖即可解决此问题，但要等到完全凝固再移至二向。实际操作时可根据习惯或条件来选择合适的方式。值得注意的是用琼脂糖封胶时温度不能太高，否则会造成固相 pH 梯度胶条上的蛋白质变性或产生蛋白质修饰。SDS-聚丙烯酰胺凝胶电泳胶的浓度往往需要根据研究目的和样品性质确定，最常使用的是 12% 和 12.5% 的均一胶。使用均一胶的好处是灌胶方便，重复性好。但分子质量高的蛋白质斑点较为聚集，分离不佳，采用 9%～16% 的线性梯度胶，分子质量不同的蛋白质点在整块凝胶上分布比较均匀，分辨率大大提高。

第二向 SDS-聚丙烯酰胺凝胶电泳有垂直板电泳和水平超薄胶电泳两种方式，可分离分子质量为 10～100 ku 的蛋白质。水平 SDS-聚丙烯酰胺凝胶电泳使用浓缩胶和均一胶或梯度胶。其优点是凝胶附着在塑料支持膜上，染色过程中可以防止凝胶大小发生变化。而且由于水平胶厚度较小，可以施加高电压，简短运行时间，减少蛋白质的扩散，使用水平胶分离蛋白质点的边缘要比垂直胶清晰。但是，水平胶不能很好地解决重复性的问题。垂直胶则具有这方面的优点。另外与水平胶相比，垂直胶还具有操作简单、上样量大等优点，可以满足大规模蛋白质组分析的需求。

（五）胶上蛋白质的检测

显示双向凝胶上的蛋白质点的方法有多种，有考马斯亮蓝 R‑250（CBB R‑250）染色、考马斯亮蓝 G‑250 染色、酰胺黑（amido black）染色、丽春红 S（ponceau S）染色、银染、负染、荧光染料染色以及放射性同位素标记等。用于双向电泳常规检测和定量的普遍方法是考马斯亮蓝染色和银染。近年来由于测序技术和质谱灵敏度的提高，尤其是最新的 Q‑TOF 类液相色谱串联质谱技术的发展，大大提高了质谱鉴定的灵敏度，从而使蛋白质显色的地位从简单的蛋白质点呈现转换为集成化的蛋白质微量化学表征过程中的关键步骤。随着高灵敏度蛋白质分析方法和电泳后鉴定技术的结合，考马斯亮蓝染色和银染在蛋白质组学研究中的局限性日益暴露出来。而新的染色技术（如荧光标记、同位素标记技术）在提高灵敏度的同时，也与自动化的蛋白质平台切胶技术相兼容，染色技术向高灵敏度和自动化方向发展。不同的染色方法对设备和仪器要求不同，在实际工作中综合考虑各种因素，以选择最佳方案。表 3‑7 给出了各种不同类型染色方法的灵敏度、对软硬件的要求、质谱兼容性等性能指标。

表 3‑7　不同染色方法的性能一览表

染色方法	灵敏度(ng/mL)	是否活细胞应用	线性范围	与质谱兼容性	试剂耗费	对硬件需求（扫描系统及其他）
考马斯亮蓝染色	100	否	3	++	+	+
负染	15	否	3	++	+	+
银染	200	否	7	+	+	+
荧光染色	400	否	10^4	+++	++++	++++
荧光标记	250	否	10^4	++	+++	++++
磷触屏	0.2	是	10^5	+++	++++	++++
稳定同位素标记	<1	是		++	++	++++

1. 考马斯亮蓝染色　自从传统的考染技术和甲醇-醋酸水溶液结合用于聚丙烯酰胺凝胶电泳胶染色至今，至少已经尝试了 600 种关于聚丙烯酰胺凝胶电泳胶考染染色的线性和灵敏度的不同方法。考马斯亮蓝可以检测到 $30\sim100\,ng$ 蛋白质，虽然其灵敏度远低于银染或荧光检测，但是染色过程简单，所需配置的试剂少，操作简单，无毒性，染色后的背景及对比度良好，与下游的蛋白质鉴定方法兼容。在条件允许的情况下，考马斯亮蓝染色是一个比较好的选择。

聚丙烯酰胺凝胶经过 G‑250 胶体考马斯亮蓝染色后可以获得无背景或很低的背景的染色效果，估计其染色机制是因为在胶体染料和溶液中的自由扩散染料之间形成平衡，溶液的少量自由染料穿透凝胶基质，有选择地对蛋白质染色，而胶体态的染料排阻在胶外，阻止了背景生成。胶体考马斯亮蓝染色检测蛋白质的极限是 $8\sim10\,ng$。染色过程通常是在高浓度的三氯醋酸、高氯酸或磷酸中进行，并辅以甲醇或乙醇。质谱对蛋白质修饰的研究表明，用含三氯醋酸和乙醇的考马斯亮蓝染色的蛋白质易导致谷氨酸羧基侧链的不可逆酸催化酯基化，这样就使所得肽谱数据复杂化，但也可以通过在分析软件中加入算法来考虑这种修饰。胶体考马斯亮蓝染色的缺点是所需时间较长，染色过程需要 $24\sim48\,h$，这就限制了该方法的应用。

2. 银染　银染是非放射性染色方法中灵敏度最高的，其灵敏度可达 200 pg，并且由于银染的成本较低，在目前仍然是差异蛋白质组分析中最常用的显色方法。但是由于银染过程中醛类的特异反应，使得对凝胶酶切肽谱提取存在困难。大多数实验室的策略是采用银染（图 3‑17）进行图谱分析，然后加大上样量，进行考马斯亮蓝染色并将凝胶切下用于下游鉴定。由于银染和考马斯亮蓝染色的特异性不同，使得这两种不同的方法所得的双向电泳图谱可比性不佳，这样不利于蛋白质组研究的高通量筛选。改进银染的方法，使之适于胶内酶切及质谱鉴定，已成为蛋白质组研究的迫切要求。

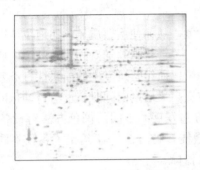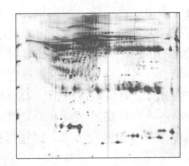

图 3-17　神经系统蛋白双向电泳银染图
（左图为鼠脑组织，右图为人脑脊液）

经典银染的方法是将双向电泳凝胶在固定液中固定后，在含戊二醛的溶液中增敏，戊二醛的作用是利用醛基的交联作用和反应活性，提高银染的灵敏度。然后在硝酸银溶液中浸泡，蛋白质与银离子结合，凝胶空白背景中的银离子由于结合不牢，大部分被洗去，而含蛋白质的区域则由于蛋白质中自由氨基与银离子的相互作用，使这些位置的银离子不被洗去，随后在碱性环境下，甲醛溶液将结合在蛋白质上的银离子还原成金属银，银颗粒沉积在蛋白质点上，沉淀的银颗粒又产生自催化反应，提高银染的反应灵敏度，使蛋白质显示棕黄色或棕黑色。

银染有 100 多种方法，这些不同方法的存在也说明，没有一种方法是完美的。总体上这些方法可以分为两大类：碱性银氨染色法和酸性硝酸银染色法（表 3-8）。酸性硝酸银染色法和碱性银氨染色法相比，它对酸性蛋白质染色灵敏度稍高，但对碱性蛋白质的染色灵敏度稍低。酸性硝酸银染色法的原理是一个照相的过程，凝胶在酸性环境下与硝酸银孵育，阴离子附于蛋白质表面，然后在碱性环境下还原成金属银。碱性银氨染色法的原理是用氨水来形成银氨复合物，银氨复合物与胶内的 SDS-蛋白质复合物结合，然后在酸性条件下用福尔马林将银氨还原成金属银。酸性染色背景浅，容易控制，所以用得较多。碱性染色则灵敏度稍差，背景深，难以控制。增敏剂戊二醛的交联作用和对银颗粒的固化作用使得肽段很难被洗脱出来，所以目前银染方法的改进焦点集中在对银染过程中醛类问题的取舍问题。

3. 负染　标准考马斯亮蓝染色方法所存在的一个缺点，是在染色过程中含有蛋白质固定过程，而在银染法中除了固定过程外，还有增敏步骤，这些步骤会将蛋白质提取至胶外，从而减少蛋白质产量，使得用于随后微量化学表征的样品更少了。负染的开发则是专门为了提高聚丙烯酰胺电泳凝胶上的蛋白回收率。常用的负染方法有铜染、锌-咪唑等，是近年来逐渐受到重视的染色方法。染色后的凝胶背景成不透明的乳白色或青绿色，而蛋白质斑点或条带则是透明的，染色过程很快，5～15 min 即可完成，蛋白质的生物活性可以得以保持。负染的灵敏度高于考马斯亮蓝染色，可达到 50 ng 以下。由于金属负染蛋白质是可逆的，具高灵敏度的锌染在蛋白质组研究

表 3-8 AgNO₃ 染色方法列表

方法	1 试剂	1 时间	2 试剂	2 时间	3 试剂	3 时间	4 试剂	4 时间	5 试剂	5 时间
固定	乙醇 100 mL、乙醇 25mL	30min	甲醇 125 mL、醋酸 30 mL、37%甲醛 0.125 mL	≥1h	甲醇 125 mL、醋酸 12.5 mL	20min			甲醇 125 mL、醋酸 12.5 mL	
冲洗			50%乙醇	3×20min	甲醇 125mL	10min			甲醇 125 mL	10min
					蒸馏水	10min			蒸馏水	10min
增敏	乙醇 75 mL、戊二醛(50%)0.62 mL、Na₂S₂O₃(5%)10 mL、NaAc 17g	30min	Na₂S₂O₃(5%)1mL	1min	Na₂S₂O₃(5%)、1mL	1min	乙醇 75 mL、戊二醛(50%)0.625 mL、Na₂S₂O₃(5%)10 mL、NaAc 10.25g	2h	Na₂S₂O₃(5%)2.5 mL、0.15%K₃Fe(CN)₆、0.75 g Na₂CO₃	
冲洗	蒸馏水	3×5min	蒸馏水	3×20	蒸馏水	2×1min	去离子水	2×3min	去离子水	3×5min
孵育	AgNO₃(2.5%)25mL、甲醛(37%)0.1mL	20min	AgNO₃(2.5%)20 mL、甲醛(37%)0.188mL	20min	AgNO₃(2.5%)10mL	20min，4℃	AgNO₃(2.5%)10mL、甲醛(37%)0.025mL	30min	AgNO₃(2.5%)10mL	20min
冲洗	蒸馏水	2×1min	蒸馏水	2×20	蒸馏水	2×1min	去离子水	20s	去离子水	2min
显色	Na₂CO₃6.25 g、甲醛(37%)0.05 mL	2~5min	Na₂CO₃15g、37%甲醛0.125 mL、Na₂S₂O₃(5%)0.02mL	≥20min	Na₂CO₃0.5g、37%甲醛0.1mL		Na₂CO₃6.25g、37%甲醛0.025 mL、pH10.9	20min	Na₂CO₃5g、37%甲醛0.05mL	
冲洗			蒸馏水	2×2min						
终止	EDTA-Na₂·2H₂O 3.65g	10min	甲醇 125 mL、醋酸 30mL	10min	5%醋酸		EDTA(50 mmol/L)	黑暗4℃	5%醋酸	
冲洗	蒸馏水	3×5min	甲醇 125mL	≥20min	1%醋酸		EDTA(50 mmol/L)0.02% thimerosal	黑暗4℃		
储存						4℃		黑暗4℃		
参考文献	A-P Silver staining kit		Blum H		Shevchenko A		Jungbhut P R		in situ digestion Protcol from Kratos	

中会有较大的潜力，而且锌染在对蛋白质的后续分析有较好的兼容性。但对于手工切胶而言，从锌染的凝胶上切取斑点要困难些，采用自动切胶机可以解决这一问题。

4. 荧光染色 由于考马斯亮蓝染色、负染技术灵敏度不够，而银染的线性很差，在蛋白质组研究特别是比较蛋白质组学研究中的应用有限。利用荧光试剂显影凝胶分离蛋白质在蛋白质组学中的应用越来越广泛。荧光显色剂对蛋白质无固定作用，与质谱兼容性好，其灵敏度与银染相仿，但在线性范围要远高于银染，由于上述因素，使双向电泳分离蛋白质的荧光检测正受到普遍关注和应用，特别是在致力于大规模蛋白质组研究的实验室。几种新的荧光染料也显示出了与集成化蛋白质组学平台相结合的良好前景。

最近比较新的应用是利用丙基 Cy3 和甲基 Cy5 两种染料分别对两个不同的蛋白质样品进行荧光标记，并在一块二维电泳胶上同步进行，由于两种修饰后染料的激发波长不同，这样可以在同一块胶上用两个不同的波长范围进行扫描，得到的两个图像经软件匹配即可找到两个样品的差异。由于是在同一块胶上运行，完全避免了实验因素对重复性的影响。上述方法也存在着一些缺点，如需要对蛋白质进行共价修饰、改变了标记蛋白质的移动性能和由于荧光探针光猝灭作用所引起的快速衰减。蛋白质与蛋白质间由于可被荧光团修饰的功能基团数目不同而使得灵敏度变化很大，荧光团的加入同时会降低蛋白质溶解性能。可以通过标记样品中一小部分功能基团来补偿，但标记蛋白质与未标记蛋白质之间轻微的分子质量差异可能会导致分离后蛋白质的 Edman 降解和质谱鉴定出现偏差。此外，在运行双向电泳或等电聚焦时，由前期荧光分子衍生可能导致异常蛋白质迁移。

另外一种很受关注的荧光染料是 SYPRO Ruby，它是一种专利的基于钌的金属螯合染料。对照比较实验证实它具有和胶体金染色一样的灵敏度，胶体金染色需要 2～4h，而 SYPRO Ruby 染料染色仅需 15min 即可完成。

SYPRO Ruby 双向电泳和等电聚焦染色仅需一步即可获得聚丙烯酰胺凝胶电泳内蛋白质的低背景染色，而且不需要进行长时间脱色步骤。这些染料的线性动态范围扩展到超过 3 个数量级，在性能上超过了银染和考马斯亮蓝染色，对等电点 pI3.5～9.3 范围的 11 个蛋白质标准的评估表明，SYPRO Ruby 等电聚焦凝胶染色的灵敏度比银染要高 3～30 倍。银染结果很差的蛋白质用 SYPRO Ruby 染料往往很容易检测到。SYPRO Ruby 染料与胶体考马斯亮蓝染料的性质类似，都是终点式（end-point）染料。所以对染色时间的要求不严格，可以过夜，也不用担心会显色过度。虽然荧光染色是一种很有前景的染色方法，但是由于荧光染料的价格太高、所需扫描仪的价格不菲等原因限制了它的使用。目前大多数实验室还没有条件用荧光染色来取代银染、考马斯亮蓝染色等方法。

（六）双向电泳凝胶的检测

1. 目测 目测双向电泳凝胶上的蛋白质的点是比较精确的，蛋白质斑点强度有 10% 的变化就能可靠地检测出来。对不同凝胶上寻找对应斑点时，目测比自动匹配要容易得多。而且，目测也不要昂贵的软件和硬件，但随着需要检测的蛋白质斑点的增多、凝胶的增大，目测工作也越来越繁重。要在 20 块 30cm×40cm 的凝胶中比较一个蛋白质斑点的强度几乎不可能。

2. 自动化检测 通过监视器把感兴趣的斑点放在 20 个窗口中比较，同时也可控制计算机强度差值。对自动化检测来说，最好的凝胶质量、最佳的斑点检测参数以及交互式人机对话是必要的。其过程分为 5 步：①扫描数据的数字化；②背景和污点的校正；③斑点的检测；④定量表示；⑤不同凝胶的匹配比较。

3. 双向电泳的数据库　来自双向电泳凝胶上蛋白质减法分析（附加斑点、丢失斑点、强度差异）、鉴定和特性的大量数据储存在双向电泳数据库中，在《Electrophoresis》杂志上每年发表一次，其中部分数据可在互联网上获得。例如，人类心脏蛋白质双向电泳数据库中有 3 239 个蛋白质，已有 66 个被注册。在这个数据库中，注释所使用的标准有：扩张性心肌病相关蛋白质、N 末端序列、内部序列、氨基酸组成、蛋白质名称、相对分子质量、等电点以及与鉴定有关的参照。可将其从这个数据库直接转到自己的数据库进行比较。

（七）双向凝胶电泳技术当前面临的挑战

1. 低拷贝蛋白的鉴定受限　当前的技术还不足以检出拷贝数低于 1 000 的蛋白质。而有许多细胞因子及功能蛋白质往往表达量很低，用目前的显色方法难以呈现。而且，按目前检测到的蛋白点数，不可能全部包括细胞内所表达的上万个甚至更多的蛋白质。

2. 极酸或极碱蛋白的分离较难　按目前商业化的胶条，最多能分离 pH 3~11 范围内的蛋白质，而且碱性区蛋白质的分离难度依然较大。

3. 分子质量极大（>200 ku）或极小（<10 ku）蛋白的分离较难　对于高分子质量区蛋白质的分离，由于固相 pH 梯度胶条在重泡涨时，分子质量大于 200 ku 的蛋白质很难进入胶条，这部分蛋白质也很难在双向电泳胶上呈现出来。

4. 难溶蛋白的检测较困难　这类蛋白质中包括一些重要的膜蛋白。

5. 得到高质量的双向凝胶电泳需要精湛的技术　因此迫切需要自动化的双向电泳仪及真正高通量的胶上蛋白质鉴定技术。

第五节　电泳过程中出现的
问题及解决办法

双向电泳技术虽然已经比较成熟，但其操作过程中仍然存在许多问题。这一节将简要的介绍一下双向电泳的问题与原因。

一、第一向等电聚焦的问题

1. 固相 pH 梯度胶条在靠近电极附近烧焦　造成这种现象的可能原因有电流限制太高；固相 pH 梯度胶条没有完全重泡涨或者固相 pH 梯度胶条重泡涨和等电聚焦的过程中没有加矿物油，导致水分蒸发后胶条过于干燥。针对这些原因，采取一些措施就可以避免，如等电聚焦时设定最大的电流限制为 $50\,\mu A$；检查重泡涨液的体积，保证固相 pH 梯度胶条能够完全泡涨；重泡涨和等电聚焦时加入矿物油，防止水分蒸发等。

2. 电压太低，达不到最高电压　样品盐浓度太高是造成这个问题的最常见的原因之一。通过以下措施可以解决这个问题：①样品使用前进行脱盐处理，透析可以降低盐浓度，但时间太长；也可以采取凝胶过滤或沉淀-重悬法脱盐，但会造成蛋白质的部分损失。②等电聚焦 1~2 h 后更换电极垫片。③最终使样品的盐浓度不得超过 100 mmol/L，最好控制在 10 mmol/L。④等电聚焦的设置错误也是造成电压太低的原因，因此仔细检查电压设置也是不容忽视的措施。

3. 电流为零或很低　持胶槽和电极接触不良或者电极和胶条的接触不良时会出现电流为零或很低的情况，检查以上接触情况或检查胶条是否完全泡涨一般会避免此类问题的出现。

4. 脲在胶条表面结晶　由于脲本身的物理性质，温度太低时会在胶条表面结晶，一般温度控制设为 20℃，并且保持室温不要太低。

二、第二向 SDS-聚丙烯酰胺凝胶电泳的问题

1. 开始时没有电流，电泳太慢　出现这种现象的可能原因为上下槽没有电泳缓冲液。此时应检查电泳缓冲液是否配错，检查分离胶缓冲液是否配错。

2. 溴酚蓝前沿不规则（包括前沿一边上翘，两边都上翘）　阴极电泳缓冲液没有接触胶的一端会造成这种结果，所以应保证电泳缓冲液覆盖了胶的全长。冷凝不好也会出现溴酚蓝前沿的不规则，此时应检查冷凝器是否正常工作。如果是因为固相 pH 梯度缓冲液影响造成的，则对最终结果没有什么影响。另外，胶条太旧或二向成品胶太旧也会造成溴酚蓝前沿不规则，因此，在双向电泳前检查胶条是否过期是不容忽视的步骤。溴酚蓝前沿不规则还有一个可能的原因，就是固相 pH 梯度胶条转移到二向时下面有气泡，这就要求胶条向二向转移时要保证和二向胶顶的紧密接触，无气泡。

三、染色的问题

1. 水平条纹　出现水平条纹的可能原因有：①聚焦时间太短（尤其对于分子质量较高的蛋白质）或太长（此时蛋白质可能会分解），优化聚焦时间一般可以避免此类问题的出现。②去垢剂浓度太低或使用了不合适的去垢剂，解决的方法为检查去垢剂浓度，优化不同的去垢剂的适合条件。③脲浓度太低，应保证重泡涨的脲浓度不低于 8 mmol/L。④固相 pH 梯度胶条重泡涨时间太短，没有重泡涨到其原始厚度。重泡涨的时间一般应大于 6 h 或过夜，使重泡涨的厚度至 0.5 mm。⑤裂解液或重泡涨液的二硫苏糖醇浓度不够，应使裂解液的二硫苏糖醇浓度为 65 mmol/L 或重泡涨液二硫苏糖醇浓度为 18 mmol/L。⑥单个蛋白质的多重氧化，应加足够量的二硫苏糖醇、等电聚焦时加上矿物油、矿物油脱气或充上惰性气体都可避免样品中蛋白质的氧化。⑦二硫苏糖醇朝阳极移动、碱性端二硫苏糖醇消耗，可以在阴极加上 20 mmol/L 二硫苏糖醇润湿的电极垫片。⑧样品加在错误的区域，应检查阳极加样好还是阴极加样好或使用样品的胶内重泡涨方式加样。⑨由于样品的内源性水解造成的假象，这种原因时可以用 TCA 丙酮法处理失活蛋白酶，加入蛋白酶抑制剂或与 SDS 一起煮。⑩空气中 CO_2 的干扰，可在等电聚焦时加矿物油、密封电泳腔或在腔内加上 NaOH 润湿的纸片去除 CO_2。⑪相对分子质量为 68 000 或 55 000 的条纹，可能有角蛋白或白蛋白的污染，或者由巯基乙醇造成，这时可以过滤所有溶液，用二硫苏糖醇取代巯基乙醇。⑫蛋白质加样处产生沉淀，等电聚焦时采用低电压可以避免产生这种情况。⑬蛋白质提抽时有不溶物在样品中，这种情况可以采用高速（40 000 g 或更高）离心 1 h 的措施。

2. 垂直条纹　出现垂直条纹的可能原因有：①蛋白质从一向转移到二向时发生沉淀，其避免的措施为提高平衡的 SDS 浓度，适当延长平衡时间。②蛋白质上样量过大，应适当减少上样量。③水不够纯净（SDS-聚丙烯酰胺凝胶电泳胶配制时没有过滤（背景有极细的条纹）或者胶

条平衡后仍然带有额外的 DTT），可以使用超纯水，过滤胶液或使用碘乙酸平衡固相 pH 梯度胶条，去除额外的二硫苏糖醇。④对于成对的竖直条纹遍布于胶上的情况，其原因尚不明确，可能是由于硫脲引起的，目前还没有有效的解决措施。

3. 点纹理　点条纹有时是由于 SDS 凝胶的支持膜引起的。为此，在灌注 SDS 凝胶前应用双蒸水漂洗支持膜 6 次，每次 10 min。如果必要，第一向电泳用的凝胶支持膜也应漂洗。

思　考　题

1. 为什么蛋白质能够进行电泳？

2. 蛋白质电泳技术由一向电泳技术发展为双向电泳技术，应用了蛋白质的哪些特性或者参数？

3. 制备聚丙烯凝胶过程时，怎样理解总浓度和交联度计算公式的含义？

4. 常规聚丙烯酰胺凝胶电泳的基本原理是什么？SDS 的作用是什么？

5. 等电聚焦电泳中，载体两性电解质 pH 梯度电泳与固相 pH 梯度电泳有何区别？

6. 试分析在蛋白质组学的双向电泳技术中有多少种方法有助于蛋白质间分辨率的提高。

7. 在一向电泳和二向电泳间要进行胶条的平衡，其目的是什么？

8. 双向电泳的凝胶染色后，发现有多的水平方向上和垂直方向上的波纹，主要是由什么原因引起的？

第四章 双向凝胶电泳的图像分析

第一节 概 述

一、重要性

双向电泳技术可根据蛋白质的等电点和分子质量从一个复杂的蛋白质溶液中分离成百上千的蛋白质或多肽。利用染色的方法，在胶上可通过大小、明暗度和位置等各异的蛋白斑点检测到蛋白质。几种类型的凝胶和染色方法是可行的，但在实验室之间存在差异。通常的结果是获得双向电泳的凝胶图谱，获得蛋白质双向电泳凝胶后，要对凝胶图像进行备份保存，从而以数字化图像的形式存储下来，而且要尽量完整地保留定性和定量信息，以利于进一步加工以揭示图像所含有的上千个蛋白质的信息。通过对批量双向凝胶图谱的分析，应该获得的信息包括每一块凝胶中所分离得到的总蛋白质点数、双向电泳凝胶之间的批次重现性、蛋白质点的缺失和出现以及多块胶之间蛋白质点的表达丰度的定量变化，而这些工作仅仅依靠肉眼的分辨能力来执行是不现实的，很难系统全面地对整个凝胶图像进行判断，更不用说要对蛋白质点的表达量进行比较分析。大量的数据以及客观性、重复性、定量分析的需要使计算机辅助的图像分析方法成为必需。对上千个蛋白质点进行分析，只有依赖于双向电泳凝胶分析软件，这些特殊性质（即蛋白斑点的凝胶图像）可利用常规和特殊的图像分析技术加工，完整的图像处理包括图像的采集和双向电泳图像分析。

二、图像分析工具

1. 硬件设备　最低硬件配置要求为 Pentium 166 处理器，64 M 内存，3G 硬盘，17 英寸显示器，1 024×768 分辨率，256 色，SCSI 接口。Windows95/98/NT 以上操作系统。

2. 软件技术　目前存在的所有计算机辅助的凝胶分析系统软件，多数发展起步于 20 世纪 70 年代末，至今经历了 3 代的发展历程。最初的程序是使用 DEC PDP11 家族的小型计算机在 VMS 操作系统上运行，如 Elsie、LIPS、Gellab 和 Tycho；第二代是基于 Unix 的程序，盛行于 20 世纪 80 年代后期，如 Gellab-Ⅱ、Elsie、Kepler、Melanie 和 Quest；第三代是基于 Unix、NT 和 Mac 多种计算机平台的程序，如 2D BioImage、Melanie-Ⅱ 和 Phoretix 2D。

许多非商品化和商品化的系统，如 QUEST/QUEST Ⅱ/PDQUEST、TYCHO/KEPLER、GELLAB Ⅱ、BioImage HERMeS、PHORETIX 和 ELSIE/MELANIE Ⅱ，都是可以应用的，它们已在双向电泳这一科学领域被广泛接受。支持这些系统的相关硬件在过去 20 多年间经历了戏剧性的变化，并且仍然迅速演变，但其应用的基本算法是一致的。当今，双向图谱分析软件正向 PC 化发展，而且界面更友好，使用更方便，功能更强大，以适应这一工具进入普通实验室，如

PDQuest、Melanie-Ⅲ、Phoretix 2D 和 ImageMaster 2D 等。近年来，随着蛋白质组学的兴起，新的双向凝胶电泳分析软件在自动化方面又有较大改进，如 Z3、Delta 2D 和 Progenesis。本章节主要描述双向电泳图像分析的概况及其主要的特征，这对于更好地理解图像分析是重要的。

三、图像分析流程

双向电泳图谱经扫描或摄影等转换为以像素为基础、具有不同灰度强弱和一定边界方向的斑点的电脑信号。双向电泳图谱分析流行的工具是 PDQuest 和 Image Master 分析软件包。对双向电泳凝胶图像分析，典型流程包括以下几个步骤：①凝胶图像的采集：扫描双向电泳图谱，获取图像数据；②图像加工：背景消减以及斑点的分割等；③凝胶图像间及图像内的匹配；④检测斑点的蛋白质定量；⑤数据分析，包括进行相似性、聚类和等级分类等统计分析；⑥数据呈递和解释，生理或病理状态下蛋白质斑点的上调、下调、或出现、或消失；⑦双向电泳数据库的建立。

为进一步进行以计算机为基础的图像加工，通过扫描，可将凝胶图像的"类似物"转换为数字化形式。明确从蛋白斑点中提取内在信息所需的参数是很重要的。随后图像加工的整体目标是检测胶上斑点的精确位置和决定以蛋白丰度为测量标准的蛋白斑点形状和强度。计算机图像和双向电泳凝胶图像的分析就这样作为一种工具来提供某些信息。

这种计算机图像包括：①去除噪声和人工假像的图像预加工；②每个蛋白斑点的检测和定量。在一块凝胶上能够获得众多蛋白斑点信息，如分子质量、等电点等；而对同一蛋白斑点来说，在一组凝胶上它发生的变化，其生物学意义更大。要进行一组凝胶的比较，就要通过设定对照或称标志物。标志物被用来确定蛋白斑点的几何图形与转化的多型性，通过设立对照进行蛋白斑点的相互匹配和比较。这样，就可以搜索到一组凝胶上相应的蛋白斑点而进行比较。

不同样品的凝胶内蛋白斑点的多少不同，其变化强度可用密度来表示。当通过图、表、散点图或图形表示密度时，称其为密度图谱。通过分析密度图谱，可以推测斑点变化的趋势。分析的结果保存在数据库中，并与原始图像的信息链接。这样，就使世界各地不同的蛋白质组研究小组间可以合作和交流，促进数据的共享。根据开放和联合的原则，开发应用软件和建立数据库系统是必需的。对于凝胶及其图像，甚至从中提取的信息数据都必须要以一定的格式保存和提交数据库，这样国际互联网就能为每个实验室提供数据的共享。

第二节 双向凝胶电泳图像采集

一、图像采集

常用的图像采集系统有电荷耦合装置（charge coupled devices，CCD）、光密度扫描仪、激光诱导荧光检测器等（表4-1）。无论何种采集系统，都必须具备透射扫描的功能，因为与反射方式不同，透射扫描灵敏度较高，可以根据吸光度的大小获得蛋白质点的光密度信息。一般来说，该光密度值与蛋白质点的表达丰度成正比，因而保持了图像的真实性，使图像中包含了更丰富的信息，以便于软件分析时的定量比较。图像分析的下一步工作是依据各个蛋白质点的光密度值进行蛋白质量的相对大小分析。因此，图像采集质量的好坏关系到图像分析结果的可靠性。影响图像采集质量的因素包括扫描系统的分辨率、灵敏度，以及扫描时所选择的图像对比度和明亮度。

表 4-1　用于双向电泳的主要图像获取设备

信息载体	扫 描 装 置			
	数码相机（CCD）	密度仪（白/激光）	磷储屏图像分析仪	荧光图像分析仪
X 光片（放射标记的样品）	质量好	质量好	质量好	
磷储屏			质量好	
银染或彩染凝胶	质量好	质量好	质量好	
荧光标记的凝胶	质量好			质量好

目前常用的可见光扫描仪（如 ImageScanner、GS-710 光密度仪等），可以扫描考马斯亮蓝染色、银染和负染凝胶，扫描方式有透射和反射两种，可以选择黑白、256 色和真彩等模式。荧光、化学发光和磷屏扫描仪（如 Typhoon 系列扫描仪），可以选择在可见光范围以外的其他激发波长扫描凝胶，这些凝胶通过肉眼无法观察到颜色，但由于通过呈现方法所得到的蛋白质点在鉴定时无需脱色处理，与下游质谱鉴定的兼容性较好，适用于蛋白质组的自动化和高通量化，使 Typhoon 类的扫描仪越来越被看好，缺点是该类仪器的费用高，而且荧光染色的试剂费用也很高。

通过扫描双向电泳凝胶来获取图像和数据，并将其转换成一个数字化的文件保存下来。一些图像的获取设备可将凝胶图像文件转换成数据文件，并可获得较好的质量（表 4-1），例如数码相机、扫描仪、磷储屏和荧光图像分析仪。扫描双向电泳凝胶时，应重视数据的获取效果，因为扫描获取的数据决定着最终的分析质量。在凝胶扫描时，有两个技术参数对于后续分析结果至关重要：①数字化的空间分辨率；②灰度值的密度分辨率。

二、数据获取效果

上述几类扫描仪的分辨率均可达到 1 000 dpi（dot per inch）以上，但设置分辨率太高，图像保真度虽然提高了，而图像数据量也大大增加，使软件在分析图像时对处理器的要求提高，这样就大大延长了运行时间。在实际应用时，仪器分辨率设置为 300 dpi、8 bits 深度为宜。此时一块 20 cm×20 cm 的双向电泳胶（Protean Ⅱ，Bio-Rad）保存为 tif 格式的文件后，约占用 6 Mb 的字节空间。分辨率低于 300 dpi 时会失去某些光密度信息；高于 300 dpi 时，分析软件所能识别的图像光密度信息得不到多大改善，而图形文件过分加大。由于目前所用的凝胶分析软件只能识别 256 色的图像，要求在扫描时设定图像色彩为 256 色。

图像采集时要注意扫描强度校正（intensity calibration），定期的强度校正可以使扫描仪保持光密度的线性范围，保证扫描系统所获得图像的真实性。同时，亦要注意扫描条件的重复性，特别是在图像分析时需要进行相互匹配和定量比较的凝胶时，扫描参数（包括灰度值、对比度、亮度）设定一定要一致。

各种类型的照相机，大多数情况下不但用于凝胶的"文件化"，而且用于扫描。照相机的质量依靠其输入和输出的特性。以白光和激光来区分的密度仪或扫描仪多数情况下适合于获取从双向电泳凝胶图像的数字化数据。它们具有高密度、高空间分辨率及线性特征，并可用于银染或考马斯亮蓝染色的干凝胶、湿凝胶。放射性标记（^{35}S、^{3}H、^{14}C、^{32}P）样品的双向电泳图谱通过 X 光片或磷储屏图像分析仪获取。当应用 X 光片的时候，在密度或灰度分辨率上必须扩展观察其动态变化，即通过同一凝胶的多次曝光来获得尽可能多的蛋白质斑点。不同曝光的片子可融合成一个数字化的双向电泳凝胶图像。每一组灰度值以线性方式结合以增加动态的密度范围。为获得与放射性相关的光密度，需要同时测量放置在 X 光片上的校正条，并产生标准曲线。磷储屏图像分析仪提供了一种代替 X 光片和各种曝光底片融合的方法，因为它们具有高动态范围，跨越 5 个数量级，进行自显影。磷储屏图像分析系统联合 QUEST Ⅱ 系统也已应用（Amess 和 Tolkovsky，1995）。然而，磷储屏图像分析仪受限于放射性标记的蛋白质混合物。

第三节　双向电泳凝胶图像分析原理

一、蛋白质斑点检测

凝胶中蛋白质斑点的检测，包括胶内点的定位、点的形状确定及点的体积（丰度）和面积的计算。点的检测很重要，因为它是其后各步分析的基础，如果在后续分析中发现点检测不完善，需要重新执行点检测步骤的话，则所有已分析和获得的信息将被清除。所以必须认真对待点的检测，尽量能检测全面，因此它也是很耗费时间的一步。为了缩短处理时间，检测前预先要用鼠标圈定要处理点所在的区域，处理区域越小，后续分析所耗费的时间就越短。

分析双向电泳蛋白质凝胶、斑点检测及其形状模建，是一个重要任务。斑点检测产生 x/y 位置的 n 数组、形状参数和整合的斑点强度。蛋白质斑点有几个光学特征，它们可能分别出现，但在原始凝胶图谱及其随后的计算机图像中是互相接触或重叠的，它们也可能出现在由于双向电泳和凝胶染色所导致的技术问题或背景不同所致的条纹和污点内；它们可能没有清晰的轮廓，因此看来是一种圆形或椭圆形的连续分布。斑点形态依靠于凝胶制备、染色步骤和凝胶分析系统的数字化误差。

二、算法

算法是对凝胶中蛋白质的斑点经扫描后获得的数据，进行检测、评判和定量分析的过程。点检测原理是以每一个像素点为中心构建算子，然后比较算子中心与边缘的吸光强度，如果中心与边缘的强度相比足够大，则此像素点被认为是某蛋白质点的一部分，如此重复对每一个像素点进行搜索，最终构建该凝胶的图谱。

在点检测中，不同的算法对每一个斑点、背景的灰度变异和同质性进行的评判会不同。应都尽可能选用对每一个点进行合理检测和定量的算法，这种应用相对广泛的算法有高斯拟合（gaussian fitting）和高斯拉普拉斯（laplacian of gaussian，LOG）变换斑点检测法。由 Garrels 最先提出线性分析和链式分析算法来检测斑点。在这个方法中，每一个垂直的扫描线被用来细察密度高峰。邻近扫描线的峰值可组装成链状，并且可决定斑点的中心位置。定位斑点之后，其丰度（整合的斑点强度）可通过对斑点形状进行数学模型拟合来决定。双向的高斯模建经常被应用。显著偏离单一高斯图形的斑点可以被认为是一组高斯形状的重叠。

相互位置极端靠近的斑点、或者那些肩靠肩、或背包样（一个小斑点附着在大斑点上）的斑点，通常难以分离，因为斑点间的灰度区域不能表明凹面曲率。然而，在这些区域的曲率大小低于斑点区域的曲率。因此，为了分离这些斑点，应用了一个 7×7 像素的模板，并且可计算在中心像素和以 3×3 邻近的 8 个方向的 7×7 模板边缘的像素之间的曲率大小的差异。如果两个曲率大小之差小于至少一个方向上的固定阈值，那么，中心的像素则被认为是背景。通过这个分割过程所发现的斑点中心通过两个像素加以扩大。斑点丰度取决于扩大斑点中心内所有像素的光密度之和。

其他进行斑点检测的方法是基于转化分界线，它将分水岭这一地理学的原理应用于图像，灰度图片被认为是拓扑样地貌，由数值代表着某一点的升高。在计算算法中，研究者的解释是一种浸入过程。这可以假设为在地貌的每个最小区域进行钻孔，并且将表面浸入湖泊中，并确保在山谷中所有灰度水平峰值有一个恒定的水平面。从最低海拔开始，水将充满不同的山谷。在这个浸入过程结束的时候，每一个最小值完全被分水岭所包围，以划界相关的山谷。这山谷相对应的区域，也就是分水岭定义某一图像的最佳轮廓。在图像中用来进行梯度分割的分水岭必须以地貌来解释。假设图像中均一的区域以低对比度（即低梯度）为特征；反之梯度图像的高数值是由原始图像高对比度的轮廓产生。这些区域可以利用吸水试验（WST）在梯度图像上产生。随后，每一区域是以完成一个马赛克图像的特征来描述。所选择的特征应该与原始图像的灰度水平一致，例如原始图像上区域灰度值的平均值。

WST 产生封闭的轮廓。每一个最小值（峰底）描绘一个由局部最高点（汇流）所围成的区域。这样一种分割的结果很可能是一种过度分割。那意味着，与相关区域的轮廓一样，主要由图像噪声所致的轮廓也会被发现。

另外一种主要应用于数码相机图像分析的斑点检测方法已经被描述（Prehm 等，1987）。预加工包括底纹校正和非回归的、分离的、低流通的平滑滤镜。一个分割的步骤假定斑点属于具有凸出曲率的灰度表面区域。当应用分割模板（9×9 凸面检测器）时，如果中心像素 9×9 附近的曲率大于零，则像素描述了一个斑点的中心。否则，图像上的斑点属于背景。

三、数字化图像加工

图像增强被广泛应用于计算机图像领域，平滑操作、增强对比度、边缘检测和背景消减是图像加工最熟悉的工具。例如，在双向电泳凝胶的数字化图像上分析蛋白质斑点。平滑操作、增强对比度、边缘检测和背景消减是以一种精确的方式来决定蛋白质斑点的形状和大小。在某些领域，这些操作主要用于图像增强，以提高图像的光学质量，分析科学可依靠这些操作提供明确的数据。

不同的操作正常定义在一个图像点或像素邻居区域。通常所应用的邻居是 3×3、5×5 或 7×7 个像素。例如，在一个代表数字化图像的有规律格子基础上，一个 3×3 的邻居是由界定图像中心点的那些像素组成。

平滑操作被用来清除图像中的统计噪音。主要策略是在一个图像点所定义的邻近区域内，高斯平滑、平均值或中数的确定。增强对比度重新定义一个图像的灰度，以获得斑点和背景之间较高的对比。边缘检测的目的是限定某一图像中的灰度值变化。

背景消减常用于清除背景的无意义变化，例如图像中不同区域的不均一或各种背景水平。一个策略是取背景最黑和最亮区域的平均值，并应用于整个图像。另一个比较复杂的方法被称为滚动的圆盘（Stemberg，1986），可以除去图像中的背景和条纹。因此，一个小半径范围内不但可产生很清晰的图像，而且还可除去最弱的斑点，从而清除那些影响真正斑点周围的背景信息。

通常，图像功能的第一代或第二代衍生物是计算机化的。各种操作被用在图像点周围的小邻近区域以决定衍生物。典型技术是，在第一代中应用梯度操作，而在第二代衍生物中应用拉普拉斯（laplace）操作。衍生系列对于噪声敏感性好，因此，通常与高斯平滑联合应用。

第四节　蛋白质点的检测

一、检测方法

有两种点检测的方法：自动执行和手动执行。自动执行时软件将在设定的算子大小下根据凝胶背景等因素确定最佳灵敏度来识别凝胶中的蛋白质点。在凝胶背景清晰、均匀时，此功能加上少量编辑即可完成点的检测。但在大多数条件下，凝胶背景不均匀。特别是在点密集的区域，用自动执行功能很难检测到所有点，此时手动执行功能的向导可以让分析者选择最佳的灵敏度、算子以及噪声参数，实现点的检测。在手动执行时，首先在整个分析范围内选定一个代表区域，进入一个有9个格子的小窗口，在每一个格子中都反映所选代表区域点检测的执行情况，不同的是每一个格子的灵敏度和算子大小不同，选择最满意的格子，或直接调节下侧和右侧的灵敏度和算子大小，缩小这两个参数的大小范围，直到中间格子的检测结果达到最佳而其他的格子效果近似为止。进入下一步，就是消除背景，可以调节要消除背景的大小，最后得到的就是点检测结果。手动检测也带来了一个问题，就是如何保证多块胶之间的参数一致性。如果参数相差较大，检测到的点的数目也就相差较大，这样所获得的分析结果就失去了双向电泳的重复性。正确的参数选择需要经验的积累，同时也需要充分利用点检测中的手工编辑功能。通过人工处理，可使数字化的图像加工和分析的效果提高，同时也使应用不同双向电泳数据库的可比性增强。

无论是自动检测还是手动检测，所得到的结果都不可能一步到位，可能仍有一些点未被识别出来，还有一些污染物等造成的假点，另外一些因距离过近被识别成一个点，或因邻近点的强度太高而被识别为背景掩盖，对这些不足之处需要进行进一步的编辑。ImageMaster 软件提供了画点、删除点、提高峰值、边缘增加、点切割等进一步的编辑功能，以对软件所直接识别出来的信息进行补充。

二、点检测

在过度分割的马赛克图像内，以下两种类型斑点区域将被用来鉴定所要求的蛋白质斑点：与一完整斑点相对应的区域和部分不完整斑点的区域。为了减少在马赛克图像内候选蛋白斑点的数目，应用了两个阈值，这基于以下假设：斑点区域的灰度值显著高于背景的灰度值，并且它们与背景区域有一个界线，所要求的阈值可自动适应每一个新的图像。

应用这些标准后，仍存在一些区域，既不是斑点区域，也不是部分斑点区域。把一凝胶图像认为是一个表面时，斑点的形状是明显凸起的，部分斑点区域也是如此。由于第二代计算机衍生系列描述了分水岭拓扑地貌的曲率，斑点和部分斑点区域就可以采用数学方法求解。斑点区域和部分斑点区域具有相同的凸起曲率。最后，如果它们来源于同一斑点，邻近斑点组的所有部分斑点区域被检查、融合。斑点形状应类似于椭圆，并且一个斑点的部分斑点区域在其分水岭线的邻近区域内应有相应的凸起曲率。这些斑点特征的结合被用来作为融合的标准。

三、背景消减

点检测完成后，所得到的蛋白质点的体积（volume）是一个绝对值，由构成该蛋白质点的各个像素吸光强度的值累加得到，在凝胶背景较深时（实际上大部分银染凝胶和考马斯亮蓝染色凝胶都很难控制使之无背景），这些背景值将会被叠加到点体积中去，因而使蛋白质点体积与实际值相比要略微偏高。一些图像分析软件如 PDQuest 可在分析前对图像做平滑、对比度调节和背景消减等处理。ImageMaster 软件在点检测后进行背景消减，共有 4 种模式可供选择：手工消减（人工选取认为可以充当背景的蛋白质点或区域，软件将以这些点的光密度值均值作为凝胶背景）、边界最低强度消减（沿被检测的蛋白质点边界取强度最低的点为背景点）、边界平均像素值消减（取被检测点边界点的平均强度为背景）、非点模式消减，后 3 种均是完全自动的。其中，非点模式消减首先通过软件找到完全包含该完整蛋白质点的长方形，然后将该长方形按设定的像素数扩大，软件会自动检查该区域内不包含在任一蛋白质点内的所有像素点，出现频率最高的像素强度将被认为是该蛋白质点的背景。该功能在选择蛋白质点周边像素点强度为背景的同时，消除了将毗邻的蛋白质点识别为背景的可能性，是经常选用的背景消减方式。如果上述 4 种方式均不能满足要求，也可以直接编辑某个点的背景水平。

四、归一化处理

归一化处理步骤对点的体积进行归一化处理，以便于对不同胶上的同一蛋白质点进行准确客观的相对定量。归一化处理一般有 2 种模式，一种模式基于全部点体积之和，以每一个点的体积除以总和，通过这种模式得到的数值可能会很小，因此可以乘以一个放大因子，当该放大因子的值为 100 时，所得到的数值即为点体积百分含量。另外一种归一化的模式是基于某一点，该点可能是一已知的标志蛋白质或人为添加的数值，此时要注意的是该标志点必须在每一块胶上都存在，否则将无法在不同胶之间进行对比匹配。归一化处理后的数据是否合理决定着图像分析数据统计学分析的可靠性。

第五节　凝胶配比分析

一、原因

由于双向电泳难于实现 100％的可重复性，但可通过多次凝胶电泳的结果提高实验的可靠性，这就需要进行不同凝胶间斑点的配比分析。除了每一块凝胶图像的斑点检测和定量外，一组凝胶上同一斑点的比较是重要的。因此，在各种实验条件下蛋白质表达的比较性分析成为一个重要的问题。凝胶配比分析包括两方面的内容：凝胶的匹配和斑点的比较。匹配的目的是为了对已经进行了点检测的凝胶之间找出代表同一蛋白质的点。匹配过程能把位于不同凝胶上的同一蛋白质点联系起来，比较则是在不同凝胶上对同一蛋白质点的蛋白质进行不同凝胶上蛋白质表达情况的分析。凝胶的不均一性发生是由于以下差异所导致的：样品制备、电泳条件或温度的变化以及在不同凝胶上电泳的不同迁移率。这些原因导致无法产生完美无瑕的凝胶图谱。因此，为了分析蛋白质的变化，斑点图谱必须配比。

二、注册

进行电泳凝胶斑点图谱配比的前提是注册。注册是一种通过转化的方式使数据进行比较的步骤。正常情况下，一块凝胶上蛋白质斑点的位置很大程度依赖于各种可变的参数，如凝胶的质地和密度。尽管许多研究者致力于获得"完美"的凝胶，但这些凝胶在化学和物理特征上仍有变化或差异。因此它们的信息值不是直接可比的。在凝胶分析中，若存在图像变形的参数，就需要通过转化的方式将该参数从图像中清除，使图像转变成可比较的图像，以进行随后的配比。

三、匹配

匹配是双向电泳图像分析中很重要的一步，在 ImageMaster 软件中，这也是一个交互式的过程。匹配的方法是，首先创建参考凝胶，参考凝胶可以是要分析比较的一组凝胶中的一张，也可以是几张凝胶合并而成的平均胶。其次，用户可以通过改变向量框（vector box）和搜索框（search box）的大小来操纵匹配。

匹配有两种方式：①在像素水平上；②在斑点水平上。在第一种情况下，两种凝胶图像的像素绘成图形；在第二种情况下，仅对两块或多块凝胶上的蛋白质斑点进行匹配，以达到整个凝胶的匹配。实际上，上述两种方法分别采用了局部或全局的两种不同的信息进行相似性实现的过程。其中一种称为多项式转化技术，被用来绘成一个源图像或源斑点图案，或者被用来绘成靶图像或靶斑点图案以实现匹配。

四、比较

1. 在像素水平上　利用标志物(或 passpoint)在图像和亲和转化上进行注册，如调整大小、伸展、旋转和变换。例如，标志物是在两张凝胶上都被鉴定的特征性斑点。转化的方法对整个图像的应用可为两块凝胶图像在像素水平上的定量差异提供可视化的比较。

2. 在斑点水平上　基于斑点检测的信息有：位置、形状和丰度，并经常以"斑点列表"的形式输出。斑点水平的匹配策略见图 4-1。正确配比的前提是图像或图像的区域具有很高的相似性。匹配的算法主要首先假定为在一个比较性研究中凝胶图像属于同一条件下产生的一组凝胶，许多算法可用于这种凝胶的匹配，它们是建立在几何、统计、图形理论和错列组合图谱识别法的基础之上。

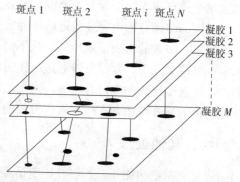

图 4-1　匹配的原理（在斑点水平上）

（仿 S. R. Pennington，钱小红，2003）

3. 标志物　正像上面所提到的，几何方法将特征性的蛋白质斑点作为标志物，是一个特殊的方式通过扩散来匹配。这里，从标志物而来的配比信息在它们附近延伸到邻近的斑点。对任何一组凝胶而言，在标志物附近发现最近的邻居是可能的，对邻近的斑点，其相对于标志物的在 x 轴和 y 轴上的位移是可确定的。随后，在其他的凝胶上利用与相应的标志物相关的同样位移进行搜索。如果一个斑点在这个位置被发现，即匹配成功。通过扩散进行的匹配是可回归的，这意味着通过扩散所匹配的斑点能成为进一步扩散的中心。

4. 质量　由于电泳过程中的一些影响因素的作用，即使是同一样品两次电泳图像之间也存在位置的偏差，在这种情况下，可以调整胶的大小或方向性伸展的参数，得到较好的匹配效果。如果凝胶变形太大，自动匹配功能无法找到匹配的点，就可以进行人工匹配。选择明显对应的蛋白质点，通过鼠标的点击可以使两个对应点匹配，该蛋白质点被识别为种子点（user seed）。选择种子点后，就可选择自动匹配功能，软件将自动按照种子点匹配矢量的大小和方向对种子点附近的蛋白质点进行匹配，通过这种方法可以实现变形较大的凝胶之间的匹配。如果一个种子点不行，还可以添加多个，前提是一定要保证种子点的对应关系正确无误。配比的质量可通过两块凝胶之间进行直接配比的结果与所有凝胶的间接配比所进行的交叉配比来提高。此外，加入斑点也可以提高配比的精确度和质量。如果一个斑点出现在源图像，但在靶图像中消失，那么这一斑点将被加入到靶图像的相应位置上。

蛋白质点匹配以后，软件可以自动对相互之间匹配上的蛋白质点进行比较分析，可以设定差异表达的范围，如表达量提高两倍，软件会自动列出表达量提高两倍的蛋白质点，通过这种方法，可以获取差异表达的信息。同时，也可以让软件标示出蛋白质点有和无的变化。

五、更多配比方法

在统计学方法基础上利用相似性原则的一种强有力的配比算法已由 Olson 和 Miller（1988）提出，并且在 MELANIE Ⅱ（Appel 等，1997b）这种软件中得到提高和完成。进一步的配比方法是以图形为基础（Kuick 等，1991；Skolnick，1982；Skolnick 和 Neel，1986）和利用错列组合图案识别方式的语法为基础的技术（Tarroux 等，1987；Vincens 和 Tarroux，1987a，1987b）。

对于实际的配比方法，不同的凝胶图像需要通过处理重叠为一组凝胶，即相配；比较的过程导致单个斑点在不同凝胶上的追溯。斑点及其强度的变化可以通过一系列凝胶进行追寻。凝胶配比在凝胶的图像分析中是最关键的步骤之一。只要凝胶很相似，即当它们在同一条件下产生于同一实验室，多数的算法是成功的。从不同来源的凝胶图像的比较经常导致不相容性。

在某些系统中，数据分析通过配比组得以支持，它由几组凝胶组成（对照组、实验组），它们已经通过配比的加工。有时候，附加的特征通过衍生于模板图像的标准图像来提供。包括高斯模建斑点的标准图像含有所有系列凝胶的斑点和数据（均包含于配比组中）。

六、其他处理

除以上基本功能外，各软件还包括等电点及相对分子质量校正、数据表格的输出以及与互联网络数据库的接口实现等功能。配套软件 ImageMaster 2Ddatabase 可以进行统计处理和进化树分析，PDQuest 软件本身则具有回归分析和统计分析等功能。胶上蛋白质点通过等电点和相对分子质量的校正后所获得的信息，可以为下一步的网上蛋白质搜索鉴定提供重要的参考因素，从而排除其他范围蛋白质所造成的干扰。此外，这些图像分析软件很重要的功能是能直接和互联网上的数据库链接，有利于网上数据的检索以及电泳图谱的对比分析。ImageMaster 2DElite 3.10还支持网页制作功能，方便了网上数据库的构建。

第六节　数据分析

数据分析主要由 3 个问题所驱动：①质的准确性评估；②量的确定；③蛋白质表达中定量变化的确定。每块凝胶中有效的蛋白斑点数目、强度饱和的斑点数目和配比的斑点数目的信息在质量评估中是基本的。应在所有凝胶中存在斑点总数和配比斑点之间的关系，以明确定义质的原则；斑点的总数越高，某一特殊的蛋白斑点不能在所有凝胶中发现的重要性就越小。

一、质的正确性评估

为了确定蛋白表达中的量变和质变，在一个可见的 $N \times M$ 的矩阵表中列出了一组凝胶中所有单个斑点的强度值。N 代表斑点的数目（行），M 代表配比的凝胶斑点数目（列）。在最初 $N \times M$ 矩阵上的原始数据以斑点的强度来代表。因为凝胶图像的平均强度不同，例如不同的曝光时间，所以在定量分析中必须进行校正。单个斑点强度的校正基于相关的凝胶图像的平均强度。斑点的原始数据（整合的光密度）在 $N \times M$ 矩阵内储存，在此 N 代表斑点的数目（行数），而 M 代表凝胶的数目（列数）。

二、量的确定

为了确定蛋白斑点的定量变化，人们搜寻在强度上增高、下降或不变的斑点。对所获得的观察值进行定量分析，可利用不同的统计方法进行。例如，通过平均值计数的组间参数变化值来确定斑点强度的偏离。组间的变化值可以通过单方差的形式进行统计检验（例如 Student's t-test，Log t-test 和 Mann-Whitney test）或者多方差的方式进相关分析。

单方差和多方差的统计方法对于双向电泳凝胶中的蛋白质表达变化的分析是重要的工具。单方差检验考虑每一行，并不依赖于 $N \sim M$ 数据阵列；而多方差方法考虑斑点的相关性（行）。相关分析能检测凝胶间的相似性，并鉴定其典型的斑点特征。用于双向电泳的相关分析的数学背景首先由 Pun 等（1988）提出。这个方法目的是确定最代表这一凝胶特征的斑点。

Schmid 等（1995）已在细节上描述了相关分析，利用双向电泳蛋白质图谱，将之应用到细胞分类。有人已经对从 PDQuest 系统中所产生的数据进行了额外的相关分析（Pleissnet 等，1998）。整体上，单方差和多方差的统计方法对于双向电泳凝胶中的蛋白质表达变化的分析是重要的工具。

三、定量变化的确定

对凝胶组之间蛋白质表达的定性分析，通过寻找仅在一个组中出现的斑点即可。这些斑点经常被称为"开/关"斑点，因为这些斑点在某些特定的实验条件下开或关，并且它们是表明蛋白质变化的明显候选者，所以非常重要。

一个凝胶分析系统分析能力的重要特征是使用者的数据处理，这是使用者定义的斑点的集合。此外，不同的分析步骤的结果可以进行联合，例如交集操作（boolean operators）。以这种方式，在所有的凝胶中，确定可被发现和被配比上的非饱和斑点是可能的。此外，在使用中已配比的斑点由于蛋白质的变化可能增加或降低，很可能具有统计意义。这种数据分析工具已经应用于人心脏疾病的分析中。

第七节　数据呈递

一、结果输出

为了精确呈递结果，需要考虑一些前提条件。首先，每个被检测的蛋白质斑点应该有一个相对分子质量（M_r）和等电点（pI）。因此，利用某些特征的蛋白质斑点（参考胶上的斑点），一种 M_r/pI 晶格形式就覆盖在凝胶上，从而推测 M_r/pI 值。这些参考蛋白质斑点是已知蛋白质，并易在胶上检测。通常，M_r/pI 值在供应者目录排列，只要蛋白质名称或蛋白质注册号已知，它们也能从 SWISS-PROT（ExPASy 分子生物学服务器）上获得。例如，在人心脏样品的双向凝胶中，血清蛋白、肌动蛋白、肌球蛋白和肌动蛋白轻链 1 和肌红蛋白明显易被识别，并且可作为产生 M_r/pI 晶格的标志物。

利用这些标志物蛋白，所有其他蛋白的 M_r/pI 值可以通过假设沿着 pI 轴（水平轴）的一种线性外推和沿着 M_r 轴（垂直轴）的一种指数外推得到评估。很清楚，M_r/pI 值的精确性主要依赖于用于计算 M_r/pI 晶格的算法。

曲线图或条形图表常被用来比较斑点的量变，反应斑点变化的趋势。理想上，这种变化应来源于基本的蛋白质表达变化。此外，在检测非配比斑点和在定量可疑高于平均值的斑点，曲线图或条形图表也是有用的。条形图表在 x 轴上代表凝胶的斑点数目，在 y 轴上代表斑点强度（丰度）。此外，如果凝胶形成了复制（replicate）组，组内平均强度值和标准偏离可以条形图表的形式说明。利用这种数据呈递组间的变化趋势可以清晰识别。因此，这些图表能提供一个有力的图形工具，以代表储存于配比表格中的数据。这些图形中的某些类型，显示对照组和实验组间的斑点差异（图 4-2）。此外，以表

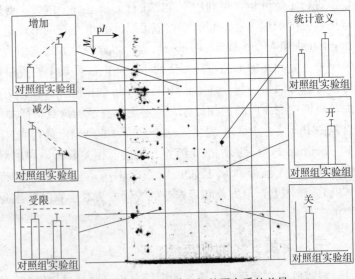

图 4-2　对照组和实验组间的蛋白质的差异
（仿 S. R. Pennington，钱小红，2003）

格形式的斑点强度输出，通常以 Excel、StatView、SSP、SAS 或其他形式应用而进一步评估。

每组（实验和对照）由几块凝胶组成，例如：条形图代表组内斑点强度的平均值和标准差，当实验组的蛋白质平均值大于对照组时，表示实验组的蛋白质含量增加，常称为蛋白质含量上调；当实验组的蛋白质平均值小于对照组时，表示实验组的蛋白质含量减少，也称为蛋白质含量下调。

为了评估斑点强度间的相似性，散点图经常被用来显示两块凝胶或两组凝胶间的强度相关性。应用这种图表，依据强度的相关性，可以计算相关系数。例如，对 10 个对照组与实验组凝胶进行分析，可组建一个研究高血压影响的散点图。当比较两组中所有已配比斑点的平均强度时，可对两组的相似性做出明显确定。

双向电泳图像分析会生成大量的数据，这些数据可以以表格的形式输出或粘贴到 Microsoft Excel 软件中去，利用该软件的分析功能进行分析。检测结果还可生成凝胶报告或蛋白质点报告，包括图像和列表，并可存储为 tif 文件。利用 Excel 软件可以对每一个蛋白质点在胶上的纵横坐标的变化进行统计分析，从而得到凝胶之间位置的差异，对双向电泳的重复性做出评价。通过对匹配结果进行统计分析，可以查出没有匹配（unmatched）的蛋白质点的编码，排除实验干扰因素后，一部分没有匹配的点就可能是在实验组中新出现的蛋白质。

二、存在问题

双向电泳图像分析软件虽然在智能性、背景消减、光密度校正等方面都尽量优化以客观地呈现出实验结果，但仍然存在不足之处。首先是处理时间，要全面地检测到一块胶上的所有蛋白质点，大约需要 1 h 的时间，如果是处理一批凝胶，大量的时间要花费在点的检测和匹配上，特别是匹配阶段。有些软件虽然可以设定自动化批处理功能，整个流程由软件自动执行，但由于目前双向电泳凝胶很难达到完全重现，使得这些功能也只能是停留在理论水平，不可能在实际中应用。图像分析软件未来的发展方向，应该是在双向电泳技术进一步完善的基础上，提高其定量识别、自动化处理和智能分析等能力。

第八节　数据库和在线比对

一、双向电泳数据库现状

蛋白质组的研究目前还正处于初始阶段，双向凝胶电泳作为目前研究细胞总蛋白质最简单、最有效的手段，纷纷被采用，其数据库亦纷纷建立。最著名的 SWISS‐2DPAGE 已更新到第 6 版，内容包括 59 条记录，人的 23 张参考图（脑脊液、结肠上皮细胞、结肠腺癌细胞系 DL‐1、红白血病细胞系、HepG2、HepG2 分泌蛋白、肝、肾、淋巴瘤、大噬菌体样细胞系 U937、血浆、血小板、早幼粒白血病细胞 HL60 和红细胞等）、鼠的样品（附睾脂肪垫、腓肠肌肉、肝、胰岛细胞等）、大肠杆菌（3 个 pH 范围 3.5～10、4～5、4.5～5.5）、酿酒酵母和网柄菌属的 discoideum。在这些图上一共鉴定了 2 761 个蛋白质点，用凝胶匹配的占 52.3%，免疫印迹的占 24.7%，微量测序法的占 17.9%，氨基酸组成分析的占 6.5%，共迁移的占 3.2%，质谱占 12.9%。因为许多蛋白质点采用多种方法鉴定，所以累加的百分数要超过 100。SWISS‐

2DPAGE 数据库可通过关键词（蛋白质名称、副本、作者、全文）或图像点击的方法来查询。也可将任何 SWISS‐2DPAGE 数据库上查出的蛋白质序列或使用者输入的序列来将它定位到任何一张 SWISS‐2DPAGE 的参考图上。

二、双向电泳数据库的构建

双向电泳数据库的构建，使蛋白质数据和凝胶图像可通过网络进行储存、共享和比较。关于蛋白质与凝胶图像中蛋白质斑点间的许多描述性信息，包括蛋白质名称、M_r/pI 值和目录性信息和其他文献。通常情况下，在双向电泳数据库中储存的数据信息，是对所分析的一组图像中的代表图像给予明确的注释。这个代表性图像能成为被分析的凝胶图像之一或者是产生一块综合性的标准图谱。这种图像-数据库和数据库-图像的链接提示：①如果一个蛋白质斑点在图像中标出，就应该出现其相应的描述信息；②如果这个蛋白质的名称或其他描述性信息已知，那么必须显示这个斑点在图像上的位置并加以注释。

一些凝胶分析系统包括它们自己的内部数据库。例如在 PDQuest 系统中，除了标准斑点号（SSP）以外，通常一个数据库的斑点号（DSN）表明了这个斑点的位置，因为这个号码基于 M_r/pI 晶格所排序。每个斑点可归于不同的注释类别（annotation category）。这种注释直接与标准胶上斑点的位置有关，并能通过简单查询检索得到。尽管这些内部的数据库是有帮助的，但它们是系统特异的，并不允许凝胶图像和描述信息共享。

网络可克服不同实验室间研究成果使用的界限，共享知识资源。目前，大约 30 个万维网可及的双向电泳数据库可在 ExPASy 服务器的 WORLD-2DPAGE 上检索到（http：//www. expasy. ch/ch2d/2d‐index. html。）

某些组建双向电泳数据库的软件包可应用，如 Make2dbb。这个软件包可以不依赖 MELANE Ⅱ系统而应用。还有一个软件工具，它使凝胶的 TIFF 图像、含有 x/y 参数坐标的蛋白质斑点的 text 文件和 SWISS-PROT 的注册号。可转换成特定的图像格式（http：//www. expasy. ch/ch2d/tiff2mel. html）。

三、比较网上双向电泳数据库

伴随着生物信息学的不断发展，通过互联网进行的凝胶图像比较是蛋白质组研究中一项重要的任务，并可支持或替代昂贵的蛋白质鉴定。以数据库产生的 master 凝胶为基础，并利用某一蛋白的 SWISS-PROT 注册号，差异蛋白质斑点就能在不同的双向电泳数据库中进行查找和鉴定。在双向电泳中间数据库中，以两块凝胶图像间可视化的实验室间比较为特征，利用翘曲（warping）转换（如配比）、增强对比、平滑过滤和颤动（flickering）技术得以在 Flicker 服务器上实现（http://www-lmnb. ncifcrf. gov/flicker）。颤动意味着可以交替看见两块图像：源图像与靶图像。

1999 年，Pleissner 等开始研究在万维网数据库中可利用的自动化比较、配比法分析双向电泳凝胶图像的问题。在利用数据库的情况下，可应用一种被称为计算几何学的方法，用斑点参数（斑点位置和强度）来进行点图谱的配比。此外，通过用户界面的方式，求助于任何一个具有 java 能力的互联网浏览器，斑点检测和配比策略可直接在网上进行。这种配比方法通过检查两图像间点的边缘斜率和长度，也考虑斑点的强度关系，来比较源图像和靶图像的点图。配比算法的一个中心目标来源于利用增量德劳内（Delaunay）三角测量，即从计算几何学而知（Alt 和 Guibas，2000），将强度绝对值向不连续强度整数的转化和不连续阈值的应用，使这种较弱地依赖于灰度值的配比方法成为可能（绝对的密度分辨率）。

这种配比方法已经在 CAROL 软件系统得以完成。这个程序能够通过整个互联网配比双向电泳数据库中的凝胶图像。使用者从任何一个双向电泳数据库中打开 GIF 图像，进行斑点检测，并在源图像与靶图像中进行局域的配比。图 4-3 展示，在比较从 WORLD-2DPAGE 检索的双向电泳数据库 HEART-2DPAGE（左，源）和 HSC-2DPAGE（右，靶）而来的凝胶图像时，CAROL 用户界面的应用（http：//gelmatchy. inf. fu-berlin. de）。

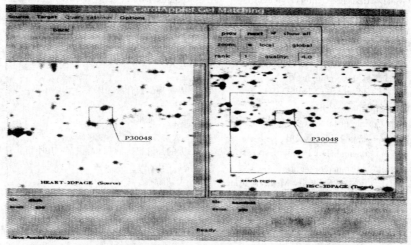

图4-3 被用来比较 HEART-2DPAGE（左，源）和 HSC-2DPAGE（右，靶）数据库的 CALROL 用户界面

（仿 S. R. Pennington，钱小红，2003）

图 4-3 中，差异蛋白质图案在源图像中设定，相应的图案在配比后确定。当进行配比时，可以在两个数据库中进行搜索和配比。当在两个数据库中进行搜索和配比时，若发现均可显示结果，则说明配比结果是正确的。除 SWISS-2DPAGE 外，其他常见双向电泳数据库见表 4-2 至表 4-8。

表4-2 多物种的双向电泳数据库

数 据 库	研 究 对 象
1. SIENA-2DPAGE（2D-PAGE database at Department of Molecular Biology，University of Siena，Italy） http：//www. bio-mol. unisi. it/2d/2d. html	人乳房导管癌、衣原体 *Trachomatis*、克氏病线虫 *Caenorhabditis*
2. 2-DE database（Max Planck Institute of Infection Biology，Berlin，Germany） http：//www. mpiib-berlin. mpg. de/cgi-bin/pdbs/2d-page/	人 JurkarT 细胞、分支杆菌 *Bovis*、*Tuberculotis*、幽门螺杆菌、疏螺旋体属（*Garinii*）
3. Argonne protein mapping grou pserver http：//www. anl. gov/BIO/PMG/	人乳房上皮细胞、鼠肝细胞、火球菌属（*Furiosus*）
4. Research Institute for Biological Science，Science University，Tokyo http：//www. rs. noda. sut. ac. jp/~kamom/2de/2d. html	小鼠：小脑，皮层，海马，回纹拟南芥的愈伤组织，叶，种子，茎 水稻叶愈伤组织、叶、茎、胚、种子

（续）

数 据 库	研 究 对 象
5. Large Scale Biology Corp http：//www. lsbc. com/	人、小鼠、大鼠肝，玉米、小麦
6. Human and mouse 2 - D PAGE databases（Danish Centre for Human Genome Research） http：//biobase. dk/cgi-bin/celis	人角质化细胞、转变的癌细胞、膀胱多磷细胞癌、尿、纤维原细胞、小鼠肾细胞
7. RAT HEART - 2DPAGE（German Heart Institute Berlin） http：//gelmatching. inf. fu-berlin. de/~pleiss/	小鼠心脏细胞
8. HSC - 2DPAGE（Heart Science Center，Harefield Hospital） http：//www. harefield. nthames. nhs. uk/nhli/protein	人心脏（心房、心室）、内皮细胞，鼠、狗心脏（心室）
9. HEART - 2DPAGE（German Heart Institute，Berlin） http：//www. chemie. fu-berlin. deberlin. de/user/pleiss/	人（心室、心房）
10. HP - 2DPAGE（Heart 2 - DE Database，MDC，Berlin） http：//www. mdc-berlin. de/~emu/heart/	人（心室）
11. PDD Protein Disease Database（NIMH-NCI） http：//www-lecb. ncifcrf. gov/PDD/	人血浆、脑脊液、尿
12. PPDB-（PhosphoProtein DataBase） http：//www-lecb. ncifcrf. gov/phosphoDB/	鼠淋巴细胞
13. Washington University Inner Ear Protein Database http：//oto. wustl. edu/thc/innerear2d. htm	人的外淋巴、豚鼠内淋巴（内耳膜状迷路内的淋巴液）、内质、耳石
14. PMMA - 2DPAGE（Purkyne Military Medical Academy，Czech） http：//www. pmma. pmfhk. cz/	人结肠癌
15. Rat Serum Protein Database（Istituto di Science Farmacologiche，Milano，Italy） http：//users. unimi. it/~ratserum/homeframed. html	大鼠血清
16. Rat Serum Protein Database（Aebersold Protein Laboratory，University of Washington，Seattle） http：//weber. u. washington. edu/ruedilab/info/ratserum/ratserum. html	大鼠血清（正常、急性相）

表 4-3　人的双向电泳数据库

数 据 库	研 究 对 象
1. BALF 2D Database（Department of Biological Chemistry，University of Mons-Hainaut，Belgium） http：//www. umh. ac. be/~biochim/BALF2D. html	人的支气管肺灌洗液、鼠的支气管肺灌洗液
2. Mito-pick（2 - DE gel of mitochondria at CEA，France） http：//www. dsv. cea. fr/thema/MitoPick/Mito2D. html	人线粒体
3. Indiana 2D PAGE（Molecular Anatomy Laboratory at Indiana University，Columbus） http：//iupucbiol. iupui. edu/frankw/molan. htm	人血浆、鼠肝血浆、大鼠肝、肾（皮层，髓）、脑、血浆、睾丸
4. Human Colon Carcinoma Protein Database（JPSL，Ludwig Institute for Cancer Research，Melbourne，Australia） http：//www. ludwig. edu. au/jpsl/jpslhome. html	人胎盘、结肠细胞系
5. Cambridge 2D PAGE http：//sunspot. bioc. cam. ac. uk/NEURON. html	鼠神经元

表 4-4 果蝇的双向电泳数据库

Drosophila melanogaster，Drosophila melanogaster at the Karolinska Institute	http：//try. cmb. ki. se/

表 4-5 酵母的双向电泳数据库

1. YPD Yeast Protein Database（Proteome Inc，Beverly）(registeration is required)	http：//www. proteome. com/databases/YPD/
2. YPM-Yeast Protein MaP（Institut de Biochimie et Genetique Cellulaires，Bordeaux，France）	http：//www. ibgc. u-bordeaux2. fr/YPM
3. LBYPM - 2D MaP（The Kronenbourg Breweries Yeast Proteins（at TEPRAL Laboratory，Strasbourg，France）	http：//www. sdv. fr/tepral/Page1. htm

表 4-6 植物的双向电泳数据库

1. Maize Genome Database（INRA,Gif-sur-Yvette,France）	http：//moulon. moulon. inra. fr/imgd/
2. 2 - D Gels（Maritime Pine at INRA，Bordeaux，France）	http：//www. pierroton. inra. fr/genetics/2D/
3. Plant Plasma Membrane Database（PPMdb）（Gent University，Belgium）	http：//sphinx. rug. ac. be：8080/

表 4-7 细菌和病毒的双向电泳数据库

1. PHCI - 2DPAGE-Parasite Host Cell Interaction 2D-PAGE Database（Department of Medical Microbiology and Immunology，University of Aarhus，Denmark）	http：//www. gram. au. dk/
2. Sub2D - 2D PROTEIN of Bacillus（Department of BioSciences，University of Greifswald，Germany）	http://microbio2. biologie. uni-greifswald. de：8880/sub2d/pub/sub2d. ask
3. Cyano2Dbase-Synechocystis sp. PCC6803（the Kazuka DNA Research Institute，Japan）	http：//www. kazusa. or. jp/cyano2D/
4. 2 - D PAGE Aberdeen（*Haemophilus*）*influenzae* and *Neisseria meningitides*（Department of Medical Microbiology，University of Aberdeen，Scotland）	http：//www. abdn. ac. uk/~mmb023/2dhome. htm
5. SSI - 2DPAGE-Mycobacterium tuberculosis（Department of Tuberculosis Immunology，Statens Serum Institute，Denmark）	http：//www. ssi. dk/en/forskning/tbimmun/tbhjemm e. html

表 4-8 细胞系的双向电泳数据库

1. TMIG - 2DPAGE-Age-related Proteome Database（Tokyo Metropolitan Institute of Gerontology，Japan）	http：//proteome. tmig. or. jp/2D/
2. Embryonal Stem Cells（University of Edinburgh）	http：//www. ed. ac. uk/~nh/2DPAGE. html
3. Human Leukemia Cell Lines Database（De Biochimie et Tech. des Proteins，Bobigny）	http：//www-smbh. univ-paris 13. fr/lbtp/biochemistry/biochimie/bque. htm

四、凝胶网上比对

随着互联网上双向电泳数据库的增多，研究人员越来越容易在网上找到与自己样品类似的双向电泳数据库，从而将实验结果与之进行比较。比较时要用到 Flicker 程序，这是用 Java 语言编写的程序，可在任何装有 IE3.0 或 Netscape2.0.1 以上版本的计算机上运行。该程序可在http：//www-lecb. ncifcrf. gov/flicker/flicker. zip 上下载到。

用户登录到 http：//www-lecb. ncifcrf. gov/flicker/flicker 上，Flicker 程序可将终端用户的双向电泳凝胶图像与远程数据库的图像数据进行实时比较，比较的结果将在第三个窗口显示，使用者也可以用鼠标将一个图像拖到另一个图像上进行比较。有下述 3 种比较方式。

1. 图像闪烁比较　因为双向电泳凝胶图像有很多扭曲变形，而且图像上每个部分的变形程度也不相同，所以两块胶不可能一次性匹配得非常好，这就需要在凝胶上不同的部位做一些标记，然后进行多次比较。因此，这种比较方法被形象地称为闪烁比较。

如果一个点及其周围的区域和另一张图都匹配得非常好，就可认为这个点与另一张图上已知的点是相同的，如果完全鉴定这个点则还需要序列分析、氨基酸组成分析、质谱、单抗或其他方法。

2. 图像增强效应　为了改善闪烁比较的质量，在比较前可做一些图像处理。例如，空间弯曲，即在不改变灰度值的情况下使一张图的某一区域和另一张图的相应区域在几何上完全对应。又如图像尖锐技术，为一种边缘增强效应，即在原始灰度的图像上增加陡峭成分或 laplacian 点检测功能和增加图像的对比度。

3. 图像加工变形

（1）Affine 空间弯曲变形　变形后的坐标（u，v）与原始坐标（x，y）的关系如下

$$u（x，y）=ax+by+c$$
$$v（x，y）=dx+ey+f$$

式中，a、b、c、d、e、f 是 Flicker 根据每块胶上的 3 个标记计算出的值。变形的结果是使两块胶比较的区域在几何上等同。

（2）假 3 - D 变形　假 3 - D 变形可增加重叠的点，变形后点的坐标（x'，y'）和原始坐标（x，y）的关系如下 $dx=width×\sin（q）$；$x'=[dx×（height-y）/height]+x$；$y'=y-z$ scale$×g（x，y）$。灰度值决定了 z scale 的大小，q 在 $-45～45$ ℃范围内。

（3）边缘尖锐效应　边缘尖锐效应可增加模糊点的边缘。处理过的点的坐标（x，y）与原始点的关系如下

$$（x，y）=[e \text{ scale}×edge（x，y）+（100-e \text{ scale}）×g（x，y）]/100$$

式中，e scale 值用来衡量增加的边缘检测值。

思 考 题

1. 双向电泳凝胶图像分析的典型流程包括哪些步骤？
2. 蛋白质斑点检测包括哪些具体内容？
3. 双向电泳凝胶图像分析为什么要进行背景消减？
4. 凝胶图像在进行斑点检测和定量前要进行凝胶的配比，其目的是什么？怎样配比？

第五章　质谱分析原理与技术

　　色谱分析是化学领域中很活跃的分析方法，其中质谱分析是该学科领域内最重要的分析技术之一。质谱作为重要的分析方法，在仪器的性能上通过技术改进而得到不断的发展，被分析的物质也由无机物到有机物，从有机物质的低分子化合物发展到高分子化合物。在质谱仪的改进中，量变到质变的飞跃发展，使有机质谱技术与概念逐步分化出了生物质谱技术。质谱仪已广泛应用于各行各业，成为保障人类健康、促进环境安全和探索未知世界的强有力工具，其重要性已广为认同。有机质谱已逐步跨出近代结构化学和分析化学的领域而进入了生物质谱的领域，也就是进入了生命科学的领域。生物质谱分析技术的出现将有机质谱分析技术的功能发挥得淋漓尽致，并在蛋白质组学中成为支撑技术。

第一节　质谱发展概述

　　质谱分析（mass spectrometry，MS）是通过对样品分子的离子质量和强度进行测定来分析样品成分和结构的一种分析方法。被分析样品首先经离子化，成为分子离子及其碎片，然后利用离子在电场或磁场中的运动性质，把离子按其质量与所带电荷比（m/z）的大小依次排列并记录下来成为质量波谱，称为质谱。进行质谱分析的仪器称为质谱仪，而 m/z 被称为质荷比。

　　1906 年，英国剑桥大学卡文迪什（Cavendish）实验室的汤姆逊（Thomson J. J.）发明了质谱理论。1910 年，汤姆逊制成了第一台具有现代意义的质谱仪器。这是一台不能聚焦的抛物线质谱装置，并用其发现了氖的两个同位素 ^{20}Ne 和 ^{22}Ne。

　　20 世纪 20 年代，质谱逐渐成为一种分析手段而被化学家采用。质谱分析的早期工作，主要是测定原子质量，但同时也发现了许多稳定的同位素。到 30 年代，离子光学理论的建立促进了质谱仪的发展，出现了各种双聚焦质谱仪。

　　20 世纪 40 年代，质谱广泛用于有机物质分析，质谱仪除了用于实验室工作外，还主要用于原子能工业和石油工业。采用质谱仪对石油工业中的烃混合物进行分析，尽管这种质谱图在定量解释时存在难以克服的计算麻烦，但在有了高速计算机后，质谱仪在工业方面获得了重大的成功。在应用有机质谱之前，若要分析碳氢化合物的混合物，需先对混合物进行分馏，然后对分馏收集的各组分用折光指数法进行测定。采用这种方法，要定量分析含有 9 个碳的碳氢化合物的催化裂解后生成的碳氢化合物的混合物时，需 200 h 以上才能完成。然而，采用有机质谱进行分析时，约需 1 h 就能获得相同结果。有机质谱的高效率分析，导致了商品有机质谱仪的出现和发展。到 20 世纪 50 年代初期，化学家开始应用商品有机质谱仪研究各种类型的有机化合物的裂解规律和鉴定有机化合物。早期的质谱分析主要用于测定相对原子质量和定量检测某些复杂碳氢混合物中的各组分。

20 世纪 60 年代，将有机质谱和新发明的核磁共振以及已有的红外和紫外吸收光谱结合起来应用，即所谓的四大光谱分析，革新了有机化学家测定和鉴定有机化合物结构的工作方式。有机化学家将质谱与核磁共振谱、红外光谱等联合使用，对复杂化合物进行结构分析和鉴定，证明质谱法是研究有机化合物结构的有力工具之一。从此，出现了现代结构化学和分析化学领域，质谱技术的应用也更加活跃。此时，质谱分析法研究的相对分子质量只是在几千左右。

20 世纪 70 年代，生命科学以惊人的速度发展，对快速分析生物大分子质量与结构的需求越来越高。科学家试图通过质谱来测定肽、蛋白、核酸等生物大分子的分子质量，并间接推测其结构。改进质谱仪的任务就是使生物大分子离子化，从而可以应用质谱技术测定离子化的大分子质量。

20 世纪 80 年代中期，科学家已经开发了一些技术，如快原子轰击、大气压下放电、热喷雾器，但是都不十分成功。尽管如此，这些不太有效的技术还是为软电离技术（如电喷雾电离和基质辅助激光解吸电离技术）的研发起到了先导的作用。例如，快原子轰击中需要用到底物，这一点与基质辅助激光解吸电离中采用小分子底物是一致的。20 世纪 80 年代中后期，开发了新的软电离技术。其中，日本人田中耕一博士发明了基质辅助激光解吸电离质谱技术，美国科学家芬恩发明了电喷雾电离质谱技术。这种技术能用于分析高极性、难挥发和热不稳定样品，使有机质谱发生了巨大的飞跃，从而产生了生物质谱理论。

与气相色谱-质谱联用仪（GC-MS，简称气-质联用仪）相比，高压液相色谱-质谱联用仪（LC-MS，简称液-质联用仪）经历了一个更长的使其商业化的过程。到 20 世纪 90 年代才出现了被广泛接受的商品接口及成套仪器。20 世纪 90 年代以来，能分析和测定生物分子的新电离源的质谱仪即生物质谱（biological mass spectrometry，BMS）仪如雨后春笋般蓬勃发展，使生命科学中许多重要领域（如蛋白质的鉴定等）发生了革命性的变化。它主要是用于测定生物大分子（如蛋白质、核酸和多糖等）的结构。

1994 年，生物科学中提出了蛋白质组学的概念，生物质谱技术成为蛋白质组学研究中的支撑技术。进入 21 世纪，蛋白质组学研究蓬勃发展，生物质谱也发挥着巨大的作用。生物质谱在质谱学中也是最活跃、最富生命力的研究领域，为质谱研究的前沿课题，极大地推动了质谱分析理论和技术的发展。近年来有关生物质谱的国际会议频频举行，生物质谱成为现代科学前沿的热点之一。

在过去的 20 年中，生物质谱仪器的主要进展在于解决如何测定大质量分子的质荷比（m/z）及其相关的问题，主要的研究领域包括：①如何扩大质谱仪器的质量测定范围；②如何使生物大分子电离和使其多带电荷（即降低 m/z）；③如何解释大质量分子质谱；④如何发展生物大分子质谱测定方法。到目前为止，上述 4 个方面的问题基本上得到了解决。因此，许多利用生物质谱的分析方法正逐渐成为一种常规工具和手段，促使研究人员去认识与掌握它。

事实上，质谱技术因解决科学前沿难题而屡次获奖，今后还将会继续。主要以发展质谱技术和方法而获得诺贝尔奖的科学家有：Thompson J. J.（物理学，1906 年，发明质谱技术并用于研究气体的电导），Aston F. W.（化学，1922 年，用质谱仪发现了非放射性元素的同位素），Paul W.（物理学，1980 年，发明离子阱质谱原理与技术），Curl R. F，Sroalley R. E. 和 Kroto H. W.（化学，1996 年，用质谱仪观测到激光轰击下产生的碳 60），Tanaka K. 和 Fenn J. B.

（化学，2002 年，发明生物大分子质谱技术），他们在生物质谱领域中做出了巨大的贡献。

第二节 质谱仪的基本组成和工作原理

质谱分析技术可分为两种大的类型：有机质谱分析技术和生物质谱分析技术。生物质谱分析技术是在有机质谱分析技术的基础上发展起来的。

一、基本组成

质谱仪结构由 7 部分组成，分别为进样系统、离子源室、质量分析器、检测器、数据处理系统、真空系统和供电系统，其结构组成见图 5-1。在质谱分析中，为了降低背景以及减少离子间或离子与分子间的碰撞，离子源室、质量分析器及检测器必须处于高真空状态，离子源要求 $10^{-4} \sim 10^{-5} \, Pa$，质量分析器要求 $10^{-6} \, Pa$。

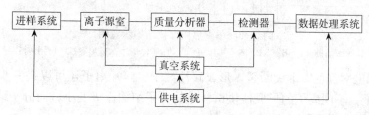

图 5-1 质谱仪的组成与结构

二、基本原理

1. 电磁作用 从本质上讲，质谱不是波谱，而是物质带电粒子的质量谱。对一般质谱仪来说，首先是采用高速电子流来撞击气体分子或原子，形成正离子。其次是将电离后的正离子加速导入带有磁铁的质量分析器中进行质量分析。当离子进入质量分析器后，由于磁场的作用，离子直线运动发生偏转，偏转的大小与离子的质量和其所带电荷的多少有关。第三，通过电磁作用，离子的运动就会按质荷比（m/z）的大小排成顺序，最后进入收集器并被记录，即得到质谱图。

以单聚焦质谱仪为例说明有机质谱分析的基本原理，其仪器结构如图 5-2 所示。试样从进样系统进入离子源，在离子源中产生正离子。正离子加速进入质量分析器，质量分析器将离子按质荷比大小不同进行分离。分离后的离子先后进入离子检测器，离子检测器得到离子信号，被放大器放大并记录在记录仪上。

2. 物化反应 供试样品在离子源内被气化、电离，最常用的电离方法是电子轰击法。在 $1 \times 10^{-15} \, Pa$ 高真空下，以 $50 \sim 100 \, eV$ 能量的电子流轰击供试样品，有机物分子常常被击出一个电子，形成带正电荷的正离子，称为分子离子，用 M^+ 表示，即

$$M + e \longrightarrow M^+ + 2e$$

式中，M 表示分子，M^+ 表示分子离子。

在这个反应中，电子流提供了一个电子，有机物分子常常失去一个电子。如以蛋白质为供试材料，这就为蛋白质不和任何其他物质反应，在纯合的情况下而能形成离子提供了条件。

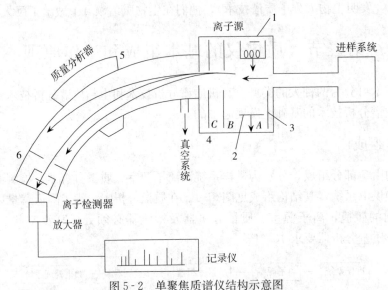

图 5-2 单聚焦质谱仪结构示意图

1. 加丝阴极 2. 阳极 3. 离子排斥极 4. 加速电极 5. 扇形磁铁 6. 出射狭缝

同时，M^+ 的化学键可以继续断裂，形成碎片离子。碎片离子还可以进一步断裂，形成多种质荷比不同的离子。不同离子的形成使供试样品的分子结构逐级变小，而分子结构的信息不断增加，实现对供试样品的分析。

质谱对供试样品的分析是根据质谱峰的位置进行物质的定性和结构分析，根据峰的强度进行定量分析。

3. 离子分离原理 在质谱仪中，各种正离子（n）被电位差为 $800 \sim 8\,000\,V$ 的负高压电场加速，加速后的动能等于离子的位能 zU（图 5-3），即

$$\frac{1}{2}mv^2 = zU \tag{5-1}$$

式中，m 为离子质量；v 为离子的速度；z 为离子电荷数；U 为加速电压。显然，在一定的加速电压下，离子的运动速度与 m/z 有关。加速后的离子进入磁场中，由于受到磁场的作用，使离子改变运动方向做圆周运动，此时离子所受到的向心力 Hzv 和运动的离心力 mv^2/R 相等，故

$$\frac{mv^2}{R} = Hzv \tag{5-2}$$

式中，H 为磁场强度；R 为圆周运动的曲线半径。

合并式（5-1）和式（5-2），可得

$$\frac{m}{z} = \frac{H^2R^2}{2U} \tag{5-3}$$

或

$$R = \sqrt{\frac{2Um}{H^2z}} \tag{5-4}$$

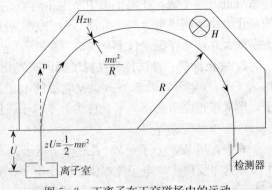

图 5-3 正离子在正交磁场中的运动

式（5-3）和式（5-4）称为质谱方程式，是质谱分析法的基本公式，也是设计质谱仪器的主要依据。这些公式表示出离子的质荷比与运动轨道曲线半径 R 的关系，即离子在磁场内运动半径 R 与 m/z、H、U 有关。在加速电压 U 和磁场强度 H 都一定时，不同 m/z 的离子，其运动的曲线半径不同，因而在质量分析器中彼此被分开，当运动到记录仪时，不同（m/z）离子的相对强度被记录。

三、样品分析的流程

样品的分析过程包括样品进入、样品分子的离子化、不同离子间的分离、离子质量检测、数据处理等，其关系为：进样系统→离子源室→质量分析器→检测器→数据处理系统。

在质谱分析中，为了降低背景及减少离子间或离子与分子间的碰撞，离子源、质量分析器及检测器必须处于高真空状态。通常先用机械泵或分子泵预抽真空，然后用高效扩散泵连续抽至高真空。质谱仪只有达到高真空情况下才能进行样品的分析。一般质谱仪启用后，则应一直在高真空状态下运行，以备应用。

四、进样方式

质谱仪进样系统多种多样，现代质谱仪对不同物理状态的试样都有相应的引入方法，一般有如下 3 种方式。

1. 间歇式进样　一般气体或易挥发液体采用此方式进样。试样进入储样器，调节温度至150℃，使试样蒸发，然后利用压力梯度使试样蒸气经漏孔扩散进入离子源（图5-4）。

2. 直接进样　高沸点的液体、固体试样（不经过汽化室）可以用探针杆或直接进样器送入离子源，调节温度，使试样汽化或升华为蒸气。此方法可将微克量级甚至更少试样送入电离室（图5-4）。

3. 色谱进样　目前较多采用色谱-质谱联用（图5-5）技术对有机化合物进行分析。试样经色谱柱分离后，经接口单元进入质谱仪的离子源。两者的联用使它们兼有色谱法的优良分离性能和质谱法强有力的鉴定能力，是目前分析复杂混合物的最有

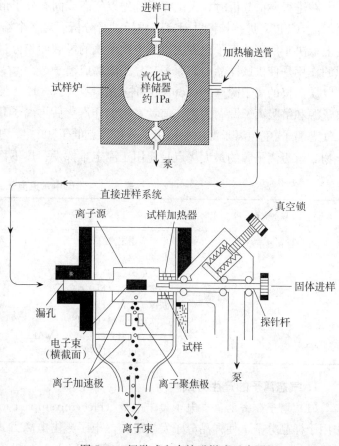

图5-4　间歇式和直接进样式示意图

效的工具。

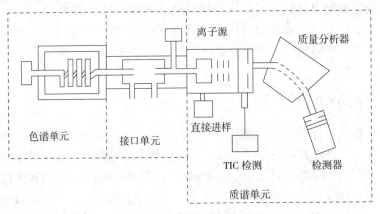

图 5-5　典型色谱-质谱的系统示意图

五、离子形成的方式

在进行质谱分析时，供试样品首先以气态或固态分子形式被电离为离子状态，然后才能对总离子流（TIC）进行检测并对离子质量进行分析。对一个给定的分子，其质谱图的形态在很大程度上取决于所用的离子化方法，其中质谱仪的灵敏度和分辨率与离子源的性能有很大关系。离子源的作用是使供试样品中的原子、分子电离成离子。

质谱仪的离子源（ion source）种类很多（表 5-1），其原理和用途各不相同。一般分为气相离子源和解吸离子源两大类。前者是将试样汽化后再离子化，后者是将液体或固体试样直接转变成气态离子。气相离子源一般是用于分析沸点低于500℃、相对分子质量小于10^3、对热稳定的化合物。解吸离子源的最大优点是能用于测定难挥发、热不稳定、相对分子质量达到10^5的试样。

表 5-1　质谱中常见离子源

基本类型	名　　称	离子化方式
气相离子源	电子轰击电离（EI）	高能电子
	化学电离（CI）	反应气体
	场致电离（FI）	高电位电极
解吸离子源	场解吸电离（FD）	高电位电极
	快原子轰击（FAB）	高能原子束
	二次离子质谱（SIMS）	高能离子束
	基质辅助激光解吸电离（MALDI）	激光光束
	电喷雾电离（ESI）	高电场

1. 气态离子的产生方式

（1）电子轰击电离　电子轰击电离（electron impact ionization，EI）即一定能量的电子直接作用于样品分子，使样品分子发生电离。电子轰击电离方式使样品分子发生电离的效率高，有助于质谱仪获得高灵敏度和高分辨率。一般情况下，有机化合物的电离能为10 eV左右，当达到

50～100 eV时，大多数分子电离界面达到最大。达到70 eV能量时，得到丰富的指纹图谱，灵敏度接近最大。适当降低电离能，可得到较强的分子离子信号，某些情况有助于定性。

电子轰击离子源是有机质谱中最常用的离子源，其构造原理如图 5-2 和 5-6 所示。一般源为直热式阴极发射电子，即从钨或铼灯丝加热发射电子后射向阳极。改变灯丝与阳极之间的电位可以改变电压，即电子能量，可加速电子射向阳极。通常在电离室阳极（正极）和阴极（负极）之间施加直流电压（70 V），电子在电场中得到加速而进入电离室。在电离室中，当这些电子轰击

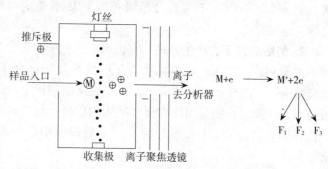

图 5-6　电子轰击离子源构造原理示意图

（仿钱小红，2003）

供试样品气体（或蒸气）中的原子或分子时，样品的原子或分子就失去电子成为正离子（分子离子）。分子离子继续受到电子的轰击，使一些化学键断裂或重排，瞬间裂解成多种碎片离子（正离子）。当电离电压比较小时，如为 7～14 eV，发射的电子与源内样品的气态分子发生碰撞，产生电离，主要生成分子离子。当电压增大至 50～100 eV 时，生成的分子离子会部分断裂成为碎片离子。现在标准的电子轰击电离质谱图都是用70 eV 的电子能量获得的。

电子轰击源属硬电离源，它的优点是分子受高能量电子轰击，故电离的离子往往不会停留在分子离子状态，而会进一步发生化学键断裂，生成各种碎片离子，提供丰富的分子结构信息。电子轰击源的质谱图重现性好，但对有机物中分子质量大或极性大、难汽化、热稳定性差的化合物，在加热和电子轰击下，分子易破碎，难于给出完整的分子离子信息，这是电子轰击源的局限性。

（2）化学电离　化学电离（chemical ionization，CI）引入大量试剂气，使样品分子与电离离子不直接作用，而利用活性反应离子实现电离，其反应热较低，使分子离子的碎裂比电子轰击电离的碎裂少。即在离子源内充满一定压强的反应气体（如甲烷、异丁烷、氨气等），用高能量的电子（100 eV）轰击反应气体使之电离，电离后的气体离子再与试样分子碰撞发生分子离子反应而形成准分子离子（QM$^+$）和少数碎片离子。

利用化学电离源，即使分析不稳定的有机化合物，也能得到较强的分子离子峰。严格讲，所得到的是准分子离子峰，即 M+1 峰，如胺和醚等含杂原子的分子通常产生丰富的（M+1）离子，而饱和烃则常产生（M-1）离子。同时，可以使谱图大大简化。常用的反应气体有 CH_4、N_2、He、NH_3 等。在色谱-质谱联用仪器中，如果使用色谱载气作为质谱的反应气，则可以不必分离载气，可提高样品的利用率。商用质谱仪一般采用组合电子轰击-化学电离（EI-CI）离子源。试剂气一般采用甲烷气，也有 N_2，CO，Ar 或混合气等。试剂气的分压不同会使反应离子的强度发生变化，实际中一般源压为 66.661～133.322 Pa（0.5～1.0 Torr）。

（3）场致电离　在直径小于1 μm的金属发射体的尖端上，加以正高电压，形成的电场梯度，称为场致电离（field ionization，FI）源（图 5-7）。当样品蒸气接近或与它接触时，在高压静电场的作用下，分子中的一个价电子被阳极夺取，生成分子离子。场致电离适用于气态和可汽化的

液态和固态样品。场致电离产生 M^+ 或 $(M+H)^+$ 离子。场致电离的缺点是灵敏度低，比电子轰击源低几个数量级。此外，场致电离不适合分析难挥发和热不稳定的化合物。

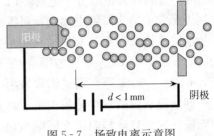

图 5-7　场致电离示意图

2. 解吸态离子的产生方式　有机质谱的离子源可分为硬电离源和软电离源。硬电离源有足够的能量碰撞分子，使样品分子产生较多的碎片离子，以提供从质谱图上获取被分析物质所含官能基团的类型和结构的信息。软电离源是指在解吸状态条件下形成的离子，一般很少引起样品裂解，可以得到样品分子精确的分子质量。

（1）场解吸电离　场解吸（field desorption，FD）电离与场致电离的电离原理相同，不同的是场解吸电离没有汽化要求，而是将样品吸附在作为离子发射体的金属细丝上送入离子源，只要在细丝上通以微弱电流，即提供样品从发射体上解吸的能量，使解吸出来的样品扩散（不是汽化）到高场强的场发射区域进行离子化。场解吸电离完全避免了对有机化合物的加热，更适用于分析热不稳定、难汽化的有机化合物，检测分子质量高的有机化合物，从而扩大了质谱分析的范围，尤其在天然产物的研究上得到广泛的应用。

（2）二次离子　在材料分析上，人们利用高能量初级粒子轰击涂有样品的金属靶表面，再对由此产生的二次离子（secondary ion，SI）进行质谱分析，称为二次离子质谱（secondary ion mass spectrometry，SIMS）。二次离子是利用初级离子入射靶面后溅射产生的二次离子而获取材料表面信息的一种方法，主要有快原子轰击（fast atom bombardment，FAB）和液体二次离子质谱（LSIMS）两种电离技术，它们分别采用原子束和离子束作为高能量初级粒子。一般采用液体基质负载样品（如甘油、硫甘油、间硝基苄醇、二乙醇胺、三乙醇胺或一定比例混合基质等）。主要原理是分子质子化形成 MH^+ 离子，其中有些反应会形成干扰。

二次离子的产生方法是将氩离子（Ar^+）束经过电场加速后打在样品上，样品分子离子化，产生二次离子。其由正离子轰击而离子化的能力很强，不足之处是由于离子源的加速电压为正高压，故要求 Ar^+ 有很高的能量才能进入离子源，而且被分析的样品要有良好导电性能以消除离子轰击中产生的电荷效应，否则将最终抑制二次离子流，这就限制了它在有机分析中的应用。

快原子轰击是在二次离子质谱（SIMS）的基础上，于 20 世纪 80 年代发展起来的电离技术，特别适宜研究高分子极性化合物，其原理如图 5-8 所示，在快原子枪中，从离子室中射出的氩离子经加速后，通过压力约为 1.3×10^{-3} Pa 的氩原子室，氩原子室是一个中和器。在中和器中，高能量的氩离子（流）经电荷交换后，形成高能量氩原子（流）束，轰击样品分子使之离子化。在离子室到氩原子室的过程中，原子的速度可以通过一次离子的加速电压来调节，属软电离源。有机化合物通常用甘油（底

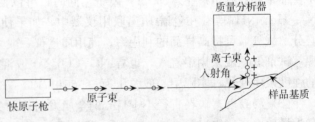

图 5-8　快原子轰击离子源
（仿钱小红，2003）

物）调和后涂在金属靶上，生成的准分子离子是被测有机化合物分子与甘油分子作用产生的。

二次离子质谱和快原子轰击的离子化方式是不同的，二次离子质谱和液体二次离子质谱也不一样。二次离子质谱可以分析无机样品和有机样品，可直接将样品放入真空腔体进行分析。快原子轰击由于原子束分散而灵敏度稍低，但其具有二次离子质谱的优点，它使正负离子率相等，有利于负离子的研究，适用于分析多肽、核苷酸、有机金属配合物及磺酸或磺酸盐类等难挥发、热不稳定、强极性、分子质量大的有机化合物，在生命科学中显示出极大的应用潜力。

（3）基质辅助激光解吸电离 基质辅助激光解吸电离（matrix-assisted laser desorption ionization，MALDI）是在波长为775～1 250 nm的真空紫外光辐射下产生光致电离和解吸作用，从而获得分子离子和含有结构信息的碎片，同时引入辅助基质减少过分碎裂。基质辅助激光解吸电离技术适于结构复杂、不易汽化的大分子。一般采用固体基质，基质与样品比为10 000：1。根据分析物不同而使用不同的基质和波长。

（4）电喷雾电离 电喷雾电离（electrospray ionization，eSI）采用强静电场（3～5 kV），以喷雾形式使液体样品形成高度荷电的雾状小液滴，小液滴经过反复的溶剂挥发-液滴分裂后，产生单个带多电荷的离子，即在电离过程中，产生多种质子化离子。

六、离子质量的分析方法

质谱仪对物质离子质量的分析是按离子在质量分析器（analyzer）中运动的空间位置或时间先后进行分离的。质量分析器又叫做分离器，是质谱仪的一个重要组成部分，它的作用是将离子室中产生的离子按照质荷比（m/z）的大小分开，并允许足够数量的离子通过分析器，产生可被快速测量的离子流。质量分析器的种类较多，大约有20余种。常用分析器有：单聚焦分析器、磁场和电场组合的双聚焦分析器、四极杆分析器、飞行时间分析器、离子回旋共振分析器、离子阱质量分析器等。

1. 单聚焦分析 单聚焦分析主要根据离子在磁场中的运动行为，将不同质量的离子分开（图5-2）。其主要部件为一个一定半径的圆形管道。在其垂直方向上装有扇形磁铁，产生均匀、稳定的磁场，从离子源射入的离子束在磁场作用下由直线运动变成弧形运动。不同m/z的离子，其运动曲线半径R不同，到达监测器的时间不同，故被质量分析器分开。由于出射狭缝和离子检测器的位置固定，即离子弧形运动的曲线半径R是固定的，故一般采用连续改变加速电压（电压扫描）或磁场的强度（磁场扫描），使不同m/z的离子依次通过出射狭缝以半径为R的弧形运动方式到达离子检测器。

无论是磁场扫描还是电压扫描，凡m/z相同的离子均能汇聚成为离子束，即方向聚焦。由于提高加速电压U可以提高仪器的分辨率，因而宜采用尽可能高的加速电压。当取U为定值时，通过磁场扫描，顺次记录下离子的m/z和相对强度，得到质谱图。

单聚焦分析器所使用的磁场是扇形磁场，扇形的开度角有60°、90°和180°。单聚焦分析器的优点是结构简单、体积小，安装及操作方便，广泛应用于气体分析质谱仪和同位素分析质谱仪。这种分析器的最大缺点是分辨率低，它只适用于分辨率要求不高的质谱仪，如果分辨率要求高或离子的能量分散大，必须使用其他性能优良的分析器。

2. 双聚焦分析 在单聚焦质量分析中，分析器离子源产生的离子由于在被加速前初始能量不同，即速度不同，因此即使质荷比相同的离子，最后也不能全部聚焦在检测器上，致使仪器分辨率不高。为了提高分辨率，通常采用双聚焦质量分析器，即在磁分析器之前加一个静电分析器。这时，不仅仍然可以实现方向聚焦，而且质荷比相同，速度（能量）不同的离子也可聚焦在一起，称为速度聚焦。因此，所谓双聚焦仪器，就是指同时实现了这两种聚焦仪器的原理而言的，因而双聚焦质谱仪的分辨本领远高于单聚焦仪器。

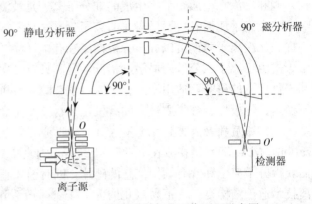

图 5-9　双聚焦质谱仪的工作原理示意图

图 5-9 是一种双聚焦质谱仪的原理示意图。离子受到静电分析器的作用，改做圆周运动，当离子所受到的电场力与离子运动的离心力相平衡时，离子运动发生偏转的半径 R 与其质荷比 m/z，运动速度 v 和静电场的电场强度 E 有下列关系

$$R = m/z \times v^2/E \qquad\qquad (5-5)$$

由式（5-5）可以看出，当电场强度一定时，R 取决于离子的速度或能量，因此静电分析器是将质量相同而速度不同的离子分离聚焦，即具有速度分离聚焦的作用，然后，经过狭缝进入磁分析器，再进行 m/z 方向聚焦，当磁场强度和加速电压一定时，由 O 出发的离子仅当具有某一质荷比时才被聚焦于 O' 点（检测器）。调节磁场强度，可使不同的离子束按质荷比顺序通过出口狭缝进入检测器。

3. 四极滤质分析　四极滤质分析器是由四根截面为双曲面或圆形的棒状电极组成，两组电极间施加一定的直流电压和频率为射频范围的交流电压，如图 5-10 所示。四根极杆内所包围的空间便产生双曲线形电场。从离子源入射的加速离子穿过（四极杆双曲线形）电场中央时会受到电场的作用，在一定的直流电压、交流电压和频率及一定的尺寸等条件下，只有某一种（或一定范围）质荷比的离子能够到达收集器并发出信号，其他离子在运动的过程中撞击在筒形电极上而被"过滤"掉，最后被真空泵抽走。实际上，在一定条件下，被检测离子（m/z）与电压成线性关系。因此，改变直流和射频交流电压即可达到质量扫描的目的，这就是四极滤质器的工作原理。

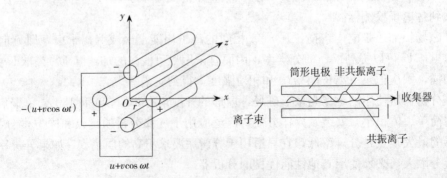

图 5-10　四极质谱仪

4. 飞行时间分析　飞行时间分析是根据离子在一段高真空状态下的飞行过程，通过离子飞行距离与飞行时间计算离子的质量，其分析原理如图 5‐11 所示。在图 5‐11a 中，来自 MALDI 源激光的电子直接进入飞行管计时。在图 5‐11b 中，由阴极（P，灯丝）发射的电子受到离子能量栅极上正电位的加速进入电离室，电子通过电离室而到达电子收集极。由阴极发射的电子在进入电离室后，在运动过程中会撞击先前已加入到电离室中的气体分子，并使气体分子发生之电离。在离子能量栅极（也称次源）的 G_1 板 l 上加入一个不大的负脉冲（−270 V），把正离子引出电离室。然后在栅极 G_2 上施加 15 kV 高压，有的也加直流负高压（−2.8 kV），使离子加速而获得动能，以速度 v 飞越长度为 L 的无电场和磁场的漂移空间，即飞行管（flight tube），最后达到离子接收器（detector）。同样当脉冲电压为一定值时，离子向前运动的速度与离子的 m/z 有关，因此在漂移空间里，不同离子以不同的速度运动，质量越小的离子就越先落到接收器中。离子飞过路程为 L 的漂移时间 t 可用式（5‐6）表示。

$$t = L \cdot [m/(2zU)]^{1/2} \tag{5‐6}$$

式中，m 为离子的相对质量；z 为离子电荷；U 为加速电压。

由此可见，在 L 和 U 不变的情况下，离子由离子源到达接收器的飞行时间 t 与质荷比的平方根成正比。式（5‐6）是飞行时间质谱的基本方程，它为设计此类仪器提供了依据。

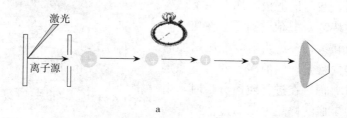

a

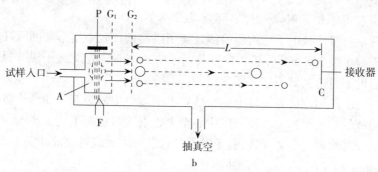

b

图 5‐11　飞行时间分析器原理
P. 阴极（灯丝）　F. 阳极　A. 电离区域　G. 离子能量栅极
L. 飞行管长度　C. 为倍增器
（仿吴谋成等，2003）

由上可知，由离子源产生的离子经加速后进入无场漂移管，并以恒定速度飞向离子接收器；离子的质荷比（m/z）越大，到达接收器所用飞行时间就越长，离子的质荷比小，到达接收器所用飞行时间就越短；根据这一原理，可以把不同质量的离子按 m/z 值大小进行分离。通过测量各种离子的飞行时间，就可以测量不同离子的 m/z 值。

飞行时间分析器具有下列特点。

①扫描速度快，可在 $1 \times 10^{-5} \sim 1 \times 10^{-6}$ s时间内观察记录整段质谱，使此类分析器可用于研究快速反应及与色谱联用等。

②仪器的机械结构部分较简单，电子部分较复杂。机械结构简单，因为质量分析器既不需要磁场，又不需要电场，只需要直线漂移空间。但由于离子在漂移空间飞行速度快，离子流的强度又特别小，这就要求采用高灵敏度、低噪声的宽带电子倍增器进行放大与检测，其电子部分就较为复杂。

③不存在聚焦狭缝，因此灵敏度很高。

④分辨率与初始离子的空间分布有关。因为初始离子的加速度不为零，初始离子的分布也存在微小截面、加速脉冲的前沿陡度等因素，都会影响其分辨率。

⑤测定的质量范围仅决定于飞行时间，可达到几十万原子质量单位。

⑥质谱图与磁偏转静态质谱图没有很大的差别。

上述优点为生命科学中生物大分子的分析提供了诱人的前景。

5. 离子阱质量分析　离子阱是由一个中心环形的环电极和一对管端盖板电极组成。当两个管端盖板电极接地时，在环形电极上加上一个可变的射频电压。此时特定 m/z 值的离子会在离子阱腔内形成稳定环形轨道循环。当射频电压增加时较重的离子轨道趋向稳定，轻的离子变为不稳定而与环形电极的壁碰撞。在进行质谱分析时，由电子轰击等离子源生成的样品离子通过上部管端盖板的栅极进入离子阱，然后用射频电压进行扫描，当阱内的离子变得不稳定时，通过下部管端

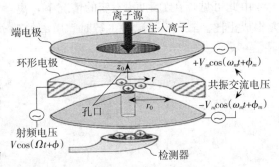

图 5-12　离子阱分析器工作原理

盖板的窗离开环形电极腔而被电子倍增器检测。离子阱质谱仪较磁扇形和四极杆仪器价廉、坚固和紧密，而且可进行多级 MS-MS 分析。在涉及离子阱质谱时，先对离子阱（ITD）的一般原理进行概述，这将有助于讨论测试原理（图 5-12）。

离子阱有一对上下的端电极和一环电极组成，上下端电极面为双曲线的旋转对称面，环形电极内表面也为双曲线的旋转对称面。离子阱中心至上、下端电极距离为 z_0，至环电极内侧为 r_0，环电极和上下端电极之间加有电势 Φ_0，离子阱内任意电势因此满足双曲线关系，其中电势 Φ_0 可展开为直流项 U_0 和交流变项 $V_0 \cos \omega t$，并满足

$$\Phi_0 = U_0 + V_0 \cos \omega t$$

式中，ω 为外加交流变电压角频率；t 为时间。

离子阱检测主要有两种情况，一种是仅有射频外加电压，另一种是仅有直流外加电压。在多数离子阱仪器中，应用了仅有直流外加电压和扫描电压的方法。扫描电压的增加可以依次将离子按质荷比的大小推出稳定区。被推出稳定区的离子由放置在离子阱后方的检出器接收。

6. 傅立叶变换离子回旋共振质量分析　它的核心部件是带傅立叶变换程序的计算机和捕获离子的分析室。分析室是一个置于强磁场中的立方体结构。在离子源内生成的样品离子被引入分

析室后，在强磁场作用下被迫以很小的轨道半径做圆周运动，离子的回旋频率与离子质量成反比，此时不产生可检出信号。

离子进入到高真空条件下具有捕集电位和恒定磁场的立方池内，每个离子根据其 m/z 进入自己特征频率的回旋轨道。

如果在立方体的一对面上（发射极）加一快速扫频电压，一对极板施加一个射频电压，当其频率与离子回旋频率相等即满足共振条件时，离子吸收射频能量，运动轨道半径增大，撞到检测器产生可检出信号。也就是用一可变的电场对这些频率进行扫描，直到每个离子的回旋频率与所加的恒定射频的共振。共振时相同频率离子的运动耦合而检测到信号（图 5-13）。这种信号是一种正弦波，振幅与共振离子数目成正比。实际测

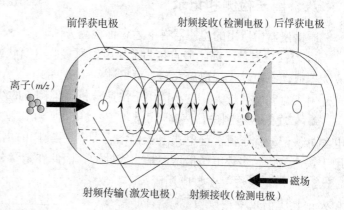

图 5-13 傅立叶变换离子阱
（引自杨芃原，2003）

得的信号是在同一时间内所对应的正弦波信号的叠加。这种信号输入计算机进行快速傅立叶变换，利用频率和质量的已知关系得到质谱图。

新型的傅立叶变换离子回旋共振质量分析器（Fourier transform ion cyclofron resonance mass analyzer，FT-ICR）用射频脉冲取代扫描，射频脉冲能使所有离子的回旋频率同时共振产生一个干涉图信号（时域光谱），然后用傅立叶转换将其转换为频率域光谱，而产生通常的 m/z 质谱。

傅立叶变换离子回旋共振质量分析器的最大特点是产生高准确度的测量共振，因此能测出精确的 m/z，故具有很高的分辨率，从而获得理想的分析结果，即明确的分子式。此外，傅立叶变换离子回旋共振质量分析器还可以进行多级 MS-MS 分析，但仪器的价格较贵。

傅立叶变换离子回旋共振质谱突出的优点是质量分辨率很高，增加磁场的强度和延续离子运动的时间可以显著提高分辨率。表 5-2 所示为不同质荷比下的分辨率水平。

表 5-2 不同质荷比下的分辨率水平

离 子	m/z	分辨率
Ar	40	200 000 000
PEG	3 200	200 000
PPG	6 000	50 000
$(CsI)_xCs$	10 000	50 000

七、不同离子形成方式与不同质量分析方法的组合

前文已述，离子形成的方式主要有：电子轰击（EI）、化学电离（CI）、场致电离（FI）、场解吸（FD），快原子轰击（FAB）、二次离子（SI）、基质辅助激光解吸电离（MALDI）、电喷雾

电离（ESI）。质量分析的方法主要有：磁偏转、四极杆、离子阱（ion trap）、飞行时间、离子回旋共振等。离子形成的不同离子源与质量分析的不同分析器之间可进行多种组合，构成性能不同的质谱仪器的家族，如 ESI-ion trap 质谱仪等。质谱仪的核心是离子源和分析器。

八、离子检测和记录

质谱仪器中所用的检测器有下述 3 种检测方法。

1. 直接电测法　离子流直接为金属电极所接收（筒状或平板状金属电极检测器），配合直流放大器或动态电容式静电放大器，可检测约 $10^{-9} \sim 10^{-15}$ A 电流，时间常数为 1s 左右。

由于时间常数较大，它不适用于快速分析，但测量的线性较好，结构简单。

2. 二次效应电测法　使离子引起二次效应，产生二次电子或光子，然后用相应的倍增管和电学方法记录离子流。静电式电子倍增器是应用最广的倍增器，其时间常数远小于 1s，因而适用于快速分析。多数电子倍增器是非线性的，因此在定量分析时要做相应的校正。

3. 照相记录法　多数应用于高频火花源质谱仪中，以检测微量固体组分，调节曝光时间，有利于提高灵敏度。经过质量分离器分离后的离子，到达接收、检测系统进行检测，即可得到质谱图。常用的离子检测器是静电式电子倍增管，其结构如图 5-14 所示。当离子束撞击阴极（铜铍合金或其他材料）C

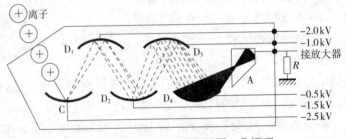

图 5-14　静电式电子倍增器工作原理
（仿吴谋成，2003）

的表面时，产生二次电子，然后用 D_1、D_2、D_3 等第二次电极（通常为 15～18 级），使电子不断倍增（一个二次电子的数量倍增为 $1 \times 10^4 \sim 1 \times 10^6$ 个二次电子）。最后为阳极 A 检测，可测出 1×10^{-17} A 的微弱电流，时间常数远小于 1s，因此可以实现高灵敏度、快速检测。由于产生二次电子的数量和离子的质量与能量有关，即存在质量歧视效应，因此在进行定量分析时需加以校正。

离子检测器中的静电式电子倍增器的使用使质谱检测技术精度大幅度提高，还有法拉第筒接收器、照相板和闪烁计数器等分别起到一定的作用。经离子检测器检测后的电流，经放大器放大后，用记录仪快速记录到光敏记录纸上或者用计算机处理。

现代的质谱仪都有计算机，其作用有两方面，一是用于仪器的控制；二是用于数据的接收、储存和处理。计算机内还可以存有十几万个标准图谱，用于样品数据的自动检索，并给出合适的结构式。

第三节　质谱的类型

一、按应用分类

从应用角度分类，质谱仪可以分为下面几类：有机质谱仪、无机质谱仪、同位素质谱仪和生物质谱仪。

1. 有机质谱仪　有机质谱仪由于应用特点不同又分为下述几类。

（1）气相色谱-质谱联用仪（GC-MS）　在这类仪器中，由于质谱仪工作原理不同，又有气相色谱-四极质谱、气相色谱-飞行时间质谱、气相色谱-离子阱质谱仪等。

（2）液相色谱-质谱联用仪（LC-MS）　这类仪器又有液相色谱-四极质谱仪、液相色谱-离子阱质谱仪、液相色谱-飞行时间质谱仪，以及各种各样的液相色谱-质谱-质谱联用仪。

2. 无机质谱仪　无机质谱仪包括：①火花源双聚焦质谱仪；②感应耦合等离子体质谱仪（ICP-MS）；③二次离子质谱仪（SIMS）。

3. 同位素质谱仪　同位素质谱仪是气体分析质谱仪，主要有呼气质谱仪、氦质谱检漏仪等。

4. 生物质谱仪　生物质谱仪主要有基质辅助激光解吸飞行时间质谱仪（MALDI-TOF-MS）和液相色谱-ESI-质谱联用仪（LC-ESI-MS）两大类。

以上的分类并不十分严谨，因为有些仪器带有不同附件，具有不同功能。例如，一台气相色谱-双聚焦质谱仪，如果改用快原子轰击电离源，就不再是气相色谱-质谱联用仪，而称为快原子轰击质谱仪（FAB-MS）。另外，有的质谱仪既可以和气相色谱相连，又可以和液相色谱相连。

二、以质量分析器分类

按质谱仪所采用的质量分析器的不同，可把质谱仪分为以下几类：磁质谱仪、四极杆质谱仪、离子阱质谱、飞行时间质谱仪、傅里叶变换离子回旋共振质谱仪等。

1. 磁质谱仪　磁质谱仪是利用扇形电场和磁场分析器，将不同质谱的离子相互分离，给出质谱图。单聚焦质谱仪和双聚焦质谱仪就属于磁质谱仪。磁质谱仪的主要特点是可实现很高的分辨率，商品的双聚焦质谱仪分辨率可到 5～10 万，是目前高分辨质谱分析的主要仪器，对许多中小分子的化合物（相对分子质量 3 000 以下）可以给出准确的分子质量、离子质量及其元素组成与分子式、离子式等重要的结构信息。

2. 四极杆质谱仪　由四极杆分析器（滤质器）组成的质谱仪称为四极杆质谱仪，四极杆质谱仪利用四极杆代替了笨重的电磁铁，故具有体积小，质量轻等优点，其灵敏度较磁式仪器高，且操作方便。由于四极滤质器结构紧凑，扫描速度快，适用于色谱-质谱联用仪器。一般串级四极杆由 3 个四极杆串联起来用，各个四极杆起不同的作用，比如过滤噪声、产生子离子等功能。四极杆技术进步也很快，其分辨率和质量上限都在提高。比如串级四极杆定量能力强、检测限很好。四极杆质谱仪的突出优点是仪器结构简单，体积小，价格较便宜，操作与维护容易，因无磁铁而无磁滞效应，扫描响应速度快，特别适合于与气相色谱联用。目前串级四极杆主要在研究单位使用，其缺点是分辨率比较低，所检测的相对分子质量一般只在 1 000 以内。串级四极杆质谱仪也十分娇贵、使用起来也比较复杂，操作人员素质要求较高，而且价格昂贵。

3. 离子阱质谱仪　近十年来，随着离子阱质谱仪的不断研究，离子阱质谱仪的性能得到很大提高，与其他质量分析器相比，离子阱可在低真空（10～1 Pa）下工作，因此离子阱质谱仪对真空泵的要求降低，从而减轻质谱仪重量和电源消耗，更加便于小型化设计。离子阱质谱与各种软电离技术的联用成为当今的研究热点之一，其应用领域也扩展到分子结构鉴定、定量分析、化学反应机理研究等方面。离子阱质谱仪（ITMS）具有质量范围宽、灵敏度高、结构简单、维护方便等优点，特别是离子阱分析器可以实现串联质谱的功能，因此得到了快速发展。

4. 飞行时间质谱仪 在 20 世纪 90 年代，飞行时间质谱仪得到快速发展，成为一种很常用的质谱仪。飞行时间质谱仪可检测的分子量范围大，目前最好的飞行时间质谱分析仪分辨率能够达到20 000 u。仪器结构简单，扫描速度快，测得分子的质量数准确度非常高。

这种飞行时间质谱仪的主要缺点是分辨率低，因为离子在离开离子源时初始能量不同，使得具有相同质荷比的离子达到检测器的时间有一定差异，造成分辨能力下降。

第一台飞行时间质谱仪的出现要早于四级杆质谱仪，但由于基础技术不过关，比如需要的快电子和大面积的离子探测器是那时所面临的主要困难，导致飞行时间质谱的总体性能指标一直停留在一个很低的水平，而四极杆达到了一个较高的水平，所以目前四级杆用得比较多。

近些年来，随着飞行时间技术的不断改进，飞行时间质谱仪的市场在扩大。改进的方法之一是在线性检测器前面加上一组静电场反射镜，将自由飞行中的离子反推回去，初始能量大的离子由于初始速度快，进入静电场反射镜的距离长，返回时的路程也就长，初始能量小的离子返回时的路程短，这样就会在返回路程的一定位置聚焦，从而改善了仪器的分辨能力。这种带有静电场反射镜的飞行时间质谱仪被称为反射式飞行时间质谱仪（reflectron time-of-flight mass spectrometer）。

飞行时间质谱仪器主要有 3 种应用。利用其大质量上限可以做大分子的检测，如与 MALDI 相连时，只能用飞行时间；利用其高质量检测精度，如 Q-Star 这一类型的仪器是做分子式判定的最好工具之一；利用其快速特点，作为高效毛细管电泳，全二维气相色谱的检测器基本上只能用飞行时间。飞行时间质谱仪理论上测定的分子量无上限，所以只要是涉及高检测速度和大分子量、高精度方面的测定，首选是飞行时间质谱仪。

5. 傅立叶变换离子回旋共振质谱仪 近年来由于分离电离源技术日趋成熟，这种分析方法得到较大发展，它的优点是很容易做到多级串联质谱分析，目前可分析质量范围已达 5 万左右，分辨力也可达 1 万。

傅立叶变换质谱仪具有很高的分辨率（可达 100 万以上）和很高的灵敏度，但仪器价格和维护费用也很高。傅立叶变换-离子回旋共振质谱仪可以和多种离子源结合使用，如电子轰击、场致电离、快原子轰击、基质辅助激光离解源、电喷雾等。和电喷雾离子源结合使用时，利用电喷雾电离使分析物带多电荷的特性可以检测几十万甚至上百万原子质量单位的大分子。由于此类仪器具有离子俘获的功能，所以也很容易实现多级质谱检测。

傅立叶变换离子回旋共振质谱仪的优点如下。

①高分辨率，大约 10^6，而且子离子的分辨率较母离子好。

②检测的灵敏度不随分辨率和质荷比的改变而不同。

③质量检测精度高，在经常进行质量校正的情况下，质量检测误差小于 2×10^{-6}，而不进行质量校正时检测的误差小于 1×10^{-4}。

④正离子和负离子的检测都十分简易。

⑤比较适合进行 MS^n 的检测。

但傅立叶变换离子回旋共振质谱仪也有一些缺陷，比如由于维护超导磁场必须使用大量的液氦，费用较高；离子运动的模式还没有准确的数学模型加以描述。

三、按连接分类

根据质谱应用特点不同可分为：①气相色谱-质谱联用仪（GC-MS）。在这类仪器中，由于质谱仪工作原理不同，又有气相色谱-四极质谱仪，气相色谱-飞行时间质谱仪，气相色谱-离子阱谱仪等。②液相色谱-质谱联用仪（LC-MS）。同样，有液相色谱-四器极质谱仪，液相色谱-离子阱质谱仪，液相色谱-飞行时间质谱仪。③质谱-质谱联用仪（MS-MS）。

1. 气相色谱-质谱联用仪 气相色谱-质谱联用仪是把气相色谱仪和质谱仪连接在一起使用的仪器。气相色谱分析技术具有分离效率高、定量分析简便的特点，但定性能力却较差。质谱法具有灵敏度高、定性能力强等特点，但进样要纯，才能发挥其特长，进行定量分析又较复杂。因此气相色谱与质谱联用可以取长补短。实践证明，气相色谱与质谱联用是分析复杂有机化合物和生物化学混合物的最有力的工具之一，已广泛应用于环境、农业、食品、生物、医药、司法、石油和其他工业等诸多科学领域。环保领域在检测许多有机污染物，特别是一些浓度较低的有机化合物（如二噁英等）的标准方法中就规定用气相色谱-质谱联用仪（GC-MS）。气相色谱-质谱联用（图 5 - 15）技术具有以下优点。

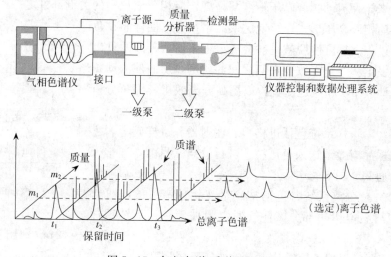

图 5 - 15　气相色谱-质谱联用示意图

①色谱仪是质谱法理想的"进样器"，试样经色谱分离后以纯物质形式进入质谱仪。

②质谱仪是气相色谱法理想的"检测器"，适用面广，灵敏度高，鉴定能力强。所以，气相色谱-质谱联用技术既发挥了色谱法的高分离能力，又发挥了质谱法的高鉴别能力。这种技术适用于做多组分混合物中未知组分的定性鉴定，可以判断化合物的分子结构，也可以准确地测定未知组分的分子质量，还可以鉴定出部分分离甚至未分离开的色谱峰等。一般来说，凡能用气相色谱法进行分析的试样，大部分都能用气相色谱-质谱进行定性鉴定和定量测定。

2. 液相色谱-质谱联用仪 液相色谱-质谱联用仪是把液相色谱仪和质谱仪连接在一起使用的仪器。对于高极性、热不稳定、难挥发的大分子有机化合物，使用气相色谱-质谱有困难，液相色谱的应用不受沸点的限制，并能对热稳定性差的试样进行分离、分析。然而，液相色谱的定性能力更弱，因此液相色谱与有机质谱的联用，可提高质谱的分析能力。

由于液相色谱的一些特点，在实现联用时需要解决的问题主要有两方面，一是液相色谱流动相对质谱工作条件的影响；二是质谱离子源的温度对液相色谱分析试样的影响。

为克服双向电泳-质谱系统，特别是双向电泳分离 pI 过大、过小成为疏水性强的蛋白质局限性，高压液相色谱-质谱联用（LC-MS-MS）技术是近几年来发展迅速的新方法。蛋白质混合物直接通过液相色谱分离以代替双向电泳的分离，然后进入质谱系统获得肽段分子质量，再通过串联质谱技术，得到部分序列信息，最后通过计算机联网查询，鉴定蛋白质。

在生物质谱分析中，电喷雾电离（electrospray ionization，ESI）是另一种软电离技术。它与基质辅助激光解吸电离（MALDI）技术都是在 20 世纪 80 年代末发展起来的，并以不同的方式解决了极性大、热不稳定等问题，如蛋白质与多肽分子的离子化和大分子质量的测定问题。

高效液相色谱仪由高压输液系统、进样系统、分离系统、检测系统和记录系统五大部分组成。

（1）高压输液系统　高压输液系统由溶剂储存器、高压泵、梯度洗脱装置和压力表等组成。通常要求泵压力平稳无脉动，流速恒定可调。溶剂储存器一般由玻璃、不锈钢或氟塑料制成，容量为 1~2L，用来储存流动相。高压输液泵是高效液相色谱仪中的关键部件之一，其功能是将溶剂储存器中的流动相以高压形式连续地送入液路系统，使样品在色谱柱中完成分离过程。梯度洗脱就是在分离过程中使两种或两种以上不同的溶剂按一定程序连续改变它们之间的比例，从而使流动相的离子强度、极性或 pH 相应地变化，以提高分离效果，缩短分析时间。

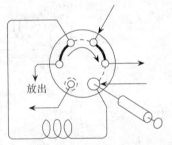

放出

（2）进样系统　进样系统包括进样口、注射器和进样阀等，它的作用是把分析样品有效地送入色谱柱上进行分离。目前，通常采用的进样阀为六通阀（图 5-16）。

图 5-16　六通阀示意图

（3）分离系统　分离系统（色谱柱）是液相色谱仪的心脏部件，它包括柱管与固定相两部分。柱管通常为玻璃柱、不锈钢柱等。一般色谱柱长 5~30 cm；内径为 4~5 mm；凝胶色谱柱内径 3~12 mm；制备柱内径较大，可达 25 mm 以上。通常根据不同的分离目的选择不同类型的色谱柱。

（4）检测器　用于液相色谱中的检测器，要求灵敏度高、噪声低、线性范围宽、响应快、不作用体积少及对温度和流速的变化不敏感。常用于液相色谱的检测器有紫外、荧光、电-化学检测器和示差折光检测器等。

（5）记录系统　记录系统，现在均为计算机记录。

高效液相色谱仪还可以根据一些特殊的要求，配备一些附属装置，如梯度洗脱、自动进样及数据处理装置等。分析时，选择适当的色谱柱和流动相，开启高压泵，用甲醇、水及流动相冲洗柱子，待柱子达到平衡后，进样分离，分离后的组分依次流入检测器中进行检测，所测得的信号为记录器记录下来。样品制备时，分离后的组分依次和洗脱液一起排入流出物收集器中收集。

液相色谱已成为生命科学、医药和临床医学、化学和化工领域中最重要的工具之一。它的应用正迅速向环境科学、农业科学等众多方面发展，值得注意的是，目前各种接口技术都有不同程度的局限性。

3. 质谱-质谱（MS-MS）联用仪

（1）基质辅助激光解吸电离串联飞行时间质谱仪　基质辅助激光解吸电离串联飞行时间（MALDI-TOF-TOF）质谱仪是在传统的基质辅助激光解吸电离飞行时间（MALDI-TOF）质谱仪的基础上进行改进而成的新型质谱仪。该仪器将基质辅助激光解吸电离飞行时间肽质量指纹谱分析的高通量与碰撞诱导解离（collision-induced dissociation，CID）获得的丰富碎片信息相结合，对同一样品先进行肽质量指纹谱分析，接着进行串联质谱分析，使得在微量样品水平上对蛋白质的鉴定在数秒内完成。与源后裂解测定多肽序列的模式相比（需要在不同质量范围多次采集质谱数据并进行合成），基质辅助激光解吸电离串联飞行时间质谱仪可以在固定的反射电压下，经过一次采集获得完整的碎片离子质谱图。基质辅助激光解吸电离串联飞行时间质谱仪的结构示意图见图 5-17。已经商品化的基质辅助激光解吸电离串联飞行时间质谱仪（如 Ultraflex）已经成功地应用于电泳胶上银染蛋白质点的鉴定。

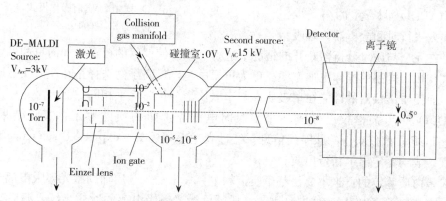

图 5-17　基质辅助激光解吸电离串联飞行时间质谱仪结构示意图
1 Torr＝133.322 Pa

（2）带基质辅助激光解吸电离源的四极杆-飞行时间质谱仪（MALDI-QqTOF）　如前所述，由于样品制备简便，操作易自动化，基质辅助激光解吸电离串联飞行时间质谱仪质谱测定肽质量指纹谱的方法已经成为蛋白质组研究中蛋白质鉴定的首选方法。但是，肽质量指纹谱有时不能提供充分的信息以鉴定蛋白质，这时，需要采用 ESI-MS-MS 测定肽序列标签鉴定蛋白质。尽管 ESI-MS-MS 的方法较肽质量指纹谱的方法更加有效，但 ESI-MS-MS 操作费时，不易实现高通量。另外，由于两种质谱分析分开进行，给样品的操作带来麻烦。如果能够实现对同一个样品的质谱和串联质谱分析在同一台设备上进行，无疑将大大提高蛋白质分析鉴定的速度，实现高通量。

MALDI-QqTOF 质谱仪的出现，使得上述设想成为现实。该仪器是将基质辅助激光解吸电离离子源与四极杆-飞行时间-串联质谱仪连接，从而实现了样品靶上的同一个样品在同一台质谱仪上的肽质量指纹谱分析与肽序列标签分析同时进行。此种仪器已经商品化，如 MALDI Qstar Pulsar 和 Q-TOF Ultima GLOBAL。

紫外激光以 20-50 Hz 的循环速率产生脉冲，脉冲离子束在 Q_0 碰撞冷却并转换成准连续流

（quasi-continuous beam）。离子流以不超过10kHz的循环速率注射进入质谱仪。

在质谱操作模式下，由紫外激光脉冲产生的离子流在 Q_1 碰撞冷却并转换成准连续流，接着通过分析四极杆 Q_2 到达飞行时间（TOF）分析器，从而获得全质谱图。在串联质谱模式，母离子在 Q_2 中被选择，在 Q_3 中碰撞解离成碎片，产物离子到达飞行时间（TOF）分析器，从而获得母离子的串联质谱图（图5-18）。肽谱与肽序列测定在同一块靶上、同一台仪器上进行。由于基质辅助激光解吸电离（MALDI）源产生的离子以直角方式注入飞行时间分析器。解吸

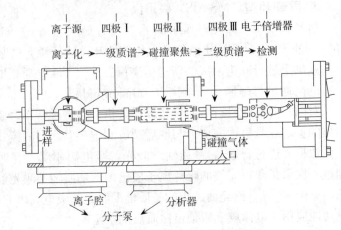

图5-18　Q_1 式串联-质谱操作模式
（仿董慧茹，2000）

过程几乎是在完全与质量分析器断开的情况下进行，因而使仪器的校正更加简单和稳定，与传统的轴向模式相比，样品的操作更加方便。更为重要的是，母离子的选择是在注入飞行时间分析器前进行，因而使质谱仪器的性能在单极质谱与串联质谱分析时几乎相同。

MALDI QqTOF 质谱仪已经成功用于双向电泳胶上蛋白质的鉴定，实验结果显示采用 MALDI QqTOF 质谱仪获得的肽序列信息，经过表达序列标签（expressed sequence tag，EST）数据库检索，成功鉴定出了新蛋白质。

质谱对蛋白质鉴定的贡献主要是基于质谱软电离技术——基质辅助激光解吸电离（MALDI）和电喷雾电离（ESI）的发展和成熟。基于基质辅助激光解吸电离的肽质指纹、源后衰变片段离子分析和基于电喷雾电离的串联质谱的部分测序技术是质谱鉴定蛋白质的主要方法。

第四节　质谱仪的作用

一、定性分析

质谱图可提供有关分子结构的许多信息，因而定性能力强是质谱分析的重要特点。

1. 相对分子质量的测定　从分子离子峰可以准确地测定供试物质的相对分子质量，这是质谱分析的独特优点，它比经典的相对分子质量测定方法（如冰点下降法、沸点上升法、渗透压力测定等）快而准确，且所需试样量少（一般0.1mg）。关键是分子离子峰的判断，因为在质谱中最高质荷比的离子峰不一定是分子离子峰。这是由于存在同位素的原因，可能出现比分子离子峰大一个质量单位的峰，叫做同位素离子M+1峰，大两个质量单位的峰叫做M+2峰；另一方面，若分子离子不稳定，有时甚至不出现分子离子峰。因此，在判断分子离子峰时应注意以下一些问题。

（1）分子离子峰的质量数应该符合氮律　即在含有 C、H、O、N 等的有机化合物中，若有

偶数（包括零）个氮原子存在时，其分子离子峰的 m/z 一定是偶数；若有奇数个氮原子时，其分子离子峰的 m/z 一定是奇数。这是因为组成有机化合物的主要元素 C、H、O、N、S、卤素中，只有氮的化合价是奇数（一般为 3）而质量数是偶数，因此出现氮律。

（2）当化合物中含有 Cl 或 Br 时，可以利用 M 与 M+2 峰的比例来确认分子离子峰 通常，若分子中含有一个 Cl 原子时，则 M 和 M+2 峰强度比为 3∶1；若分子中含有一个 Br 原子时，则 M 和 M+2 峰强度比为 1∶1。这是因为 M 峰与 M+2 同位素峰强度比与分子中同位素种类、丰度有关。总之，同位素离子峰的信息有助于分子离子峰的正确判断。

（3）设法提高分子离子峰的强度 通常降低电子轰击源的电压，碎片峰逐渐减小甚至消失，而分子离子（和同位素）峰的强度增加。对那些非挥发或热不稳定的化合物应采用软电离源离解方法，以加大分子离子峰的强度。

2. 化学式的确定 在确认了分子离子峰并知道了化合物的相对分子质量后，就可确定化合物的部分或整个化学式，一般有两种方法，即用高分辨率质谱仪确定分子式和由同位素比求分子式。

（1）用高分辨率质谱仪确定分子式 使用高分辨率质谱仪测定时，能给出精确到小数点后几位的相对分子质量值，而低分辨率质谱仪则不可能。拜诺（Beynon J. H.）等将 C、H、O、N 元素组合而成的分子的精密相对质量列成表，当测得了某种物质的精密质量后，查表核对就可以推测出物质的分子式，若再配合其他信息，即可以从少数可能的分子式中得到最合理的分子式。

（2）由同位素比求分子式 各元素具有一定天然丰度的同位素，人们通常把某元素的同位素占该元素的相对原子质量分数称为同位素丰度。同位素峰的强度与同位素的丰度是相对应的。相对强度是把原始质谱图上最强的离子峰定为基峰，并规定其相对强度为 100%。从质谱图上测得分子离子峰 M、同位素峰 M+1 和 M+2 的强度，并计算其（M+1）/M，（M+2）/M 强度百分比，根据拜诺质谱数据表查出可能的化学式，再结合其他规律，即可确定化合物的化学式。

3. 结构式的确定 在确定了未知化合物的相对分子质量和化学式以后，首先根据化学式计算该化合物的不饱和度，确定化合物化学式中双键和环的数目。然后，应该着重分析碎片离子峰、重排离子峰和亚稳离子峰，根据碎片峰的特点，确定分子断裂方式，提出未知化合物结构单元和可能的结构。最后再用全部质谱数据复核结果。必要时应该考虑试样来源、物理化学性质及红外、紫外、核磁共振等分析方法的波谱信息，确定未知化合物的结构式。

在解析有机化合物结构时，常常将质谱图或数据与质谱标准图谱进行对照，以核对化合物的结构（表 5-3 和表 5-4）。许多现代质谱仪都配有高效工作的计算机及其相应的数据库与软件搜录程序系统。

例如，某化合物的质谱图中分子离子峰 m/z 为 100，分子式为 $C_6H_{12}O$，求该化合物的分子结构。这涉及有机物的分子不饱和程度的量化标志问题，即不饱和度或称缺氢指数。在有机物分子中与碳原子数相等的开链烷烃相比较，每减少 2 个氢原子，则有机物的不饱和度增加 1。

根据有机物的化学式计算 f＝（碳原子数×2＋2－氢原子数）÷2。其分子的不饱和度 $f＝$（6×2+2－12）÷2=1，即分子式中有一个双键。m/z 85 峰是分子失去甲基的碎片离子峰，化合物可能为醛或酮类。但是醛经常失去一个 H，出现 m/z 99 峰，而该质谱中并无此峰，说明此化合物是酮类，结合 m/z 43 可进一步判断该化合物为一酮。m/z 58 为酮类化合物经麦氏重排后产生的重排离子峰，故该化合物可能结构有如下两种。

$$CH_3-\overset{\overset{\displaystyle O}{\|}}{C}-CH_2-\overset{}{CH}\begin{matrix}CH_3\\ \\CH_3\end{matrix} \qquad CH_3-\overset{\overset{\displaystyle O}{\|}}{C}-CH_2-CH_2-CH_2-CH_3$$

$$\qquad\qquad\text{I}\qquad\qquad\qquad\qquad\qquad\qquad\text{II}$$

从质谱图上出现 $m/z\,85$ 的离子峰（M—15），该酮含支链甲基的可能性较大，故结构式 I 更为合理。

4. 谱图检索　比质谱鉴定化合物及确定结构更为快捷、直观的方法是计算机谱图检索。质谱仪的计算机数据系统已存储了大量已知有机化合物的标准谱图，构成谱库。这些标准谱图绝大多数是用电子轰击离子源在 70 eV 电子束轰击，于双聚焦质谱仪上做出的。被测有机化合物的质谱图是在同样条件下得到，然后用计算机按一定的程序与谱库中标准谱图对比，计算出它们的相似性指数，给出几种较相似的有机化合物名称、相对分子质量、分子式或结构式等，并提供试样谱和标准谱的比较谱图。

二、定量分析

质谱法可以定量测定有机分子、生物分子及无机试样中元素的含量。质谱定量分析的原理是依据分子可以逐级分离为分子离子和不同的碎片，通常的从分子离子脱去的常见碎片见表 5 - 3。

表 5 - 3　从分子离子脱去的常见碎片

离子	碎片—	离子	碎片—	离子	碎片—	离子	碎片—	离子	碎片—
M—1	H	M—18	H_2O	M—30	C_2H_6	M—41	C_3H_5	M—46	C_2H_5OH
M—2	H_2	M—19	F	M—30	CH_2O	M—42	CH_2CO	M—16	NO_2
M—14	N	M—20	HF	M—30	NO	M—42	C_3H_6	M—48	SO
M—15	CH_3	M—26	C_2H_2	M—31	OCH_3	M—43	C_3H_7	M—55	C_4H_7
M—16	O	M—27	HCN	M—32	CH_3OH	M—43	C_3CO	M—56	C_4H_8
M—16	NH_2	M—28	CO	M—32	S	M—44	CO_2	M—57	C_4H_9
M—17	OH	M—28	C_2H_4	M—33	H_2O+CH_3	M—44	C_3H_8	M—57	C_2H_5CO
M—17	NH_3	M—29	CHO	M—33	HS	M—45	CO_2H	M—58	C_4H_{10}
		M—29	C_2H_5	M—34	H_2S	M—45	OC_2H_5	M—60	CH_3COOH

质谱定量分析最早用于同位素丰度的研究。稳定的同位素可以用来标记各种化合物，如确定氘苯 C_6D_6 的纯度，通常可用 $C_6D_6{}^+$、$C_6D_5H^+$ 及 $C_6D_4H_2{}^+$ 等分子离子峰的相对强度进行定量分析。表 5 - 4 是常见元素同位素的天然丰度和相对丰度值。

质谱法也早已用于定量测定一种或多种混合物组分的含量，主要应用于石油工业中，如烷烃、芳烃族组分分析。但这些方法费时费力。现在一般是采用色谱法分离后，直接进行定量分析，对某些试样也采用色谱和质谱联用技术，如气相色谱-质谱联用（GC-MS），将质谱仪设在合适的 m/z 处，即所谓选择性离子监测，记录离子流强度对时间的函数关系。在这种联用技术中，质谱只是简单地作为色谱分析的选择性、改进型检测器。在考古学和矿物学研究中，应用同位素比测量法来确定岩石、化石和矿物年代。

当用质谱法直接测定待测物的浓度时，一般用质谱峰的峰高作为定量参数。对于混合物中各组分能够产生对应质谱峰的试样来说，可通过绘制峰高相对于浓度的校正曲线，即外标法进行测定。为了获得较准确的结果，也可选用内标法。

在使用低分辨率的质谱仪分析混合物时，常常不能产生单组分的质谱峰，可采用与紫外-可见吸收光谱法分析，相互干扰混合物试样时用解联立方程组的方法进行测定。通过计算机求解数个联立方程，得到各组分的含量。该方法一次进样可实现全分析、快速、灵敏。

一般来说，质谱法进行定量分析时，其相对标准偏差为 $2\%\sim10\%$。分析的准确度主要取决于被分析混合物的复杂程度及性质。

表 5-4　常见元素同位素的天然丰度和相对丰度

同位素	相对原子质量	天然丰度（%）	相对丰度（%）	峰类型
^1H	1.007 825	99.985	100	M
^2H	2.014 102	0.015	0.015	M+1
^{12}C	12.000 000	98.893	100	M
^{13}C	13.003 356	101.07	1.11	M+1
^{14}N	14.003 074	99.634	100	M
^{15}N	15.000 109	0.366	0.37	M+1
^{16}O	15.994 915	99.759	100	M
^{17}O	16.999 131	0.037	0.04	M+1
^{18}O	17.999 159	0.204	0.20	M+2
^{32}S	31.972 072	95.018	100	M
^{33}S	92.971 459	0.756	0.76	M+1
^{35}Cl	34.968 853	75.40	100	M
^{37}Cl	36.965 903	24.60	24.6	M+2
^{79}Br	78.918 336	50.57	100	M+1
^{81}Br	80.916 290	49.43	49.4	M−2

第五节　质谱分析的主要指标与图谱

一、质量测定范围

质谱仪的质量测定范围表示质谱仪所能进行分析的样品的相对原子质量（或相对分子质量）范围，通常采用原子质量单位（u）进行度量。测定气体用的质谱仪，一般相对质量测定范围在 $2\sim100$，而有机质谱仪一般可达几千，现代生物质谱仪甚至可以研究相对分子质量达几十万的生化样品。

二、分辨率

质谱仪的分辨能力定义为仪器对质量的鉴别，通常以 $M/\Delta M$ 度量，它表示仪器记录质量分别为 M 与 $M+\Delta M$ 的谱线时，能够辨认出质量差 ΔM 最小值，或表示仪器在质量由小直到 M 的范围内，可以辨认出单位质量差 $\Delta M=1$ 的任何两道谱线。

其中，ΔT 可以是半峰宽（FWHW），也可以是峰底的宽度（峰底分辨率）。如果峰形近似三角形，则前者为后者的 2 倍。不同峰形选择的 ΔT 位置不同。如果离子束引进调制区时是一个理想的平面，则它们得到 y 方向的加速能量都相同，同种质量的离子是在同一时间到达检测器，这时仪器的分辨率只由电源稳定度及检测器的反应速度决定。

所谓分辨能力，是指质谱仪分开相邻质量数离子的能力。即对两个相等强度的相邻峰，当两峰间的峰谷不大于其峰高 10％ 时，认为两峰已经分开（图 5-19），其分辨率 R 为

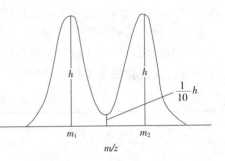

$$R = m_1 / (m_2 - m_1) = m_1 / \Delta m$$

式中 m_1、m_2 为质量数，且 $m_1 < m_2$，故在两峰质量数差越小，要求仪器分辨率越大。

在实际工作中，有时很难找到相邻的且峰高相等的两个峰，同时峰谷又为峰高的 10％。在这种情况下，可任选一单峰，测其峰高 5％ 处的峰宽（$W_{0.05}$）值，即可当作上式中的 Δm，此时的分辨率定义为：

图 5-19 质谱仪 10％ 峰谷分辨率

$$R = m / W_{0.05}$$

如果该峰是高斯型的，上述两式计算结果是一样的。质谱仪的分辨能力由几个因素决定：①离子通道的半径；②加速器与收集器狭缝宽度；③离子源的性质。

三、灵敏度

质谱仪的灵敏度有绝对灵敏度、相对灵敏度和分析灵敏度等几种表示方法。绝对灵敏度是指仪器可以检测到的最小样品量；相对灵敏度是指仪器可以同时检测的大组分与小组分含量之比；分析灵敏度则是指输入仪器的样品量与仪器输出的信号之比。

四、质谱图及其判读

以荷质比 m/z 为横坐标，以对基峰（最强离子峰，规定相对强度为 100％）相对强度为纵坐标所构成的谱图，称为质谱图。在质谱分析中，质谱的表示方法主要用条（棒）图形式和表格表示质谱数据。图 5-20 是 CO_2 的质谱图，其横坐标是质荷比，纵坐标是相对强（丰）度。相对强度是把原始质谱图上最强的离子峰定为基峰，并规定其相对强度为 100％。其他离子峰以此基峰的相对百分数表示。用表格形式表示质谱数据，称为质谱表。质谱表中有两项，一项是 m/z，另一项是相对强度。谱线的强度与离子的多少成正比，峰越高表示形成的离子越多。由质谱图能够直观地观察到整个分子相关的质量信息。

当气体或蒸气分子（原子）进入离子源时，分子在离子源中受到电子轰击可产

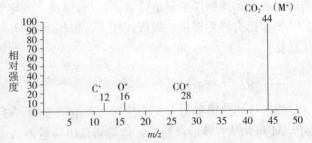

图 5-20 CO_2 的质谱图（$m/z = 44$）

生各种电离，既可能将分子的化学键断裂成碎片，也可能对离子或分子进行重排，形成多种类型的离子，因而在所得的质谱图中可出现相应的一些质谱峰。

1. 分子离子峰 分子受电子束轰击后失去一个电子而生成的离子 M^+ 称为分子离子，例如

$$M + e \rightarrow M^+ + 2e$$

在质谱图中，由 M^+ 所形成的峰称为分子离子峰。因此，分子离子峰的 m/z 值就是中性分子的相对分子质量，用 M_r 表示，而 M_r 是有机化合物的重要质谱数据。在图 5-20 中，$m/z = 44$ 是 CO_2 的分子离子：CO_2^+。分子离子峰的强弱，随化合物结构不同而异，其强弱顺序一般为：芳环＞共轭烯＞烯＞酮＞直链烷烃＞醚＞酯＞胺＞酸＞醇＞高分子烃。分子离子峰的强弱也与实验条件有关，如离子源的类型、电离室温度、轰击电子的能量等。分子离子峰的强度可以为推测化合物的类型提供参考信息。

2. 碎片离子峰 当电子轰击的能量超过分子离子电离所需要的能量（为 50～70 eV）时，可能使分子离子的化学键进一步断裂，产生质量数较低的碎片，称为碎片离子。在质谱图上出现相应的峰，称为碎片离子峰。碎片离子峰在质谱图上位于分子离子峰的左侧。例如，在图 5-20 中，$m/z = 28$ 是 CO_2 的分子离子 CO_2^+ 失去一个 O 后生成的 CO^+ 碎片所生成的碎片离子峰。分子的碎裂过程与其结构有密切的关系。研究最大丰度的离子断裂过程，能提供被分析化合物的结构信息。

3. 同位素离子峰 在组成有机化合物的常见的十几种元素中，有几种元素具有天然同位素，如 C、H、N、O、S、Cl、Br 等。所以，在质谱图中除了最轻同位素组成的分子离子所形成的 M^+ 峰外，还会出现一个或多个重同位素组成的分子离子所形成的离子峰，如 $(M+1)^+$、$(M+2)^+$、$(M+3)^+$ 等，这种离子峰叫做同位素离子峰，对应的 m/z 为 M+1、M+2 和 M+3。其同位素峰类型用 M+1、M+2 和 M+3 表示。人们通常把某元素的同位素占该元素的相对原子质量分数称为同位素丰度。同位素峰的强度与同位素的丰度是相对应的。

表 5-4 列出了有机化合物中元素的同位素丰度及峰类型。可见 S、Cl、Br 等元素的同位素丰度高，因此，含 S、Cl、Br 的化合物其 M+2 峰强度较大，一般根据 M 和 M+2 两个峰的强度来判断化合物中是否含有这些元素。

4. 重排离子峰 分子离子裂解为碎片离子时，有些碎片离子不是仅仅通过简单的键的断裂，而是还通过分子内原子或基团的重排后裂分而形成的，这种特殊的碎片离子称为重排离子。重排远比简单断裂复杂，其中麦氏（McLafferly）重排是重排反应的一种常见而重要的方式。可以发生麦氏重排的化合物有酮、醛、酸、酯等。这些化合物含有 C=X（X 为 O、S、N、C）基团，当与此基团相连的键上具有 γ 氢原子时，氢原子可以转移到 X 原子上，同时 β 键断裂。例如，正丁醛的质谱图中出现很强的 $m/z = 44$ 峰，就是麦氏重排所形成的。

5. 两价离子峰 分子受到电子轰击，可能失去两个电子而形成两价离子 M^{2+}。在有机化合物的质谱中，M^{2+} 是杂环、芳环和高度不饱和化合物的特征，可供结构分析参考。

多电荷离子峰的出现，表明被分析的试样非常稳定，如芳香族化合物和含有共轭体系的分子，容易出现双电荷离子峰。

6. 亚稳离子峰 离子在离开电离室到达接收器之前的飞行过程中，发生分解而形成低质量的离子所产生的峰，称为亚稳离子峰或亚稳峰。

质量为 m_1 的母离子,不仅可以在电离室中进一步裂解生成质量为 m_2 的子离子和中性碎片,而且也可以在离开电离室后的自由场区裂解为质量等于 m_2 的子离子。由于此时该离子具有 m_2 的质量,且具有 m_1 的速度 v_1,故它的动能为 $1/2m_2v_1^2$,所以这种离子在质谱图上将不出现在 m_2 处,而是出现在比 m_2 低的 m^* 处,这种峰称为亚稳离子峰。它的表现质量 m^* 与 m_1、m_2 关系如下

$$m^* = (m_2)^2/m_1$$

由于在自由场区分解的离子不能聚焦于一点,故在质谱图上的亚稳离子峰比较容易识别。它的峰形宽而矮小,且通常 m/z 为非整数。亚稳峰的出现,可以确定 $m_1^+ \rightarrow m_2^+$ 开裂过程的存在。

例如,在十六烷的质谱图中,有若干个亚稳离子峰,其 m/z 分别位于 32.9、29.5、28.8、25.7、21.7 处。$m/z=29.5$ 的 m^*,因 $41^2/57 \approx 29.5$,所以 m^* 29.5 表示存在如下裂解机理

$$C_4H_9^+ \longrightarrow C_3H_5^+ + CH_4$$
$$m/z\, 57 \qquad\qquad m/z\, 41$$

由此可见,根据 m_1 和 m_2 就可计算 m^*,并证实有 $m_1^+ \rightarrow m_2^+$ 的裂解过程,这对解析一个复杂谱图很有参考价值。

第六节 生物质谱分析技术

一、生物质谱的类型

生物质谱是在有机质谱技术的基础上发展起来的可分析生物大分子的质谱技术。生物质谱根据离子源技术可分为两种大的类型:MALDI-TOF 质谱仪和 LC-ESI-MS/MS 质谱仪。根据质量分析器命名则种类较多,部分质谱仪的名称、性能和应用列于表 5-5 中。

表 5-5 生物质谱仪及其应用

名　称	产地与型号	离子源	检测器	仪器性能与应用领域
基质辅助激光解吸电离飞行时间质谱(MALDI-TOF-MS)	德国 Omniflex, Autoflex, Ultraflex,	MALDI	TOF	分析肽和少量蛋白时灵敏度达到 fmol 级。主要对多肽、蛋白质、核苷酸、糖蛋白、多糖及高聚物进行检测和鉴定
四极杆-飞行时间串联质谱(Bio-TOF Q)	Q-q-TOF MS	可接 ESI、APCI、MALDI	TOF	主要应用于小分子有机物、天然产物、药物、多肽、蛋白质等定量、定性及结构分析。研究小分子及蛋白间非共价作用。在新药的筛选方面有着广泛的应用
基质辅助激光解吸电离串联飞行时间质谱仪(MALDI-TOF-TOF)	德国 UltraflexIII TOF/TOF	MALDI	TOF 和 TOF-TOF	连贯的自动化操作,T3-Sequencing 功能可进行自上而下测序。可用于肽指纹谱鉴定,肽序列测定和翻译后修饰(PTM)的检测和分析

（续）

名　　称	产地与型号	离子源	检测器	仪器性能与应用领域
基质辅助激光解吸电离-四极离子阱-飞行时间质谱仪（AXIMA-QIT MALDI-QIT-TOF）	日本 AXIMA-QIT	MALDI	TOF	不受离子源和激光能量高低影响，可以实现无限时样品分析。用于生物分子的结构分析，具有"分子逐步切割"功能，分析复杂分枝状结构物质，如糖蛋白。用于研究蛋白质翻译后修饰
液体芯片蛋白指纹飞行时间质谱系统（MALDI-TOF）	德国 Autoflex III	MALDI	TOF 和 TOF-TOF	提供了分别基于双向电泳和液相色谱分离的两条技术路线。用于研究多肽和蛋白质在组织样品中的分布。实现高分辨率多肽、蛋白生物标记物发现、鉴定和验证
高分辨液相色谱-串联质谱和基质辅助激光解吸电离飞行时间质谱仪	美国 QSTAR XL	API 和 MALDI	TOF	有离子源结合技术，API 和 MALDI 两种技术互换，具有串联质谱功能。进行化合物结构剖析和蛋白质序列测定，生物大分子间相互作用研究
基质辅助激光解吸电离飞行时间质谱	美国 Voyager DE PRO	PSD 和 CID	TOF	CID 增加裂解的程度，获得更多的氨基酸支链信息，鉴定同分异构体
电喷雾四极杆飞行时间串联质谱仪（ESI-Q-q-TOF）	德国 microTOF-Q	ESI APCI APPI A P ALDI	microTOF	同位素分布模式及 Sigma Fit 算法。元素组成的自动确定

二、基质辅助激光解吸电离飞行时间质谱分析技术

1. 基质辅助技术　激光解吸技术（laser desorption）可以追溯到早期的激光熔融（laser ablation）技术和基质（也称为基体）辅助技术（matrix assistant soft ionization）。田中耕一首次采用基质辅助激光解吸电离（MALDI）质谱技术来电离与分析生物大分子，有关的辅助基质见表5-6。基质辅助激光解吸电离在原理上利用激光束照射分散于基质中的样品，由于这些基质能够强烈吸收激光，从而保护了样品分子（图 5-21）。基质辅助激光解吸电离中的基质起着如下几种重要作用：从脉冲激光中吸收足够的能量，隔离样品分子，提供光激发的酸或碱基团，在离子-分子碰撞中电离样品分子。虽然一些细节，如能量如何转移、样品如何解离和离子化，尚需进一步研究，但公认的一个机制是：激光光束的能量首先被发色团的基质吸收，接着这些基质迅速蒸发为气相，从而使包含在其中的分析物的分子被带入气相。离子化的产生是由于受激的基质分子将质子转移给分析物分子。这个过程似乎是在固相中进行的，也可能是由激光诱导的（粒子）在尾焰中的碰撞引起的。这样，离子被引入质量分析器，测定 m/z 得到质谱图，并提供其离子同位素的分布信息。基质辅助激光解吸电离的离子源，可以电离分子质量为100～1 000 000 u的生物分子用于质谱分析，实现了高灵敏度、高离子透过率和强可操作性。

表 5 - 6　常用基质化合物特性

基　质	缩　写	结构式	相对分子质量	溶解溶剂	适用化合物
2，5 - dihydroxy benzoic acid	DHB		154.03	THF、Aceton、DMF、Acetonitril Water	肽、蛋白质、低聚糖、脂、合成多聚物、小有机分子
α-cyano 4 - hydroxy cinnamic acid	CCA		189.04	THF、EtOH、DMF、Acetonitril Water	肽、蛋白质、低聚糖
3，5 - dimethoxy-4-hydroxy cinnamic acid	SA		224.07	DMF、EtOH、Acetonitril Water	蛋白质
2，6-dihydroxy ace-tophenone	DHAP		152.05	Ethanol、Acetonitril Water	糖蛋白、糖肽、磷酸化肽
2，4，6-trihydroxy acetophenone	THAP		168.0	EtOH Acetonitril Water	低聚糖、核苷酸
3-hydroxy picolinic acid	3HPA		139.026	Acetonitril Water	核苷酸
2（4 - hydroxyphe nylazo）benzoic acid	HABA		242.07	THF、Aeton、DMF、ErOH	合成多聚物

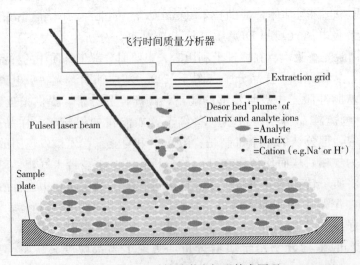

图 5 - 21　基质辅助激光解吸技术原理

离子源中用来完成基质辅助激光解吸电离最关键的参数是激光打在样品上的照射强度，蛋白质样品产生离子的最小值（阈值）大约为1mW/cm²。激光照射强度若超过最小值的20%便会使结果产生较大的误差，可调衰减器就是一种非常有效的调节激光强度的装置，它可以根据样品的不同性质在线进行调节激光强度。

2. 软电离技术　基质辅助激光解吸电离质谱通常用飞行时间（time of flight，TOF）检测器作为质量分析器，所构成的仪器称为基质辅助激光解吸电离飞行时间质谱仪（MALDI-TOF-MS）。飞行时间检测器的质量分析范围很大，从几百原子质量单位到十万原子质量单位都可以检测。基质辅助激光解吸电离飞行时间质谱仪测定速度快，混合样品不需分离，非常适合生物活性物质快速大规模高通量筛选，且仪器构造简单，操作容易，适合普通实验室的非质谱专业人员使用，因此成为使用最广泛的质谱仪。

离子源中每一脉冲激光产生的离子都先经过一加速电场而获得动能，然后再进入一个高真空无电场飞行管道，离子在此无电场飞行管道内以在加速电场获得的速度匀速飞行。离子越小，飞行速度越快，因此质荷比 m/z 可以用已知质量和电荷状态的化合物的飞行时间来做校正并用经验公式计算出来（通常是用一个基质离子和一个蛋白质或多肽离子来校正，被分析物的质量包括在此质量范围内）。离子的飞行时间与其质荷比的平方根成正比，通过检测飞行时间来测定离子的质量。

由 $E=Uz=\dfrac{1}{2}mv^2$ 和 $t=\dfrac{L}{v}$ 可推导出

$$t=k\sqrt{\dfrac{m}{z}}$$

式中，E 为离子在加速电场获得的动能；U 为加速电场电压；z 为离子所带电荷；m 为离子质量；v 为离子飞行速度；L 为飞行管道长度；t 为离子飞行时间；k 为一常数。

基质辅助激光解吸电离飞行时间质谱仪常被应用于蛋白质序列分析、制作肽指纹图谱、测量化合物分子量等，在基因领域的研究也可以应用于 DNA 序列测定、DNA 点突变、遗传病诊断等。

（1）延迟提取技术　1953 年，由 Wiley 和 McLaren 提出一种用来修正基质辅助激光解吸电离的离子化过程中初始能量分散的技术，称为时间延迟聚焦（time-lag-focusing），后又被称为延迟提取（delayed extraction，DE），它是在离子源内实现的。延迟提取是在样品靶和接地的连续离子提取透镜之间又加了二级离子透镜（施加电压），延迟提取时，基质辅助激光解吸电离源在无电场区域产生离子，在施加提取电压使离子加速进入飞行管道之前，离子是可以四处分散的。这样显著降低了离子的能量分散，同时也限制了峰的展宽。峰的展宽通常是由于在连续离子提取模式下源内离子碰撞产生不稳定的解离所致，延迟提取使线性基质辅助激光解吸电离质谱仪分析多肽的质量分辨率达到2 000～4 000，使反射基质辅助激光解吸电离质谱仪分析多肽的质量分辨率达到3 000～6 000。

（2）源内衰变技术　源内衰变（in source-decay，ISD）发生在离子源区域内，时间为激光撞击之后几百纳秒之内，是离子的"即刻片段化"。这些片段离子通过衰减离子取出，能在线性飞行时间质谱中被发现，许多的蛋白质和大的肽常在基质辅助激光解吸电离质谱仪的离子源区域内变成肽离子片段。主要产生含 N 端的 b 型和含 C 端的 y 型片段离子，通过分析这些片段离子谱可鉴定蛋白质（图 5-22）。

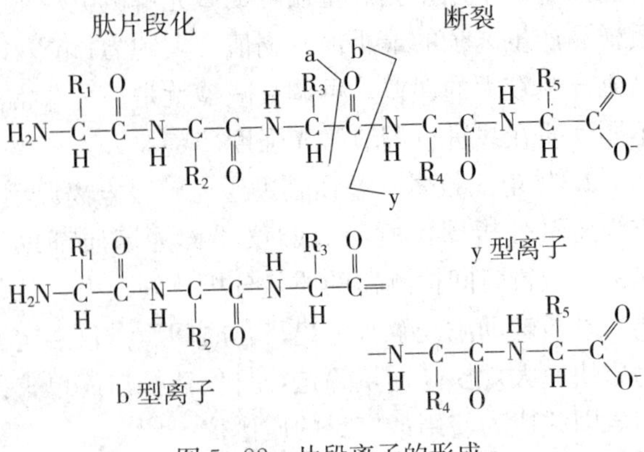

（3）源后衰变技术　为了在基质辅助激光解吸电离质谱仪器上获取一级结构信息，必须选择分析某一离子及其碎片离子的质量。一些型号的基质辅助激光解吸电离飞行时间质谱仪配备有源后衰变的硬件和软件（称为 PSD-MALDI-S），能够实现串联质谱（MS-MS）功能，使某些多肽离子产生低能碎片离子。根据这些碎片离子的分析，可以推断出原母离子的氨基酸序列。这一过程发生在源内离子化之后，所以被称为源后衰变（post source decay，PSD）。这是一种串联质谱分析，可获得离子的结构信息。

图 5-22　片段离子的形成

样品分子首先发生离子源内活化，样品解吸附的过程主要由中性的基质分子控制，在激光照射的第一秒钟内发生解吸附的离子与基质之间会发生低能碰撞，从而使样品离子活化。通过碰撞活化的离子处于一种亚稳态状态，在进入第一级无电场漂移区（field-free drift region）时有可能发生裂解，并可能在漂移区内发生第二次、第三次甚至第四次裂解，称为源后衰变。基质辅助激光解吸电离源产生的离子（母离子）在飞行管道飞行过程中发生裂解，丢失部分中性碎片，剩余的离子片段（子离子）成为质量减少、飞行速度不变（即动能减少）的亚稳离子。这些在无电场漂移区中产生的源后裂解离子由于与母离子有同样的加速度，在线性的飞行时间质谱仪中会与母离子同时到达检测器，因而很难辨别。但在带有静电反射的仪器中，带有不同动能的这些片段离子可以在不同时间内被检测到。需要一定的质量校准（mass calibration）程序方能准确地测定这些源后衰变离子的质量。母离子和子离子在反射电场中的通过时间不同（类似于双聚焦中的静电分析器的作用），由于二者速度相同，质量较小（即动能较小）的子离子通过时间较短，这个时间与离子质量成正比，与反射电场的电压成反比。在正常分析母离子时，子离子不能进入反射检测器。为了分析子离子，在实际操作中，通过逐步减小反射电场电压的方式检测子离子。源后衰变谱图通常是由 10～20 个不同反射电压下的谱图叠加而成，为了覆盖质量在母离子质量的 10%～100% 范围内的子离子，反射电场电压要下降到原反射电压的 10%。

对于能执行源后衰变功能的基质辅助激光解吸电离飞行时间（MALDI-TOF）质谱仪在硬件上要有相应的匹配，如离轴（off-axis）激光发生器、两级离子加速器（two-stage ion accelerator）、离子前体选择器（precursor selector）和离子反射器（ion reflector）等都要有合适的配置。另外，还要配有专用于源后衰变功能的数据收集软件。基质辅助激光解吸电离飞行时间质谱仪进行源后衰变的示意图如图 5-23 所示。

源内衰变需要一个更长的时间跨度，常为微秒，发生在基质辅助激光解吸电离反射飞行时间质谱的离子源区域后的第一个无场区域，不同片段离子和母离子保持同样的速度而不能用线性基质辅助激光解吸电离质谱观察到，必须用反射离子镜使离子的飞行路径反向，由于片段离子的动能低于母离子，故可从母离子中分离出来，且按表观质量的大小由小到大排列出来而形成片段离子谱。通过设置不同的反射场电压可分离获得足够数量的片段（常需10～1个片段来鉴定蛋白质），一旦用已知质量的肽片段做标准，这些分割谱能粘在一起形成源后衰变谱而得到片段离子的质量。将仅有一个氨基酸差异的一系列片段离子排列，可推测出肽片段序列或序列标签，最后用数据库查询工具（如 MS-Tag、MS Seq、PepFrag 和 PeptideSearch 等）查询蛋白质或 DNA 数据库，鉴定被测蛋白质或 DNA，即称为源后衰变肽片

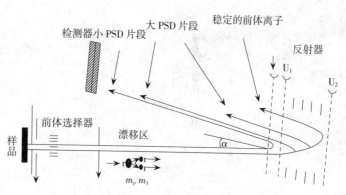

图 5-23　基质辅助激光解吸电离飞行时间质谱仪中进行源后衰变（PSD）示意图

段部分测序技术。这是基质辅助激光解吸电离鉴定蛋白的又一重要方法。

　　源后衰变谱主要是酰胺键断裂的结果，以 N 端 b 型片段离子和 C 端 y 型片段离子为主，但还常含有 N 端 a 型、c 型、d 型片段和 C 端 x 型、z 型片段使源后衰变谱具有高度复杂性，给分析带来一定的困难。同时，母离子的快速冷冻还产生强的源后衰变还原效应使得源后衰变在蛋白质鉴定中受到一定的限制。

　　（4）反射飞行时间技术　基质辅助激光解吸电离的离子化过程本身存在一个问题，即离子化过程中动能有微小的分散。由单个激光脉冲产生的离子的动能的微小差别削弱了基质辅助激光解吸电离质谱的分辨力和测量准确度，测量误差在 0.2% 左右，不能满足蛋白质鉴定的需求。线形基质辅助激光解吸电离飞行时间质谱多肽的质量分辨率（$m/\Delta m$）通常为 40～800 FWHM（峰高一半处的峰宽），蛋白质的质量分辨率通常为 50～400 FWHM，这样的质量分辨率即使是多肽的同位素分布也不能测定。初始能量的分散是与质量有关的，离子质量越大，峰越宽。

　　为了提高仪器的分辨率和质量测量准确度，在仪器的飞行管道内加了一个反射电场，称为离子镜（ion mirror）或反射器（reflector），构成的仪器称为反射飞行时间质谱（RETOF/MS）（图 5-24b）。反射器能偏转离子并延长它们的有效飞行路径，还能减小它们的动力学能量分散，因而能提高分辨率。离子镜（反射器）在一个特定区域内将离子反射回检测器。这通过以下步骤实现：在飞行管末端放置的反射器上施加高电压（HV），其电压值比离子源的电压值稍高，进入反射器的离子在电场作用下发生方向偏转，直至停止飞行，然后在反射器内被重新加速飞出反射器进入第 2 检测器。反射电场起了能量聚焦作用，即具有相同质荷比但能量有细微差异的离子在反射电场作用下飞行时间达到一致，同时离子改变了飞行方向，延长了飞行距离，所以速度慢的离子赶上了速度快的离子。反射器的应用减少了离子初始动能的分散，所以反射飞行时间质谱的分辨率和质量测量准确度都有了很大的提高。反射检测方式只能分析质量数10 ku以下的离子。

　　但是该分辨率的提高是以灵敏度的降低为代价的，因此反射模式的 TOF-MS 以高分辨率来检测质量时存在一定的范围。但由于它的高分辨率，所以最适合进行片段的结构分析。

　　3. 离子流的调制　飞行时间质谱以飞行时间的相对大小来判定离子的质荷比，这要求所有的待分析离子同时进入加速区，以确定离子的起飞时间和到达时间。于是分析器是工作在脉冲方

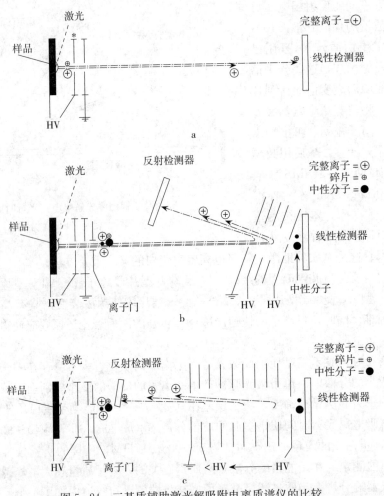

图 5 - 24　三基质辅助激光解吸附电离质谱仪的比较

a. 基质辅助激光解吸电离飞行时间质谱

b. 反射飞行时间质谱　c. 延迟提取飞行时间质谱

式下的，如果离子的产生本身就是脉冲的形式，则可以将离子直接聚焦进入加速区，如激光解吸离子源、脉冲电子轰击源。其他形式的离子源都产生连续的离子流，离子进入分析器前要经过脉冲调制。

三、高效液相色谱-电喷雾质谱技术

高效液相色谱-电喷雾-质谱技术是把高效液相色谱技术、电喷雾技术和质谱技术三者有机地结合在一起的一体化技术，其中通过高效液相色谱对被分析物进行良好的分离，电喷雾技术是一个连接技术，质谱起鉴定作用。高效液相色谱法（high performance liquid chromatography, HPLC）的基本原理与经典色谱法的分离机制大致相同，主要是利用物质在流动相与固定相之间的分配系数差异来实现分离。也就是说，色谱过程相当于物质分子在相对运动的两相间的一个分配平衡的过程，当两个组分的分配系数（distribution coefficient）不同时，被流动相携带移动的速度也不同，从而在色谱柱中形成了差速迁移而被分离。但是经典液相色谱有许多缺点，如分离周期长、柱效低、自动化程度不高、灵敏度和精确度较低等。

高效液相色谱在经典液相色谱的基础上，引入了气相色谱的理论，采用了高压泵、高效固定相和高灵敏度检测器，因而具有高效、快速、高灵敏度、高自动化等优点。高效液相色谱的分析速度比经典液相色谱法快数百倍。由于经典色谱流出依靠的是本身的重力，速度极慢，而高效液相色谱配备了高压输液设备，流速最高可达$10\,cm^3/min$。例如，用经典色谱法分离氨基酸，色谱柱长约$170\,cm$，径$0.9\,cm$，流动相速度为$30\,cm^3/h$，需用$20\,h$以上才能分离出 20 种氨基酸；而用高效液相色谱法，只需在$1\,h$之内即可完成。

1. 液相色谱的分离模式 使用液相色谱分离质量不同的样品时应选择不同的方法，图 5 - 25 给出了液相色谱分离模式选择参考。常用于肽和蛋白质纯化分离的高效液相色谱分离模式有以下 4 类。

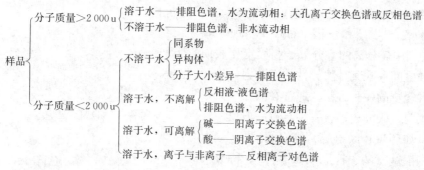

图 5 - 25 液相色谱分离模式选择参考

（1）**凝胶色谱** 凝胶色谱（gel chromatography，又称为分子排阻色谱）是按分子大小顺序进行分离的一种色谱方法。其固定相为凝胶，类似于分子筛，但孔径较大。凝胶内有一些大小一定的孔穴，体积大的分子不能渗透到孔穴中，而被流动相较早地淋洗出来；中等体积的分子只能部分渗透；而小分子可完全渗透入凝胶孔穴内，最后才洗出色谱柱。这样，样品组分基本上按其分子大小顺序由柱中流出而得以分离。根据所用流动相的不同，凝胶色谱又可分为两类：用水做流动相的凝胶过滤色谱（GFC）和用有机溶剂做流动相的凝胶渗透色谱（GPC）。凝胶色谱主要用于研究蛋白质分子的质量分布，也常常与其他分离手段结合来完成蛋白质的纯化，但很少单独用于蛋白质的分离纯化。

（2）**离子交换色谱** 离子交换色谱法（ion exchange chromatography，IEC）的固定相采用离子交换树脂，树脂上分布有固定的带电荷基团和可游离的平衡离子，待分析物质电离后产生的离子可与树脂上可游离的平衡离子进行可逆交换。由于组分离子在一定的 pH 和离子强度下所带电荷不同，故对树脂的亲和力不同，从而使物质得以分离。

离子交换色谱法适用于分析在溶剂中能形成离子的组分，广泛应用于氨基酸、核酸、蛋白质等的分离。离子交换色谱法是目前分离或分析氨基酸的最主要手段，通常是将氨基酸混合物通过离子交换色谱柱分离后，转变成为可被检测的衍生物而为检测器所检测。但是，该法在肽和蛋白质的分离纯化中应用相对较少，特别是在纯化制备样品时，由于所得样品需要脱盐处理而十分繁琐，因而常需与反相色谱联用。由于蛋白质电荷在分子空间结构中分布不均匀，即便是电荷数很接近的蛋白质，由于电荷分布及空间结构的差异，在离子交换色谱中也能得以分离。

（3）反相色谱 反相色谱是液-液分配色谱的一种。液-液分配色谱的分离原理与液-液萃取大致相同，根据物质在两种互不相溶的液体中的分配系数不同，使得各组分的迁移速度不同来使各种组分得以分离。该法适用于各种类型样品的分离和分析，包括极性化合物和非极性化合物，水溶性化合物和脂溶性化合物，离子型化合物和非离子型化合物。根据所使用的流动相和固定相的极性程度，将其分为正相分配色谱和反相分配色谱。如果采用的流动相的极性小于固定相的极性，称为正相分配色谱，它适用于极性化合物的分离。其流出的顺序是极性小的先流出，极性大的后流出。如果采用流动相的极性大于固定相的极性，称为反相分配色谱，它适用于非极性化合物的分离，其流出顺序与正相色谱恰好相反。

反相色谱具有极高的分辨率，并且可使用挥发性试剂作为流动相，因而可单独用于蛋白质及肽物质的纯化制备。

（4）亲和色谱 亲和色谱（affinity chromatography）是利用需分离的组分分子与固定相表面所键合的物质之间存在某种特异性的亲和力，进行选择性分离混合物的一种方法。通常在载体（无机填料或有机填料）表面先键合一种具有一般反应性能的间隔臂（如环氧、联氨等），随后，再连接上待分离组分的配基（酶、抗原或激素等）。待分离组分分子与这种固载化的配基具有生物专一性结合

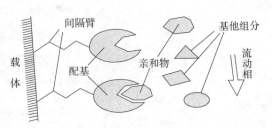

图 5-26 亲和色谱法示意图

而被保留，没有这种作用的分子不被保留，从而可以从复杂组分的样品中分离出所需的目标分子。亲和色谱法示意图见图 5-26。

亲和色谱法常用于糖蛋白、抗体及疫苗等的纯化。当然，在实际应用中，仅采用一种分离模式是不够的，常常需要将几种分离模式结合使用，即多维色谱才能达到理想的效果。

2. 接口装置 在各种联用技术中，色谱、电泳等分离方法与质谱分析相结合为复杂混合物的在线分离分析提供了有力的手段，气相色谱-质谱（GC-MS）联用技术的应用已得到充分的证明。近年来把液相色谱、毛细管电泳等高效分离手段与质谱连接也在分析强极性、低挥发性样品的混合物方面取得了进步。

主要的接口技术有下述几种。

（1）粒子束 粒子束（particle beam）能把液相色谱与质谱连接起来，其优点是得到的质谱与普通的电子轰击质谱（EI-MS）十分接近，因此可以用标准谱库的数据去检索。缺点是要耗用大量的氦气，并且只能分析中等极性和中等分子质量（2 000 u以下）的分子。

（2）热喷雾 热喷雾（thermospray）是目前与高效液相色谱连接最广泛使用的接口技术。它是一种软电离技术，可测的分子质量上限大约为8 000 u，缺点是流速需要0.12 mL/min，对于质谱分析来说仍太大。

（3）连续流快原子轰击（CF-FAB） 这种接口技术利用适当孔径的石英毛细管把液相色谱的流出液直接引入快原子轰击（FAB）电离源，进行连续的快原子轰击质谱分析。由于它的流速

小于 5 μL/min，与质谱仪更为匹配，因此具有更大的应用潜力。

（4）电喷雾 由于采用常压电离源，因此很容易把微细径柱液相色谱，甚至普通液相色谱（只要有适当的分流装置）通过它与质谱连接起来。借此把毛细管区带电泳与质谱连接起来也取得了成功，实现了高灵敏度（10^{-15} mol），高分离效力（25 万理论塔板数）的联用分析。这是一种极有希望，并很有发展前途的联用技术。

液相色谱-质谱联用的关键是液相色谱和质谱之间的接口装置。接口装置的主要作用是去除溶剂并使样品离子化。早期曾经使用过的接口装置有传送带接口、热喷雾接口、粒子束接口等十余种，这些接口装置都存在一定的缺点，因而都没有得到广泛应用。

20 世纪 80 年代，大气压电离源用做液相色谱和质谱联用的接口装置和电离装置之后，使得液相色谱-质谱联用技术提高了一大步。目前，几乎所有的液相色谱-质谱联用仪都使用大气压电离源作为接口装置和离子源。大气压电离源（atmospheric pressure ionization，API）包括电喷雾电离源（electrospray ionization，ESI）和大气压化学电离源（atmospheric pressure chemical ionization，APCI）两种，二者之中电喷雾源应用最为广泛。

3. 电喷雾电离的原理 电喷雾电离是利用强静电场从溶液直接产生气态离子化分子的一种方法。其基本原理如图 5-27 所示。

在一个金属喷嘴的尖端施加约 4 000 V 的高电压，所产生的高电场使喷出的样品溶液雾化成细小的带电液滴。在向质量分析器移动的过程中，干燥气（dry gas）和加热的作用使液滴的溶剂不断蒸发，体积不断缩小，而液滴表面的电场强度则逐渐

图 5-27 电喷雾电离示意图

增大。当液滴表面同种电荷的相互排斥力超过表面张力时，液滴就发生裂分。经过连续不断的溶剂蒸发-液滴裂分过程，高度带电的液滴最后产生大量带一个或多个电荷的离子，进入质量分析器进行质谱分析。

通常认为电喷雾可以用下述两种机制来解释。

（1）小分子离子蒸发机制 在喷针针头与施加电压的电极之间形成了强电场，该电场使液体带电，带电的溶液在电场的作用下向带相反电荷的电极运动，并形成带电的液珠（液滴），由于小雾滴的分散，比表面积增大，在电场中迅速蒸发，结果使带电雾滴表面单位面积的场强高达 10^8 V/cm^2，从而产生液滴的爆裂。重复此过程，最终产生分子离子。

（2）大分子带电残基机制 首先也是电场使溶液带电，结果形成带电雾滴，带电的雾滴在电场作用下运动并迅速去溶，溶液中分子所带电荷在去溶时被保留在分子上，结果形成离子化的分子。电喷雾方法适合于使溶液中的分子带电而离子化。离子蒸发机制是主要的电喷雾过程，但对质量大的分子，带电残基的机制会起相当重要的作用。电喷雾也可测定中性分子，它是利用溶液中带电的阳离子或阴离子吸附在中性分子的极性基团上而产生分子离子。

4. 串联质谱

（1）电喷雾电离三级四极质谱仪 如其名所述，三级四极质谱仪由三套四极杆（quadrupole，Q）组成（图 5 - 28）。四极杆分析器既可以传送混合物中所有的离子（以射频模方式工作），又可以充当质量过滤器，只允许特定质荷比的离子通过。四极杆分析器也有离子过滤的功能，因此也称为四极杆质量过滤器。四极杆由 4 个平行的圆棒构成，向上面的一对圆棒上施加电极相反的直流和交流电压。当离子漂移通过四极杆圆棒的中间区域时，改变四极杆上施加的电压，使具有特定质荷比（m/z）的离子才能通过，所有其他质荷比的离子改变了线性飞行路径，从分析器中消失。如果四极杆上施加的电压连续变化（扫描），由通道 - 电子倍增器记录通过滤质器的离子数目，并与特定的离子 m/z 质荷比建立函数关系，就得到一张质谱图。四极质量分析器通常可分析的质量范围是 2 500~4 000 u，因为记录的是 m/z，而不是多肽质量本身，而且电喷雾电离通常产生带多电荷的肽离子，所以，使用电喷雾电离源的四极质量分析器能用来分析远远超出其质量分析范围的蛋白质。

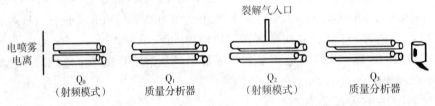

图 5 - 28　电喷雾电离三级四极质谱仪

在图 5 - 28 所示的三级四极质谱中，第一级 Q_1 和第三级 Q_3 四极杆是质量过滤器；第二级四极杆 Q_2 仅施加射频电压，充当产生碎片离子的碰撞室，从 Q_1 传送来的肽离子在碰撞室内经重的惰性气体如 Ar 和 N_2 的碰撞诱导，产生正离子，这一过程称为碰撞诱导解离（collision-induced dissociation，CID）。

三级四极质谱仪有以下 5 种工作模式。

①质谱模式：这种模式用于分析未解离的离子质量。扫描 Q_1、Q_2 中未引入裂解气体，Q_3 为射频电场模式。也可以使 Q_1 处于射频模式，扫描 Q_3 电场实现质量测定。

②串联质谱模式（也称为产物离子扫描法，product ion scan）：在一个给定的时间点，Q_1 设定为仅传输某一选定质荷比的离子，此离子进入 Q_2 后，经碰撞诱导解离，产生的碎片离子通过扫描 Q_3 进行检测。这样得到与 Q_1 选择的初始肽段离子相关的碎片离子质谱图。Q_1 选择母离子，在 Q_2 内进行碰撞诱导解离，Q_3 分析碎片离子，这一分析过程不断循环，用以选择分析不同质量的肽段离子。实际上，某些仪器如 TSQ 7 000（Finnigan、MAT、San Jose、CA）可以设定程序自动在质谱和串联质谱模式间切换，将质谱检测到的离子进行碰撞诱导解离分析，并记录碎片离子的谱图，整个过程不需要用户介入。这一过程称为数据依赖的碰撞诱导解离（data-dependent CID）。产物离子扫描法可用来测定肽段的氨基酸序列。

③中性丢失扫描模式（neutral loss scan mode）：此模式中 Q_1 和 Q_3 的电压同步扫描，但保持一个特定 m/z 值的电压差（offset），Q_2 是碰撞室，Q_1 和 Q_3 的电压差值与 Q_2 内碰撞消除的一个特定中性分子的质量一致。因此，在离子混合物中，只有碰撞裂解后能丢失这一特定基团的离子才会被 Q_3 传输到检测器。例如，在磷酸肽与非磷酸肽混合物中，通过对 $m/z=50$ 的

H_3PO_3 的中性丢失扫描，可以检测出磷酸肽的双电荷峰。在离子被传送到检测器时，已经知道 Q_1 和 Q_3 上各自施加的特定电压，所以可以确定发生中性丢失的肽段质量。

④前体离子（母离子）扫描（precursor/ parent ion scanning）：此模式中扫描 Q_1 电压，Q_3 设定为只传输某一特定质荷比离子，Q_2 为碰撞室。与中性丢失扫描相似，前体离子扫描检测离子混合物中在 Q_2 碰撞室丢失特定基团的离子。与中性丢失扫描不同的是，前体离子扫描模式直接检测断裂的基团（报告离子，reporter ion）。检测器检测到报告离子时，已知 Q_1 的电压，所以可以确定产生这一特定碎片的前体离子的质量。因此前体离子扫描模式被用来检测肽混合物中某些含有特定结构特征的肽段。

⑤源内碰撞诱导解离（in-source CID）：裂解发生在电喷雾电离源内由大气压气体碰撞产生的高压区内。可以选择碰撞条件使肽链骨架断裂或使一些相对不稳定的基团（如磷酸基团）选择性断裂。所带电荷数大于1的肽段离子更容易断裂，因为在这些离子上分配的动能远大于仅仅将这些离子聚焦到 Q_1 分析器所需的动能。这一方法提供了在三级四极质谱仪中实现三级串联质谱（MS-MS-MS）分析的机会，及在单级四极质谱仪中实现串联质谱（MS-MS）分析的机会。以上任一种扫描类型都适用于源内碰撞诱导解离产生的离子。

为了鉴定蛋白质及对肽段从头测序，仪器通常以串联质谱（MS-MS）模式运行。对选择离子施加的碰撞能量可以通过改变碰撞气体的压力而变化，如果时间允许，可以对裂解过程实现很好的控制。在数据依赖操作模式（data-dependent operation）中，质谱仪由程序控制，对质谱（MS）模式检测到的超过一预先设定的离子流阈值的离子自动进行碰撞诱导解离，碰撞能量匀速变化（ramp），以期在不同碰撞能量下得到的谱图中至少得到一张最佳裂解碎片谱。但是，当样品量极少，样品溶液通过微量或纳喷（nano-spray）装置引入源内，且样品未脱盐时，所得质谱图的化学背景和杂质峰占据主导地位。因此，为了在这样的混合物中找到肽段离子，质谱仪可以前体离子扫描模式运行，将 Q_3 分析器设定为 $m/z=86$，即亮氨酸（Leu）和异亮氨酸（Ile）的亚氨离子（immonium ion）质量，通常在许多肽段序列中都存在这两种氨基酸。

（2）电喷雾电离离子阱质谱仪　离子阱质谱仪是在四极质谱后发展起来的，样品的离子引入并储存在圆形电极和一组射频电极组成的离子盒中，改变射频逐个拉出所有的离子。离子阱是仪器的核心部分，既可以作为质量分析器，又可以作为碰撞室。在分析前先将离子聚集，储存（图5-29）。四极离子阱使用射频方式工作的四极杆引导离子从离子源进入离子阱。离子阱由两种电极构成，一个环形电极，两个端盖（end-cap）电极，离子进出离子阱都经过端盖电极上的小孔。环形电极上施加的高射频（RF）电压将离子捕获在其产生的电场中，此射频电压的大小决定了被捕获离子的频率及运动。大于某一特定 m/z 的离子留在离子阱中，被残留氢气碰撞冷却，使离子的正弦振荡坍缩，在很短时间内，运动轨道由大变小。通过线性变化（ramp）射频（RF）电压，同时对端盖电极施以一小电压，使连续质荷比的离子共振发射，得到完整的质谱图。共振发射是指在离子阱中变得不稳

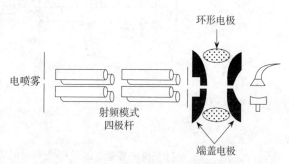

图5-29　电喷雾离子阱质谱仪

定的离子被发射到端盖电极的同轴方向，穿过端盖电极并被电子倍增检测器的转换电极检测，转换电极采用离轴（off-axis）位置，是为了除去中性物质的背景。

通过离子捕获和离子选择发射的过程，具特定质荷比的离子可以从离子阱中分离出来。如果这一离子在离子阱中裂解，而且碎片离子也被共振发射，就得到了串联质谱图。如果碎片离子中除某一特定质荷比的离子外，其他所有碎片离子均被共振发射，这一碎片离子可以重复进行裂解-共振发射过程，这样就得到了多级串联质谱（MS^n）。有文献报告做到 MS^{12}，而 MS^3 已成为常规实验，特别是在糖肽的结构分析中。在离子阱中对某一特定 m/z 离子的分离和裂解包括：共振发射所有质荷比大于和小于这一数值的所有离子，这样在离子阱中只剩下选定 m/z 的离子（被分离的离子），这时改变电极电压使离子能量增加，这样离子就会与残留的中性气体（He）碰撞而裂解，产生的碎片离子用上文所述的扫描方式测定。被捕获离子上所加的能量大小可通过改变参数而调节，在某些仪器中这一参数被称为相对碰撞能量（relative collision energy, RCE）。如上文源后衰变基质辅助激光解吸质谱（PSD-MALDI-MS）所述，单电荷离子的裂解比双电荷离子裂解需要更多的能量。在某些离子阱实验中，相对碰撞能量可以手动调节产生非常好的效果。离子阱质谱仪的其他一些可以改变并影响仪器性能的参数包括在任何一次捕获中允许进入离子阱的离子数目，以及这种捕获超过多少次后信号将被平均以提高信噪比。如果有太多 m/z 非常接近的离子被捕获，会观察到被称为空间电荷效应（space charging）的现象。在离子之间，当它们的 m/z 非常接近时，其运动轨道相互影响，所以空间电荷效应降低了实验测量质量的精确度。因此，在设置参数时必须注意不同参数的设定不应对最终数据起负面影响。商业化的离子阱质谱仪的仪器控制软件支持数据依赖裂解（data-dependent fragmentation）功能，因此非常适用于气相色谱-串联质谱（LC-MS-MS）分析。

（3）电喷雾电离四极杆-飞行时间质谱（ESI-Q-TOF-MS） 四极杆-飞行时间分析器由四极杆分析器和飞行时间分析器串联构成，四极杆分析器用于离子选择，其后有一个六极杆射频场用于离子的碰撞，诱导解离产生子离子，母离子和子离子的检测均由最后的飞行时间分析器完成。四极杆-飞行时间分析器和电喷雾离子源相连构成的仪器称电喷雾电离四极杆-飞行时间质谱（ESI-Q-TOF）（图 5-30）。

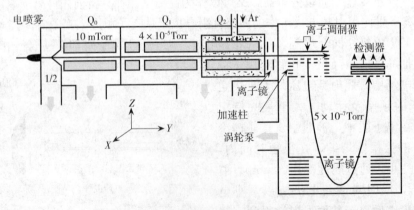

图 5-30　电喷雾电离四极杆-飞行时间质谱（ESI-Q-TOF）质谱仪工作原理图
（1 Torr＝133.322 Pa）

　　电喷雾离子源可以方便地与高效液相色谱技术在线联用，在分析复杂混合物时很有优势，可以先分离再分析。液相色谱-电喷雾-串联质谱分析肽混合物鉴定蛋白质时，可以对每一个肽段进行序列分析，综合所有质谱（MS）和串联质谱（MS-MS）数据鉴定蛋白质，大大提高了鉴定准确度。

　　（4）串联质谱仪　串联质谱仪主要由离子源、多级质量分析器及碰撞室组成。第一级质量分析器起质量过滤器作用，即从总离子谱中挑选出需进一步进行结构分析的母离子（precursor or parent ion）进入碰撞室，母离子在碰撞室内经高流速惰性气体碰撞诱导解离产生碎片离子即子离子（product or daughter ion），由第二级质量分析器分析子离子的质荷比。通过分析母离子和子离子的质量，研究二者关系及母离子的裂解规律，可以获得母离子的结构信息。

　　前面介绍的电喷雾电离三级四极质谱、电喷雾电离离子阱质谱、电喷雾电离四极杆-飞行时间质谱以及液相色谱-电喷雾电离质谱（LC-ESI-MS）等具有多级质量分析器的质谱仪都可称为串联质谱。串联质谱（MS-MS）中的分离过程实际上是瞬间完成的，离子源内混合物中所有组分是同时可被利用的。这一主要差别就导致了串联质谱具有一些特殊的操作方式。

　　串联质谱法有 4 种主要的操作方式：子离子扫描、母离子扫描（或前体离子扫描）、中性丢失碎片扫描和选择反映监测等。

　　①子离子扫描：在子离子扫描实验中，第一个四极分析器 Q_1 仅允许通过特定的 m/z 的离子，此离子在 Q_2 内经碰撞诱导解离后碎裂，由 Q_3 扫描和检测出生成的所有碎片离子。子离子谱适合于从分子离子获得分子结构信息。

　　②母离子扫描：在母离子扫描实验中，四极分析器的功能与子离子扫描时正相反，Q_1 进行质量扫描，离子经碰撞诱导解离后 Q_3 仅允许通过特定 m/z 的离子。这种方式适用于检测同一类型的化合物，它能追溯碎片离子的来源，能对产生某种特征碎片离子的一类化合物进行快速筛选。

　　③中性丢失碎片扫描：Q_1 和 Q_3 在同样速度下扫描，但两者相差一定的质量数，测得的质谱将显示出丢失了一个选择的质量后的所有离子。这一扫描方式特别适合鉴定含有相同功能团具有相同碎裂方式的同一类型的化合物。

　　④选择反映监测（SRM）：选择反映监测不产生谱图，而是用来监测从预选的母离子所形成的预选子离子。这种方法具有高的信噪比，因而与扫描的串联质谱（MS-MS）相比有较高的灵敏度，专一性也好。与选择离子监测相比，选择反映监测的缺点是牺牲了在谱图中留下的其他信息。选择反映监测主要用于复杂体系中对目标化合物的快速筛选，如环境监测、法庭毒物学等。

　　5. 双向质谱分析理论　近年来把质谱分析过程中的电离和碰撞断裂过程分开的双向测定方法发展很快，主要有：色谱-质谱联用技术、串联质谱法［tandem MS，即质谱-质谱（MS-MS）联用技术，也称为多级质谱］。

　　目前多维色谱最常用于蛋白质组降解后多肽组分的分离，而不是整个蛋白质组的分离。在蛋白质组分析中，最常用的液相色谱方式是串联液相色谱（tandem LC），即串联应用不同分离模式的高效液相色谱的来分离。最新多肽分离模式是由 Yates 等人建立的，称为多维蛋白质鉴定技术（multidimensional protein identification technique，MudPIT），蛋白质组被酶解后先用强阳离子液相色谱柱分离，之后每一组分再通过反相液相色谱柱分离，最后用下游质谱鉴定技术对其进行鉴定。

串联质谱法常见的形式有串联（多级）四极杆质谱，四极杆和磁质谱混合式（hybride）串联质谱和采用多个扇形磁铁的串联磁质谱。

质谱-质谱（MS-MS）联用技术是将质谱与质谱联用，这是 20 世纪 70 年代后期出现的一种联用技术，常称为多级质谱。它的基本原理是将两个质谱仪串联，第一台质谱仪作为混合物试样的分离器，然后用第二台质谱仪作为组分的鉴定器。这样不仅能把混合物的分离和分析集合在一个系统中完成，而且由于把电离过程和断裂过程分离开来，从而提供多种多样的扫描方式发展双向质谱分析方法来得到特定的结构信息。本法使样品的预处理减少到最低限度，而且可以抑制干扰，特别是化学噪声，从而可以降低检测下限。

串联质谱技术对于利用上述各种解吸电离技术分析难挥发、热敏感的生物分子也具有重要的意义。首先，解吸电离技术一般都使用底物，因此造成强的化学噪音，用串联质谱可以避免底物分子产生的干扰，大大降低背景噪声；其次，解吸电离技术一般都是软电离技术，它们的质谱主要显示分子离子峰，缺少分子断裂产生的碎片信息。如果采用串联质谱技术，可使分子离子通过与反应气体的碰撞来产生断裂，因此能提供更多的结构信息。

例如，由 ABC、DEF 等组分组成的混合物，经进样系统导入第一级质谱离子源离子化后，生成 ABC^+、DEF^+ 等分子离子。如果将第一级质谱设置在相应于 ABC^+ 的 m/z 位置上，则仅有 ABC^+ 可以进入第二级质谱的离子源。ABC^+ 进一步碎裂，生成 AB^+、BC^+ 等碎片离子，再用第二级质谱测定记录，进行鉴定。

与色谱-质谱联用技术比较，质谱-质谱（MS-MS）联用具有如下优点：①分析速度快；②能分析分子质量大、极性强的物质；③灵敏度高。

串联质谱可应用于混合物气体中的痕量成分分析、研究亚稳态离子变迁、工业和天然物质中各种复杂化合物的定性和定量分析，如药物代谢研究、天然产物鉴定、环保分析及法医鉴定等方面的分析工作。

为了满足高通量、大规模蛋白质组研究的需要，新的生物质谱技术不断出现，如前面提到的电喷雾电离四极杆-飞行时间质谱仪以及带串联质谱功能的基质辅助激光解吸飞行时间（MALDI-TOF）质谱仪。此外，为了增强基质辅助激光解吸飞行时间质谱仪的串联质谱功能，从而更有利于实现蛋白质鉴定的高通量，一种带基质辅助激光解吸电离源的四极杆-飞行时间质谱仪和带两个飞行时间质量分析器的 MAEDI-TOF-TOF 质谱仪已经出现并商品化。

第七节　肽谱、指纹肽谱和序列梯子

质谱肽谱分析指的是组分（component）分析，它的对象是完整的组织、体液或其提取物，其目的在于识别出尽可能多的肽和蛋白混合物中的组分。质谱指纹分析指的是组成（composition）分析，它的对象是单个的、纯化后的肽或蛋白，其目的在于测定它们的一级结构、蛋白修饰和鉴别遗传差异等。肽谱分析中，测得未破坏的组分的分子质量，并和已知或预期的蛋白质分解产物的相应分子质量比较。指纹分析中，测得酶解或化学方法降解后的产物的分子质量，并和已知或预期的蛋白质分解产物的相应分子质量比较。两种方法都包含一个数据库搜索过程，即将实验数据同蛋白质或 DNA 数据库中的氨基酸或核酸序列比较、匹配。显然，两种方法是互补的。比如，肽谱分析可以鉴别脑垂体中假定的神经肽，然后，再用指纹分析来研究脑垂体中每个独立组分的结构。

一、质谱肽谱分析

Gottfried 等最早使用质谱分析内分泌组织中的神经肽。通常，质谱肽谱分析并不要求将组织从混合物中分离出来，这样，便可节省大量的时间和精力。研究人员一般都希望不经任何分离而用组织或组织切片直接做质谱肽谱分析。事实上，有人已用蜗牛的单神经元进行过类似研究。质谱肽谱分析只要求提取或简单地分馏组分。它的适用范围远远超过放射性免疫测定和化学测定的范围，这两种方法都只局限于特异系列的肽和蛋白质。放射性免疫测定还要求至少知道分析物的部分一级结构，特别是在特异的抗原测定中。另外，原则上，质谱肽谱分析可在许多方面代替双向电泳（2D-PAGE），并且由于质谱提供精确的相对分子质量信息，所以又具有双向电泳所不具备的优点。

1. 质谱肽谱分析的种类　在应用上，质谱肽谱分析可分为两大类。第一类，它可用来定性鉴别特定组织的肽和蛋白质，从而检测肽和蛋白质的变异与缺失。在研究特定基因型方面，基因技术的方法一般利用聚合酶链式反应和限制性片段长度多态性研究不同基因型的变异，而质谱肽谱分析是研究特定基因型可能产生的某种蛋白质包括被抑制的蛋白质或缺失的酶，用肽谱分析的方法检测这种蛋白或酶，以研究基因的功能。

质谱肽谱分析的第二类用途是定量研究在对疾病、药物治疗、内源调节子或环境压抑（化学、物理或社会的）的响应中，肽或蛋白质的整体响应变化的规律。对神经免疫内分泌复合物来说，其中的神经、免疫、内分泌系统共同形成一个错综复杂的通信网络，通过整个网络，响应可被单一的、局域的、规则的事件触发。因此，响应过程中需监测所有的肽和蛋白质，而不仅仅是监测个别的组分。同时，它还可以监测复合物系统对感染性疾病的响应。定量的质谱肽谱分析还可用以建立未鉴别组分在不同实验条件下的上限和下限规则，这样的信息有助于决定：应对哪一种未鉴别的肽和蛋白质进行更深入的研究。

2. 质谱肽谱分析的步骤　质谱肽谱分析通过测定肽和蛋白质的分子质量，加上已知蛋白和 DNA 序列的信息，来试探性地确认给定组织或体液中存在的肽和蛋白质。通常，质谱肽谱分析可分为 4 步：①从生物组织提取多肽和蛋白质并分馏提取液；②测定提取液中各组分的分子质量；③从肽或蛋白质的计算机库中搜索被测的分子质量是否符合特定的肽或蛋白质的质量；④再确认分析，如部分的 N 端或 C 端的测序分析、氨基酸分析或串联质谱分析，这些再确认分析的对象应是那些在①～③步中仍不能十分确认的特定肽或蛋白质。

二、指纹肽谱

1993 年，5 个研究小组分别提出质量指纹肽谱的概念。这个概念是指特定的蛋白酶对蛋白质进行酶解后的质谱分析得到一套多肽质量，这种特性像指纹一样，每种蛋白质都具有特定的质量肽谱。因此，一套质量数据能用来寻查序列已被计算的指纹质量替换的蛋白质数据库，从而发现相似模式的蛋白质。这样建立的蛋白质肽质量指纹图谱数据库，就使双向电泳分离的蛋白质经过特定酶解并进行质谱分析和利用蛋白质指纹图谱数据库鉴定蛋白质成为现实。

三、序列梯子

1. 有机化合物 一般有机化合物的电离能为 $7\sim$ $-13\,eV$，质谱中常用的电离电压为 $70\,eV$，使结构裂解，产生各种"碎片"离子。连续生成各种"碎片"离子，实际上就是一种序列梯子，图 5-31 是正己烷的序列梯子。

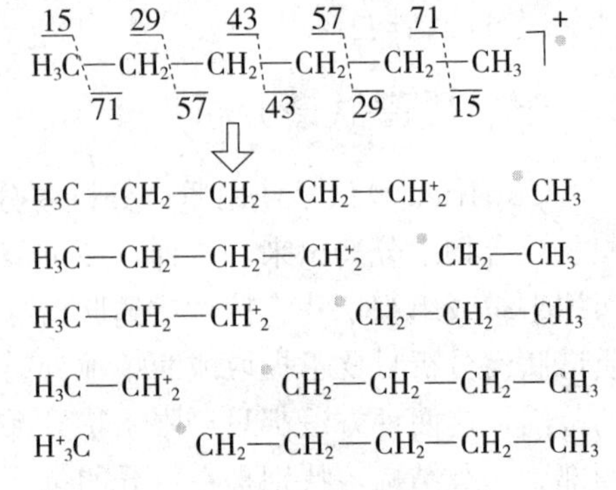

2. 蛋白质 MALDI-MS 结合特定肽裂解技术，使蛋白质的氨基酸序列像梯子一样逐级向上增加或向下减少。这样形成的"序列梯子"（sequence ladder）可用于蛋白质的鉴定，常见方法有：

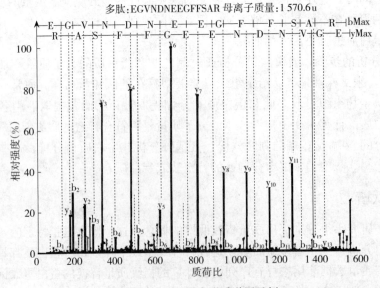

图 5-31 正己烷形成的序列梯子

（1）化学法序列梯子 化学法序列梯子主要基于 Edman 降解原理。它是在 Edman 序列测定进程中按设计好的偶合和裂解步骤用一定量的序列终止剂，获得一系列 N-端截断的肽混合物，该混合物再用 MALDI-MS 分析，在获得的谱图中连续离子间的质量差异与氨基酸的质量相对应就产生了肽序列。

（2）酶法序列梯子 用外肽酶对肽的任一端进行逐渐缩短，产生 C-端或 N-端序列梯子，再用 MALDI-MS 进行分析。在外肽酶消化单一肽的过程中，于不同时间点取出少量反应混合物进行 MALDI-MS 分析。如已研究表明通过用羧肽酶 Y 和 P 的混合物，C-端序列梯子只要包含 10 个以上的连续氨基酸就能鉴定出只有 pmol/L 水平的肽。

串联质谱数据中包含着丰富的信息，要想利用好这些信息必须首先掌握质谱数据的基本特点，下面以一个典型的串联质谱图为例进行说明（图 5-32）。图 5-32 中，横坐标是离子的质量

图 5-32 一个串联质谱图示例

与电荷的比值，即质荷比（m/z）：纵坐标是对应离子的相对强度，表示检测到的离子信号的相对强弱。该谱图是由 14 个氨基酸组成的序列 EGVNDNEEGFFSAR 的肽段离子经碰撞诱导解离碎裂产生的，母离子（肽离子）的质量为 1 570.6 u。

在肽链的碰撞诱导解离断裂过程中，通常 3 种不同类型的肽键断裂方式可以产生 6 种类型的碎片离子，即 N 端的 a、b、c 型离子与 C 端的 x、y、z 型离子。每种断裂类型分别生成互补的两种离子，如 a-x、b-y、c-z（图 5-33 和图 5-34）。图中离子类型符号右下标的数字表示该离子所含有的氨基酸残基数目。另外，断裂后的离子还可能丢失一个中性的水分子或氨分子。同时，其他更复杂的断裂产生的离子（如侧链断裂等）以及由于污染物而产生的离子，电子信号噪声等都会被检测出来，并出现在串联质谱图中。图 5-34 中已标注出了 b 和 y 类型离子，而对于实验质谱，谱峰类型是未知的。

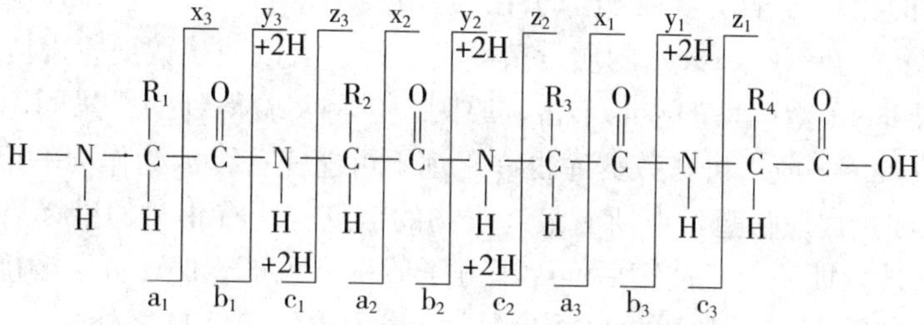

图 5-33　肽链断裂点与离子类型示意图

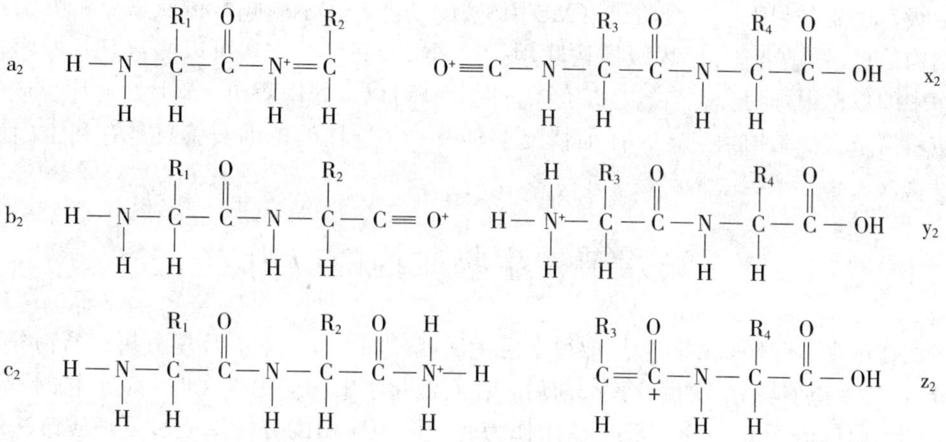

图 5-34　六种碎片离子类型的化学结构

四、对仪器的要求

质谱肽谱分析对仪器有一定的要求。离子源应当能提供非破坏性的、气态的、包含提取物中的所有多肽和蛋白质的质量信息，最好在物种间没有歧视效应及不形成碎片离子。离子化中质量的上限及质量分析器的质量上限必须超过待测物可能的最大质量。定量质谱的离子化过程必须足够稳定，质荷比信号波动小于 10%。最早，激光解吸和快原子轰击（FAB）电离能满足上述条件。事实上，最先的质谱肽谱分析就是在这两种离子源上实现的。但是，不管是激光解吸还是快原子轰击，都不能使提取液中所有的肽和蛋白质电离或不能使相对分子质量（M_r）大于10 000的分子都电离，这个缺点限制了它们在质谱肽谱分析中的应用，而对快原子轰击来讲，灵敏度也是个问题。现在，基质辅助激光解吸电离和电喷雾电离（ESI）取代快原子轰击和激光解吸，成为质谱肽谱分析的离子源，并具有令人满意的性能。

对实验室质谱而言，要完成肽谱分析，仪器的质量范围、分辨率、质量精度和灵敏度必须满足一定的标准。在实际操作中，测定还受被分析样品的自然状况、进样方式、离子化方式、电荷状态等条件影响。多年来，质谱肽谱分析已在实践上获得了关于上述条件的一些经验。仪器的质量上限以100 000～200 000 u为佳，可用于大多数神经肽、激素、抗体和其他有信号响应的分子。在现有几种质谱仪，离子源的组合有效性、质量分析器的性能和检测器的响应可给出皮摩级（或更低）样品量的响应灵敏度。质谱仪已可获得相对于分子同位素轮廓宽度的质量分辨率，即在半峰高处大约 0.1%的相对分子质量或相当于在最大质荷比（m/z）处1 000左右的分辨能力。另外，若可获得100 μg/g在（0.01%）的质量精度则更好，可以使从数据库中搜索的结果更可靠。

由于蛋白质或 DNA 数据库的不断丰富，原则上，将实验得到的质量同库中数据对照便可推断未知的肽或蛋白质。一般来讲，数据库也许永远不可能完备，因为作为一个理想的数据库，应没有错误的 DNA 和蛋白质信息，有所有最终产物的信息、所有相关的翻译后修饰和所有相关的人工修饰信息。另外，即使经过搜索后匹配了分子质量，也不能保证分子的确认，因两种肽或蛋白质可能有相同的分子质量。所幸的是，如果除了分子质量的信息之外还有一些结构信息的话，搜索问题就变得简单了。例如，如果 2～5 个氨基酸序列及位置是已知的，搜索的准确度会提高几个数量级。这需要利用串联级质谱（MS-MS）的功能，在不影响质谱肽谱分析的情况下，获得部分结构信息。另外，色谱-串级质谱联用（LC-MS-MS）的方法可以测定氨基酸序列，并与蛋白质库中的数据很好吻合。当然，在有条件时，就可以事先用酶切、碎片、测序反应的方法加上肽谱质量谱来获得结构信息。在任何情况下，做一些这样的辅助实验总是有利于确认未知物的，而且比仅仅靠分子质量测定要可靠得多。

第八节 生物质谱的应用

质谱法在许多科学领域中的应用取得了巨大成就，如石油工业、环境分析、药物分析、生物及食品分析等。特别是第二次世界大战前后，在石油化学中的应用极大地推动了它的发展，并且使质谱法和气相色谱-质谱（GC-MS）联用作为一种广为应用的分析手段。后来质谱法的应用日益广阔，并在 20 世纪 70 年代末的环境分析和后来在药物和生物化学领域的应用中取得重大的突破，尤其是实现了液相色谱-质谱（LC-MS）联用。

一、合成产物的确认

质谱法的最重要的应用就是鉴定和确认合成产物或从天然产物或样品中分离出的组分。质谱法在有机合成实验室中对结构的确认和阐明起到关键的作用。和核磁共振（NMR）相比，质谱最明显的优点是试样的量极小，纳克级即可，而核磁共振则需毫克级。但质谱的不足之处是它是一种有损分析（不像 IR 法），用过的样品不能回收再做进一步分析或化学处理。

在天然有机化合物的研究中，提取、分离、鉴定和结构测定是几项主要工作，而质谱是对化合物鉴定和结构测定的重要手段之一。

对化合物的鉴定或确认可以通过信息库检索和对质谱图的解析来完成。使用质谱信息库是用电子轰击质谱图阐明结构的有效手段，其中大部分质谱图都可通过计算机联网检索。

质谱的重要性还在于借助高分辨率的双聚焦扇形质谱仪精确测定质量来测定有机合成产物的化学组成，通常电子轰击是首选的离子化方法。

质谱法在测定同位素结合的领域中起着重要的作用。如应用^{2}H、^{13}C、^{15}N和^{18}O等同位素研究稳定同位素标记的部位，测定化合物在体内的历程或阐明其在动植物体内的生物合成路径。质谱法是这类测量的标准方法，主要在于能够测定同位素结合的程度和位置。测定同位素结合，低分辨率的仪器就可进行，以多重慢扫描测得标记的和未标记的化合物的两种质谱图。从未标记的化合物质谱上查出天然同位素的丰度和从标记的化合物质谱图上查到的同位素丰度做比较，计算出结合的程度。当除去（M+1）$^+$和（M-1）$^+$离子后，同位素结合的准确度一般可达到1%。

二、生物大分子的表征

近年来，质谱分析生物大分子的进展得相当迅速。早期使用的电子轰击源用来分析非挥发性物质，对质量高为1 000 u的生物分子已显得无能为力；现在使用的软电离技术已可用来分析蛋白质、核酸等分子质量超过1×10^5 u的生物物质。将电喷雾离子化法、离子喷雾法、基质辅助激光解吸离子化法、快原子轰击等新离子化技术应用于质谱，已经成为分析蛋白质分子质量、酶-基质复合体、抗体-抗原结合、药物-受体相互作用和DNA的核苷酸序列测定的强有力工具。目前使用上述新离子化技术的一些质谱仪有：四极滤质器、离子阱质谱仪、飞行时间质谱仪、傅立叶变换离子回旋加速器共振质谱仪。

例如，基质辅助激光解吸电离法和电喷雾电离法都能很容易地和蛋白质的酶消化相结合。当蛋白质消化后，全部混合物沉积在基质辅助激光解吸电离的靶子上并被分析，在合适的情况下，90%以上肽碎片的质量都能被测定，这种手段能用来阐明蛋白质中的变化（如复合蛋白质的表征）或者是鉴别蛋白质中的共价键合变型。

思 考 题

1. 质谱的含义是什么？

2. 质谱有哪些部分？各个部分的功能作用各是什么？

3. 质谱分析中，小分子的有机物能通过哪些方法使其从分子状态变成分子离子状态？而大分子的蛋白质又是怎样变成分子离子的？

4. 在飞行时间质量分析器中，用什么方法来提高分子离子间的分辨率？

5. 试述蛋白质分子解吸为分子离子的途径与过程。

6. 质谱仪的核心是什么部件？

7. 试述基质辅助激光解吸飞行时间质谱（MALDI-TOF-MS）分析蛋白质中所采用的序列梯子方法。

第六章 蛋白质鉴定

在蛋白质鉴定方面，已经开发了许多以质谱为主要工具的工作流程。这些流程旨在描述蛋白质组信息的不同方面。尽管生物学问题的类型各有不同，但可以区分为两类主要的任务：①鉴定一个给定的生物样品中出现的蛋白质种类；②量化蛋白质或肽的不同表达水平。

第一节 概 述

一、发展史

蛋白质鉴定是蛋白质组学研究中的核心内容。与 DNA 分析相比，蛋白质鉴定显得十分复杂，这是由于蛋白质和 DNA 两者组成成分具有明显的差异所致。DNA 仅仅由 4 种不同的核苷酸组成，而蛋白质却至少由 20 种不同的未经修饰的氨基酸和许多经过修饰的氨基酸组成。这种组成的丰富性构成了蛋白质种类和物理化学特性的多样性，使对蛋白质的分析也就变得更为复杂。许多蛋白质还必须经过不少翻译后修饰和联合修饰，包括磷酸化、乙酰化、硫化、糖基化以及甲基化甚至与脂肪相连接等，同时蛋白质也可能发生水解。因而，相对于以 DNA 或 RNA 为基础的基因组分析来说，以蛋白质及其修饰和相互作用为基础的蛋白质组分析具有更大的挑战性。这一研究也是对生物多样性机制阐明的必然。

长期以来，科学家们在蛋白质鉴定方面进行持续了不懈的努力和卓有成效的工作，使蛋白质的分析鉴定技术不断发展和完善，从而开创出现今蛋白质鉴定的技术平台，特别是各种蛋白质分离技术、生物质谱技术和生物信息技术的出现与发展，使蛋白质组学研究成为可能。在蛋白质分析鉴定的发展历史中，以下是部分具有里程碑的事件。

1806 年，Vauguelin 和 Robiquet 在世界上首次分离出第一个氨基酸：天冬酰胺。

1833 年，Payen 和 Persoz 提纯淀粉酶：麦芽淀粉糖化酶。

1838 年，Mulder J. G. 对蛋白质进行了初步的系统研究，首次提出 protein 一词。

1864 年，Hoppe-Seyler E. F. 在世界上第一次结晶出蛋白质：血红蛋白。

1886 年，MacMunn C. A. 发现细胞色素。

1902 年，Fischer E. 和 Hofmeister F. 证明蛋白质是多肽，并分别提出蛋白质分子结构的肽键理论。

1925—1930 年，Svedberg 用超速离心机测定蛋白质的沉降系数。

1941—1944 年，Martin 和 Synge 发展了分配层析，并应用于氨基酸分析。

1945 年，Brand 采用化学法和微生物法首次对 β 乳球蛋白的全部氨基酸组成进行了分析。

1949 年，Stein 和 Moore 采用淀粉柱区带层析法测定 β 乳球蛋白的全部氨基酸组成。

1949—1950 年，Sanger 和 Edman 分别发展了 2,4 - 二硝基氟苯法和异硫氰酸苯酯法鉴定肽链的 N 末端。

1953 年，Sanger 和 Thompson 完成了胰岛素 A 链和 B 链氨基酸序列的测定。

1955 年，Sanger 确定了胰岛素分子中二硫键的位置。

1956—1958 年，Anfinsen 和 White 发现蛋白质的三维空间构象由氨基酸所决定。

1957 年，Kendrew 采用核磁共振技术测定立体结构的蛋白质：肌红蛋白，因而获 1962 年诺贝尔化学奖。

1958 年，Stem、Moore 和 Spackman 发明了氨基酸自动分析仪。

1958 年，Ingram 证明正常血红蛋白一个氨基酸的变化可以导致镰刀形血红蛋白贫血病。

1960 年，Kendrew 采用高分辨 X 射线分析了抹香鲸的血红蛋白结构。

1965 年，Meyer T. S. 等发明了用于聚丙烯酰胺凝胶的考马斯亮蓝染色法。

1966 年，经过美国多位生物化学家的努力，确定了组成蛋白质的 20 种氨基酸的全部遗传密码。

1967 年，Shapiro A. L. 等发明了 SDS 电泳技术。

1967 年，Edman 和 Begg 研制出多肽氨基酸序列分析仪。

1968—1972 年，Anfinsen 建立了亲和层析技术。

1969 年，Hodgkin D. M. C. 获得 0.28 nm 分辨率的胰岛素晶体结构分析的结果。

1969 年，Weber K. 和 Osborn M. 改进 SDS 电泳，并应用于测定蛋白质的分子质量。

1970 年，Laemmli U. K. 发明不连续 SDS 电泳。

1973 年，中国学者用 0.18 nm X 射线分析了猪胰岛素的空间结构。

1973 年，Moore 和 Stein 设计出氨基酸序列自动测定仪。

1975 年，O'Farrell P. 和 Klose J. 发明了 ISO-DALT 双向电泳技术。

1979 年，Towbin H. 等发明 Western 印迹法。

1979 年，Switzer R. C. 和 Merril C. R. 等发明了银染法。

1980 年，Anderso 和 Mckay 采用 X 射线分析了与 DNA 结合的蛋白质：Cro 抑制物和 Cap 的结构。

1982 年，Tabin 和 Reddy 分别发现人类癌基因的突变：一个氨基酸的突变就能引起癌症发生。

1982 年，Bjellgvist B. 等发明固相 pH 梯度技术。

1985 年，Gorg A. 等发明了 IPG-DALT 双向电泳技术。

1985 年，Mocremans M. 等发明了金染色法。

1987 年，Tanaka K. 获得完整的蛋白质质谱图，因而获 2002 年诺贝尔化学奖。

1997 年，Unlu M. 等发明了双向电泳中的荧光差异技术。

1988 年，Fenn J. B. 采用电喷雾离子化技术辨别了分子质量为 40 ku 的多肽因而获 2002 年诺贝尔化学奖。

1993 年，多个研究小组分别独立提出 PMF 的蛋白质鉴定技术。

2001 年，Venter C. 公布了绘制人类蛋白质组图谱的计划。

二、主要方法

从上述历史事件可知，蛋白质的研究在方法、技术以及研究仪器的改进方面已经取得了很大的进展。先后发展了氨基酸组成分析法、N端和C端氨基酸序列测定法、质谱（mass spectrometry，MS）分析法、用质谱数据对肽段进行从头测序等方法和技术。

如果同时考虑蛋白质的分离方式，则蛋白质的鉴定方法可分为：①2D-GE＋MALDI-MS，称为肽指纹图谱法（PMF）；②2D-GE＋MS-MS，称为肽序列标签法；③LC＋MS-MS，称为液质联用法，其中同位素标签法将在第九章介绍；④多维鉴定法，包括 MudPIT 技术（multidimensional protein identification technology）和 1D-GE＋LC＋MS-MS 等；⑤质谱数据对肽段进行从头测序（de novo peptide sequencing）。

值得欣慰的是，在基因技术发展的同时，质谱分析取得了同样迅速的进展。两种新的电离技术——基质辅助激光解吸电离（MALDI）和电喷雾电离（ESI）技术开拓了生物大分子的分析领域。两者都可用于分析分子质量超过 200 ku 的蛋白质及复杂多肽混合物。这些质谱分析技术达到了与基因技术同样的快速获得相关信息的效果。

任何特定的肽或蛋白质，其精确的质量是化合物的高度专有的特征，有了它，便可与数据库现有的序列信息中经过计算的质量相对比。基质辅助激光解吸电离质谱和电喷雾电离质谱这两种质谱分析技术是高度互补的，但基质辅助激光解吸电离质谱也许更灵敏些，其试样的制备简单、快捷，也能承受污染程度较高的混合物。作为选择，电喷雾电离质谱则可与高效液相层析法（色谱法）（high performance liquid chromatography，HPLC）和（或）毛细管电泳（capillary electrophoresis，CE）结合，进行在线分离和质量分析。电喷雾电离质谱能够精确测定蛋白质的分子质量，而且，与纵列式质谱分析仪连接后，还可测定肽和小分子蛋白质的序列信息。这既可用三级四极质谱仪，也可用离子阱式质量分析仪来实现。基质辅助激光解吸电离飞行时间质谱（MALDI-TOF-MS）分析仪几乎总是蛋白质研究的首选技术，很多时候是唯一可用的技术。这是该仪器具有方便、快速、经济、准确、易操作等特点所决定的。

质谱技术是在蛋白质组学研究中用于蛋白质鉴定的主要方法。采用质谱技术鉴定蛋白质，先将分离得到的蛋白用蛋白酶消化，然后再对消化后的肽段进行测序。它相对于其他肽测序技术来说，具有高度特异性、高度灵敏性以及快速等优点，可以在几秒钟内对飞摩尔（femtomole，10^{-15} mol）和阿托摩尔（attomole，10^{-18} mol）水平的目的肽段进行测序。另外，随着高灵敏度质谱的发展，高通量的基因组测序使得蛋白质和表达序列标签（expression sequence tagging，EST）数据库出现并快速发展。采用这些数据库，用质谱分析对蛋白质进行鉴定，已成为蛋白质组学研究中一个强有力的手段。

通常情况下，用质谱鉴定蛋白质有肽质量指纹图谱（peptide mass fingerprinting，PMF）和串联质谱（tandem MS）两种方法。基质辅助激光解吸电离飞行时间质谱（MALDI-TOF-MS）用于蛋白质的肽质量指纹图谱分析。肽质量指纹图谱是对经酶消化后的分离肽段进行分析得到其质量，再与相同酶消化的蛋白质标准数据库相比较。理论与实验测得的质量相比较就能够鉴定出该蛋白质。用基质辅助激光解吸电离质谱仪可以获得质量和精确度均佳的结果。但存在的主要缺点是无法处理复杂复合物，而且该蛋白序列必须能在数据库中检索到。

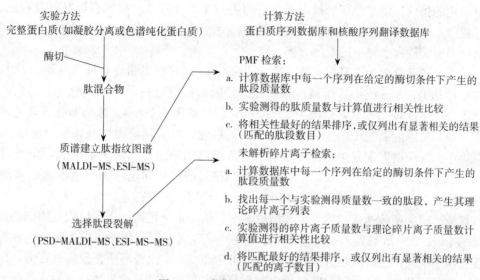

图 6-1　质谱鉴定蛋白质的过程

(仿 S. R. Pennington 等，2003)

用串联质谱测定肽短序列获得给定肽段信息过程包括两个阶段的质谱分析。首先，将肽段注入质谱仪中，蛋白质沿氨基端被打断为几个片段。这几个片段在第一个质谱中得到分离，然后，这些片段的质量在第二级质谱中得到测定。获得的所有片段质量信息经过处理就形成该肽段的串联质谱（MS-MS）图。标签是一种新的组织信息的方式。串联质谱（MS-MS）图就是对原蛋白完整序列经酶解后的多个肽段的重新组织。可以在串联质谱（MS-MS）图中选定一个或一组序列作为标签。用所获得的肽序列标签再在表达序列标签数据库中查找以鉴定该蛋白。近来，有些商品化仪器把反向液相色谱与质谱相偶联，自动化液相色谱-串联质谱、CE-MS/MS 仪器可以产生几百至几千个串联质谱图，使分析那些高度复杂复合物成为可能。

第二节　样品质量控制与制备概要

一、样品制备的前控制

1. 染色方法的选择　采用双向电泳等固相分离方法纯化蛋白质，往往需要染色后才能准确获得用于分析鉴定的样品。染色方法与蛋白质分析的灵敏度高度相关，染色效果十分重要。特别是在蛋白质组学的双向电泳研究中，蛋白质分离后的后续鉴定技术灵敏度不断提高，使蛋白质显色的地位从简单的蛋白质点转换为集成化的蛋白质微量化学表征过程中的关键步骤。用于蛋白质染色的方法较多，不同染色方法的选择又直接关系到蛋白质的鉴定质量，因此染色方法与蛋白质的鉴定方法特别是质谱的兼容性是一个需要注意的重要问题。

目前常见的染色方法有考马斯亮蓝染色、银染色、负染色和荧光染色。从发展趋势看，染色技术正向高灵敏度和自动化方向发展。传统的考马斯亮蓝染色和银染色在蛋白质组研究中的局限性日益暴露出来，而新的染色技术（如荧光标记、同位素标记技术）在提高其灵敏度的同时，又能与自动化的蛋白质组平台切胶技术和下游的蛋白鉴定（质谱）技术有很好的兼容性。因此，在研究过程中，应该在掌握各种染色方法的原理和特性基础上，针对研究对象的特点和研究目的的需要选择当前实验室条件下的最佳方案。

（1）考马斯亮蓝染色　考马斯亮蓝（Coomassie blue）染色的机理是使考马斯亮蓝 R 与蛋白质上的非极性基团、Arg 或 Lys 等碱性基团结合，因而使得蛋白质染上蓝色。考马斯亮蓝染色的灵敏度为 30～100 ng 蛋白质，极限为 8～10 ng，线性范围为 20 倍。考马斯亮蓝染色的优点是染色过程简单，所需配制的试剂少，操作简单，无毒性，可实现聚丙烯酰胺凝胶电泳（PAGE）的无背景染色，与质谱鉴定方法兼容。考马斯亮蓝染色的缺点是所需的时间长，染色过程需要 24～48 h，灵敏度远低于银染色和荧光染色检测。在目前以双向电泳为技术的蛋白质组学研究中，在样品量允许的情况下，考马斯亮蓝染色是一个比较好的选择。

（2）银染　银染法包括蛋白质固定和增敏步骤。硝酸银染色法的机理可能是银铵络离子与蛋白质上面的 Lys、Arg 等碱性基团结合，然后被还原成金属银而呈色。银染是非放射性染色方法中灵敏度仅次于荧光染色的染色方法，其灵敏度可达 200 pg，比考马斯亮蓝高出百倍，而成本仅为荧光染色低数百分之一，是目前差异蛋白质组分析中最常用的显色方法。其缺点是步骤较为复杂，且由于银染中醛类的特异反应，使凝胶酶切、肽谱提取较为困难，有些蛋白质会出现负染色的情形。值得注意的是，蛋白质上的糖分子，可被过碘酸（periodic acid）氧化产生醛基，后者可以与硝酸银染色的银铵络离子结合，从而染上金属银，因此也可以把硝酸银染色用来作为糖染色。此外，鉴定糖分子也可以用 Schiff's 试剂与上述醛基结合生成洋红色的堆积物，使之染成洋红色，称为 PAS 糖染色。

目前不少实验室采用银染色和考马斯亮蓝染色相结合进行双向电泳为基础的蛋白质组学研究。其具体做法是，采用银染凝胶进行图谱分析，考马斯亮蓝染色切胶进行质谱鉴定。但值得注意的是，由于银染和考马斯亮蓝染色的机理不同，采用这两种方法分别得到的双向电泳图谱的可比性不太高，不利于蛋白质研究的高通量筛选。

（3）负染　由于标准的考马斯亮蓝染色和银染过程，会使蛋白质提取至胶外，导致蛋白质产量降低，影响后续用于微量化学表征的样品量，因此建立了专门为提高聚丙烯酰胺凝胶电泳（PAGE）胶上蛋白质的负染方法。所谓负染方法就是不使蛋白质着色而使背景着色以形成反差来提高胶上蛋白质的回收率。其表现为在凝胶表面产生半透明背景的情况下，蛋白质以透明的形式定位检测出来。染色过程仅需 5～15 min 即可完成。负染方法最突出的优点是蛋白质的生物学活性得到很好保持，蛋白质的胶上被提取便于进行，蛋白质的质谱分析易于兼容。缺点是灵敏度不高。常用的负染方法包括氯化钾、氯化铜、氯化锌等金属盐染料法和锌-咪唑染料法。锌-咪唑染料法是一个比较敏感的染色法，其蛋白质检测线性范围为 10～100 ng，可通过光密度仪来估计蛋白质量，也可以通过在转移缓冲液中加入络合剂来进行电转，用于后续分析。

（4）荧光染色　荧光试剂对蛋白质无固定作用，与质谱兼容性好，灵敏度高，线性范围高，适合于大规模蛋白质组研究，是目前比较两种样品之间差异蛋白质组的最佳染色方法。其原理是两种蛋白质样品分别用不同的荧光染料标记后混合，在一块胶上进行双向电泳分离，不同样品来源的同一种蛋白质会泳动到胶上的同一个位置却带有不同的荧光染料。由于两种染料与蛋白质结合的激发波长不同，可以在一块胶上用两个波长范围进行扫描，同时得到两个图像，经相应软件匹配，可方便地找到两个样品间的差异，从而完全避免了实验因素对重复性的影响。目前，主要是利用丙基 Cy3 和甲基 Cy5 两种染料进行。缺点是标记过程中的共价修饰和荧光探针淬灭作用可能改变样品中蛋白质的移动性能、溶解性能等性质，同时标记蛋白质与未标记蛋白质间的轻微相对分子质量的差异，可能会导致分离后蛋白质的后续分析出现偏差。此外，目前荧光染料价格昂贵，试验成本较高。

2. 污染的控制

（1）角蛋白　角蛋白是外胚层细胞的结构蛋白，包括毛发、指甲、羽毛等，分为 α 角蛋白和 β 角蛋白两类。α 角蛋白来自哺乳动物的角蛋白（如毛发），β 角蛋白来自鸟类及爬虫类的角蛋白（如丝心蛋白）。在蛋白质组学分析中，常见 α 角蛋白的污染，主要来自试验人员的皮肤屑和头皮屑。同时，也有 β 角蛋白的污染，主要来自实验人员穿着的毛衣。常见对质谱影响较大的有 4 种：来源于皮肤的角蛋白 1、来源于头皮屑的角蛋白 2E、来源于皮肤的角蛋白 9、来源于头皮屑的角蛋白 10。虽然角蛋白的污染可以发生在整个试验过程中的每一步，但在染胶、脱色、切胶和加酶的过程中最容易污染。所以，工作人员在试验中应重视个人卫生和用具清洁，试验中一定要穿工作衣、戴帽和手套、戴口罩，仔细清洗各种试验用具及从胶上取点，胶上取点宜在通风橱中进行。

目前，许多公司已推出蛋白组学样品处理系统，这不但实现样品酶解和质谱前处理全程自动化，显示出高效率的特点，而且配有 HEPA 空气过滤器的全密封系统，可以较好地防止常见的角蛋白污染。在有条件的情况下，值得推荐使用。

在基质辅助激光解吸电离（MALDI）检测时，质谱中常见的角蛋白峰有：1319.575、1349.679、1474.741、1474.777、1656.785、1706.742、1715.843、1739.697、1790.719、1838.984、1889.849、1992.969、2090.874、2285.116、2382.943、2399.203、2500.059、2509.123、2650.381、2704.152、2830.185、3222.272、3223.368 和 3311.299，其中最常见、强度又较高的有（按强度从大到小排列）：2382.9、1706.7、2704.1 和 3311.3。值得注意的是，实验条件不同，得到的结果可能不同。在实际工作中，根据角蛋白峰的特征，在角蛋白峰污染较小时，可以采用去除这些污染峰再进行蛋白质检索。

（2）盐分和去污剂　在进行质谱分析前，应特别注意样品中盐分和去污剂等含量对质谱分析的影响。基质辅助激光解吸电离飞行时间质谱（MALDI-TOF-MS）分析技术可以耐受一定量的小分子杂质和盐类物质，但如果样品中含有表面活性剂或其他难溶性盐，则很难产生好的结晶。离子型去垢剂对基质辅助激光解吸电离的影响要比非离子型去垢剂大；去垢剂浓度越高，影响越大。研究表明，在去垢剂浓度（m/V）为 1.0% 时，除一些糖类的非离子型去垢剂外，大部分去垢剂会把蛋白质的信号降低到 1/10；去垢剂为 0.1% 时，不同的去垢剂对信号的影响差别比较大。

带有 C18 填料的 ZipTip 吸嘴具有较好的除盐功能，常用于质谱分析的微量样品制备。样品经过除盐，质谱图基线平稳、信号强，从而可以明显提高肽质谱指纹图分析的灵敏度。当样品量很少，而体积在 20μL 以上时，采用 ZipTip 处理样品还可以达到浓缩的目的。但需要注意的是，如果样品中带有甘油、SDS 或其他杂质，ZipTip 的填料容易被堵塞；ZipTip 使用不当，也可能导致样品丢失。

二、样品制备要点

当前蛋白质组学研究关键技术之一,是对经双向凝胶电泳(2-DE)分离的蛋白质点进行微量定性鉴定。在质谱样品制备过程中,需要直接将双向凝胶电泳胶上的银染或考马斯亮蓝染色蛋白质点经脱色、酶解、萃取、冻干、溶解、点样后,进行 MALDI-TOF 或者 MALDI-TOF-TOF 分析。通过质谱测定出各片段的分子质量或部分肽序列,然后将获得的数据在蛋白质数据库中进行搜寻以鉴定该种蛋白质。肽质谱指纹图和肽序列分析方法灵敏度高、简便迅速,已成为鉴定双向电泳胶上蛋白质点最广泛使用的方法之一。但值得注意的是,在采用该技术进行蛋白质样品分析中,样品制备的好坏直接影响到图谱的灵敏度、精确度和分辨率,是最终决定鉴定结果成败的关键环节,需要高度重视。

1. 胶内酶解 目前,蛋白质组研究中鉴定蛋白质较为常用的方法是肽质量指纹谱(peptide mass fingerprinting,PMF)鉴定法,这一技术于 1993 年被多个研究小组分别独立提出。肽质量指纹谱是指蛋白质被酶切位点专一的蛋白酶水解后得到的肽片段质量图谱。因此胶内酶切的效果直接影响所得到的肽质量指纹谱的好坏。胶内蛋白质直接酶切不但可以省去将目的蛋白质转移到聚偏氟乙烯(PVDF)膜上的操作步骤,而且可以提高酶切肽段的回收率。无论是考马斯亮蓝染色还是银染的胶均可进行胶内酶切。其操作步骤及注意事项如下。

(1)切胶和脱色 切胶前用 ddH_2O 洗胶,洗 2 次,每次 15 min。

用刀片从胶上切取蛋白质点,并将胶切成约 1 mm³ 大小的颗粒,放入 200 μL Eppendorf 管内。切胶时尽量不要超出蛋白质点的范围,胶粒的大小要适当,胶粒太小在以后的抽取步骤中可能被吸掉;太大则不利于脱色、酶切和萃取等操作步骤。

考马斯亮蓝染色的胶用含 50% 乙腈的 100 mmol/L 碳酸氢铵(NH_4HCO_3)脱色液 50 μL 浸泡胶粒,振荡 20 min,吸去溶液。重复以上步骤 2~3 次,至胶块中的蓝色退尽。银染胶用 30~50 μL 的新鲜配制的脱色液 [30 mmol/L $K_3Fe(CN)_6$:100 mmol/L $Na_2S_2O_3$=1:1] 浸泡胶块,振荡至胶块中的棕色脱去,吸去溶液,加 ddH_2O 冲洗。将脱色后的胶块用 100% 乙腈脱水后,真空离心干燥 20~30 min。

(2)还原和烷基化 从真空离心干燥器中取出已干燥的样品,冷却至室温。

加入 40 μL 10 mmol/L DTT-100 mmol/L 碳酸氢铵溶液(DTT 应新鲜配制),56℃ 温浴 45~60 min,还原蛋白质。

取出样品并冷却至室温,吸干溶液,迅速加入新鲜配制的 40 μL 55 mmol/L 碘乙酰胺- 100 mmol/L 碳酸氢铵溶液,室温避光放置 30~60 min,使蛋白质半胱氨酸残基上的巯基烷基化。

吸去溶液,加入 40 μL 100 mmol/L 碳酸氢铵洗胶 5 min;用 100% 乙腈脱水 15 min,真空离心干燥 20~30 min。

(3)酶切和萃取 加入 5~10 μL 胰酶溶液(酶液浓度为 0.01 μg/μL,用含 5 mmol/L $CaCl_2$ 的 25 mmol/L NH_4HCO_3 配制),冰浴(或 4℃)上放置 20~30 min,让胶块泡涨。

取出样品,吸去多余酶液,加入 10~20 μL 25 mmol/L NH_4HCO_3 溶液覆盖胶块,置 37℃ 恒温过夜(10~15 h)。

取出样品,离心,吸出上清液置于新 Eppendorf 管中。胶块用 20 μL 5% 三氟乙酸(TFA)

的 50％乙腈水溶液萃取 2 次。

胶块中加入 $10\,\mu L$ 乙腈，振荡 5 min，离心，吸取上清液。

合并上述提取的上清液，真空离心干燥。以 $2\,\mu L0.1\%$ 三氟乙酸的水溶液溶解干燥样品进行质谱分析或 4℃保存。

在样品制备进行到胶内酶切时，为使酶能够充分进入胶内，必须先用至少大于胶粒 50 倍体积的 100％乙腈对胶粒做脱水处理，再真空离心干燥 1 h，使其完全脱水。加入 $5\sim10\,\mu L$ 过量酶液（$0.012\,5\,\mu g/\mu L$，含 $25\,mmol/L\,NH_4HCO_3$），4℃放置 30 min，待酶液被完全吸收后，吸走多余的酶液（胰蛋白酶有自酶切作用，若使用胰蛋白酶需进行此步，以减少肽质量指纹图谱中出现的胰蛋白酶自切峰），补充一定量的 $25\,mmol/L\,NH_4HCO_3$ 溶液至刚好淹没胶粒，37℃恒温 $12\sim15\,h$。

2. 样品纯化和浓缩　虽然基质辅助激光解吸电离飞行时间质谱（MALDI-TOF-MS）可以允许样品中有一定的盐分和其他不纯物质存在，但样品组分越多，图谱就越复杂，分析的难度也越大，就会降低质谱分析的信噪比和灵敏度，从而影响鉴定结果的可靠性。为取得高质量的质谱图，应对质谱分析的样品进行纯化处理，避免含有氯化钠、氯化钙、磷酸氢钾、三硝基甲苯、二甲亚砜、脲、甘油、吐温、十二烷基硫酸钠等物质。如果待测样品在预处理过程中不能避免使用上述试剂，则必须用透析法和高效液相色谱等方法对样品进行纯化。水、碳酸氢铵、醋酸铵、甲酸铵、乙腈、三氟乙酸等都是用于纯化样品的合适试剂。质谱样品中常见的杂质及其去除方法见表 6-1。

表 6-1　生物质谱样品中常见杂质的去除及纯化方法

杂　质	纯化方法	适用于蛋白质	适用于多肽	进一步纯化方法
SDS	HILIC SCX	+	++	反相
非离子去污剂（NP-40、Triton X-100，Tween）	SCX	（+）	+	反相
两性离子去污剂（CHAPS）	反相 C18、C8、C4 或 SCX	++	++	反相
PEG	SCX	（+）	+	反相
盐类	反相 C18、C8、C4	+	+++	—
尿素	反相 C18、C8、C4	+	+++	—
缓冲液	反相 C18、C8、C4	+	+++	—
多种杂质	SDS-PAGE	++++	—	反相

HILIC：hydrophobic interaction chromatography；SCX：strong cation exchange.

蛋白质样品经胶内酶切后得到的肽段需要从胶内萃取出来，进行纯化和浓缩。分别用 $10\,\mu L$ $25\,mmol/L\,NH_4HCO_3$ 溶液、含 5％TFA 的 50％乙腈水溶液以及 100％乙腈进行提取，合并的上清液真空干燥浓缩，用于质谱分析。每一种溶液都要实验当天新鲜配置。

3. 基质辅助激光解吸电离质谱基质的选择　基质辅助激光解吸电离，顾名思义，需要基质分子作为辅助条件。基质的作用是稀释样品，吸收激光能量及解离样品，保护待分析物不会因过强的激光能量导致化合物被破坏。基质与样品的晶体形态、样品与基质比率对谱图质量都有影响。

基质辅助激光解吸电离以有紫外吸收的小分子晶体为基质，将待测物与基质相结合以检测带电生物分子的离子。激光在基质辅助激光解吸电离中充当汽化和离子化源。在所采用的激光波长下，基质对激光有较强的吸收作用，而待测物对激光只有少量吸收，当激光打在基质晶体上时，聚集的能量加热晶体，快速加热导致基质晶体升华而将非挥发性待测物释放到气相中。通过基质吸收激光的能量后，均匀地传递给待分析物，使待分析物瞬间汽化并离子化。基质在待测物离子化过程中还起着质子化或质子化试剂的作用。

基质在基质辅助激光解吸电离中的作用主要是从激光脉冲中吸收激光能量，并传递给样品，从而使样品解吸并电离为单分子状态。已有几百种应用于紫外基质辅助激光解吸电离（UV-MALDI）的基质被实验，但适合用来分析生物大分子的基质一般是烟酸及其同系物。现在常用的基质有 α-氰基-4-羟基肉桂酸（α-cyano-4-hydroxycinnamic acid，CHCA）、芥子酸（sinapinic acid，SA）、2,5-二羟基苯甲酸（2,5-dihydroxybenzoic acid，DHB）、2-（4-羟基偶氮基）苯甲酸（HABA）、烟酸等为数不多的几种试剂（表 6-2）。由于生物样品的特殊性，应根据样本的不同选用不同基质。最适基质的选择需依赖于大量实验。一般说来，若为建立样品的肽指纹图谱，α-氰基-4-羟基肉桂酸适用于肽类样品，芥子酸适用于蛋白质样品，而 2,5-二羟基苯甲酸则适用于肽、糖类及糖脂类样品。若为测定样品分子质量，2,5-二羟基苯甲酸适用于小分子质量样品（一般小于 10 ku），而芥子酸则适用于大分子质量样品。α-氰基-4-羟基肉桂酸是很好的基质，绝大多数的有机化合物与相对分子质量小于 2 万的蛋白质与多肽均可以它为基质。对于酸性较强的化合物（如含有—COOH），可以选用碱性基质，如三氨基喹啉；大蛋白质可以选用芥子酸；极性比较小的高分子聚合物可以选用蒽三酚（dithranol，DIT），且加入银离子能使样品有效离子化。

随着蛋白质组学的快速发展，出现了一些效果良好的基质。测定 DNA 时常用基质 3-羟基吡啶甲酸（3-HPA）和吡啶甲酸（PA）等；碱性新基质 2-氨基-5-硝基噻唑对 DNA 和蛋白质样品的检测效果可以与芥子酸相媲美，而且还表现出一定的耐盐能力。研究发现，6-巯基-2-甲基胸腺嘧啶在测定酸性糖时比常规基质具有较高的灵敏度，比 2,5-二羟基苯甲酸高 10 倍。

对于部分市面上出售的基质产品，如果不进行任何处理而加以使用，则在质谱分析数据上会出现来源于基质的峰值，本底较高，信噪比较差。因此，对于这些基质，在使用前应进行再结晶处理，以尽可能除去来源于基质的峰。若为经过再结晶处理的高纯度基质产品，则使用时无须进行再结晶处理即可得到清晰的质谱。

除选择合适的基质外，还需要注意基质的溶剂与浓度的选择，这是很容易被忽视的问题。如芥子酸的基质液选用乙腈：水＝2：1，含 0.1％的三氟乙酸，浓度为饱和溶液，且应新鲜配制，有时还需加入少量钠、铵离子等基质添加剂改善基质辅助激光解吸电离飞行时间质谱（MALDI-TOF-MS）的谱图信噪比。α-氰基-4-羟基肉桂酸的基质溶解液为含 0.1％TFA 的 40％～60％乙腈的水溶液，浓度为基质的饱和溶液，也可配制成 10 mg/mL。在用基质辅助激光解吸电离飞行时间质谱测定肽质量指纹图时，由于蛋白质和肽经胰蛋白酶酶切后所得到的肽片段一般为 1 000～3 000 u，因此选择 α-氰基-4-羟基肉桂酸作为基质即可得到理想的结果。另外，当样品溶剂系统和基质溶剂系统之间存在差异时，得到的实验结果会变差，此时如选用芥子酸做基质，结果会比使用 α-氰基-4-羟基肉桂酸做基质要好一些，因 α-氰基-4-羟基肉桂酸对质子的亲和性相对较小，双质子化分子离子 $[M+2H]^{2+}$ 比芥子酸明显，适合分析水解或酶解后的片段产物。

由于分析材料的复杂性，有时也可以使用复合基质。不同复合基质的组合具有不同的效应，应选择使用，使其发挥组合的最佳优势。目前，双重基质已应用于酸水解后的甘露糖寡糖、肽、酶等的分析。2,5-二羟基苯甲酸-α-氰基-4-羟基肉桂酸（DHB-CHCA）基质组合使用的优点为：可以同时获得足够的源后衰变（PSD）裂解片段信息和完整分子信息，同时碎片离子的物质准确性不受样品的形态和复杂性影响，并可避免在使用 α-氰基-4-羟基肉桂酸时所需的有机溶剂导致的严重的细胞溶解。4-甲氧基苯乙烯与芥子酸两种基质等量使用的优点是：可能得到比 α-氰基-4-羟基肉桂酸更清晰的裂解片段的指纹图谱。2-（4-羟基苯偶氮）苯甲酸和 2-巯基苯并噻唑两种基质等量使用的优点是：可快速鉴定微生物蛋白质，而不受提取溶剂的限制。2,5-二羟基苯甲酸和 1-羟基异奎宁（3:1）的复合基质的优点为：可以改善 2,5-二羟基苯甲酸对不稳定化合物检测的效果。固体基质（如 1,1-二氧四氢噻吩、2,5-二羟基苯甲酸、α-氰基-4-羟基肉桂酸）和液体基质（如甘油）联合使用则可以提高信号寿命及点对点的重现性。

目前有关基质辅助激光解吸电离质谱的解吸机制、解吸过程等问题尚没有令人完全信服的统一理论。传统的理论认为，分析物被基质结晶包裹在晶格中达到高度分离，基质吸收激光能量后转移到分析物上产生相变。但是实际上却有与此理论不相符合的实验结果。虽然不断有人提出各种模型来解释观察到的实验现象，如快速一级基质辅助激光解吸电离离子化理论、多步相互作用和双中心能量聚集理论、假设快速反应和延迟反应的双成分模型等，但是一般认为这些模型有很大的片面性。因此，基质的选择并没有明确的指导原则，目前的基质选用规则是从大量的实验中总结出来的。

表 6-2　几种常用的基质

基　质	分子质量（u）	应 用 范 围
α-氰基-4-羟基肉桂酸（CHCA）	189.04	肽（<10 ku）、脂类、碳水化合物
芥子酸（SA）	224.07	大蛋白质（>10 ku）、糖蛋白、脂蛋白
2,5-二羟基苯甲酸（DHB）	154.03	肽、蛋白质、碳水化合物、糖蛋白、脂蛋白、其他有机分子
蒽三酚（DIT）	226.06	极性比较小的高分子聚合物、脂类
3-羟基吡啶甲酸（THPA）	168.00	寡核苷酸（<3 500 u）
2,6-二羟基苯乙酮（DHAP）	152.05	糖蛋白、糖肽、磷酸化肽

4. ZipTip 纯化和浓缩　质谱的高灵敏度以及对盐的低耐受，尤其是串联质谱，要求用于质谱检测的样品需要很高的纯度以及很低的盐度。目前最理想的办法就是以 ZipTip（其内填充 C18 的材质）吸附蛋白质，利用清洗的步骤来去除盐类、杂质，再把所需的蛋白质冲洗下来以纯化蛋白质。

尽管基质辅助激光解吸电离飞行时间质谱的测定能允许一定量的盐和不纯物质存在，但在原位酶解所使用的缓冲液其盐度及非蛋白质成分相对较高，质谱分析时信噪比低，从而大大降低肽质谱分析的灵敏度，因而有必要在测定之前对样品纯化和脱盐。纯化和脱盐可利用 Millipore 的 ZipTip™C18 吸头来进行。ZipTip 是一种末端带有约 $0.6\,\mu L$ 或 $10\,\mu L$ 层析介质的吸管尖。目前主要有 3 种不同的 ZipTip 分别纯化相应的蛋白质（表 6-3），它是质谱分析、高效液相色谱、毛细管电泳和其他分析技术之前快速纯化、浓缩、脱盐和分流多肽、蛋白质或寡核苷酸的理想工具。

表 6 - 3　ZipTip 的类型及用途

产品名称	树脂类型	用　　途
ZipTip C18/μ-C18	C18	多肽、蛋白质、寡聚物的脱盐和浓缩多肽、蛋白质混合物的分级分离
ZipTip C4	C4	多肽、蛋白质的脱盐和浓缩
ZipTip MC	金属螯合	磷酸多肽的富集组胺酸标记蛋白质（重组蛋白质）的纯化

ZipTip™ C18 吸头末端带有一段 $0.6\mu L$ 的 C18 树脂微粒，使用时将 C18 吸头装在标准移液器上，样品通过 C18 树脂吸入分散几次后即可被吸附，吸附后的样品用水不能洗下，但盐等不纯物质却可洗去以达到纯化和脱盐的目的。Zip-TipC18 吸头的使用可明显提高基质辅助激光解吸电离飞行时间分析的信噪比的敏度（图 6 - 2）。

5. 实验室酶解的标准化　用于制备肽质量指纹谱的酶至少需要具备以下 3 个条件：①酶的水解位点专一；②酶切产生的蛋白质的肽段大小适合质谱分析并有利于数据库检索；③酶自身稳定，不易降解。用肽质量指纹谱（PMF）检索数据库时，要提高检索准确度，则产生肽谱的酶切点至少要有 2 个，而分子质量大于 5 000 u 的肽片段对检索没有很大帮助。

胰蛋白酶和 Glu-C 蛋白酶较多用于肽谱制备，胰蛋白酶水解位点在赖氨酸（K）和精氨酸（R）的羧基端，Glu-C 蛋白酶在 pH 4.0 条件下水解天冬氨酸（D）和谷氨酸（E）的羧基端。同时，

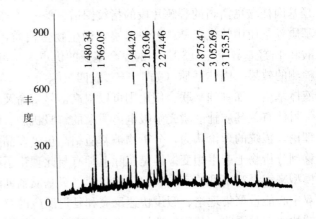

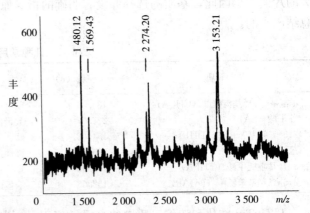

图 6 - 2　同一样品经 ZipTip C18 吸头浓缩脱盐处理（上）和未处理（下）的肽质谱指纹图

（引自陈主初，2002）

酶的使用量以及 37℃ 酶切的时间也会对酶切后的肽混合物的成分有影响。各实验室应根据自身特点及条件选择合适的酶、酶量及酶切时间。常用的基质辅助激光解吸电离飞行时间质谱（MALDI-TOF-MS）适宜测量分子质量在 500 u 以上的分子，在几千原子质量单位以内质量准确度较高。

为了对实验过程进行有效的监控，用 β-casein 进行胶内、溶液内酶解与 LCQ Deca XP 离子肼（Thermo Finnigan 质谱仪）质谱测试，结果见表 6 - 4 和表 6 - 5。

实验结果表明，β-casein 胶内酶解以 18 h、2 μg 上样量为好，结果 6 段肽串联质谱（MS-

MS）匹配较好。β-casein 溶液酶解以 21 h、500 fmol 为好，且有 7 段肽串联质谱匹配较好。以上结果经多次实验均鉴定 β-casein 以 β-casein A2 Variant 为主要成分。各实验室应该建立自己实验室的标准控制，在实验过程中用标准品进行全程对照，监控实验过程，以提高实验结果的可靠性。

表 6-4　β-casein 胶内酶解 LCQ 质谱测试结果

品　名	时间（h）	上样量	匹配肽段数（MS/MS）	查库结果
胶内酶解	18	4 μg/1.3 μL	3（855.1/1 119.2/1 849.1）	β-casein B
			4（729.9/723.9/762.0/811.9）	β-casein A2 Variant
胶内酶解	18	2 μg/1.3 μL	4（1 969.0/2 168.2/2 334.42 462.6）	β-casein precursor
			2（855.1/1 119.2）	β-casein B
			6（729.9/723.9/811.9/854.1/995.2/2 168.6）	β-casein A2 Variant
胶内酶解	18	500 ng/1.5 μL	3（723.9/762.0/811.9）	β-casein A2 Variant
胶内酶解	18	250 ng/1.5 μL	2（762.0/811.9）	β-casein A2 Variant

注：关于 4 μg/1.3 μL，"/" 之前代表 SDS-PAGE 的上样总量，"/" 之后代表胶内酶解、ZipTip 纯化后质谱的上样体积。

表 6-5　β-casein 溶液酶解 LCQ 质谱测试结果表

品　名	时间（h）	上样量（fmol）	匹配肽段数（串联质谱）	查库结果
溶液酶解	12	50	3（729.9、723.9、811.9）	β-casein A2 Variant
溶液酶解	16	50	4（729.9、723.9、811.9、2 168.6）	β-casein A2 Variant
溶液酶解	21	50	6（611.9、627.8、729.9、723.9、811.9、2 168.6）	β-casein A2 Variant
			2（1 964.0、2 168.6）	β-casein precursor
溶液酶解	12	500	5（729.9、723.9、762.0、811.9、2 168.6）	β-casein A2 Variant
溶液酶解	16	500	6（729.9、723.9、762.0、811.9、2 043.4、2 168.6）	β-casein A2 Variant
			1（2 168.6）	β-casein precursor
			2（1 119.2/1 120.4）	β-casein B
溶液酶解	21	500	7（627.8、729.9、723.9、762.0、811.9、995.2、2 168.6）	β-casein A2 Variant
			2（1 964.0、2 168.6）	β-casein precursor
			1（1 119.2）	β-casein B

第三节　基质辅助激光解吸电离质谱分析

基质辅助激光解吸电离方式（MALDI）于 1988 年由德国科学家 Karas 和 Hillenkamp 提出。他们将微量蛋白质与过量小分子基质的混合溶液点加在样品的靶盘上，溶剂挥发后蛋白质与基质在靶上形成共结晶。将靶盘装入质谱仪的离子源内，当脉冲激光照射到靶点上时，基质吸收了激光的能量跃迁到激发态，导致了蛋白质的电离和汽化。电离通常是基质上的质子转移到蛋白质分子上。然后由高电压将电离的蛋白质从离子源转送到质量分析器内。基质辅助激光解吸电离源最常用的分析器是飞行时间分析器（TOF）。蛋白质离子在飞行管内的飞行速度与它的 $(m/z)^{-1/2}$ 成正比。因此，m/z 值很容易由蛋白质离子从离子源飞行到检测器的飞行时间计算出来。在基质辅助激光解吸电离飞行时间质谱中，最常用的是氮激光源，其波长 $\lambda = 337$ nm。常用的基质有芥子酸、2,5-二羟基苯甲酸和 α-氰基-4-羟基肉桂酸等。也有应用红外激光，即铒/镱-铝石榴石（erbium/yttrium aluminum garnet，Er YAG）激光，其波长 $\lambda = 2.94\,\mu m$。Burlingame 等实验证明，红外激光基质辅助激光解吸电离与紫外激光基质辅助激光解吸电离相比，红外激光基质辅助激光解吸电离诱导的糖肽和磷酸化肽的裂解比较小，有利于鉴定整个分子。

在基质辅助激光解吸电离中引入了脉冲抽取技术，通常称之为延迟抽取（delayed extraction，DE）大大提高了分辨率。将反射型的基质辅助激光解吸电离飞行时间质谱与延迟抽取技术结合起来，在多肽的常规分析中质量准确度可高达 10^{-6} 级。具有反射型的基质辅助激光解吸电离飞行时间质谱，利用亚稳离子的分解，可进行源后衰变分析（post source decay，PSD）而获得多肽的序列信息。

基质辅助激光解吸电离飞行时间质谱适合分析绝大多数蛋白质，特别适合分析多肽和蛋白质的混合物。常规分析时多肽的灵敏度可达 fmol、amol 或更低。基质辅助激光解吸电离飞行时间质谱分析时能耐受一定量的小分子（像盐、去污剂等）。分析时样品制备是分析成败的关键。基质辅助激光解吸电离飞行时间质谱是蛋白质组学中蛋白质高通量鉴定的常用技术。

一、原理与特点

基质辅助激光解吸电离的基本原理是将分析物分散在基质分子（如烟酸及其同系物）中并形成晶体。当用 337 nm 的氮激光照射晶体时，由于基质分子吸收辐照光能量，导致能量蓄积并迅速产热，从而使基质晶体升华，导致基质和分析物膨胀并进入气相，同时样品解吸附，基质与样品之间发生电荷转移使样品分子电离。由于样品分子只吸收少量激光能量，避免了分子化学键的断裂。基质在样品离子形成过程中充当了质子化或去质子化试剂，使样品分子带上正电荷或负电荷。

基质辅助激光解吸电离源使用的激光是脉冲式，每一脉冲激光产生的一批离子得到一张质谱图，一般使用的质谱图是多次脉冲激光扫描质谱峰结果的累加。基质辅助激光解吸电离源产生的离子多为单电荷离子，质谱图中的谱峰与样品各组分的质量数有一一对应关系，因此基质辅助激光解吸电离质谱最适合分析多肽及蛋白质混合物。基质辅助激光解吸电离源的离子化效率非常高，所以这种仪器是现今灵敏度最高的质谱仪，能够对极微量样品进行分析。

基质辅助激光解吸电离质谱的特点：与电喷雾电离质谱等相比，基质辅助激光解吸电离的最大优点是它能耐受较高浓度的盐、缓冲溶液以及去垢剂的存在；基质辅助激光解吸电离产生的谱图大多为单电荷离子，因此质谱图中的谱峰与多肽或蛋白质的质量是一一对应的关系；基质辅助激光解吸电离具有较高的灵敏度和较大的质量范围，最新型的基质辅助激光解吸电离飞行时间质谱（MALDI-TOF-MS）灵敏度可达 fmol（10^{-15} mol），质量范围可达 400 ku；基质辅助激光解吸电离质谱易于操作和分析，对于初学者而言是最易上手的。

二、肽质量指纹谱分析

蛋白质的鉴定方法主要是利用蛋白质的各种属性参数（attribute parameter），如相对分子质量、等电点、序列、氨基酸组成、肽质量指纹谱（peptide mass fingerprinting，PMF）等在蛋白质数据库中检索，寻找与这些参数相符的蛋白质。如果在数据库中找不到匹配显著的蛋白，则有可能是发现了新蛋白质。为鉴定此蛋白质，应该直接进行蛋白质序列分析，或采用基因分子生物学研究技术路线对该蛋白质的基因进行克隆、表达、分离和鉴定。

肽质量指纹谱分析法由 Henzel、James、Mann、Pappin 和 Yates 组成的 5 个研究小组于 1993 年独立提出。它是质谱技术中进行高通量蛋白分析鉴定的一种最有力的手段，尤其适合于对基因全序列已知物种的蛋白质分析。

1. 原理　肽质量指纹谱鉴定蛋白质是目前蛋白质组研究中较为常用的鉴定方法。肽质量指纹谱是指蛋白质被酶切位点专一的特定蛋白酶水解后得到的肽片段质量图谱。由于每种蛋白质的氨基酸序列（一级结构）都不同，蛋白质被酶水解后，产生的肽片段序列也各不相同，其肽混合物质量数据亦具特征性，这种特征就像指纹一样，每种蛋白质都具有自己独特的肽质量指纹谱，可用于蛋白质的鉴定。为便于理解，可认为肽质量指纹谱有理论肽质量指纹谱和质谱肽质量指纹谱之分。前者指蛋白质被特定酶切后可能出现的全部肽质量指纹谱，即蛋白质酶切后生成多肽混合物的质量在蛋白质序列数据库内的理论预测；后者为蛋白质在实际研究中被同样的酶酶切后经质谱分析获得的一套肽质量指纹谱的数据。质谱肽质量指纹谱必定在理论肽质量指纹谱之中，因此可用实验获得的质谱肽质量指纹谱在蛋白质数据库中检索，寻找最相似的理论肽质量指纹谱来源的蛋白质。在实际工作中，往往只选取一区间的质谱肽质量指纹谱与理论肽质量指纹谱进行匹配分析。该分析利用相关的搜索软件进行。当这些部分质谱肽质量指纹谱与数据库中一个蛋白质理论预测肽段的质量匹配时，可获得具有显著性意义的高分，蛋白质从而得到明确鉴定。总之，在用肽质量数据鉴定蛋白质所控制的实验参数中，最具决定性的参数是肽质量测量的精确度。质量精确度越高，结果判定越可信。

值得注意的是，在这一方法中，用质谱分析的是蛋白质被酶切后的多肽混合物，而不是分析蛋白质本身，因为电泳后凝胶上的蛋白质很难从凝胶上洗脱下来进行质谱分析，而且仅用蛋白质的分子质量在数据库内检索鉴别是很不充分的。然而，多肽容易从凝胶上洗脱下来，而且一个蛋白质被酶切后生成的一小组多肽的质量，能提供足够的信息在数据库检索鉴定。对于包含 100 000 以上条录的数据库而言，正确鉴定一个蛋白质分子只需要 4~6 个肽段的信息。而且从理论上讲，所检索的数据库越小，则所需的匹配肽就可以越少，结果也会更确定。电泳胶上的蛋白质除可被原位酶切外，也可以转印到聚偏氟乙烯（PVDF）膜上酶切得到肽混合物，经质谱分析得到肽质量指纹谱，检索数据库进行鉴定。现今已有一套自动酶切的仪器，其原理就是利用聚偏氟乙烯膜先转印后再酶切。

肽质量指纹谱鉴定的基本路线见图 6-3。

2. 鉴定方法　虽然不同的软件鉴定数据库中已有序列的蛋白质的算法各有不同，但是都大同小异，都基于以下一些理念。

①肽段是由切点专一的试剂水解蛋白质产生的，通常用已知切点专一的蛋白酶。

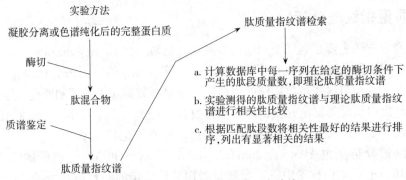

图 6-3　肽质量指纹谱鉴定基本路线

②这些肽段的质量由基质辅助激光解吸电离质谱或电喷雾电离质谱精确测定。

③计算蛋白序列数据库中的每一序列被实验中所用水解试剂水解后产生的理论肽段的质量，即理论肽质量指纹谱。

④用试验得到的肽质量与数据库中的肽质量计算值相匹配，计算得分或排序值。

3. 步骤和标准　肽质量指纹谱分析法主要适用于单个纯化蛋白的鉴定，目前在采用 IEF 双向电泳分离法获得的蛋白点鉴定中得到广泛应用。

（1）双向电泳胶上目的蛋白质的选择　电泳并染色后，选取用于鉴定的目的蛋白质应该是比较清晰、未与双向电泳胶上旁边其他的点或线相交的点。若所要选取的点较大（即该蛋白质含量较多），则只能挖取该点中间部分的胶；若所要选取的点很小，则要合并多张胶上的同一点然后再进行后续操作。

（2）胶内酶解　严格按步骤进行，制定实验室标准，质谱试剂及用品不做他用，以避免污染，特别注意要防止角蛋白的污染。

重视酶的选择，用肽质量数据鉴定蛋白质所控制的实验参数中，除肽质量测量的精确度外，另一决定性参数是所用酶（或化学试剂）的专一性。酶越纯，专一性越高，检索结果越可信。最常用的酶是胰蛋白酶。但需要注意的是，即便是高纯度的胰蛋白酶也会在非赖氨酸（Lys）或精氨酸（Arg）的氨基酸残基 C 端酶切（其后不是脯氨酸，Pro）。Glu-C 蛋白酶也较多用于肽谱制备，此外还有胰凝乳蛋白酶、Lys-C 蛋白酶以及 Asp-N 蛋白酶等。

所有蛋白酶都存在的问题是，如果蛋白序列中有 2 个或更多个连续氨基酸残基是酶的切点，蛋白酶会对底物酶切不完全，留下漏切的位点和不完全的末端，许多检索程序把漏切的位点数目作为输入的一个检索参数。内肽酶 Lys-C 是另一个具高度专一性的酶，此酶产生的自切产物比胰蛋白酶少，但同样也会有漏切位点，也会在非赖氨酸（Lys）位点酶切（其后不是 Pro）。同样也要注意，并非所有的蛋白质不论是否经凝胶分离都适用于胰蛋白酶或其他专一性蛋白酶切。但是，凝胶分离的蛋白质由于其处于变性状态，通常酶切十分有效。

（3）样品制备与上样　蛋白质和多肽的基质辅助激光解吸电离（MALDI）分析包括以下一系列步骤。

①被分析物与基质（小分子芳香化合物）混合。基质通常溶解在酸性且易挥发的有机溶剂中（HCCA 基质一般溶解于 40％乙腈、0.5％三氟乙酸的水溶液中），超声仪混合配成饱和溶液，以

超过样品1 000倍的量与样品用枪头吹吸混合（体积比1:1），然后快速点加到金属片（靶）上，溶剂在空气中自由挥发后，就形成了样品-基质共结晶薄膜。

②将加有样品-基质混合结晶的靶送入质谱仪的真空室，压力为$133.322×10^{-5}～133.322×10^{-8}$Pa（$10^{-5}～10^{-8}$ Torr）。

③在金属片（靶）上加$+20～30$kV的高电压（产生正离子），同时有短的激光脉冲照射在干燥的样品上。

④基质晶体吸收特定波长的激光能量（紫外激光337 nm，红外激光2.94 μm），又以热的形式将能量释放，引发解吸附。这一迅速的放热过程又使基质晶体升华，基质和样品分子汽化进入质谱仪的气相。该过程是基质先吸收激光能量，然后将能量传递给与之共结晶的样品，而非样品直接从激光中吸收能量。

（4）质谱鉴定 基质辅助激光解吸飞行时间质谱（MALDI-TOF-MS）操作简单，短时间即可掌握基本操作方法。样品结晶的好坏直接影响所得到的质谱图的效果，白色且较厚的结晶一般都含很多基质，较难得到样品峰，故应选取较透明的结晶点进行激发。

通过在气相中发生质子化-去质子化，附着阳离子-脱离阳离子，或氧化还原等过程实现离子化。产生的离子从靶表面（保持$+20～30$kV高电压）被推斥并加速进入一系列的离子透镜（保持接地电压），离子透镜聚焦离子进入飞行时间质量分析器的无场漂移区（50～300 cm）。检测器安装在无场漂移区末端，通过飞行管道的离子被检测器记录。

基质辅助激光解吸电离（MALDI）离子化过程送入质量分析器的离子实质上具有相同的终动能。在动能一定时，离子的速度与离子的质荷比（m/z）成反比。因此，在线性检测器中，离子到达飞行管道另一端检测器的时间反映了被检测离子的m/z。

离子通过无场漂移区的飞行时间由激光脉冲触发检测器记录。因此，每一离子化过程产生的每一批离子到达检测器的飞行时间都被记录下，并被换算为质荷比m/z。

激光强度需根据结晶中样品的含量确定，激光太强则基线及基质峰都会很高，激光太弱则很难得到样品峰，最佳做法是先在较高激光强度下将基质激发，再减弱激光到合适强度，这样得到的谱图信噪比较高。

最终的谱图是通过每一次激发后得到谱图的累加形成的，累加越多，谱峰也就越高，但基线也会越高。应有目的地选择，且应多累加不同激发点得到的谱图，使得到的谱图更可靠，一般谱图的峰强度应达到1 000以上。

（5）肽质量指纹谱的选取 由于基质辅助激光解吸电离飞行时间质谱产生的多为单电荷离子峰，因此谱图上的峰值即为某个肽段的离子质量。m/z为0～800者多为基质峰，因而对样品峰的标定集中在m/z为800～3 000，同时对信噪比大于3的谱峰才予以标定，角蛋白峰以及酶自切峰可以在标定过程中或标完后予以去除，以增加查询时匹配的显著性。高分辨率的质谱仪得到的谱图有同位素峰存在，标峰的时候只标定一系列同位素峰的第1个峰，不论该峰的强度是否最高；同位素峰的m/z相差1，且一系列同位素峰的强度是逐渐减弱或先增强再减弱，当遇到逐渐减弱的同位素峰后紧接着又出现强度增强的质谱峰时，该质谱峰可能为新肽段峰，应予标定。

（6）质谱肽质量指纹谱与理论肽质量指纹谱匹配 主要采用蛋白质数据库程序进行。许多做开创性工作的小组及后来的研究小组已将他们的检索软件放在互联网上供大家免费使用，网址如

表 6-6 所示。

表 6-6 用质谱数据鉴定蛋白质的检索工具网址

程序名称	网 址	资源及特点
PeptIdent	http://www.expasy.ch/tools/peptident.html	ExPASy，肽质量和碎片离子检索软件
MS-Fit	http://prospector.ucsf.edu/ucsfhtml4.0/msfit.htm	University of California，肽质量检索软件
ProFound	http://prowl.rockefeller.edu/cgi-bin/ProFound	Rockefeller University，肽质量和碎片离子检索软件
PeptideSearch	http://www.mann.embl-heidelberg.de/GroupPages/PageLink/peptidesearch/Services/Peptide Search/FR_PeptideSearchFormG4.html	EMBL，肽质量和碎片离子检索软件
Mascot	http://www.matrixscience.com/cgi/search_form.pl?FORMVER=2&SEARCH=PMF	Mascot，肽质量和碎片离子检索软件

（7）蛋白质鉴定 蛋白鉴定有多种标准，软件给出的分数、匹配的肽段数、覆盖率、期望值等都具有参考价值。有一点值得提醒的是，质谱鉴定的结果只是给出了一个最有可能的结果，即便匹配程度很高，其结果也只是一种可能，需要通过其他方法来确定（例如 Western blotting）。但是可以通过对同一样品多次鉴定、对同一结果使用不同软件进行查询等方法来提高质谱结果的可信度。对于有基因组全序列的物种蛋白质，一般以检索软件给出的显著性结果为准；若软件给出的结果均无显著性，可通过 2～3 种不同的检索软件进行查询，结果均一致的话可认为该结果有一定的可信度。对于还未得到基因组全序列的物种蛋白质，则以与其同源性最高且有基因组全序列的物种为准进行查询，再对得到的结果进行分析。

三、肽质量指纹谱检索实例

为了能够较好地理解采用肽质量指纹谱法鉴定未知蛋白的整个过程，现举例予以详细说明。

1. 肽质量指纹谱图谱来源与分析 图 6-4 是在大肠杆菌 K12 外膜蛋白 TolC 的基质辅助激

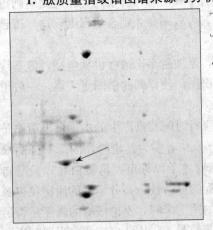

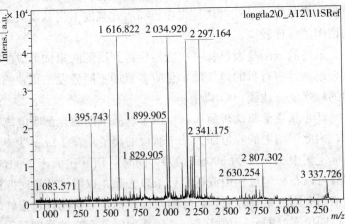

图 6-4 大肠杆菌 K12 外膜蛋白 TolC 的 MALDI-TOF-MS 鉴定
A. 外膜蛋白双向电泳图谱局部图（箭头所指为用于质谱鉴定的目的蛋白点）
B. 目的蛋白点 TolC 的肽质量指纹图谱

光解吸电离飞行时间质谱（MALDI-TOF-MS）鉴定过程中使用的双向电泳（图6-4A）和肽质量指纹谱图谱（图6-4B）。图6-4A是对大肠杆菌K12外膜蛋白进行双向电泳分离结果的局部放大图，箭头所指为用于基质辅助激光解吸电离飞行时间质谱分析的蛋白点，图6-4B为该点的肽质量指纹谱。从图6-5B可见，该蛋白点的肽质量指纹谱共可标定25个峰，其峰值分别为842.505 483 7、1 285.622 115、1 395.743 233、1 550.764 978、1 616.821 701、1 618.887 287、1 654.827 578、1 737.930 103、1 829.904 736、1 998.895 358、2 017.913 129、2 034.920 023、2 037.027 368、2 140.095 411、2 168.025 412、2 184.084 948、2 186.047 946、2 211.100 164、2 226.082 168、2 243.087 96、2 283.169 495、2 341.175 188、2 630.254 432、2 750.332 21和2 807.301 916 2。

2. 数据库与检索参数选择　目前最常用的蛋白质检索工具是Mascot，界面清晰、简洁是其最大的特点，同时检索的可靠性也很高（图6-5）。

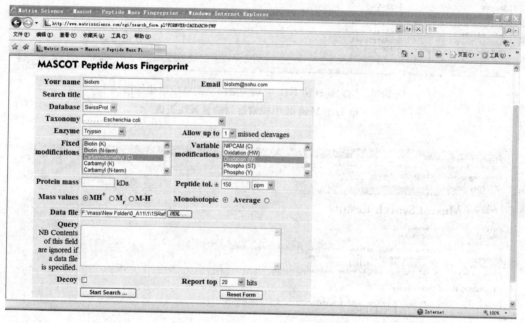

图6-5　Mascot软件的检索界面图

按页面上的要求，根据自身质谱操作过程中的条件设定好参数（不同的参数设置会对查询的结果造成影响），并载入肽质量指纹谱的数据文件或者手动输入肽质量指纹谱图上m/z的数值，开始查询。在参数设置上，主要是"Database"、"Taxonomy"、"Enzyme"以及"Peptide tol."的设置："Database"一般选用NCBI或SwissProt，所要鉴定的蛋白来源于大肠杆菌K12，且用胰酶酶切，故"Taxonomy"和"Enzyme"分别选"Escherichia coli"和"Trypsin"，"Peptide tol."表示的是质谱仪的误差，一般选150 ppm。

3. 检索结果分析　图6-6和图6-7显示按上述参数进行查询后所得到的结果。

从图6-6中可以看到：排在第1位的TOLC ECOLI不仅匹配了11个肽段，而且软件给出的可靠性分数也高达112分；而尾随其后的第2位（YJGR、ECOLI）仅匹配了5个肽段，而且

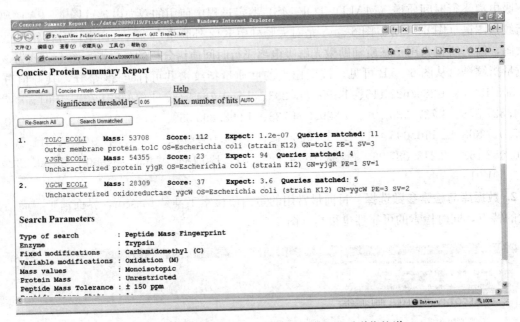

图 6-6　用大肠杆菌 K12 中某一蛋白质的肽质谱指纹谱
结果在 Mascot 中检索得到的显著性报告

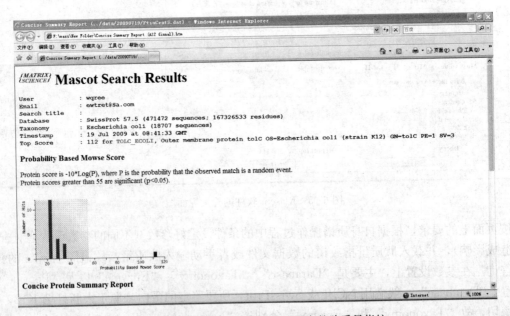

图 6-7　用大肠杆菌 K12 中某一蛋白的肽质量指纹
谱结果在 Mascot 中查询得到的结果

软件给出的分数仅为 37 分，其可靠性不显著。结合已经完成的大肠杆菌全基因组序列，可以认为该蛋白点就是 TOLC ECOLI。从结果中对 TOLC ECOLI 匹配情况的报告中可以看到（图 6-

8），25个谱峰中有11个与TOLC ECOLI的理论肽质量指纹谱相一致（覆盖率达到38%），分别是：1 616.821 7、1 550.765 0、1 285.622 1、2 184.084 9、2 750.332 2、2 140.095 4、2 034.920 0、1 829.904 7、2 243.088 0、1 737.930 1、1 395.743 2，其他14个峰没有匹配。与肽质量指纹谱图相比较，可以发现，并不是峰强度越大，被匹配的可能性也越大。

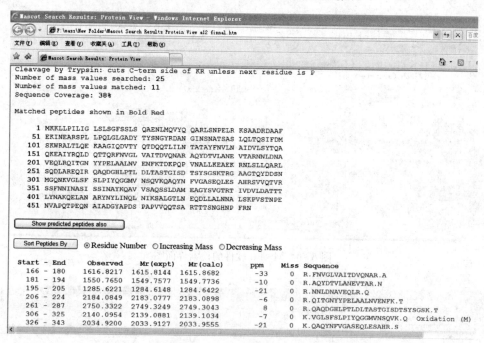

图6-8　质谱肽质量指纹谱数据与TOLC ECOLI的
理论肽质量指纹谱匹配情况

四、检索可靠性的确认

为进一步提高该蛋白质谱检索的可靠性，同时应用MS-Fit软件对TOLC ECOLI的肽质谱指纹谱数据再进行检索。MS-Fit的检索界面如图6-9所示，参数的设置与Mastco的相同。

该检索结果见图6-10。从图6-10可见，25个谱峰中有13个被匹配，覆盖率达到38.5%，检索结果亦为TOLC，与Mascot的一致，说明有关鉴定结果的可靠性。由于不同软件的算法不同，因此Mascot和MS-Fit所给出的参考分数有很大的区别，但不影响检测结果。同时也可以发现，即使是使用同一数据库SwissProt、Mascot和MS-Fit所给出的匹配肽段也不尽相同。因此对结果评估其可靠性时，采用不同软件进行搜索是有必要的。

在实际工作中，所有检测到的肽质量往往不可能全部与蛋白质的序列相符合，从而不仅使混合物中各组分的鉴定变得复杂，还使单一的纯蛋白质的鉴定也复杂化，因此，了解那些未匹配的肽质量数的性质非常重要。与匹配正确与否有关的某些表观伪质量（spurious masses）存在的可能原因总结如下：

①蛋白质被正确鉴定，但是由于翻译后修饰或人为修饰及翻译后加工（如N末端或C末端

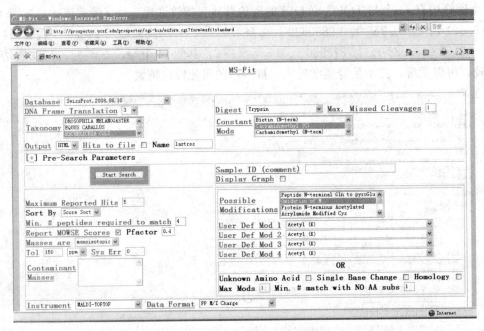

图 6-9 MS-Fit 软件的检索界面图

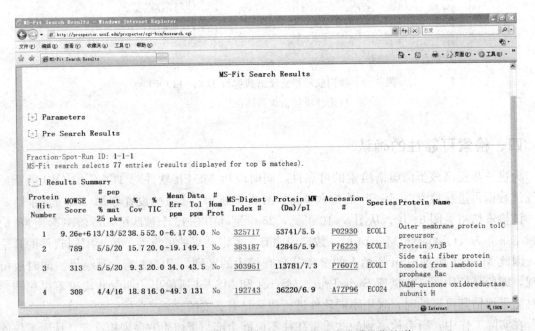

图 6-10 用大肠杆菌 K12 中某一蛋白质的肽质量指纹谱
结果在 MS-Fit 中查询得到的结果

加工）产生了另外的质量。尽管某些质量的差异可能与这些修饰情况相符，但除非经实验证明，否则仅仅是假设。

②蛋白质被正确鉴定，但存在非特异性的蛋白质水解，或有杂蛋白酶存在。通过排除酶切位点专一的假设，确定候选蛋白质是否会产生具有那些质量数的肽段，这样可以接受这种可能性。

③蛋白质被正确鉴定，但有部分杂质蛋白质混在其中，如双向电泳（2-DE）胶上的蛋白点可能由多个蛋白质组成。如果有足够多的未匹配肽质量数，就可以用这些数据单独进行肽质量检索，以证实存在另外的蛋白质。当然要做酶自切的对照实验，以鉴别所有的酶自切产物。

④被鉴定的蛋白质或许是数据库中已登录蛋白质的同源序列，或者是其序列的剪切变异体。某些检索程序允许实现跨种间检索，如果能得到另外确实的数据，这一方法还是很有用的。因为从基因特征不清楚的种属得到的蛋白质也许可以在基因特征清楚的种属的蛋白质序列库中得到匹配鉴定。

⑤蛋白质的鉴定结果是假阳性，如果没有其他数据，特别是实验数据的质量数精确度不高时，这一结果很难被证实或证伪。如果所用检索程序是用鉴定结果的得分值排序，而所获得的检索结果的得分值又比较低时，该结果的证实就更加困难了。在某些例子中，通过比较检索结果中排序第1和第2位（及后面）的得分值之差，得到进一步确认。此蛋白质也可能在蛋白质数据库中不存在。

五、肽质量指纹谱分析的优缺点

基质辅助激光解吸电离质谱仪商品化后，表现出其分析混合物中肽段质量的能力，尤其是对凝胶分离蛋白质的酶切肽段的分析能力。

1. 优点

（1）容忍性好　基质辅助激光解吸电离（MAIDI）可以耐受被分析样品混合物中存在的微量缓冲液、盐和少量电荷离子的干扰，这样的特性使其优于电喷雾电离（ESI）等其他离子化方法而成为肽质量指纹谱分析的最佳离子化技术。

（2）灵敏度高　即仅需少数肽片段的质量被准确测定就可鉴定被检测的蛋白质，且被检测蛋白的量可低达 fmol 水平。

2. 缺点　这种检索途径有一个明显的限制，就是被鉴定的蛋白质必须已经在序列数据库（翻译的核酸序列或蛋白序列数据库）中存在。如果数据库内可用的蛋白质序列数据不足，就不能明确鉴定。因此，这一手段非常适用那些基因特性非常清楚的物种，特别是全基因组已知的物种，亦适用那些已经建立详尽的蛋白质或 cDNA 序列数据库的物种。肽质量检索鉴定蛋白质方法的依据是实验中获得的蛋白质的多个肽段的质量数据与同一蛋白质肽段质量计算值之间的相关性。因此，这一技术既不适用于检索表达序列标签数据库（EST）翻译序列，也不适用于鉴定2个以上的蛋白质混合物。但是，对某些蛋白质可进行种属间鉴定，已经有了为这一特殊目的而编写的程序。此外，小的酸性蛋白质酶切后不能产生足够的肽段时也不能明确鉴定，分离后凝胶上的一个斑点由于共分离作用含多个蛋白质时也不能鉴定。

六、鉴定软件的算法研究

测定肽混合物质量数最有效的质谱仪是基质辅助激光解吸电离飞行时间质谱仪（MALDI-

TOF-MS），其灵敏度高，谱峰简单，每个谱峰代表一种肽段。但是蛋白质可能存在翻译后修饰，电泳过程中某些氨基酸会引入质量修饰（如半胱氨酸烷基化、甲硫氨酸氧化等），这样在蛋白质的肽质量指纹谱中就会有一些质量数与理论值不符，但肽质量指纹谱鉴定的优势就在于不需要将全部肽质量数都与理论值相符。肽质量指纹谱方法可同时处理许多样品，是大规模鉴定的首选方法。

有许多研究小组开始研发蛋白质鉴定的软件算法，这些算法都是基于用实验测得的肽质量与蛋白序列数据库中蛋白质的肽质量计算值进行相关性分析。这一途径已经成为凝胶分离蛋白质鉴定的最常用手段。

为了进一步增加肽质量的可信度，开发了正交法对单个肽段的氨基酸序列或组成提供额外的或限制性的信息。在这种方法中，样品除用于原始质量测量外，还分出一部分用于正交分析。正交分析信息限制了用肽质量在数据库中检索鉴定蛋白质产生的多个肽段与同一质量匹配的情况。正交方法可分为以下几类。

1. 特异位点的化学修饰　甲酯化，在每个羟基基团上增加 14 个质量单位［如酸性氨基酸残基（Asp、Glu）侧链或肽的 C 末端］；碘化反应，在酪氨酸上增加 126 个质量单位；及用 1∶1 混合的乙酰胺-氘代乙酰胺在每个半胱氨残基上进行同位素标记。

2. 测定肽段的部分氨基酸组成　有两种方法测定肽段的部分氨基酸组成。如果肽段中的可交换氢在氘溶液中被交换，那么每一个氨基酸有其特定的交换数目，每个残基为 0～5 个质量单位。因此，肽质量增加的总数就反映了肽的氨基酸组成。肽段部分氨基酸组成也可通过鉴别串联质谱图中的铵离子（ammonium ion）峰来确定。

3. 鉴定 N 末端氨基酸残基　混合物中肽段的 N 末端氨基酸确定可用化学法（一步 Edman 反应）或酶法（用氨肽酶除去末端氨基酸残基）来确定。

4. 肽内不同酶切位点的鉴定　为了确定段肽中一个特定残基的存在及相对位置，采用酶切位点不同的酶对一级水解产物进行二次水解（次级水解）。同样也可把一份样品分为两等份用切点不同的酶平行水解。

5. 鉴定 C 末端残基　与 N 末端残基鉴定相似，用羧肽酶除去 C 末端氨基酸残基，某些情况下，会有一个或多个额外的残基被水解了。但是当使用高度专一性的酶时，除去一个残基不能提供太多信息。

第四节　电喷雾电离质谱分析

电喷雾电离质谱（ESI-MS）是美国耶鲁大学 Fenn 教授和他的同事在 20 世纪 80 年代后期提出的。他们用电喷雾电离使一个 40 ku 的大蛋白生成完整的多电荷气相离子。电喷雾电离是当今有机质谱中最软的电离技术，它是将蛋白质的弱酸性水溶液（或水溶剂）通过毛细管或喷雾针导入大气压电离源内（atmosphere pressure ionization，API），在汽化气的帮助下和源内毛细管终端和反电极之间的强电场作用下，样品溶液形成带电荷的雾，即电喷雾。这些雾滴在热氮气流下蒸发，半径逐渐缩小，雾滴表面的电场不断增强到某一临界点时发生离子的场发射，或溶剂完全蒸发。生成的样品气相离子经质量分析器分析，测出它们的质荷比。蛋白质在阳离子或阴离子电喷雾电离时，分别生成一系列 $[M+nH]^{n+}$ 或 $[M-nH]^{n-}$ 的多电荷离子，用一个简单的方程式能精确测出蛋白质的分子质量，质量准确度达 0.01% 或更好。现在可用软件将蛋白质的一组多电荷离子转换成通常的质谱图。

电喷雾电离质谱的最重要进展是 Wilm 和 Mann 引入了纳电喷雾源（nano-electorspray ionization source，NanoESI，纳升流速），其不仅提高了分析的灵敏度，而且少至 $0.5\,\mu L$ 的样品溶液，可得到 30 min 以上的稳定喷雾，以至有充分的机会使质谱的参数最佳化和进行许多串联质谱分析。电喷雾电离源最常用的分析器是单级四极分析器和三级四极分析器（triple quatrupole analyzer）。电喷雾电离源与单级四极分析器组成的电喷雾电离质谱（ESI-MS）主要用于测定多肽和蛋白质的分子质量。而电喷雾电离源与三级四极分析器组成的电喷雾电离串联质谱仪（ESI-MS-MS），在分析混合物时有高度的专一性。在电喷雾电离串联质谱分析中，多肽混合物被电喷雾电离源电离后，第一级质谱选择特定 m/z 的多肽离子通过并进入碰撞活化室，在碰撞活化室内肽离子与惰性气体碰撞发生碰撞诱导解离（collision induced dissociation，CID）生成碎片离子，第二级质谱对裂解生成的碎片离子进行分析。碰撞诱导解离也可在离子源内发生，但源内碰撞诱导解离不能选择离子故不适用于混合物分析。电喷雾电离产生的离子特别适用于碰撞诱导解离，因为多肽的高电荷状态增加了碰撞能量。多肽碰撞诱导解离时的碎裂作用优先发生在酰胺键上，生成专一的序列离子。当酰胺键断裂形成离子时，若电荷保留在 N 端的碎片上，则定名为 a、b、c 离子；若电荷存在于 C 端的碎片上，则称之为 x、y、z 离子。通常在低能裂解条件下，c 离子和 z 离子一般观察不到。a 离子是从相应的 b 离子失去 CO（28 u）形成的。有时也可观察到亚铵离子（immonium ion）和酰基阳离子（acylium ion）。酰基阳离子是由 2 个主键链裂解产生的。m/z 高于母离子的离子常常是部分 y 系列离子。在多肽的碰撞诱导解离质谱图上，通常能观察到多肽的 N 端和 C 端互补的序列离子，获得多肽完全或几乎完全的序列信息。应用电喷雾电离串联质谱（ESI-MS-MS）测定多肽的氨基酸序列，是对 Edman 降解反应测序的最好补充，因为它能测定修饰的氨基酸和封闭的末端。电喷雾电离串联质谱测得的多肽序列信息结合多肽的质量数据，在分析蛋白质翻译后的修饰时特别有用。

一、原理

1. 电喷雾　常见的电喷雾是内径 0.1mm 的金属毛细管。当在它上面施加 $3\sim 8\,kV$ 的电压时，由于毛细管的顶端很窄，形成的电场强度可高达 $106\,V/m$。当流速为 $0.5\sim 5\,\mu L/min$ 的 LC 流出物溢出金属毛细管时，会形成扇状喷雾。它是细小的液珠和溶剂蒸气的混合体。由于高压电场的作用，溶液中带某种电荷的溶质会向液体表面移动，使液珠表面该种电荷过剩。

2. 离子的形成　当表面带有大量电荷的精细液珠向下游移动时，溶剂迅速挥发，液珠表面积不断缩小，电荷密度增高。当此情况达到一个最高的极限（Rayleigh 极限）时，液珠会分裂成更小的液珠。在质量和电荷再分配后，更小的液珠进入稳定态，然后再重复蒸发、电荷过剩和液珠分裂。在整个过程的某个阶段，分析物能够以单电荷或多电荷离子的形式进入气相。

3. 离子的输送　大气压条件下形成的离子，在电位差的驱使下（当然也有压力差的作用），通过取样孔进入质谱真空区。离子流通过一个加热的金属毛细管，进入第一个降压区，在毛细管的出口处形成超声速喷射流。由于分析物带电荷并且动量大，可通过下游处于低电位的锥形分离器的小孔，进入第二降压区，经聚焦后进入质谱。而与分析物离子一同穿过毛细管的少量的溶剂，由于呈电中性并且动量小，则在第一和第二降压区就被抽走。离子通过入口后，在一个只加有射频场（radio frequency，RF）的四极杆控制下进入质量分析器，可以是四极杆、四极杆-飞行时间或离子阱质量分析器。

电喷雾电离产生的多肽离子的特征是带多电荷，电荷数与肽分子中可电离的基团数目有关。如果用电喷雾电离质谱（ESI-MS）正离子模式分析胰酶酶切肽段，大多数肽段都会带至少两个电荷，一个在 N 末端的 NH：基团上，另一个在胰酶酶切位点肽段 C 末端碱性氨基酸的侧链上。

基质辅助激光电离（MALDI）法的长处在于可以在短时间内对于多种样品进行处理，而在使用串联质谱仪获取肽的序列信息时，则可以采用电喷雾电离法。电喷雾电离质谱已在糖的结构分析中显示出强大的生命力。它无需衍生化就能确定寡糖的结构、聚合度及组成，并能精确测定糖蛋白的分子质量及其中寡糖的序列和结构的均一性，还能区分寡糖是 O 连接还是 N 连接的，常被用于糖型（glycoform）的分析。但是，电喷雾电离质谱受样品中的无机盐和溶剂中干扰物的影响比较大，常导致其表观灵敏度不高。

二、特点

电喷雾电离对质谱分析的重要贡献之一是产生大量的多电荷离子。质谱是通过测定质荷比来确定肽段质量的。在电喷雾电离以前的电离技术主要是产生单电荷离子，所测得的值即是离子的质量。普遍使用的四极杆质谱仪的质荷比测量范围一般在 3 000 以下。磁质谱的测量范围一般在 5 000 以下。由于产生多电荷离子，离子的质量数落在一般的四极杆的测量范围之内，因此对于相对分子质量在几万以上的生物大分子，传统的质谱是无能为力的。电喷雾电离技术的出现使质谱在这方面的应用有了根本的改观。

在电喷雾电离过程中，几乎没有任何外能输给化合物。因此，电喷雾电离是迄今为止最为柔和的电离方法，也称为软电离方法。电喷雾电离质谱图主要给出与准分子离子有关的信息，例如（在单电荷离子的情况下）MH^+、MNa^+、$(M) nH^+$、$[MH]^-$、$[(M) n\text{-}H]^-$ 等，很少给出化合物碎片。这不利于化合物的结构推导。为了克服此不足，电喷雾电离常与串联质谱联用。

三、上样

在电喷雾电离源中，含有被分析样品（多肽、蛋白质）的溶液流经一个细细的进样针，针头上加高电压（$+1\ 000 \sim 5\ 000$ V）用来产生正离子。高电压导致样品液流分散为呈喷雾状的带高电荷的微小液滴，质谱仪入口端的有孔平板上加有 $+100 \sim 1\ 000$ V 的低电压，引导离子通过入口（orifice），这一入口是离子源和质谱仪的连接处，离子源处于大气压环境，质谱仪处于真空系统内。

四、肽序列标签分析法

1. 用多肽序列信息鉴定蛋白质　经串联质谱分析得到的信息可以通过 2 种方式进行蛋白质的鉴定。Mann 等提出了肽序列标签（peptide sequence tag，PST）方法，肽序列标签是由一个多肽的部分氨基酸序列和该肽的质量以及该肽未测序部分的质量等组成。此方法非常快速和专一，但检索前需要对多肽的串联质谱图谱进行解析并从中提取出肽序列标签。另一种方法是将实验测得肽的串联质谱图谱与数据库中多肽的理论串联质谱裂解图谱进行比较。应用 Sequest 和 Mascot 程序，在一次联机高效液相色谱-电喷雾电离串联质谱（HPLC-ESI-MS-MS）实验中，能检索数百个串联质谱图谱，而且不需要事先对图谱进行解析，可实现自动化。相对于肽质量指纹谱方法，将序列信息用于蛋白质的鉴定具有更高的专一性。

2. 串联质谱鉴定多肽序列原理　蛋白质由 20 种氨基酸组成，一段 3 个氨基酸的肽有 20^3 种可能排列方式，4 个氨基酸的肽有 20^4 种可能排列方式，一个特定序列的 4 肽出现的概率为 1/160 000。所以 5～6 个氨基酸残基的序列片段在一个蛋白质组成中具有很高的特异性，这个片段称为肽序列标签，可用于蛋白质鉴定。而用读出的部分氨基酸序列结合此段序列前后的离子质量和肽段母离子质量，在数据库中查寻，这一鉴定方法就称为肽序列标签技术。串联质谱仪可获得肽段序列信息。肽段母离子在质谱仪的碰撞室经高流速惰性气体碰撞解离，沿肽链在酰胺键处断裂并形成子离子。肽键断裂时，会产生 a、b、c 型和 x、y、z 型系列离子，a、b、c 型离子保留肽链 N 端，电荷留在离子 C 端；x、y、z 型离子保留肽链 C 端，电荷留在离子 N 端。其中，b 型和 y 型离子在质谱图中较多见，丰度较高，还会出现 b-H_2O 和 y-NH_3 等离子形式。y、b 系列相邻离子的质量差，即为氨基酸残基质量，根据完整或互补的 y、b 系列离子可推算出氨基酸的序列。20 种基本氨基酸残基的相对分子质量见表 6 - 7。

表 6 - 7　20 种氨基酸残基（—NH—HCR—C＝O—）相对分子质量

氨基酸名称	单同位素相对分子质量	平均相对分子质量
甘氨酸（glycine, G）	57.021 46	57.051 9
丙氨酸（alanine, A）	71.037 11	71.078 8
丝氨酸（serine, S）	87.032 03	87.078 2
脯氨酸（proline, P）	97.052 76	97.116 7
缬氨酸（valine, V）	99.068 41	99.132 6
苏氨酸（threonine, T）	101.047 68	101.105 1
半胱氨酸（cysteine, C）	103.009 19	103.138 8
异亮氨酸（isoleucine, I）	113.084 06	113.159 4
亮氨酸（leucine, L）	113.084 06	113.159 4
天冬酰胺（asparagine, N）	114.042 93	114.103 8
天冬氨酸（aspartic acid, D）	115.026 94	115.088 6
谷氨酰胺（glutamine, Q）	128.058 58	128.130 7
赖氨酸（lysine, K）	128.094 96	128.174 1
谷氨酸（glutamic acid, E）	129.042 59	129.115 5
甲硫氨酸（methionine, M）	131.040 49	131.192 6
组氨酸（histidine, H）	137.058 91	137.141 1
苯丙氨酸（phenylalanine, F）	147.068 41	147.176 6
精氨酸（arginine, R）	156.101 11	156.187 5
酪氨酸（tyrosine, Y）	163.063 33	163.176 0
色氨酸（tryptophan, W）	186.079 31	186.213 2

3. 肽序列标签技术需要注意的几个问题　①亮氨酸和异亮氨酸有着相同的分子质量，质谱不能区分；②在甘氨酸附近的还原性裂解将导致甘氨酸-甘氨酸和天冬酰胺、甘氨酸-丙氨酸和谷

氨酰胺之间的含糊不清；③半胱氨酸在丙烯酰胺中变成烷基化物。

肽段离子断裂的方式具有序列特异性，主要是沿肽骨架的肽键断裂（见第五章图 5-22、图 5-33 和图 5-34）。如果肽离子的正电荷保留在碎片离子的 N 末端，此离子被称为 b 系列离子，用下标数字代表这一碎片离子中的氨基酸残基数目，从 N 末端起为 1。因此，b 离子代表 C 末端缺失，N 末端完整的碎片离子。如果电荷保留在 C 末端，离子被称为 y 系列离子（与 b 系列离子一样有下标数字，但从 C 末端数起）。因此 y 离子代表 N 末端缺失，C 末端完整的碎片离子。碰撞诱导解离谱图是由几千种独立的裂解过程产生数据的混合图，即 b 系列和 y 系列离子的混合图。谱图中也存在一些其他离子：氨基酸侧链（Gln、Lys、Arg）中性丢失氨，产生质量少 17 u 的离子；氨基酸侧链（Ser、Thr、Asp、Glu）中性丢失 H_2O 产生少 18 个质量单位的离子；以及从 b 系列离子中性丢失 CO 产生质量少 28 u 的离子，即 a 系列离子。另外，如果一个肽段离子发生多次裂解，就会产生中间碎片，包括肽基离子（acyl，由至少 2 个氨基酸残基组成）和亚铵离子。亚铵离子代表单个氨基酸的质量，因此提供了肽段的部分氨基酸组成。并不是所有的肽键在碰撞诱导解离条件下都具有相同的断裂倾向，在同一张串联质谱图中产生的碎片离子的强度也有显著差异。最常发生的断裂是在脯氨肽（prolyl）键上，通常产生碰撞诱导解离谱图中的最强离子峰。另外，不稳定的脯氨肽键断裂还导致产生了最常见的中间碎片肽基离子（acyl），并从脯氨酸残基延伸到 C 末端。

串联质谱的数据也需要通过专业的程序检索来鉴定蛋白质。常用的串联质谱数据鉴定蛋白质检索程序网站见表 6-8。

表 6-8 串联质谱数据蛋白质检索程序网址

程序名字	网　　址	服务网站
MS-Tag	http：//prospector. ucsf. edu/ucsfhtml3. 2/mstag-fd. html	UCSF Mass Spectrome-try Facility
PepFrag	http：//prowl1. rockefeller. edu/prowl/pepfragch. html	ProteoMetrics and Roc-kefeller University
MOWSE	http：//srs. hgmp. mrc. ac. uk/cgi-bin/mowse	The UK Human Geno-me Mapping Project Re-source Centre
Mascot	http：//www. matrixscience. com/cgi/index. pl? -page=/search _ form _ select. html	Matrix Science Ltd. ，London
PeptideSearch	http：//www. mannembl-heidelberg. de/GroupPag-es/PageLink/peptidesearchpage. html	EMBL Protein & Peptide Group

现有 2 种电喷雾电离串联质谱（ESI-MS-MS）途径来获得多肽的序列信息。其一是纳电喷雾源串联质谱（NanoESI-MS-MS），由于分析时是纳升的流速，1 μL 样品溶液可喷雾 1 h 或更长时间，能在合适的条件下进行很多串联质谱（MS-MS）分析，再结合应用快速的数据库检索，能对蛋白质进行"实时"鉴定，还可以在同一个电喷雾实验中对一些鉴定结果做确证实验。第二种途径是联机高效液相色谱-电喷雾电离串联质谱（HPLC-ESI-MS-MS）分析。用 Micromass 的 HPLC-ESI-Q-TOF 仪器进行分析时，反相高效液相色谱（HPLC）对多肽进行分离。Q-TOF 质谱仪对从色谱柱洗脱出的多肽自动选择前体离子进行串联质谱分析。分析时用内径为 75 180 nm 的色谱柱，移动相流速小于 1 μL/min 可以得到较高的灵敏度。联机高效液相色谱-电喷雾电离串

联质谱（HPLC-ESI-MS-MS）分析具有较高灵敏度、能联机脱盐和自动化分析等优点。纳电喷雾源串联质谱（NanoESI-MS-MS）在重新测序方面有特长，联机高效液相色谱-电喷雾电离串联质谱适合自动化分析。实验时两者互相补充能获得最佳的效果。利用上述的源后衰变基质辅助激光解吸电离飞行时间质谱（PSD-MALDI-TOF-MS）也可以获得多肽的序列信息。

为了将 ESI-MS-MS 或源后衰变基质辅助激光解吸电离飞行时间质谱（PSD-MALDI-TOF-MS）获得的多肽序列信息在数据库中检索进行蛋白质鉴定。Mann 等提出了肽序列标签（peptide sequence tag，PST）方法。肽序列标签是由一个多肽的部分氨基酸序列和该肽的质量以及该肽未测序部分的质量等组成。此方法非常快速和专一，但检索前需要对多肽的 MS-MS 图谱进行解析并从中提取出肽序列标签。另一种方法是将实验测得肽的 MS-MS 图谱与数据库中多肽的理论 MS/MS 裂解图谱进行比较。应用 Sequest 和 Mascot 程序，在一次联机 HPLC-ESI-MS-MS 实验中能检索数百个 MS-MS 图谱，而且不需要事先对图谱进行解析，可实现自动化。ESI-MS-MS 方法的主要优点是从几个肽获取的序列信息用于蛋白质的鉴定，较肽质量指纹谱专一。肽的序列数据不仅可在蛋白质序列数据库检索，也可在表达序列标签（expressed sequence tag，EST）的核苷酸数据库进行查寻。

第二种类型的碎片离子检索程序是由 Yates 及其合作者开发的，是真正的用未解析的碎片离子信息检索的程序，称为 Sequest。其检索手段首先是在数据库中的每一个序列中寻找与实验测得肽离子质量一致的肽段（在一定误差范围以内），肽段质量计算值是其连续氨基酸质量之和，在检索时如有必要，还要利用蛋白酶的酶切位点特性信息。对检索到的每一个候选肽，程序计算出其在相同碰撞诱导解离实验条件下预期产生的碎片离子质量。然后用簇分析算法（cluster-analysis algorithm）将前 500 个计算值与实验测得的碎片离子谱比较。每一个比较结果都有一个得分值，报告出得分最高的结果，如果得分值有显著性意义，则蛋白质鉴定成功。此方法的鉴定基础是未经任何解析的肽段碎片离子质谱图。在数据依赖的液相色谱-串联质谱（data-dependent LC-MS-MS）分析中可以自动化地应用这一技术。分析过程中，肽段经反相高效液相色谱（HPLC）分离，电喷雾进入联机质谱仪，此质谱仪可进行数据依赖的串联质谱分析，即将离子流超过一定阀值的所有离子打碎进行串联质谱分析，并记录所有的碰撞诱导解离谱，自动提交检索。

这种自动化手段有许多优点，Patterson 和 Aebersold 概述如下：①复杂的蛋白质混合物可以被逐个鉴定，因为每一个做 MS-MS 分析的肽段产生的碎片离子数据都独立进入数据库检索。②在这种类型的分析中，来自每一个肽段的碎片离子谱都代表一个独立的数据库检索。如果一个单一的蛋白质被酶解，蛋白质鉴定结论基本上能够自动确定。因为在多肽段检索结果中，应该是同一个蛋白位于最高排位。③如上所述，这一方法的自动化程度高。④通过指导程序可以预测某一特定残基上的特定修饰，此方法适用于寻找有特定翻译后修饰的肽段，同样可以鉴定产生这一翻译后修饰肽段的蛋白质。

五、肽序列标签检索鉴定实例

南美白对虾得到的血清进行 SDS-PAGE 后，对其中一个蛋白质条带做胶内酶切处理，并从酶切肽段中选取母离子进行串联质谱分析及蛋白质鉴定。图 6-11 为该蛋白的胰蛋白酶酶切产物的电喷雾电离质谱（ESI-MS）肽指纹图谱，从中选取双电荷离子峰 $m/z=604.31$ 为母离子，图 6-12 即为此母离子的串联质谱图，根据质谱数据解析出肽序列标签（175.12）tnflsfw（1070.56），用于数据库检索查询。检索程序使用 PeptideSearch，检索参数见图 6-13，检索结果见图 6-14。从而可以得出结论，该蛋白质为南美白对虾的血蓝蛋白。

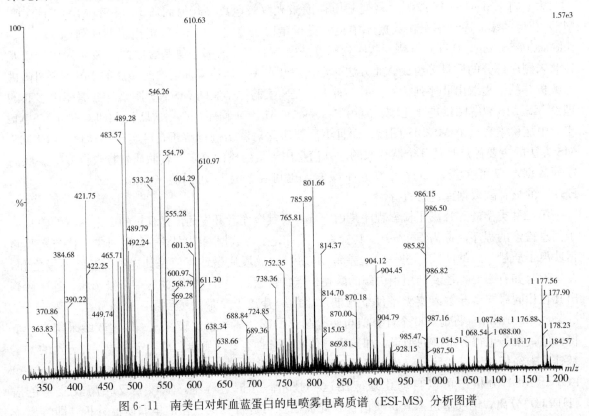

图 6-11 南美白对虾血蓝蛋白的电喷雾电离质谱（ESI-MS）分析图谱

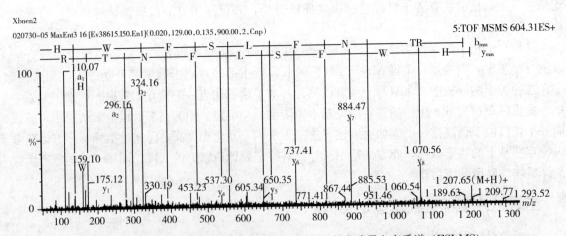

图 6-12 南美白对虾血蓝蛋白核质比为 604.31 的电喷雾电离质谱（ESI-MS）
酶解片段的电喷雾电离串联质谱（ESI-MS-MS）分析图谱

Search parameters

Sequence tag	**(175.12)tnflsfw(1070.56)**
Protein mass range	0-300 kDa
Cleavage agent	Trypsin
Organism	Unspecified
Peptide mass accuracy	0.5 Da
Methionine is	Native
Cysteine is	Cys
Number of uncleavaged sites	1
Peptide mass	1206.62
Match regions	1 and 2 and 3
Search by	Y-type sequence ions
Allowed number of errors	0
Nominal mass	Isoleucine equals Leucine
Nominal mass	Glutamine equals Lysine
N terminal specific	Yes
C terminal specific	Yes

图 6-13 PST (175.12) tnflsfw (1070.56) 的检索参数

Search result

6 matches were found. Showing matches 1 through 6.

Peptide Sequence matched/ Peptide found [sort]	Mass [kDa] [sort]	Database accession [sort]	Internal Sequence	Organism [sort]	Protein Name [sort]	Digest
HWF SLFNTR	75.392	swissprot:P10787	○	PANIN	Hemocyanin B chain.	❮
HWF SLFNTR	75.874	swissprot:P80096	○	PANIN	Hemocyanin C chain.	❮
HWF SLFNTR	77.103	sptrembl:Q9NGL5	○	Callinectes sapidus	Q9NGL5 Hemocyanin subunit.//:tr	❮
HWF SLFNTR	74.981	sptrembl:Q26180	○	Contains: hemocyanin	Q26180 Hemocyanin precursor	❮
HWF SLFNTR	46.599	pir:PL0165	○	European spiny lobster	PL0165 hemocyanin chain b.	❮
HWF SLFNTR	75.874	pir:S21221	○	California spiny lobste	S21221 hemocyanin chain c	❮

图 6-14 PST (175.12) tnflsfw (1070.56) 的检索结果

第五节 串联质谱分析

一、串联质谱分析原理

串联质谱（MS-MS）仪主要由离子源、多级质量分析器及碰撞室组成。第一级质量分析器起质量过滤器作用，即从总离子谱中挑选出需进一步进行结构分析的母离子（precursor or parent ion）进入碰撞室，母离子在碰撞室内经高流速惰性气体碰撞诱导离解（collision induced desorption，CID）产生碎片离子（子离子）（product or daughter ion），由第二级质量分析器分析子离子的质荷比。通过母离子和子离子的质量，研究二者关系及母离子的裂解规律，可以获得母离子的结构信息。

此前介绍的电喷雾电离三级四极质谱、电喷雾电离离子阱质谱、电喷雾电离四极杆飞行时间（ESI-Q-TOF）质谱以及液相色谱-电喷雾电离质谱（LC-ESI-MS）等等具有多级质量分析器的质谱仪都可以称为串联质谱。串联质谱中的分离过程实际上是瞬间完成的，离子源内混合物中所有组分是同时可被利用的。这一主要差别就导致了串联质谱具有一些特殊的操作方式。

二、串联质谱操作方式

串联质谱法有 4 种主要的操作方式，它们是子离子扫描、母离子扫描（或前体离子扫描）、中性丢失碎片扫描和选择反映监测等。

1. 子离子扫描　在子离子扫描实验中，第一个四极分析器 Q_1 仅允许通过特定的 m/z 的离子，此离子在 Q_2 内经碰撞诱导解离后碎裂，由 Q_3 扫描和检出生成的所有碎片离子。子离子谱适合于从分子离子获得分子结构信息。

2. 母离子扫描　在母离子扫描实验中，四极分析器的功能与子离子扫描时正相反，Q_1 进行质量扫描，离子经碰撞诱导解离后 Q_3 仅允许通过特定 m/z 的离子。这种方式适用于检测同一类型的化合物，它能追溯碎片离子的来源，能对产生某种特征碎片离子的一类化合物进行快速筛选。

3. 中性丢失碎片扫描　Q_1 和 Q_3 在同样速度下扫描，但两者相差一定的质量数，测得的质谱将显示出丢失了一个选择的质量后的所有离子。这一扫描方式特别适合鉴定含有相同功能团具有相同碎裂方式的同一类型的化合物。

4. 选择反映监测（SRM）　选择反映监测不产生谱图，而是用来监测从预选的母离子所形成的预选子离子。这种方法具有高的信噪比，因而与扫描的串联质谱（MS-MS）相比有较高的灵敏度，专一性也好。与选择离子监测相比，选择反映监测的缺点是牺牲了在谱图中留下的其他信息。选择反映监测主要用于复杂体系中对目标化合物的快速筛选，如环境监测、法庭毒物学等。

三、主要基于串联质谱分析的蛋白质鉴定技术

同位素标记亲和标签（isotope coded affinity tag，ICAT）可用于蛋白质鉴定技术中。其是一种人工合成的化学试剂，由 3 个功能区域：半胱氨酸反应区、8 个 H 或 2H 的连接子和有亲和标签作用的生物素形成 8 u 质量差异的亲和标签。实验时，两种不同细胞状态的蛋白质样品分别用不同的同位素标记亲和标签标记，等量混合并用蛋白酶消化，经过生物素亲和层析进行分离，标记的多肽由于生物素的作用被吸附下来，经过液相色谱-质谱（LC-MS）或液相色谱-串联质谱（LC-MS-MS）分析，经不同同位素标记亲和标签标记的相同肽段一前一后相邻分布在质谱图谱上，经计算机数据库查询，得到在不同细胞状态下蛋白质的表达差异。该技术灵敏度及准确度均很高，主要用于研究蛋白质组差异，能够快速定性和定量鉴定多肽和翻译后修饰蛋白质、低丰度蛋白质，尤其是膜蛋白等疏水性蛋白质。但该技术只能对含半胱氨酸残基的蛋白质进行分析。但是，同位素标记亲和标签分子质量约为 500 u，相对肽段来讲是一个很大的修饰物，增加了数据库搜索的难度；而且操作的步骤较多，对精确的定量分析有影响。同位素标记亲和标签技术将在

第九章介绍。

第六节　用质谱数据对肽段从头测序

利用肽质量指纹谱（PMF）和肽序列标签分析法往往适用于鉴定那些数据库中已有其序列的蛋白质，对那些数据库尚不存在其序列的蛋白质可以利用质谱数据对肽段从头测序，可以采用质谱进行单级质谱测序或串联质谱获得的碰撞诱导解离谱进行人工完全解析。

蛋白质经化学或酶法降解在 C 末端或 N 末端断裂产生肽段，形成相邻肽段间相差一个氨基酸残基的肽段阶梯序列，可以进行单级质谱测序，通常采用基质辅助激光解吸电离质谱（MALDI-MS）进行。如果采用串联质谱获得高质量的碰撞诱导解离谱，主要指含有完整的 y 和 b 系列离子，则可以通过对碎片离子的从头解析来确定肽段的序列。

一、原理

蛋白质鉴定的一个重要方法是使用一个蛋白质数据库来鉴定肽：给定肽的串联质谱，首先从数据库中选出与其母肽质量相匹配的那些肽作为候选肽，然后把给定的质谱与数据库中的候选肽的理论质谱相比较，最后将这些候选肽按照它们的质谱与给定肽的质谱的匹配程度进行打分排序，选择出目标蛋白质。该方法的缺点是：它们要依赖一个蛋白质数据库以及该数据库中蛋白质条目的正确性；普遍存在的翻译后修饰会降低肽鉴定的精度；随着数据库中蛋白质序列数的增长，数据库检索鉴定方法的速度也越来越慢；且这种方法不会发现新的蛋白质。在此情况下，就需要不使用来自蛋白质数据库的信息而直接解释串联质谱数据的技术，这种直接解释串联质谱数据的蛋白质鉴定方法就称为蛋白质（或肽）从头测序。

通常情况下，蛋白质从头测序分两步：第一步，生成与给定串联质谱数据相匹配的理论肽的集合，由于不可避免的污染和测量误差的存在，本集合可能非常大；第二步，使用启发式方法对这些理论肽进行评分排序，然后输出评分最高的那些肽。

二、种类

1. 化学衍生标记法　测定未知肽序列称为从头测序（de novo sequencing）。从头测序可根据质谱碎片图应用生物信息学的方法用软件推导，也可通过下列 3 种化学方法达到目的。

（1）质量偏移法　将多肽的 N 端或 C 端标记，通过质量偏移区分 b 离子和 y 离子。Goodlett 等采用酯标记肽 C 端，Cagney 等人则采用 O-甲基异脲将胰蛋白酶解肽段中的 Lys 衍生成高精氨酸，与未衍生的肽段 1：1 混合后，通过 C 端 Lys 的质量偏移，确定 C 端离子。Horiuchi 等人还发展了稳定同位素掺入法，在进行蛋白质胰蛋白酶解时，用 1：1 的 $H_2^{18}O/H_2^{16}O$ 作为溶剂，在酶解肽段的 C 端同时有 ^{18}O 和 ^{16}O，在形成碎片时，同时有这两种氧原子的离子为 C 端离子。

（2）单向离子增抑法　主要的方法是将肽的 N 端或 C 端衍生使其电荷达到增强或削弱，引入正电荷和负电荷均可。在正离子检测模式下，引入带正电荷的基团可使某一端的离子得到增强，如引入四价季铵；若引入带负电荷的基团，则是某一端的离子减弱甚至完全被抑制，如引入磺酸基团。反之，在负离子检测模式下，引入负电荷则增强，引入正电荷就抑制某一端离子。

（3）稳定同位素标记的氨基酸掺入法　由于体外的化学修饰有一定的缺陷（如反应效率问题），普遍有副反应而增加了图谱解析的难度等。另外，一些研究组尝试在细胞培养时，将已用同位素标记的氨基酸掺入，因此，在合成出的蛋白质中就带有同位素标记的氨基酸。Gu 等有选择 50％ 4 个 D 标记的 Lys（Lys-d4）掺入，使所有蛋白质中的 Lys 都以等量的 Lys-d0 和 Lys-d4 形式存在，由于胰蛋白酶酶切位点在 Lys 的 C 端，因此在蛋白质酶切图谱中形成了 C 端被差异标记的肽段，从而达到了分辨 b 离子和 y 离子的目的。这一方法的最大缺陷在于仅能用于培养细胞，而不能用于组织。

2. 单级质谱测序法　单级质谱测序是分析肽段的阶梯序列，即相邻肽段间相差一个氨基酸残基，用质谱分析肽阶梯，通常用基质辅助激光解吸电离飞行时间质谱（MALDI-TOF-MS）分析。串联质谱（MS-MS）测序用的是上文所述用于数据库检索的碰撞诱导解离谱，但碎片离子由人工完全解析。用于质谱序列分析的肽阶梯是由化学或酶法降解肽段产生，由 C 末端或 N 末端断裂。测定 N 末端序列的化学方法应用 Edman 化学反应，用基质辅助激光解吸电离质谱读出产生的变短的肽。这一方法通常被称为阶梯测序。在这种方法上发展了两种变化方式。第一种方法是在每一测序循环开始时，在多肽（蛋白质）底物内加 Edman 试剂。每一个循环中有一小部分的底物被 N 末端封闭，末端封闭后的肽在下一个循环中不会参加反应，这样就产生了序列阶梯。最终反应产物混合物经基质辅助激光解吸电离质谱分析，其质量数之差反映了氨基酸残基的质量。第二种方法，也称为巢式测序（nested peptide sequencing），是在每一个 Edman 降解循环中多次加入多肽（蛋白质）底物。在此法中加入过量易挥发的 Edman 试剂以使反应完全，每一循环中的过量试剂可通过蒸发被除去。经基质辅助激光解吸电离质谱分析得到肽序列阶梯，实现阶梯测序。这两种方法都需要底物蛋白质为自由 N 末端，并且不能分辨同质氨基酸残基中的亮氨酸和异亮氨酸。谷氨酰胺（残基质量为 128.13u）和赖氨酸（残基质量为 128.17u），在碰撞诱导解离谱中很难分辨，但在这两种方法中可分辨，因为赖氨酸侧链的氨基会被反应试剂修饰。理论上讲，这两种方法都能分析肽混合物，只要肽段之间质量差异明显，不会与降解产物质量重叠。除了逐步化学降解法外，氨肽酶和羧肽酶也可以截短肽段产生肽阶梯序列。此方法的好处是可以将很少量的起始反应物直接放在基质辅助激光解吸电离样品靶的表面反应，只要加入基质就可以终止反应。通过控制反应时间可以读出较长的序列。

3. 高质量碰撞诱导解离谱的人工分析　如果碰撞诱导解离能产生高质量的谱，例如谱图含有完整的 y 系列和 b 系列离子，那么，通过对碎片离子的从头解析可以确定肽段的序列。但是，通常对 y 系列和 b 离子的判断具有很低的置信度，使得读出最终序列很困难。使碰撞诱导解离谱图解析变得复杂的主要因素包括：①碎片离子丢失，如产生不完整的离子系列；②将观察到的信号归属为某一特定离子系列较困难；③若样品的纯度不是很好，样品溶液中有盐干扰，谱图噪声较大，要从中找出完整的 y 系列或 b 型离子系列，读出完整的肽序列较困难。通过在酶切过程中对 C 末端离子的特异性同位素标记，可以使 y 系列离子的鉴别变得较为容易。这一方法利用了胰蛋白酶的水解特性，即在 C 末端新生成的羧基中从水分子中结合了一个氧。因此，如果在胰蛋白酶水解缓冲液中含有 $H_2^{18}O$，那么所有的肽段（除了 C 末端肽段）都会有一个同位素标记的 C 末端羧基团。通过在含 50％ $H_2^{18}O/H_2^{16}O$ 的缓冲液中进行胰蛋白酶酶切反应，所有的新生肽段（除了 C 末端肽段）都将表现为一对峰，两峰质量数相差 2u，同时他们的离子强度也只有在

$H_2^{16}O$ 溶液中正常水解产生肽段离子强度的一半。胰蛋白酶切点在赖氨酸和精氨酸之后的肽键，通过激活胰蛋白酶 195 位丝氨酸的—OH 基团，与赖氨酸或精氨酸的羧基形成共价结合的键，同时释放新形成的 N 末端。活性水分子攻击过渡态使酯键断裂，释放新生肽段，肽段的羧基上含有一个从溶剂水中获取的氧，溶剂水为 $H_2^{18}O$ 或 $H_2^{16}O$ 的几率相等。这样，当这两种离子都被质谱仪选择为母离子时，只有具完整 C 末端的离子系列（y 系列离子及其中性丢失离子）会以相差 2u 的双峰存在。这样就区别出了 y 系列离子并可计算出序列差异，对肽段进行从头测序。用这种方法可以较准确地读出含 10 个以上氨基酸残基的肽序列。

　　虽然这种方法简化了对特定离子系列的确认，但也降低了每一个 y 离子的信号强度，因此使高灵敏度的测序更为困难。使用高分辨的质谱仪（如四极杆-飞行时间串联质谱仪）可以实现在单次实验中对肽段谱图的完全解析，同时这种方法已成功应用于离子阱质谱仪。另外一种便于人工解析碰撞诱导解离谱及从头测序的化学方法是对肽段的羧基实行甲酯化。这个反应使肽段每一个羧基质量增加 14u，包括未修饰的 C 末端、Asp 和 Glu 上的羧基。如果肽段中没有酸性残基，同时 C 末端没有被修饰，那么只有 y 系列离子及其中性丢失离子会表现出质量数的变化，比较衍生化与未衍生化两份样品的碎片离子谱就会鉴定出 y 系列离子。如果肽段中存在酸性残基，这个方法的价值就极其有限了，因为只能鉴定中间碎片。也有人尝试对 N 末端残基特异性标记从而鉴定 b 系列离子的方法。在这些实验中肽段的氨基被衍生化，衍生化试剂在气相中含有永久正电荷。

　　虽然这些方法在概念上引人注目，但在实践上遇到困难，主要由于在质谱分析衍生化物之前必须先除去过量的试剂，同时这个反应不能区别 N 末端氨基和赖氨酸侧链上的氨基。

三、肽从头测序软件

　　1. 自动化肽从头测序软件工具 AuDeNS　　Baginsky 等人提出了对输入的质谱峰赋予相关性值的启发式的数据清洗算法（割草机算法 grass mowers），而且实现了一个原型系统——AuDeNS。该系统首先使用割草机算法预处理原始质谱数据，然后利用经修正的 Chen 等的噪声测序算法，该算法能够处理质谱测量误差。而且，他们通过对解赋予相关性值，以及仅列举用户指定的、与最大相关性值有关的域值内的那些解，解决了可能的有关解的数量问题。AuDeNS 系统的输出是一列带有评分排序的多个序列。虽然 AuDeNS 在性能上还未超过肽从头鉴定工具 Lutefish，但其运行速度远快于 Lutefish，且启发式清洗算法还可进一步微调，前景较为乐观。

　　2. 使用串联质谱数据的肽从头测序软件工具 PEAKS　　该软件由加拿大西安大略大学的 Bin Ma、Kaizhong Zhang 等人于 2002 在美国 Orlando 召开的第 50 届 ASMS 会议上提出的。该软件能够自动地从肽的串联质谱实验数据导出该肽对应的氨基酸序列。PEAKS 接受串联质谱数据的质谱峰列表之后，试图用每一个可能的肽可产生的各种离子解释质谱中的质量峰，最后把其中解释质量峰最好的那些肽作为预测的肽序列输出。

　　PEAKS 的新颖之处在于这种方法依赖于更多的信息，而且能容忍质谱仪的测量误差。PEAKS 的方法不同于 MSCOT、Sequest 等软件系统所使用的数据库搜索方法，PEAKS 是搜索所有可能的氨基酸串而不是搜索蛋白质序列数据库。而且为了加快搜索速度，PEAKS 使用了一个复杂的动态规划算法，该算法能保证最好的那些肽不被忽略。PEAKS 处理质谱的步骤主要包括质谱数据的预处理、候选肽的计算以及候选肽的排序 3 步。PEAKS 的运算速度较快，且就精度而言，其预测能力超过了所有的现阶段能见到的其他肽从头测序软件工具。

第七节　氨基酸组成分析法

氨基酸是组成蛋白质的基本单位。生物样品中的氨基酸可以以游离分子状态存在，故可以对氨基酸进行分析来研究蛋白质。氨基酸的分析包括定量和定性两个方面。以定性为基础的氨基酸组成分析法是蛋白质组研究中的鉴定方法之一。1977 年，出现了一种鉴定蛋白质的工具，被称为独特的脚印技术。该方法经济、快速，但灵敏度低，约十几皮摩尔。Latter 首次表明氨基酸组分的数据能用于从双向电泳（2-DE）凝胶上鉴定蛋白质。随着生物质谱技术的迅速发展和不断完善，氨基酸组成分析法在蛋白质鉴定中的作用越来越处于从属地位。

一、原理

氨基酸组成分析法是利用蛋白质异质性的氨基酸组分特征，成为一种独立于蛋白质序列的属性，不同于肽质量或序列标签。它是通过测定蛋白质中各氨基酸所占摩尔百分数（%）或各氨基酸的摩尔比率，然后与数据库中已知蛋白质的理论值进行比较，给出匹配得分的数值，得分数值越小，表示其与真正蛋白质越接近。

二、方法

测定氨基酸组成常用的方法是酸水解，另外还有放射性标记法、蛋白酶水解法。蛋白质经过Edman 降解，切除 N 端 3~4 个氨基酸后，仍可测定氨基酸组成，检索软件为改良的 AACompIdent。当测得氨基酸组成后，最后一步是进行数据库检索。常用的软件是 AACompIdent（从ExPASy 获得），另外，ASA、FINDER、AACpI、PROP-SEACH 也有同样功能。但 AACompIdent 软件仍存在一些缺点，如由于酸性水解不足或者部分降解会产生氨基酸的变异，故应联合其他的蛋白质属性进行鉴定。

第八节　N 端和 C 端氨基酸序列测定

蛋白质的末端氨基酸序列具有惊人的专一性，43%~83%蛋白质可用 N 端 4 个氨基酸残基来确定，74%~97%蛋白质可用 C 端 4 个氨基酸残基确定，说明 C 端比 N 端更具专一性。若测定出蛋白质 N 端或 C 端 5 个氨基酸残基，鉴定蛋白质的专一性则更高。因此，通过测定蛋白质的 N 端或 C 端序列可以鉴定蛋白质，并且还可以提供引物合成的信息，便于采用基因克隆技术获得该蛋白质的全部核酸序列信息。蛋白质和肽的一级结构是由氨基酸以肽键的形式连接而成的生物大分子。测定蛋白质序列是通过测定蛋白质分子中氨基酸排列顺序的一种分析方法，所以这种蛋白质 N 末端氨基酸序列测定也称为蛋白质的一级结构测定。

1950 年首次完成的蛋白质一级结构分析是胰岛素 51 个氨基酸序列的测定，由 Sanger 采用2,4-二硝基氟苯（DFNB）法，花费 10 年的时间，消耗 100 g 以上胰岛素样品，手工测定完成。

到 1970 年，测定 1 个蛋白样品还是需要耗时约 1 年，耗蛋白样品约 1g。而到了 1985 年，一种新的用于微量测序蛋白质的制备方法被成功建立。研究者可以采用单向电泳或双向电泳，继之通过电转印技术将亚纳摩尔量的蛋白质从凝胶上转移到用 1,5-二甲基-1,5-二氮十一亚甲基聚甲溴化物处理的玻璃纤维滤膜上，用于气相测序仪直接测序。1987 年又进一步发现聚偏氟乙烯（PVDF）膜可以用来取代玻璃纤维膜进行有效的电印迹和气相测序。聚偏氟乙烯膜与玻璃纤维滤膜在蛋白结合方面、蛋白在滤膜的检测以及处理等方面具有明显优势。近年来，采用氨基酸自动序列分析仪，测定 1 个蛋白质样品一般仅需用几小时，样品用量也降至 μg 或 ng 级水平。

目前，氨基酸序列分析主要采用 Edman 降解法。尽管 Edman 降解法测序速度慢、费用偏高、灵敏度也不如快速发展的质谱，但它测定的肽序列非常准确，仍然是蛋白质鉴定的可靠依据。目前对于无法用肽质量指纹图谱或序列标签确定的蛋白质仍采用此方法。随着 Edman 降解法在微量测序和速度等技术上的突破，它在蛋白质组研究中还将发挥着重要的作用。

N 末端氨基酸序列分析仪是依据 Edman 降解原理测定蛋白质 N 末端氨基酸序列，目前其灵敏度达几百飞摩尔（fmol，10^{-15}mol）。对于 N 端封闭的蛋白质，可用溴化氰、内肽酶或外肽酶使蛋白质断裂，产生新的 N 端，再测定其序列。测定 C 端氨基酸序列时，需样量约 100pmol。只要测定出 C 端 3～5 个氨基酸残基，即可鉴定蛋白质。常用的测定方法有羧肽酶法、化学降解法、C 端片段分离法以及物理法等。目前蛋白质 C 端氨基酸序列分析仪已逐步实现自动化。最后依据 N 端、C 端氨基酸序列检索蛋白质。常用的软件是 TagIdent，一次只能输入 6 个氨基酸残基。

蛋白质 C 末端顺序是蛋白质完整一级结构的必需信息，C 末端序列测定是对 N 末端测序的补充，精确掌握蛋白质两末端序列对研究其化学性质意义重大。当蛋白质 N 末端被乙酰基、甲酰基、焦谷氨基所封闭，或在 Edman 降解过程中因副反应而封闭，C 末端序列测定可以弥补其不足。了解 C 末端结构对于新的蛋白质的 DNA 克隆具有指导意义。

一、原理

Edman 降解法的基本原理为，异硫氰酸苯酯能在较温和的条件下与具有自由氨基的多肽或蛋白质发生偶联反应，生成苯氨基甲硫酰衍生物，后者经过环化，并从肽链上断裂下来，然后转变为 PTH-氨基酸，如此完成一次 Edman 降解。去掉一个氨基酸的肽链或蛋白质又重新与异硫氰酸苯酯发生偶联反应，再重复上面的步骤完成二次 Edman 降解。如此反复进行。每一次切下来的 PTH-氨基酸通过内置的高效液相层析分离系统，分析鉴定每一个氨基，将每次切下来的单个氨基酸按先后顺序拼接起来就可以获得整个蛋白质或肽的一级结构。

二、降解反应的步骤

从 Edman 法发明以来，尽管在原理上没有很大的变化，但它的灵敏度已经提高了 6 个数量级（从 mmol 到 pmol）。这些提高是建立在气相测序仪及更灵敏的色谱法基础上的。Edman 法的 3 个步骤包括结合、断裂和转换（图 6-15）。

在第一步反应中，样品固定到载体上，与 Edman 试剂异硫氰酸苯酯（phenyl isothiocya-nate，PITC）相结合，形成苯氨基硫甲酰（PTC）衍生物。这一步要求蛋白质具有未封闭的 N

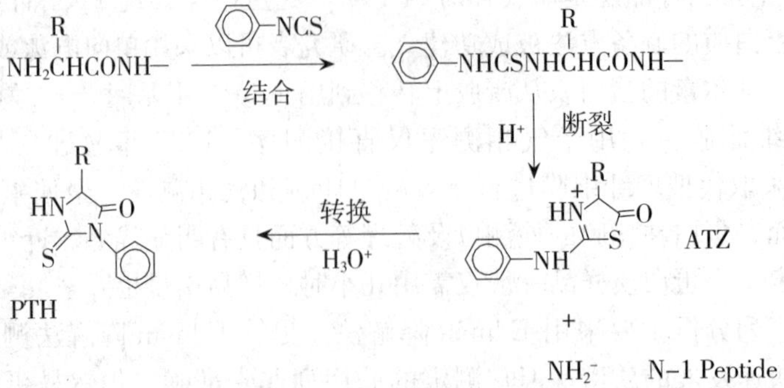

图 6-15　Edman 法 N 末端氨基酸序列分析的 3 个步骤

末端，而已知的很多修饰作用都发生在 N 末端，比如在很多蛋白质中存在的 N-乙酰化作用。此外，在样品处理过程中常会发生 N 末端封闭，因此在很多操作程序中都提出了如何防止 N 末端封闭的问题。在第二步反应中，用 TFA 将苯氨基硫甲酰衍生物从蛋白质上切割下来，形成了噻唑啉酮苯胺（ATZ）化合物。第三步，萃取出来的噻唑啉酮苯胺衍生物不稳定，经酸作用，进一步环化，形成一个稳定的苯乙酰硫脲（PTH）衍生物，即 PTH-氨基酸。最初的气相设备以镀有 polybrene 的玻璃纤维滤器来达到滞留的目的，目前则主要使用聚偏氟乙烯（PVDF）膜，这样可以做到低背景并与凝胶转移相兼容。polybrene 载体最早由 Tarr 引入，现在还用于气相测序仪。气相测序仪中的"气相"指的是使用的偶联碱及切割的酸都通过气相来完成。这样可以阻止样品被洗掉。对于 N 端封闭的蛋白质，可用溴化氰、内肽酶或外肽酶使蛋白质断裂，产生新的 N 端，再测定其序列。但该方法测定时间长、费用高。

在 Edman 发表它的 N 末端测序方法前 20 年，Schlack 及 Kumpf 提出了第一个 C 末端降解方法。他们的方法是在将硫代乙内酰脲切除后，将 C 末端氨基酸转变为酰基硫代乙内酰脲，这种方法通常称为 TH 法。尽管常用的测定方法有羧肽酶法、化学降解法、C 端片段分离法以及物理法等不同的 C 末端降解方法，但 TH 法仍然是研究最多并应用最广的一种。测定 C 末端氨基酸序列时，需样量约 100 pmol。只要测定出 C 末端 3～5 个氨基酸残基，即可鉴定蛋白质。

TH 法与 Edman 法相比有一些缺点。形成的 TH 衍生物相对较为稳定；与 N-末端氨基酸形成的 ATZ 衍生物不同，TH 的形成不会促进 C 末端氨基酸的断裂。用于断裂 TH 的试剂较为强烈，会导致反应性氨基酸侧链的修饰并导致蛋白质肽链的断裂。蛋白质的片段化会减少测序运行的长度并导致数据的分析变得十分困难。在每个测序循环中，新的 C 末端氨基酸在 TH 形成之前必须进行激活。这增加了化学处理的复杂性，会导致副反应的发生并减少整个过程的效率。

C 末端测序的烷基硫代乙内酰脲法（ATH）是一种可达到 Edman 法类似灵敏度及能力的方法。ATH 相对 TH 有了显著的提高。这种方法的独特点是在对蛋白质断裂前对 C 末端的 TH 进行的 S-烷基化。形成的 ATH 更容易切除。ATH 化合物可以在形成 TH 的条件下用 {NCS} 去除。在这里，ATH 可以为 {NCS} 所替代，断裂和 TH 的形成可以在同一步完成，这就可以免除在每个循环前对 C 末端羰基的激活，这能使序列的解释得到显著的提高，因为随机断裂产生的 C 末端不能形成 TH，这是 ATH 法的最主要的优点。ATH 法的步骤见图 6-16。

依据 N 末端、C 末端氨基酸序列检索蛋白质，常用的软件是 TagIdent，一次只能输入 6 个氨基酸残基。

三、蛋白质序列测定应注意的问题

1. 样品纯度 样品纯度是进行蛋白质序列分析的先决条件。一般认为，待测蛋白质样品的纯度至少应达到 95% 以上，其纯度经十二烷基硫酸钠-聚丙烯酰胺凝胶电泳（SDS-PAGE）鉴定为一条带，高效液相色谱（HPLC）分析为一个峰，或直接取自双向电泳（2-DE）胶上的一个点，后者往往具有较好的纯度。同时还要注意样品中不含无机盐和其他小分子。

2. 重要参数 蛋白质的组成、分子质量和氨基酸组成等是进行蛋白质序列分析时应该提供的必要参数。分子质量可以帮助确定蛋白质测序

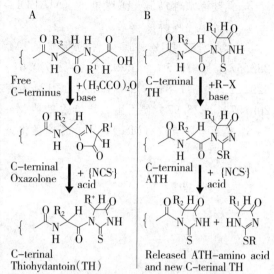

图 6-16　C 末端测序的烷基硫
代乙内酰脲法（ATH）

的长度；蛋白质组成是指其亚基组成或相关的辅基；氨基酸组成可以帮助确定蛋白质测序的操作程序，以便提高 PTH-氨基酸的回收率。

3. 特殊样品 特殊样品主要指蛋白质的 N 末端被封闭、含多亚基和二硫键的样品。蛋白质 N 末端被封闭是一种常见现象，估计超过 50% 的可溶性的哺乳动物蛋白质 N 末端是封闭的。迄今为止，乙酰基修饰被认为是最常见的封闭基团，甲酰基、焦谷氨酰基团也常常被检测到。值得注意的是，蛋白质的 N 端被封闭是在体内外均可发生的情况。对于体内封闭，需要一种化学的或酶的去封闭操作方法解除蛋白质的封闭后，才能进行 N 端的序列测定；而对于体外封闭，主要是注意要在试验中有效防止封闭发生。因此在蛋白质的抽提、聚丙烯酰胺凝胶电泳（PAGE）和电印迹过程中要注意防止人为地在体外产生封闭，往往可以使用高纯度的试剂，在抽提、电泳和电印迹缓冲液中加入 100 pmol/mL 巯基乙醇作为自由基清除剂，或者为了从凝胶中去除自由基而进行的预电泳都有助于阻止体外封闭。

两个或多个亚基组成的蛋白质，不能将其亚基链混合测定，而是要将其分开成单个亚基链，使每一条肽链作为一个样品进行单独测定；采用羧甲基化或过甲酸氧化处理，蛋白质分子中半胱氨酸形成的二硫键可以被消除；分子中游离的巯基要进行特殊保护，否则在反应过程中可能被氧化形成二硫键，从而影响测定，使对测定结果的正确分析带来困难。

思 考 题

1. 简述质谱鉴定蛋白质的过程。

2. 基质辅助激光解吸电离飞行时间质谱（MALDI-TOF-MS）怎样用肽质量指纹图谱来鉴定蛋白质？

3. 简述基质辅助激光解吸电离（MALDI）鉴定蛋白质的基本原理与特点。

4. 何为肽序列标签技术？

5. 大肠杆菌 K12 外膜蛋白的肽质量指纹谱（PMF）共可标定 18 个峰，其峰值分别为 1 285.57、 1 379.50、 1 395.58、 1 550.64、 1 569.64、 1 587.63、 1 616.75、 1 737.77、 1 829.71、 2 017.84、 2 034.88、 2 124.04、 2 139.94、 2 166.97、 2 185.00、 2 185.99、 2 209.97、2 226.97。使用蛋白质检索工具 Mascot 软件对其进行数据库检索和分析。

6. 简述串联质谱（MS-MS）有哪些操作方式。

第七章　蛋白质－蛋白质相互作用

第一节　概　　述

蛋白质芯片技术鉴定蛋白质已经呈现出一种大有可为的趋势，有着各种各样的应用，包括发现蛋白质-蛋白质相互作用、蛋白质-磷脂相互作用、小分子靶点和蛋白激酶底物的鉴定等。蛋白质芯片同时也可用来做临床诊断和疾病监测。

一、重要性

随着人类基因组测序工作的完成，生命科学进入了后基因组和蛋白质组时代。近年来，蛋白质-蛋白质相互作用与识别及其复合物结构与功能预测的研究，一直是国际上研究的热点。生命活动的过程与蛋白质之间的相互作用密不可分。因此，作为生命活动一部分的蛋白质相互作用的研究显得愈来愈重要。例如，DNA 合成、基因转录激活、蛋白质翻译、细胞周期调控、信号转导等重要的生命过程均涉及蛋白质复合体的作用。我们以 Wnt 信号通路为例来说明。Wnt 通路是一条保守性很强的信号通路，该通路调节控制许多生命过程，如细胞形态和功能的分化与维持、免疫、应激、细胞癌变与细胞凋亡等。Wnt 信号通路的作用分子包括：Wnt 蛋白家族成员、卷曲（frizzled）蛋白、Dishevelled 蛋白、β 联蛋白（β-catenin）、轴蛋白（axin）、结肠癌抑制因子（APC）、糖原合酶激酶（GSK3β）、β-TrCP 蛋白、淋巴增强因子（LEF）、T 细胞因子（TCF）等。当没有 Wnt 信号时，GSK3β、APC、axin 组成破坏复合体，使 β 联蛋白被磷酸化，最终泛肽化而降解。细胞核内，转录抑制因子 Groucho 家族成员与转录因子 TCF 形成复合物，通过 HMG 框结合在靶基因上，抑制靶基因的转录。当有 Wnt 信号传入时，通路中的下游分子 Dsh 抑制了破坏复合体的作用，β 联蛋白在胞质中积累进入核内，TCF 与入核的 β 联蛋白结合，导致其与 Groucho 的结合下降，从而去除抑制作用，激活靶基因的转录。

二、相互作用的形式

蛋白质相互作用包括 3 种形式：多亚基蛋白质类型、蛋白质复合体类型、瞬时蛋白质相互作用类型。多亚基蛋白质类型的形成，是由多个亚基组成的，即分离纯化后可得到两个或多个不同组分。例如，血红素、色氨酸合成酶、E. coli 的 DNA 合成复合体等。蛋白质复合体类型是多成分组成的蛋白质复合物，如核孔复合体、剪接体、纺锤体等。瞬时类型，既是短时间的相互作用，又是不确定时间的蛋白质相互作用。瞬时的蛋白质相互作用可控制着一些重要的细胞内活动。所有的蛋白质修饰过程都需要这类相互作用。如蛋白激酶、蛋白磷酸酶、糖基转移酶、乙酰基转移酶、蛋白酶等酶与各自蛋白质底物之间的相互作用。这类相互作用几乎参与调节细胞内基本生命活动的所有形式，如细胞生长、细胞周期、代谢途径、信号转导等。除了蛋白质修饰以外，其他过程（如转录复合体与特定启动子的结合、蛋白质的跨膜运输、新生肽链的折叠）也包含了瞬时的蛋白质相互作用。

第二节 酵母双杂交技术

酿酒酵母作为模型有机体，常被用做遗传学研究。许多调节和代谢途径至少部分地被保存在酵母或是更高等的真核细胞中；许多人类疾病基因有酵母直向同源性。因此，研究酵母的一个非常简单的理由是这种真核细胞"可为人类做模型"。

一、原理

酵母双杂交（yeast two-hybrid）技术是体内研究蛋白质相互作用的方法。其利用了转录因子组件式（modular）结构的性质。这些转录因子常由两个以上相互独立的结构域组成，其中有DNA结合结构域（binding domain，BD）和转录激活结构域（activation domain，AD），这些结构域是转录因子发挥功能所必需的。人们将能与结合结构域和激活结构域融合的蛋白质分别称为诱饵和猎物。如果这两种蛋白质可以在酵母的细胞核内发生相互作用，结合结构域和激活结构域相互靠近能恢复该转录因子的活性，激活报告基因的转录，从而使营养缺陷型的酵母细胞能在选择培养基上生长或具有其他可以检测的表现型。1989年，Fields等人的工作标志着酵母双杂交系统的正式建立。经过十余年的不断完善和发展，已经成为蛋白质组学中分析蛋白质间相互作用的不可或缺的工具。

最初的酵母双杂交系统是以转录因子Gal4为基础的，依靠招募RNA聚合酶Ⅱ激活转录，有些转录激活蛋白不能用此系统分析。1997年，由Marsoliter等人发展了以RNA聚合酶Ⅲ为基础的双杂交体系，激活聚合酶Ⅱ的组件并不能激活聚合酶Ⅲ起始的转录，它有更低的假阳性率。在此系统中，聚合酶Ⅲ反应的报告基因SNR6的启动子被修饰，其中包含一个Gal4结合位点，有利于Gal4融合的诱饵结合于SNR6启动子。猎物用待分析的蛋白质与TF ⅢC因子的τ138亚单位融合，τ138亚单位能招募聚合酶Ⅲ转录机器的其他成分。Gal4融合的诱饵和τ138亚单位融合的猎物蛋白质相互作用导致聚合酶Ⅲ反应的SNR6报告基因的转录。

在利用正向的双杂交筛选出大量的蛋白质相互作用的同时，蛋白质相互作用位点以及影响蛋白质结合、解离的因素成为新的研究热点。因此，人们发展了反向双杂交系统（reverse two-hybrid system），可以从大量的突变体中直接筛选出导致蛋白质间相互作用减弱或消失的突变位点。它的原理在于构建一种反向筛选的报告基因，蛋白质间相互作用激活报告基因表达，使细胞不能存活。因此，当两个相互作用的蛋白质由于某种原因不再相互作用时，细胞才能存活下来。常用的反向筛选的报告基因是URA3，它的基因产物为尿嘧啶合成所必需，但能将5-氟乳清酸（5-FOA）转化为一种有毒的物质，在添加了5-氟乳清酸的培养基中，存在相互作用的细胞会因毒素的作用而死亡，只有已发生了蛋白质间解离或部分解离的转化株才可以生存。另一种反向筛选的体系称为分离杂交系统（split-hybrid system），利用了两个互相整合的报告基因，第一个报告基因含有大肠杆菌tetR抑制因子的编码序列，其表达受上游lexA操纵子调控；第二个报告基因是His3，启动子区含有tet操纵子序列。分别与结合结构域和激活结构域融合的两个蛋白质在酵母细胞核内如果发生相互作用，将激活 *tet*R 的表达，*tet*R 和 *tet* 操纵子序列的结合进一步影响 *His*3 基因的表达，只有不能发生相互作用的蛋白质才能用这个系统在组氨酸缺陷的培养基上筛选出来。除了筛选突变株获得蛋白质结合的信息外，反向双杂交更有意义的应用在于发现可导致相互作用的蛋白质间发生解离的药物或其他小分子物质。许多疾病与蛋白质异常的相互作用有关，发现具有促进解离的物质对于治疗疾病是非常有意义的。

上述的双杂交系统必须将相互作用的蛋白质共定位到细胞核内，有些蛋白质（如膜相关蛋白）不能采用这些系统分析。为了克服这些缺陷，有人发展了在细胞质中的双杂交体系，如 SOS 招募系统（SOS recruitment system），它灵活地运用了 Ras 信号转导途径的基本性质。酵母细胞需要 Ras 信号才能存活。Ras 的功能依赖于激活鸟苷酸交换因子（GEF），它把无活性 GDP-Ras 转变成激活的 GTP-Ras 形式。酵母中天然的 GEF 是 CDC25，它存在温度敏感的突变体。人的鸟苷酸交换因子 hSos，利用人的鸟苷酸交换蛋白可以代替酵母的温度敏感型突变 RasGEF，即 CDC25，使酵母在 36℃可以存活。但是 hSos 蛋白必须定位到膜上才能刺激酵母 Ras 的鸟苷酸交换。实际应用中，一种蛋白质和 hSos 蛋白融合，另一种蛋白质和 Src 豆蔻酰化膜定位信号融合，如果两种蛋白质发生相互作用，就会将 hSos 招募到膜上，从而激活 Ras，使细胞在限制温度下存活和增殖。虽然双杂交系统鉴定了一些膜外受体和配体的相互作用，但没有一个通用的方法适合所有的受体-配体相互作用，新的细胞质系统可能会更适合分析这样的相互作用。

为了克服酵母双杂交系统的某些缺陷，寻找更好的系统来研究蛋白质之间的相互作用，人们开始用蛋白质其他的结构特点来建立新的双杂交系统。分离的泛素系统（split-ubiquitin system）利用泛素的功能特点，当分别和泛素 N 端和 C 端部分融合的两个蛋白质相互作用时，使分离的泛素的两部分靠近，泛素专一性的蛋白酶就会识别泛素，导致报告蛋白的解离释放。报告基因采用转录激活因子来激活报告基因的转录或其他易被检测到信号的蛋白质。同普通的利用转录因子结构特点的双杂交系统比较，这一系统有许多优点：①蛋白质相互作用水解释放报告蛋白，这样的报告蛋白如果是转录因子，就更容易进入核内，活化转录；②报告蛋白可以选用其他的蛋白质（如酶），这样可以通过分析酶的活性来分析蛋白质间的相互作用。此外，还有一些利用酶的性质的双杂交系统，相互作用可以恢复酶的活性。

除研究蛋白质间相互作用的系统外，还发展了研究 DNA 和蛋白质间相互作用的系统——单杂交系统（one-hybrid system）。单杂交系统用来鉴定与特定 DNA 序列直接作用的蛋白质。"猎物"文库被用来检测与调控基序结合激活转录的蛋白质。还有研究 RNA 或小分子配体和蛋白质间的相互作用的系统——三杂交系统（three-hybrid system）。三杂交系统引入了第三个相互作用的成分，如 RNA 或小分子配基做介导，三者共同作用，才能激活转录。SenGupta（1999）等设计的酵母三杂交体系中把与结合结构域融合的已知功能的 RNA 结合蛋白质——铁调节蛋白质 1（IRP1）作为鱼钩，将待研究的 RNA 片段与 IRP1 特异结合序列内含子激活元件（IRE）连接成一个新的杂合序列作为诱饵，用 RNA 聚合酶Ⅲ的作用在酵母中表达；再将待筛选的蛋白质和激活结构域连接，用与双杂交系统相似的方法，可以发现 RNA 特异结合的蛋白质或与蛋白质相互作用的 RNA。研究小分子配基与蛋白质间相互作用的三杂交系统与此类似，只是向酵母中引入小分子配基杂合体时，因为没有生物体系可以利用，需借助有机化学合成技术，而且亲疏水性的差异可能会使研究对象的范围受到一定的限制。这类三杂交系统有很多的用途，但也存在一些问题，如 RNA 片段的构象会因环境而改变，影响系统的检测；产生许多假阳性和假阴性。

酵母双杂交系统已经做了许多改进，以便有更广泛的用途。例如，高等真核生物的许多蛋白质的翻译后修饰对于其功能是必需的，但在酵母中缺乏相关的修饰酶。Osborne（1995）等人首先在系统中引入酪氨酸激酶，使其和诱饵共表达，然后筛选和磷酸化的诱饵专一相互作用的猎物文库。另外，还有在双杂交系统中加入一种桥蛋白来搭桥、抑制或稳定蛋白质间的相互作用。而双诱饵的杂交系统允许同时研究一个蛋白质和两个诱饵之间的作用。

酵母双杂交系统的应用促进了哺乳动物细胞中检测蛋白质相互作用的类似系统的发展。这类系统有一些潜在的优势，如检测依赖翻译后修饰的相互作用。进一步说，可以检测和鉴定细胞刺激反应变化的相互作用。而在细菌中应用的双杂交系统可以使筛选更方便、快速和节省经费，因为分子生物学的技术更适合于细菌。细菌的转化率更高，可以覆盖更复杂的基因组文库和 cDNA文库。在哺乳动物和细菌中应用的双杂交系统都已经商品化。

各种杂交系统都有自己的优缺点。但各种系统都不可避免地产生假阳性和假阴性。有些是系统本身造成的，如双杂交系统研究蛋白质复合体时，由于复合体中没有其他蛋白质的作用，多肽链会暴露出生理状态下为其他蛋白质覆盖的某些位点，或某一蛋白质不足以与作用蛋白形成稳定的结合，导致产生许多的假阳性和假阴性。值得注意的是，双杂交系统并不能解决所有的蛋白质相互作用问题。有些蛋白质不适合于这种方法。用结合结构域和激活结构域与目的蛋白融合可能改变诱饵和猎物的构象，从而进一步改变了它们的功能。酵母双杂交系统一个主要的缺点是一些依靠翻译后修饰的相互作用在酵母中不能检测到。在真核生物中这些修饰是常见的，如形成二硫键、糖基化和最普遍的磷酸化。虽然一些新的双杂交系统试图通过共表达负责翻译后修饰的酶来解决该问题，但还不能解决所有的翻译后修饰问题。因此双杂交系统需要进一步的改进，其他的研究蛋白质相互作用的手段也是必不可少的。

二、方法

双杂交筛选的第一步是选择适当的载体系统。有许多结合结构域和激活结构域载体已被成功地应用，其中应用最广泛的是以 Gal4 为基础的载体。另外，有人利用细菌 LexA 蛋白做结合结构域，VP16 做激活结构域。Gal4 和 LexA 系统各有优缺点，有许多已经商业化，在选择时可参考产品说明。选定载体后，将待鉴定蛋白质分别构建到结合结构域和激活结构域载体上。构建载体时，除了常规的克隆方法外，同源重组的方法更适合于大规模构建重组质粒，这种方法不用繁琐的基因操作。同源重组方法先用聚合酶链式反应（PCR）扩增目的基因，基因两端带有和载体同源的序列，当 PCR 产物和线性化的质粒共转化到酵母细胞后，通过同源重组缺口修复产生重组质粒。据报道，在酵母中 DNA 片段的末端有 30 个碱基的同源区就足以使该片段整合到线性化的质粒中。此外，有很多已经商业化的构建在激活结构域载体上的来自不同生物或不同组织的cDNA 文库，可用于不同目的。

在转入同一酵母细胞前要进行毒性、自激活报告基因和蛋白质表达的检测。比较转化了诱饵质粒的细胞和转化空载体的酵母细胞在液体培养基中的生长速率，检测诱饵蛋白质对宿主的毒性影响。如果诱饵细胞生长速率显著降低，诱饵蛋白质可能是有毒的。因此，在和文库共转化前需要在琼脂平板上生长该酵母细胞株。检测诱饵蛋白质的转录激活可以将细胞涂于选择性平板上，同时涂带有空载体的菌株于适当的选择培养基上。如果诱饵可以自激活报告基因的转录，就可以再重新构建诱饵质粒，消除转录激活区。另外，如果酵母细胞在缺乏 His 培养基上生长，可以加入适当的 3-AT 消除背景。蛋白质表达的检测可采用 Western 印迹的方法。

　　构建好的诱饵和猎物质粒需要共转化到同一宿主细胞中，然后筛选激活报告基因的阳性克隆。在双杂交分析中要经过两次转化，工作量相当大，尤其是在筛选文库的时候更是如此。酵母的转化效率比细菌要低 4 个数量级。因此转化步骤成为双杂交技术的瓶颈。转化的基本思想是得到尽可能多的转化子，同时要避免在同一酵母细胞中转化多种文库质粒，因为这会影响随后的分析。但是用最少量的 DNA 得到最大数量的转化子需要高的转化效率。转化酵母细胞有几种常用的方法，包括原生质体法、电转化法和醋酸锂转化法。虽然原生质体法能得到高的转化效率，但对于大规模的实验（如文库筛选）时间花费太多。电转化法有最高的转化效率，用小量的 DNA 做转化时非常有效。电转化法只能用少量的 DNA，因而限制了它在双杂交方法中的应用。目前普遍应用的大规模的转化方法都采用醋酸锂转化法，它是一种在大规模实验中快速在酵母细胞中导入 DNA 的方法。最近有文献报道用醋酸锂和二硫苏糖醇（DTT）预处理酵母细胞，然后用电转化的方法共转化质粒。该方法比化学转化方法转化效率要高 18 倍，因此节约了大量的时间和费用，适合于高通量的大规模筛选相互作用。另外，Bendixen（1994）等人通过酵母接合型的应用，避免了两次转化，提高了双杂交的效率。在酵母的有性生殖过程中有两种接合型：a 和 α，这两种单倍体之间接合能形成二倍体，但同一接合型间的细胞不能形成二倍体。将诱饵和猎物质粒分别转化不同接合型的酵母细胞。过夜混合培养形成二倍体，在选择性培养基上筛选发生相互作用的二倍体。

　　目前用接合方法进行大规模双杂交的方法可以分成两种。一种是阵列筛选法，用不同接合型的表达猎物和诱饵蛋白的酵母株一一接合。用这种方法可以推测已知的蛋白质间的相互作用，例如从最近测序和注释的基因组中分析全长开放阅读框之间的成对的相互作用。虽然是一对一的方法，由于克隆方法和利用小型机械化的工作站，此方法可用于大规模的研究。另一种方法是文库筛选法，用表达一种诱饵蛋白的酵母细胞和一个表达复杂的文库猎物蛋白质的酵母细胞直接接合。这种高通量的系统可以发现许多未知的蛋白质。然后通过激活报告基因来筛选有相互作用的蛋白质。常用的报告基因有 His3、lacZ、URA3、ADE2 和 MEL1 等。His3 是编码组氨酸合成的基因，3-AT 是它的竞争性抑制剂；lacZ 是编码 β-半乳糖苷酶的基因，可以用 β-半乳糖实验测定活性。URA3 是编码尿嘧啶合成酶的基因，可以用于正向和反向筛选。ADE2 是编码腺苷酸合成酶的基因。MEL1 编码 α-半乳糖苷酶，可以降解 X-α-Gal，产生蓝色。用不同的启动子控制多个报告基因，可以大大消除双杂交中由于猎物和特定启动子两侧的序列直接作用以及直接和特定启动子的转录因子相互作用而产生的假阳性。

　　筛选文库的过程中，转化混合物需要在选择性平板上筛选。得到的阳性克隆用克隆 PCR 的方法直接从阳性克隆中扩增未知片段，然后进行测序。Blast（http：//www.ncbi.nlm.nih.gov）搜索 GenBank、EMBL 或其他数据库，分析其代表的基因。对有意义的相互作用，用其他的方法（如免疫共沉淀、GST-pull down、荧光共定位等）进一步验证，得到蛋白质功能的信息。

三、应用

以上介绍了酵母双杂交的历史及主要的发展，在实际中酵母双杂交得到了很广泛的应用，尤其是在大规模分析蛋白质间相互作用的蛋白质组学的研究中的地位不可替代。全基因组序列的获得促进了大规模研究蛋白之间的相互作用，全面详尽的蛋白质相互作用图谱被称为互作组（interactome）。在病毒、细菌、酵母和线虫中都已经有大规模的酵母双杂交分析的报道。

T_7 噬菌体被第一个用于大规模的双杂交分析。先构建随机的诱饵和猎物文库。每次用 10 个随机的非自激活的诱饵筛选随机的噬菌体蛋白质片段文库，接着用特定的诱饵筛选文库。在 55 个噬菌体蛋白质中，共发现了 25 个相互作用，其中有 4 个已经有报道。这个研究表明，系统鉴定基因组编码特定蛋白质间众多的相互作用是可能的。丙型肝炎病毒（HCV）能导致严重的肝病包括肝癌，但 HCV 的疫苗还没有开发出来。Flajolet（2000）等人研究了丙型肝炎病毒（HCV）中的蛋白质相互作用。丙型肝炎病毒的基因组编码一类由约 3 010 个氨基酸残基组成的多蛋白质，最终被加工成为 10 个成熟的蛋白质。用成熟的蛋白质分别构建猎物和诱饵表达载体，进行双杂交分析，但是没有检测到相互作用，可能是由于蛋白质折叠的问题。构建诱饵和猎物随机的 HCV 基因组文库，用随机筛选的 200 个诱饵和猎物文库双杂交分析，最后得到了 5 个相互作用的结果，其中 2 个已有报道。通过调节这些相互作用，有可能开发出特异的抗病毒试剂。用酵母双杂交分析痘苗病毒（vaccinia virus），先构建了痘苗病毒 266 个可读框的结合结构域和激活结构域阵列。用接合的方法筛选，在约 70 000 个组合中，共发现了 37 个相互作用，9 个是已知的。这些相互作用可以分为 DNA 复制、转录、病毒结构和形态发生、病毒和宿主相互作用和未知功能 5 个类别，提供了在特定的过程中未知蛋白质作用的线索。

致人胃病的幽门螺旋菌（*Helicobacter pylori*）的基因组在 1997 年已经测序完成，但对整个基因组序列编码蛋白质的功能知道的还很少。Rain（2001）等人用酵母双杂交研究其蛋白质相互作用。它也是第一种用酵母双杂交技术大规模研究的原核生物。对 261 种幽门螺杆菌蛋白质（其中有 50 个和复合体、致病有关的蛋白质，211 个随机选择的蛋白质）和随机的幽门螺杆菌基因组文库进行杂交，得到了 1 200 多个相互作用结果。其中有许多在大肠杆菌中也有类似的相互作用。筛选到的相互作用的蛋白质结构域将来可能有助于构建显性失活的突变体或用于新药设计。

酿酒酵母（*Saccharomyces cerevisiae*）的全基因组序列测定在 1996 年完成，它共有 6 000 多个可读框，用酵母双杂交大规模分析了这 6 000 多个开放阅读框之间的相互作用。一种方法是阵列筛选法，192 个诱饵菌株和 6 000 个猎物菌株一一结合，形成二倍体，结果筛选到了 281 个相互作用。另一种方法是文库筛选法，用约 6 000 个诱饵菌株分别和含有 6 000 种猎物的文库接合，共筛选到 692 个相互作用。类似的工作中，Ito（2001）等人分别克隆了酵母中几乎所有的可读框，分为 62 个集合（pool），每个集合含有近 96 个不同的克隆。62 个诱饵集合和 62 个猎物集合分别一一接合，得到了 1 533 个相互作用的结果。其中有 841 个最可靠的相互作用，和前一结果相比，只有 141 个结果是共同的。这可能是由于 PCR 扩增中的突变消除了相互作用、质粒构建的特殊性影响蛋白质的折叠或由于双杂交系统内在原因产生假的信号，这提示在像酵母这样较低等的真核生物中，蛋白之间的相互作用也是非常复杂的，用一种方法不可能筛选出所有的蛋白质相互作用。分析蛋白质相互作用的结果得到了几个有意义的网络，如与自体吞噬、纺锤极体的功能和囊泡运输有关的网络。Drecs(2001)等报道应用大规模的双杂交筛选技术筛选与酵母中细胞极性有关蛋白的研究结果。用一个已知与细胞极性有关的 68 个蛋白质作为诱饵,筛选一个阵列,这个阵列表达了约 90% 预测的酵母开放阅读框。他们共发现了 128 个新的蛋白质相互作用,其中 44 个包含未知功能的蛋白质。他们最大的发现是在细胞信号通路之间新的联系,提示在已知的信号途径中存在联系,例如 Rho1 和 Cdc42 细胞途径,这些信号途径将肌动蛋白和形态建成检查点结合了起来。

在线虫(*Caenorhabditis elegans*)中研究了与 27 个生殖器发育有关的蛋白质相互作用的蛋白质,用 27 个诱饵筛选线虫的 cDNA 文库,共得到了 148 个相互作用结果,为深入研究线虫生殖器发育的分子机制提供了线索。

分析蛋白质相互作用的目的是为了构建蛋白质间相互作用的连锁图,因为蛋白质相互作用控制着生命的各个过程。蛋白质间相互作用是细胞生命活动的基础和特征。例如,代谢和信号途径、形态发生途径、结构复合体和分子机器、DNA 的合成、基因转录激活、蛋白质翻译、修饰和定位、信号转导、细胞周期调控、中间代谢等重要的生物过程都涉及蛋白质的相互作用。蛋白质之间的相互作用、相互协调是细胞进行信号转导及一切代谢活动的基础,对蛋白质相互作用连锁关系的揭示已成为蛋白质组学的一个重要的研究内容。随着蛋白质组学研究的深入发展,在揭示如生长、发育和代谢调控等生命活动的规律上将会有所突破,对探讨重大疾病的机理、疾病治疗、疾病防治和新药开发将提供重要的理论基础。对于鉴定药物目标,蛋白质相互作用数据有潜在的价值。也有公司开始基因组范围的双杂交分析,他们都相信理解蛋白质功能和途径更有利于开展药物的研究。

用酵母双杂交及其他方法得到的蛋白质相互作用产生了几个数据库,可以用来构建一个大的相互作用的网络。在全面分析了酿酒酵母中 2 709 个蛋白质相互作用后,建立了一个由 1 548 个蛋白质间 2 358 个相互作用组成的一个巨大的网络和几个较小的网络,这表明细胞过程的复杂性。这个网络指明了不同细胞部位间蛋白质的相互作用,最重要的是提供了未知蛋白质的功能线索。特定功能种类的蛋白质和许多其他种类的蛋白质有相互作用,如细胞周期调控、转录和染色体调控的蛋白质。这和它们在细胞中的中心地位是一致的。通过简化这个网络图,24 个核心蛋白中有 21 个和生长控制、染色体结构(染色质重排)或转录有关。要指出的是,酵母双杂交得到的蛋白质相互作用是可能发生的相互作用,在真正的细胞环境中不一定发生,因此需要用其他的方法进一步验证。随着技术的革新,双杂交系统的敏感性和专一性不断提高,高通量和自动化的实验方法可以完成更复杂的蛋白质组中蛋白质相互作用,在阐明蛋白质的功能、揭示生命现象的规律、弄清重大疾病的发生机理和新药开发中发挥重要的作用。当前,连锁图的模式缺乏时间和空间上的分辨率,几个分享一个共同蛋白质的不同的复合体可能被人为地互相联系到一起。分类、作图和定位这些相互作用将画出一个真正的功能和动态的蛋白质相互作用图谱,使人们对细胞作为一个分子系统有全面的了解。

第三节　蛋白质芯片

一、概述

生物芯片(biochip)技术是生命科学与微电子学相互交叉渗透发展起来的一门高新技术。

随着人类基因组计划（HGP）研究的不断突破，这门技术已广泛应用于基因诊断、功能基因研究、基因组文库图型分析、肿瘤标志物监测、新药的研究与开发和法医学等诸多领域。

生物芯片是基于生物大分子（核酸和蛋白质等）相互作用的大规模并行分析方法，并结合微电子、微机械、化学、物理、计算机等多领域的技术及生命科学研究中所涉及的样品反应、检测和分析等连续化、集成化、微型化的过程。它以载玻片和硅等材料为载体，在单位面积上高密度地排列大量的生物材料，从而达到一次试验同时检测多种疾病或分析多种生物样品的目的。

生物芯片技术主要是通过固相平面微细加工技术构建的微流体分析单元和系统，以实现对细胞、蛋白质、核酸及其他生物组分的准确、快速、高通量检测，具有高度平行性、多样性、微型化和自动化的特点。常用的芯片有基因芯片（gene chip）和蛋白质芯片（protein chip）两大类，前者又称为 DNA 芯片（DNA chip）或核苷酸微阵列（DNA microarray）。

由于生物芯片技术综合了分子生物学、半导体微电子、激光、化学染料等领域的最新科学技术，可广泛应用于人类基因研究、医学诊断、环保和农业等方面的研究。例如，在肝炎等传染性疾病的诊断上，利用基因芯片可以一次同时测出多种病原微生物，医生能在极短的时间内知道病人被哪种微生物感染，做出快速而准确的诊断。同样，利用基因芯片，在产前检查中，只要取少量羊水或父母血液就可以测出胎儿是否患有遗传性疾病（或可能患病的几率），同时鉴别的遗传性疾病可达到数十种甚至上千种。

随着分子生物学技术的发展，生物芯片技术研究工作已不断深入，DNA 芯片技术被逐渐用于对生物样品中的各种已知或未知的核酸序列表达的检测和比较研究。但是，作为生物体细胞中实施化学反应功能成分的蛋白质，其相当部分与活性基因所表达的 mRNA 之间未能显示出直接的关系，因此，作为高通量基因表达分析平台的 cDNA 芯片技术的应用过程受到一定的限制。另外，由于蛋白质结构和构象方面的各种微小化学变化均能引起其活性或功能的改变，为了进一步揭示细胞内各种代谢过程与蛋白质之间的关系以及某些疾病发生的分子机制，必须对蛋白质的功能进行更深入的研究。随着 DNA 芯片技术的不断成熟以及基因研究所取得的令人瞩目的成果，进一步推动蛋白质功能的研究及其相关技术的发展，蛋白质芯片技术因此应运而生。与传统的研究方法相比，生物芯片技术具有以下优点。

1. 信息的获取量大、效率高　目前生物芯片的制作方法有接触点加法、分子印章 DNA 合成法、喷墨法和原位合成法等，能够实现在很小的面积内集成大量的分子，形成高密度的探针微阵列。这样制作而成的芯片就能并行分析成千上万组杂交反应，实现快速、高效的信息处理；

2. 生产成本低　由于采用了平面微细加工技术，可实现芯片的大批量生产，集成度提高，降低了单个芯片的成本。

3. 所需样本和试剂少　因为整个反应体系缩小，相应样品及化学试剂的用量减少，且作用时间短。

4. 容易实现自动化分析　生物芯片发展的最终目标是将生命科学研究中样品的制备、生物化学反应、检测和分析的全过程，通过采用微细加工技术，集成在一个芯片上进行，构成所谓的微型全分析系统，或称为在芯片上的实验室，实现了分析过程的全自动化。

蛋白质芯片是检测蛋白质之间相互作用的生物芯片，其原理是利用目前最先进的高科技生物芯片制备技术，酶联免疫、化学发光及抗原抗体结合的双抗体夹心法原理，利用微点阵技术使多种蛋白质结合在固相基质上，从而使传统的生物学分析手段能够在极小的范围内快速完成，达到一次实验同时分析多个生物标本或检测多种疾病的目的。

据不完全资料统计，到 2001 年，全世界生物芯片的市场已达 170 亿美元，用生物芯片进行药理遗传学和药理基因组学研究所涉及的世界药物市场每年约 1 800 亿美元。2005 年，仅美国用于基因组研究的芯片销售额就达到 50 亿美元，2010 年可能上升至 400 亿美元。这里所指的生物芯片还不包括用于疾病预防、诊治及其他领域中的基因芯片，这部分预计比基因组研究用量还要大上百倍。因此，生物芯片及相关产品产业将取代微电子芯片产业，成为本世纪核心产业之一。

二、原理和分类

1. 原理 前文已述，蛋白质芯片（protein chip）技术是指先以蛋白质分子作为配基，将其固定在固相载体的表面，形成的蛋白质微阵列（protein microarray）；然后将带有特殊标记的待检蛋白质分子与芯片上的相互作用蛋白质反应，再依靠探针捕获蛋白质与蛋白质复合物中的待测蛋白质与之结合，最后通过检测器对标记物进行检测，并用计算机分析出待测样品的结果。研究目的不同，蛋白质芯片的大小可以具有很大差别。一个蛋白质芯片可以是细胞内所有蛋白质的集合，也可以是特定蛋白质家族所有成员的汇集，还可以由一种蛋白质的所有变异体所组成。目前，常用于蛋白质芯片配基的蛋白质分子是酶、受体、抗原、抗体或抗体片断等。

蛋白质芯片技术的基本原理是将各种蛋白质有序地固定于滴定板、滤膜和载玻片等各种载体上制成检测用的芯片，然后，用标记了特定荧光抗体的蛋白质或其他成分与芯片作用，经漂洗将未能与芯片上的蛋白质互补结合的成分洗去，再利用荧光扫描仪或激光共聚焦扫描技术，测定芯片上各点的荧光强度，通过荧光强度分析蛋白质与蛋白质之间相互作用的关系，由此达到测定各种蛋白质功能的目的。

例如，C-12 多种肿瘤标志物蛋白质芯片检测系统是利用生物芯片制备技术、酶联免疫、化学发光及抗原抗体结合的双抗体夹心法原理制成的（图 7-1）；通过同时定量分析被检测者血清中的 12 种肿瘤标志物（肿瘤相关抗原）含量及变化来判断和推测恶性肿瘤细胞在体内的发生、发展及变化情况。

2. 类型 目前用于研究蛋白质生化活性的蛋白质芯片有 3 种类型：蛋白质分析芯片、蛋白质功能芯片和反相蛋白质芯片。

（1）蛋白质分析芯片 蛋白质分析芯片主要应用于在复杂的蛋白质混合物中分析蛋白质的亲和力、特异性和蛋白质表达水平。在分析芯片上，是把抗体、适体或者配体在一张玻璃载玻片上做成阵列，然后这些阵列作为检测蛋白质溶液的探针。抗体芯片是最常见的蛋白质分析芯片。这些类型芯片用于监测不同蛋白质表

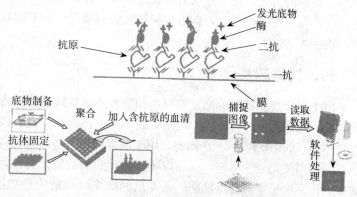

图 7-1 蛋白质芯片检测系统原理及操作步骤

达模式和临床诊断，例如对环境应激反应的表达模式变化以及正常和病变组织的差异等。

（2）蛋白质功能芯片　蛋白质功能芯片不同于蛋白质分析芯片，是因为蛋白质功能芯片阵列成分是由全长功能蛋白或者蛋白质关键结构域组成。这些芯片是用于在一次实验中研究整个蛋白组的生化活性。它们用来研究大量蛋白质之间的相互作用，例如蛋白质-蛋白质、蛋白质-DNA、蛋白质-磷脂以及蛋白质-小分子的相互作用。

在蛋白质功能芯片上能够实现一个代表性样品的不同检测。蛋白质高密度固定化在微载玻片上，然后通过不同的相互作用检测出来。在用 Cy5 作为显示荧光时，其他的荧光基团也同样可以用于检测。

（3）反相蛋白质芯片　反相蛋白质芯片和蛋白质分析芯片相关。在反相蛋白质芯片（reverse protein assay，RPA）中，从各种组织中分离和溶解细胞。溶胞产物用微阵列的方式排列在硝酸纤维素片上。然后硝酸纤维素片的目标蛋白质被抗体标记，而这些抗体能以化学发光、荧光或者比色测定的方式检测出来。同时检测印在硝酸纤维素片上的参照肽链可以对样本的蛋白质定量。

反相蛋白质芯片可以用于测定由于疾病导致蛋白质表达量的改变值，特别是由于疾病导致的翻译后修饰造成的蛋白表达量改变。这样一旦检测出细胞中哪一种蛋白质通路可能发生异常，就能够针对功能异常蛋白质通路确定特异治疗方法，及早治疗疾病。

三、检测方法

蛋白质标记法和直接检测法是目前检测吸附到芯片表面的待检靶蛋白质的两种主要方式。蛋白质标记法需要预先将样品中的蛋白质用荧光物质或同位素等标记，当芯片上的蛋白质能与标记蛋白质相互作用时其便会与之结合，从而发出特定的信号，被 CCD（charge-coupled device）照相及激光扫描系统检测。直接检测法以质谱技术为基础，采用表面增强激光解吸电离飞行时间质谱（SELDI-TOF-MS）技术，使靶蛋白质离子化，以分析蛋白质的分子质量和相对含量。

蛋白质芯片的检测结果是按照上述严格的操作规程，用专门的芯片阅读仪扫描采集、保存和分析化学反应产生的光信号，通过电脑处理和计算分析结果。例如，对肿瘤标志物进行定量检测时，其测定结果应紧密结合临床表现，特别是影像学特征进行综合判断，才能提高肿瘤诊断的阳性率。到目前为止，还未发现具有在灵敏度和特异性上被完全认可的肿瘤标志物，因为肿瘤标志物不仅在发生肿瘤时产生，在正常和良性疾病情况也有不同程度的表达。肿瘤标志物的产生还受到一些生物活性因子的影响。

四、抗体芯片

由于抗原抗体反应的高度特异性和亲和力，抗体芯片成为最有发展前景和最具代表性的蛋白质芯片。抗体芯片以抗体作为配基，将不同抗体分别固定在固相载体表面的不同地方，形成的抗体微阵列（antibody microarray），用于捕捉待检标本中的相应抗原（蛋白质分子）。由于待检抗原预先已用荧光分子标记，被相应抗体捕捉到的抗原就会在固定该抗体的地方发出荧光，而未被捕捉的抗原分子则被洗涤除去。所发出的荧光可以被荧光扫描仪检测。Ab Microarray 380 是由美国 BD Clontech 公司推出的第一张商品化的抗体芯片。整个操作流程为：从试验组和对照组各取 50～200 mg 组织、细胞或体液进行蛋白质抽提→分别用 Cy5 和 Cy3 两种不同颜色的荧光分子同时标记试验组和对照组两个样品→除去未与蛋白结合的游离标记分子→交叉与抗体芯片杂交孵育→扫描分析结果。值得提出的是，同时对试验组和对照组两个样品分别用两种荧光标记分子（Cy3 和 Cy5）标记，并交叉与芯片杂交，既可以作为消除抗原-抗体结合效率差异的对照，也可以消除潜在的不同荧光分子的标记效率差异，从而起到内源标准化的作用，使样品分析的偏差大大减小，获得的两样品间的相对丰度更加符合实际情况。必须注意，抗体芯片检测的结果只能代表不同样品之间的相对丰度，而不是对其绝对含量的检测。

抗体芯片的制备的要点包括抗体的结合亲和力需要测定，应该筛选出反应特异性高、灵敏性好、交叉反应程度小、信号明显且与抗原浓度有着良好的线性关系的单克隆抗体。

五、芯片实验室技术

芯片实验室（lab-on-a-chip）是指把生物和化学等领域中所涉及的样品制备、生物与化学反应、分离、检测等基本操作单元集成或基本集成到一块几平方厘米的芯片上，用以完成不同的生物或化学反应过程，并对其产物进行分析的技术，因此也可以称为微完全分析系统（micro total analytical system，μTAS）。1998 年美国纳米基因研究小组利用电子生物芯片在世界上建构了首例微型化生化实验室，即芯片实验室。功能化芯片系统大体包括三个部分，一是芯片，二是信号的检测收集装置，三是包含有实现芯片功能化方法和材料的试剂盒。一个完整的微芯片可以提高分析速度和分析效率、减少样本和试剂的消耗、排除人为干扰、防止污染以及完成自动高效的重复实验。而且，分析系统的微型化可以使野外实验室变得很简单。芯片实验室的潜在应用范围包括高效筛选、环境监测、临床监测、空间生物学、现场分析、生物战争试剂检测、高效 DNA 测序等。

芯片实验室技术的应用：①毛细管电泳分离，最突出的应用是 DNA 片段分离和 DNA 测序，在微刻 96 样品毛细管阵列电泳微芯片中可以实现高效遗传分析；②微型反应仓，由于用途差异，各种反应仓也略有不同，如聚合酶链式反应（PCR）、酶反应和 DNA 杂交反应芯片的微型反应仓；③分类设备，用于细胞和各种生物大分子的计数和分类，基于芯片实验室技术的分类设备具有价格低廉、低耗、微型化等优点；④分析复杂的不同样品，芯片实验室可以完成从样品采集到反应、分析及产物提取的复杂操作。

由于芯片实验室的巨大应用前景，越来越多的公司和研究机构投入芯片实验室的研究中。某实验室酶学分析芯片的反应仓是微通道交叉处理的仓式结构，含有酶、抑制剂、底物和荧光物质的溶液，通过电驱动的方法在反应仓内混合，使用激光诱导的荧光来检测酶的活性。

要使芯片实验室技术被实验室或临床普遍采用，仍有一些关键问题亟待解决和完善，诸如：芯片实验室技术的灵敏度、重复性、特异性和非特异性，简化样品制备和标记效率，高度集成化样品制备，基因扩增，核酸标记及检测仪器的研制和开发，生物芯片的重复利用和多重用途，统一的标准等。

六、蛋白质芯片技术的应用

1. 蛋白质研究　蛋白质芯片技术是目前蛋白质相关研究中最具有应用前景的一项技术。利用蛋白质芯片和限制性酸水解技术可对蛋白质的氨基酸序列进行分析。与传统的蛋白质水解技术相比，蛋白质芯片技术可以同时对多个蛋白质的氨基酸序列构成进行分析。另外，利用这种方法还可以得到蛋白质 C 末端或 N 末端的不同长度氨基酸片段，将这些片段通过质谱分析，便可以得到待测蛋白质的氨基酸序列构成。

2. 临床应用 蛋白质芯片技术在临床方面有着广泛的应用，尤其是在疾病的诊断和疗效判定方面（即生物学标志物的检测上）具有很大的应用价值和前景。另外，蛋白质芯片具有高通量特点，使得疾病标志物的检测速度大大提高。

目前，临床上，蛋白质芯片主要是用于检测肿瘤标志物。肿瘤标志物（tumor marker）是肿瘤组织由于癌基因或抑癌基因和其他肿瘤相关基因及其产物异常表达所产生的抗原和生物活性物质。肿瘤标志物在正常组织和良性疾病时几乎不产生或产生量甚微的物质，它可反映癌症的发生发展过程及肿瘤相关基因的激括或失活程度，可通过肿瘤患者组织、体液和排泄物中检测。肿瘤浸润引起机体免疫功能和代谢异常，产生一些生物活性物质。这些物质与肿瘤的发生和发展有关，也属于肿瘤标志物，可用于肿瘤的诊断。

目前，国内临床上应用较多的蛋白质芯片系统是 C-12 多种肿瘤标志物蛋白质芯片检测系统（图 7-1）。该检测系统通过同时定量测定分析被检测者血清中的 12 种肿瘤标志物含量及变化情况，可同时对常见的肝癌、肺癌、胃癌、食管癌、乳腺癌、结肠癌、直肠癌、卵巢癌、胰腺癌、前列腺癌和子宫内膜癌等 10 多种癌症进行早期筛查，能极大地提高癌症早期检出的敏感性和特异性。C-12 多种肿瘤标志物蛋白质芯片检测系统主要是检测患者血清中的肿瘤标志物含量及变化情况，以此作为判断常见肿瘤的发生、发展、治疗效果及其预后的监测指标。

理想的肿瘤标志物应具有以下一些特征：①必须由恶性肿瘤细胞产生，并可在血液、组织液、分泌液或肿瘤组织中测出；②不应该存在于正常组织和良性疾病中；③某一肿瘤的肿瘤标志物应该在该肿瘤的大多数患者中检测出来；④临床上尚无明确肿瘤证据之前最好能测出；⑤肿瘤标志物的量最好能反映肿瘤的大小；⑥在一定程度上能有助于估计治疗效果、预测肿瘤的复发和转移。然而，在目前已知的肿瘤标志物中，绝大多数不但存在于恶性肿瘤中，也存在于良性肿瘤、胚胎组织甚至正常组织中。因此，这些肿瘤标志物并非恶性肿瘤的特异性产物，但在恶性肿瘤患者中明显增多，因而又将这些肿瘤标志物称为肿瘤相关抗原。

在肿瘤的研究和临床实践中，早期发现、早期诊断、早期治疗是肿瘤预后的关键。肿瘤标志物在肿瘤普查、诊断、判断预后和转归、评价治疗效果和高危人群随访观察等方面都具有较大的实用价值。

C-12 多种肿瘤标志物蛋白质芯片检测系统尤其适用于无症状人群的肿瘤普查，经临床验证其准确率高达 80% 以上。

该蛋白质芯片的应用范围主要在以下几个方面：①临床上应用于肿瘤患者的辅助诊断、疗效判断、病情监测、预后评估及判断肿瘤有无复发和转移等。②用于肿瘤高危人群的定期筛查。高危人群主要是指 45 岁以上的人群、患各种慢性炎症和各种慢性疾病的患者、有肿瘤家族史和肿瘤高发区居民等。③用于肿瘤分子流行病学调查及肿瘤生物学研究。

3. 新药研制 蛋白质芯片具有高通量、并行性的特点，可用于寻找新的药靶（比较正常组织或细胞及病变组织或细胞中大量相关蛋白表达的变化，充分了解细胞信号转导和代谢途径，进而发现一组疾病相关蛋白质作为药物筛选靶）、药物筛选、药物毒性和安全性的评价。

另外，蛋白质芯片技术不仅可以研究各种化合物与其相关蛋白质的相互作用，还可以在对化合物作用机制不了解的情况下，直接研究疾病的蛋白质表达谱，从而将化合物的作用机制与疾病联系起来，并进一步建立外源化合物与疾病蛋白质表达谱库，为新药开发和各种药理研究提供大量数据。

总之，蛋白质芯片技术的建立为蛋白质功能及其相关的研究提供了快速、高信息量和更为直接的研究方法，与其他的分子生物学分析方法相比，蛋白质芯片技术具有快速、平稳的优越性。该方法的建立和应用有助于人类揭示疾病发生的分子机制及寻找更为合理的有效治疗途径和手段。

第四节　免疫共沉淀技术

一、原理

1. 概述　免疫共沉淀的基本原理是抗原和抗体之间专一性地相互作用而沉淀，从而保留下来，其是一种经典的检测蛋白质相互作用的方法。其实验过程比较简单。裂解细胞后，加入抗体，抗原被沉淀下来后洗涤，去除非特异性结合，再分析结合复合体。抗体可以是单克隆，也可以是多克隆。被分析的蛋白质可以加上一个抗原决定簇的标签（如 12CA5、c-Myc），以便于用特异性的抗体检测。

2. 验证标准　免疫共沉淀实验的真实性需要以下几个方面来验证。

①抗原的沉淀是由于本身抗体的结合引起的，而不是制备中被污染的抗体。单克隆抗体不存在这个问题。在使用多克隆抗体时，需要对该抗体进行预处理，即将抗体与不包含抗原的抽提物混合在一起，去除与抗体结合的污染物。

②只有在抗原存在的情况下，加入抗体后，才能检测到沉淀蛋白质。

③这种相互作用是否直接或是通过第三个蛋白质引起的。

④相互作用是真实的体内过程，而不是细胞裂解的结果。

3. 优点　免疫共沉淀有以下优点。

①它检测的是细胞裂解原液中所有蛋白质与检测蛋白质的相互作用。

②抗原和抗体的相互作用是在生理浓度的条件下被检测的，因此过量表达所带来的假阳性结果可以被排除。

③可以检测到在体内形成的天然复合体，如果该复合体无法在体外条件形成。

④天然状态的蛋白质如果经过翻译后修饰，依赖于或不依赖于修饰的蛋白质相互作用可以被检测到。

4. 缺点　虽然该方法应用广泛，但是也存在着下述一些缺点。

①有时免疫共沉淀的蛋白质并非直接相互作用。例如，E1A 与 p107 可相互作用，p107 与 cyclin A 可相互作用，E1A 与 cyclin A 能同时被免疫沉淀。

②与其他方法相比，免疫共沉淀的灵敏度不高，这是由于抗原浓度低于亲和层析中的蛋白质

浓度造成的。

二、方法

1. 检测蛋白质 免疫共沉淀的第一步是准备检测共沉淀涉及的两种蛋白质。通常用 Western blot 的方法检测参与免疫共沉淀的蛋白质的表达或存在。只有那些可以在非变性条件下免疫沉淀蛋白质的抗体才是可以用的。需要注意的是，商品化的某些抗体不适合做免疫沉淀，因此要事先考虑清楚再选择使用。经常使用的策略是在目的蛋白质的 N 端或 C 端加上一个短肽或表位抗原（epitope）（称为标签，tag）。当然，如果不影响功能的话，也可以把标签加到蛋白质内部。两种最常用的标签是 HA 和 c-Myc，分别从流感病毒血凝素蛋白和人核蛋白 c-Myc 的一段多肽而来。其他的抗体如 FLAG 抗体也很实用。有时可以插入串联重复的标签以提高灵敏度。串联重复标签的拷贝数可以由 1～3 个甚至 9 个。

当要沉淀的蛋白质分子质量非常接近免疫球蛋白的重链（50 ku）和轻链（23 ku）时，使用短的标签不容易与 IgG 区分开，这时可以融合一个蛋白质或多肽，增加其分子质量，而同时要求这种蛋白质或多肽可以与偶联到固相介质的小分子特异结合，如谷胱甘肽 S-转移酶（GST，可以与偶联到 Sepharose 上的谷胱甘肽结合）和麦芽糖结合蛋白（MBP，可以与麦芽糖亲和介质结合）是常用的两种亲和分子。虽然它们所应用的已经不属于免疫的范畴，但都是利用了蛋白质与蛋白质之间特异亲和的原理。

2. 制备总蛋白质提取物 免疫共沉淀成功的第二步是制备含有最大量与最大活性目的蛋白质的总蛋白质提取物。全细胞提取物中总蛋白质的收率与活性并不能完全等同于特异目的蛋白质的收率与活性，因此在免疫沉淀操作前最好将二者都加以鉴定。收率和活性受多种因素的影响。裂解缓冲液中盐浓度与去污剂的微小变化就可能对蛋白质收率与活性带来较大的影响，也可以影响细胞破碎的速度与效率。这两种因素对那些与大分子结构（如膜和细胞骨架相结合的低可溶性蛋白）来说尤为重要。另外，加入蛋白酶抑制剂以防止蛋白的降解也是必需的。

全细胞提取物的总蛋白质浓度定量可以通过 Bio-Rad 蛋白测定试剂盒、BCA 测定试剂盒以及 Bradford 方法进行。然后再取 25～75 μg 总蛋白通过 Western blot 分析确定某种特定蛋白质的浓度。一般来讲，最好通过测定另一种蛋白质的存在作为标准化的内对照以及免疫印迹的阳性对照，这种蛋白通常是看家蛋白（如细胞骨架或核糖体蛋白）或者是同一研究途径中已经证实存在的另一种蛋白。

3. 相互作用特异性的对照实验 对照设置对于确定抗体及蛋白质-蛋白质作用的特异性是必需的。当蛋白质被标记以不同的标签时，对照是比较容易设立的。这个问题以两种蛋白质 A 和 B 的相互作用来说明，蛋白质 A 和 B 在细胞内有天然存在的形式，它们是没有标签标记的，称为 non-A 和 non-B。再分别将 A 和 B 标记 Myc 和 HA 标签，称为 Myc-A 和 HA-B。将二者的质粒共转染到宿主细胞内表达，标记的和未标记的蛋白质于是共存于细胞内，但是前者的量要稍多于后者。以 Myc 抗体结合 Myc-A，以蛋白质 G-agarose 结合 Myc 抗体，形成复合物，通过离心与上清得以分离。如果 A 和 B 蛋白质存在相互作用，那么 Myc-A 既可以与 HA-B 结合，也可以与 non-B 结合，两种形式的 B 蛋白质因此可以被 A 蛋白质共沉淀而被包含在上述复合物中。以 HA 抗体对免疫沉淀物进行 Western blot 检测，HA-B 即可被检测出来，而 non-B 则不能与 HA

抗体发生结合，因而显示不出条带。同时标记 Myc 和 HA 的蛋白质互为对方的阴性对照组。其他没有 HA 标记的蛋白质也检测不出来。通过以上设置，可以确定抗体及相互作用的特异性。

如果抗体不是针对标签而是针对天然形式的蛋白质，那么使用缺失此蛋白质表达的细胞系是一种上策。当然，前提是存在这样的细胞系，此蛋白的缺失表达对于细胞的生存没有致命的影响。如果上述策略不实用，最通用的办法是用预免疫血清（preimmune serum）或同一物种来源的与蛋白质没有特异结合的抗体（比如正常的免疫球蛋白 G 等）预先免疫沉淀，以预清除（pre-clear）来降低背景。但是后两种对照不能完全排除间接结合目的蛋白的可能性。

第五节 表面等离子共振-质谱技术

一、原理

1990 年，开发出商品化的表面等离子共振（SPR）生物传感器（biosensor）。这种生物传感器是溶液中反应不同，以一个反应组分溶于流动相，而与之结合的另一个反应组分则固定在感受器（sensor）的表面去监测二者的结合反应。表面共振生物传感器诱人之处在于：①测定折射指数这一物理量变化，而不需要生色基因，也不必对生物分子做标记；②生物传感器能提供结合过程中即时信息；③对大分子之间互作亲和力适用范围很广；④使用时所需样品较少，而且对反应物纯度要求较低。因此，表面等离子共振生物传感器逐渐成为生物分子间可逆互作的定性和定量的研究工具。

BIAcore 是常用的商品化表面等离子共振仪器，将一个可以装卸的微型芯片插在与光学系统偶联的传感器表面，流动相样品由计算机综合管理的微型液流系统提供，流经微型芯片。数据采集、传感图和相关数据处理由计算机控制的工作站自动进行。

当金属受到光电磁场的作用时，金属中的电子密度分布不再均匀，如果在金属中的某个区域的电子密度小于平均密度，则存在过剩的正电荷，这过剩的正电荷对邻近的负电荷产生库仑力的作用，使邻近的负电荷向这个区域运动过来，同时获得多的能量，然后，这区域出现过多的负电荷，由电子间的相互排斥作用，电子又远离该区域运动，从而形成电子相对于正电荷的密度起伏振荡，这称为金属中的等离子体振荡。而表面等离子体共振具有其特有的特征，即其可存在于两种介质的分界面处，而且还可沿着界面传播，形成等离子体表面波（SPW）。等离子体表面波为一种偏振的 TM 波，其磁场矢量垂直于波的传播方向，平行于两种介质的分界面。当光波的电磁场矢量沿着平行于交界面的分量和等离子体表面波的波矢量相等时，便发生了表面质膜共振现象。

表面质膜共振传感系统一般由 3 部分组成：光学系统、传感系统和检测系统。发光二极管（LED）发出的白光，经过透镜后，输出光为平行光，入射在棱镜的一个侧面上。棱镜的底面镀有金膜或银膜，其厚度由实验得到的最佳灵敏度来确定，一般为 50 nm 左右。棱镜材料为 K9 或 BK7 玻璃。反射光线由棱镜的另一侧输出，经过全反射镜反射进入单色仪，再由单色仪输出进行光电接收和转换。电信号放大和输出，便得到表面质膜共振的输出光谱。这是一种棱镜耦合式的表面质膜共振传感器系统。在这个工作系统中，调整入射到棱镜底部的光的入射角，使入射光的波矢量沿分界面的分量等于等离子体表面波矢量,这样便可激发起等离子体表面波,在激发等离子体表面波过程中,从棱镜的另一个侧面输出的光强便出现明显的减弱,则出现一个光谱吸收峰。这种激发技术也称为衰减全反射(attenuated total refraction,ATR)技术。衰减全反射原理是现代表面质膜共振传感器的工作基础。

二、方法

1. 表面等离子共振生物传感器 一般的表面等离子共振生物传感器实验分以下几步:首先,将一种反应物共价结合到传感器表面;然后可动的第二个反应物以恒速从缓冲体系中流经传感器表面,在表面形成复合物;当缓冲液中没有游离的反应物时,处于互作复合物解离阶段,复合物的形成和解离即时变化过程都被监测记录下来;最后,传感器表面滞留的复合物被去除而再生。结合、解离和再生构成一个实验循环,从而获得包括化学速率常数和互作中热力学平衡常数结合过程的时序变化曲线。

2. 质谱技术 由表面等离子共振生物传感器实验获得的目标蛋白质再进行质谱蛋白质鉴定(见第六章)和数据库查询,获得试验结果。

第六节 细胞共定位技术

一、原理

1. 利用荧光蛋白融合技术研究蛋白质的细胞内定位 绿色荧光蛋白(green fluorescent protein,GFP)由 238 个氨基酸残基组成,最早从华盛顿星期五港水域的维多利亚水母体内克隆得到。后来发现其他品种的水母也存在类似的荧光蛋白。一些腔肠动物通过体内的荧光素酶氧化荧光素,释放能量,激活绿色荧光蛋白,而水母却通过水母蛋白激活绿色荧光蛋白。目前关于绿色荧光蛋白的认识,主要来自 Prasher 等最早得到的克隆(GFP10.1)及其衍生物。

Chalfie 等人进行了揭示绿色荧光蛋白作为报告蛋白的潜在应用价值的实验。他们发现大肠杆菌或秀丽隐杆线虫(*Caeborhabditis elegans*)中表达编码绿色荧光蛋白的 cDNA 都能得到绿色荧光蛋白的特异荧光。这一证据有力地证明了绿色荧光蛋白本身具有发光功能的荧光团,无需其他的辅助因子或特殊蛋白质的参与。此后,多家实验室尝试了绿色荧光蛋白基因在多种系统中的表达,发现绿色荧光蛋白可以在酵母、果蝇、植物、两栖类、哺乳类动物细胞和大鼠脑神经元细胞中成功地表达。绿色荧光蛋白是一种独特的报告基因,不需抗体、辅因子、酶底物等其他成分。绿色荧光蛋白不影响宿主细胞,因而可以鉴定、跟踪、分选表达绿色荧光蛋白的活细胞。

已经得到了绿色荧光蛋白的晶体,其立体结构也得以阐明。绿色荧光蛋白由 11 条链的 β 桶形结构包围一个中央螺旋组成。蛋白质上任何一个小的缺损都会破坏其结构。缺失实验表明,从第 2 个氨基酸残基一直到第 232 个氨基酸残基都是绿色荧光蛋白形成荧光所必需的。许多突变可以影响绿色荧光蛋白荧光激发与逸出的特征。

由于细胞本身没有绿色荧光蛋白基因,将绿色荧光蛋白和另一基因的编码区相连得到的融合体可以研究目的蛋白质的定位。在许多细胞中,绿色荧光蛋白均匀地分布于细胞质、细胞核和诸如轴突的远端突起。激光共聚焦显微术发现，只有囊状小泡没有标记荧光。同时，绿色荧光蛋白也并不是在所有的细胞系中都能如此均匀地分布。例如，在 COS 细胞中，绿色荧光蛋白集中分布在细胞核中。由于存在这样的例外情况，在分析融合蛋白质产生的荧光之前，首先研究绿色荧光蛋白在一个未知的细胞系的定位特点显得非常重要。

美国某公司开发了一系列活细胞荧光定位观察的载体，具有如下特点：①可以直接检测与观察，确定目的蛋白质的定位；②不依赖于物种，可以在细菌、酵母、果蝇、线虫、斑马鱼、爪蟾、小鼠、人源的多种细胞以及许多种植物细胞内表达；③半衰期超过 24 h，在活细胞内，荧光可以持续 24 h 以上，在固定的细胞内，荧光在数月后仍可以检测得到。鉴于以上优点，国际上许多实验室都是应用该载体。

其荧光载体携带的荧光蛋白分为两类：①前面提到的绿色荧光蛋白，而且就是最早所发现的维多利亚水母（*Aequoria victoria*）体内的那种，研究人员对野生型的绿色荧光蛋白进行了定点突变，得到了 3 种变异形式，分别称为 EGFP、ECFP、EYFP，当受到紫外线或蓝色光照射的时候，可以激发显示出绿色荧光；②红色荧光蛋白（red fluorescent protein，RFG），是 1999 年在印度洋和太平洋生存的一种名叫 *Discosoma* 的海生珊瑚虫体内发现的，这种新发现的红色荧光蛋白与绿色荧光蛋白没有任何同源性，可以在哺乳动物细胞内高表达，由 227 个氨基酸残基组成。以上两类载体在设计时分别做了一定的密码子修饰，使之更适合于在哺乳动物细胞内表达。除此之外，CLONTECH 还开发了适合在大肠杆菌和酵母细胞内表达的载体，采用 lac 启动子而非CMV IE 启动子。常用的适合哺乳动物细胞体系表达的载体名称是：pEGFP-N 1/2/3、pEGFP-C1/2/3、pDsRedl-N1、pDsRedl-C1、pECFP-N1、pECFP-C1、pEYFP-N1、pEYFP-C1（其中 N 代表多克隆区即外源基因在绿色荧光蛋白或红色荧光蛋白的氨基端，C 代表多克隆区即外源基因在绿色荧光蛋白或红色荧光蛋白的羧基端，N1/2/3 分别代表 3 种读码框架）。

利用包含翻译起始位点和终止位点的引物，PCR 扩增靶基因，构建重组克隆。在引物中还需引入合适的限制性酶切位点。所谓合适，是指存在于载体多克隆区、而在插入的外源基因内部不包含的限制性内切酶。通过 PCR 技术扩增到两端附加了酶切位点的外源基因片段，与 T 载体（可以很方便地购买到商品化的载体）连接，DNA 测序确认外源基因的序列未发生突变，而后再从 T 载体上经过设计的酶切组合切下外源基因，亚克隆到 pEGFP-N1 等载体中，即完成荧光定位表达质粒载体的构建。

利用荧光定位载体可以很方便地研究两种或两种以上蛋白质的定位情况。如果蛋白质与蛋白质之间存在生理的相互作用，那么它们在空间上可能具有共同的细胞内定位，或者一种蛋白质的表达会影响到另一种蛋白质的定位情况。因此，在研究多种蛋白质之间是否存在共定位时，每一种蛋白质的单一定位是必须考虑的阴性对照。

2. 免疫荧光法研究蛋白质与蛋白质之间的细胞共定位　免疫荧光染色的基本原理是将已知的抗体或抗原分子标记上荧光素，再与其相对应的抗原或抗体起反应，从而形成的免疫复合物上带有一定量的荧光素，在荧光显微镜下就可以看见发出荧光的抗原抗体结合部位，检测出抗原或抗体。用已知的荧光素标记抗体检测相应抗原的方法称为荧光抗体法，用已知的荧光素标记抗原检测相应抗体的方法称为荧光抗原法。

按照抗原抗体反应的结合步骤，免疫荧光染色方法可以分为以下 3 种。

（1）**直接法**　用荧光素标记的特异性抗体直接与相应抗原结合，以检查出相应的抗原成分。

（2）**间接法**　检测未知抗原时先用特异性抗体与相应抗原结合，洗去未结合的抗体，再用荧光素标记的抗特异性抗体（间接荧光抗体）与特异性抗体相结合，形成抗原-特异性抗体-间接荧光抗体的复合物。在此复合物上带有比直接法更多的荧光标记物，所以，此法比直接法敏感。检查未知抗体时，先用已知抗原与细胞或组织中的抗体反应，再与特异性荧光抗体反应形成抗体-抗原-特异性荧光抗体复合物。或用固相已知抗原检查液相（如血清）中的抗体，形成抗原-抗体-间接荧光抗体复合物，从而将抗体检查出来，此法称为夹心法。

（3）**补体法**　用特异性抗体和补体的混合液与标本上的抗原反应，补体就结合在抗原-抗体复合物上，再用抗补体的荧光抗体与补体结合，从而形成抗原-抗体-补体-抗补体荧光抗体复合物。荧光显微镜下所见阳性荧光即为抗原所在部位。补体法不仅敏感，而且不受特异性抗体种属的限制，适用于各种不同种动物抗体的检查方法。

在研究蛋白质与蛋白质相互作用的实验中，最常用的免疫荧光技术是间接法。抗原即是所要研究的靶蛋白。有些情况下，可以将靶基因构建到商品化的表达载体上，因此可以选择的特异性抗体既可以是抗表达载体上的标签的商品化抗体（比如，pCMV-Myc 载体和 peDNA3.1-Myc/His 表达载体都设计有 Myc 表位抗原，可以同 Myc 抗体特异结合），也可以是抗靶蛋白的特异性抗体（如果没有商品化的抗体，需要制备足量抗原，免疫动物，制备抗体），增加了操作的灵活性。这种抗体称为一抗。所谓的间接荧光抗体，是偶联有荧光素的二抗。二抗具有物种特异性，但不具有抗原特异性，因此，一种二抗可以应用于许多种一抗。而且经过一抗、二抗两级结合，可以将信号放大，因此间接法比直接法更为灵敏，尽管在操作上稍复杂一些。

可通过选择不同的荧光素种类，分别标记不同的蛋白质，研究同一个体系内不同种蛋白质的定位情况。最常用的荧光素有 FITC、TRITC、Texas red、Rhodamine。FITC 具有类似绿色荧光蛋白的观察效果，可以发绿色荧光；TRITC、Texas red 和 Rhodamine 具有类似红色荧光蛋白的观察效果，可以发红色荧光。

二、方法

1. 抽提细胞不同的组分　利用荧光蛋白融合技术或免疫荧光法研究蛋白质与蛋白质之间的细胞共定位，都依赖于荧光显微镜的使用，便于直接观察，可以非常直观地说明不同蛋白质的共定位与否。但是由于荧光显微镜或激光共聚焦显微镜是比较昂贵的仪器，在有的实验室可能不具备使用条件。这时可以运用抽提细胞不同亚细胞组分的方法来分步分离蛋白质，然后通过免疫印迹等方法确认所感兴趣蛋白质的存在。

在过去的 40～50 年中，细胞的分级分离为生物学家了解细胞器和生物大分子的组成和功能提供了可能。最近，分级的细胞匀浆物（以无细胞体系或体外系统而为大家所知）的制备成功为分子生物学家开辟了一个新的舞台。

细胞的分级分离过程包括两个主要的阶段，先是破碎细胞，然后是细胞成分的分离。破碎培养细胞或组织细胞可以采用渗透压冲击、超声波振荡、机械力研磨或剪切等各种方法来实现（见本书第二章）。比较温和的破碎程序可以使细胞核、高尔基体、线粒体和其他膜结构保持完整。单层贴壁生长的细胞培养物可以在蔗糖等渗缓冲液（通常为含有 0.25 mol/L 蔗糖、补加了单价或二价阳离子、蛋白酶抑制剂和螯合剂等的等渗缓冲液）中匀浆。通常，细胞匀浆物分步分离的第一步是差速离心，在一系列离心过程中离心力越来越大。

差速离心得到的沉淀再进行超速离心。这种逐渐加大离心力的顺序离心的过程根据细胞成分的大小和密度来实现分离。

2. 基本操作过程 以 pEGFP-N1 和 pDsRedl-N1 两种载体为例，解释研究两种蛋白质 A 和 B 是否存在共定位的过程。

首先，构建 pEGFP-N1-A 和 pDsRedl-N1-B 两种重组质粒。然后通过脂质体介导或其他合适的转染方法，将以上质粒单独和共同转染真核细胞。24~48h 后，在常规的透射荧光显微镜或者共聚焦显微镜下观察。为了确定细胞核的位置，在观察前最好先用冰甲醇在 -20℃ 固定 10 min，或者用 4‰ 多聚甲醛在室温固定 20 min，而后用 Hoechst 33258 或 Hoechst 33342 或者 DAPI 染细胞核 10 min，使之与细胞核的 DNA（染色质）结合，再以 PBS 洗涤后观察。假设蛋白质 A 单独转染时定位于细胞核内，蛋白质 B 单独转染时分布于细胞质和细胞核内，二者共转染后在蓝色光激发下融合绿色荧光蛋白的 A 蛋白质定位于细胞核内，显示绿色；在绿色光激发下融合红色荧光蛋白的 B 蛋白质也定位于细胞核内，显示红色，而不再有细胞质的定位，说明 A 蛋白质的表达影响了 B 蛋白质的定位，使之由胞浆、胞核广泛分布变化为特异的细胞核定位，而且 B 蛋白质与 A 蛋白质具有共同的核定位。利用冷 CCD 照相机可以拍摄同一视野不同激发光下的不同颜色的图像，结合图像分析软件，将绿色、红色以及细胞核-DAPI 显示的蓝色等多种图像叠加，更加直观地证明 A 蛋白质和 B 蛋白质的共定位以及共同定位于细胞的什么位置。

为了更加确定性地把握一种蛋白质在细胞内的精确定位，仅仅靠 Hoechst 或 DAPI 区分细胞核是不够的。有公司开发了一系列不同亚细胞成分的定位 marker，可以分别将 GFP、CFP、YFP、RFP（分别为绿色、蓝色、黄色、红色）与代表特定亚细胞组分的蛋白质融合，表达在细胞的特定区域，作为判断其他蛋白质定位的标准。已获得的载体所代表的亚细胞组分及其蛋白质分别是：肌动纤维（微丝）-人肌动蛋白、微管-人微管蛋白、内质网-钙泵蛋白的靶向序列、高尔基体-人 β-1, 4-半乳糖基转移酶、膜-c-Ha-Ras 的法呢酰化序列、线粒体-细胞色素 c 氧化酶的亚基 Ⅷ 的靶向序列、细胞核-SV_{40} T-抗原的核定位信号、过氧化物酶体-过氧化物酶体靶向信号 1。

在另外一些情况下，可能会观察到两种蛋白质单独表达与共同表达的定位结果相同，而且不具有共同的细胞内分布，比如 A 蛋白质分布在细胞质，B 蛋白质分布在细胞核，定位具有明显的差异。不能因此而断定 A 蛋白质与 B 蛋白质不存在相互作用，需要考虑的因素有细胞类型、细胞周期、细胞的生理状态、所受到的外界信号刺激等。某些蛋白质的定位强烈依赖于细胞类型，在一种细胞系内可能定位在细胞质，在另一种细胞系内可能定位在细胞核，需要视具体情况具体分析。研究结果显示，蛋白质的磷酸化和去磷酸化在很大程度上影响蛋白质的定位。例如，在 HER2/NEU 过表达的细胞系内，p21 蛋白在胞浆完成蛋白质的合成之后，可以进入细胞核内，调控细胞周期的变化。但是，当 p21 被丝氨酸/苏氨酸激酶 Akt/PKB 磷酸化之后，就不能进入细胞核，而被阻滞于细胞质内。因此，共定位的研究要充分考虑到多方面的复杂的细胞内因素，尤其是在开展蛋白质组学方面的研究时，特异的组织与发育阶段，可能使得出的结论不完全相同，甚至相反。

　　绿色荧光蛋白融合蛋白质的方法在操作上比较容易掌握，步骤简便，可以随时观察，根据荧光表达的强弱适时选择观察时间。但是这种方法也有其局限性，由于绝大多数细胞内没有内源性的绿色荧光蛋白表达，因此靶蛋白与绿色荧光蛋白的融合蛋白质必须经过转染，在细胞内过表达后，才能观察。由于过表达的蛋白质在细胞内的分布有可能同生理条件下的自然分布有差异，因此在过表达实验进行之后，再通过免疫荧光技术来确定内源表达蛋白质的定位。

思 考 题

1. 蛋白质相互作用包括哪些内容？
2. 简述酵母双杂交技术的原理。
3. 简述双杂交的两种主要方法。
4. 试述生物芯片技术的优点与蛋白质芯片的原理。
5. 简述免疫共沉淀技术的原理与方法。
6. 简述表面等离子共振生物传感器的原理与方法。
7. 简述细胞共定位技术的原理和操作过程。

第八章　蛋白质翻译修饰后的鉴定

生物体对其外部环境的反应是通过蛋白质的构象变化进行应答和调控的。一般情况下，蛋白质的这种构象变化是通过变构效应和一级结构的变化来实现的，而一级结构的变化又是通过各种共价修饰实现的。其中翻译后修饰尤为重要。

蛋白质磷酸化和糖基化修饰在生命活动中具有重要调控作用，是目前蛋白质组学中翻译后修饰研究的热点。蛋白质修饰实际是使蛋白质增加一些功能基团，如增加磷酸基团，即所谓的磷酸化作用。增加了功能基团的蛋白质发挥信号转导的功能。实际上，这种信号转导的作用是通过修饰的水解和脂肪酸黏附作用来保证细胞膜的锚定效应。几乎所有蛋白质都要发生蛋白质翻译后修饰，蛋白质翻译后修饰可使蛋白质结构发生物理和化学特性的变化，如折叠、构象分布、稳定性和活性的变化，结果必然导致功能的变化。特定的蛋白激酶催化的特定蛋白质磷酸化调控着细胞的基本进程，如细胞周期的调控、细胞生长和细胞分化等。而增加糖基产生的糖基化作用对蛋白质的半衰期、作用靶标、细胞-细胞以及细胞-基质的互作均具有调控效应。总之对蛋白质结构的全面认识，不仅依靠由 DNA 序列决定的氨基酸序列，而且还取决于蛋白质翻译后的修饰。本章重点介绍蛋白质磷酸化修饰和糖基化修饰的主要原理和方法。

第一节　磷酸化蛋白质的鉴定

一、概述

1. 磷酸化的作用　蛋白质磷酸化作用是一种通过改变蛋白质的结构而对目标蛋白质的功能行使调节的过程。蛋白质磷酸化和去磷酸化的重要性在于细胞信号传递过程中的作用及对许多蛋白质、激素、神经递质和肽等保持生物功能的关键性作用。磷酸化的蛋白质的功能是动态的和多种多样的，机体利用可逆的蛋白质磷酸化来控制细胞发育的许多过程，包括信号转换、基因表达、细胞周期等。在真核细胞中，随时有1/3的蛋白质处于磷酸化状态，这些蛋白质的磷酸化能通过改变自身三维构象来调节其活性。特别是在真核细胞的信号转换中，蛋白质的磷酸化有着举足轻重的地位。如在中枢神经系统中，几乎所有的兴奋性神经递质信号受体调控的方式都是磷酸化与去磷酸化。

2. 基本原理　蛋白质磷酸化作用是指蛋白质中某些特定的氨基酸残基与磷酸基团通过共价键连接。蛋白质磷酸化作用同酶催化磷酸化、去磷酸化反应有关。生物体内有两种相互作用的酶系统：激酶和磷酸酯酶，它们分别催化蛋白质的磷酸化和去磷酸化。估计可能有数百种蛋白质激酶、磷酸酯酶，它们的底物特异性、动力学特点、组织分布和调节途径各不相同。最常见的蛋白质磷酸化的类型包括含羟基侧链的丝氨酸、苏氨酸和酪氨酸形成磷酸酯的过程。真核生物和原核生物磷酸化位点不同。原核生物磷酸化位点主要位于组氨酸、谷氨酸和天冬氨酸残基；而真核生

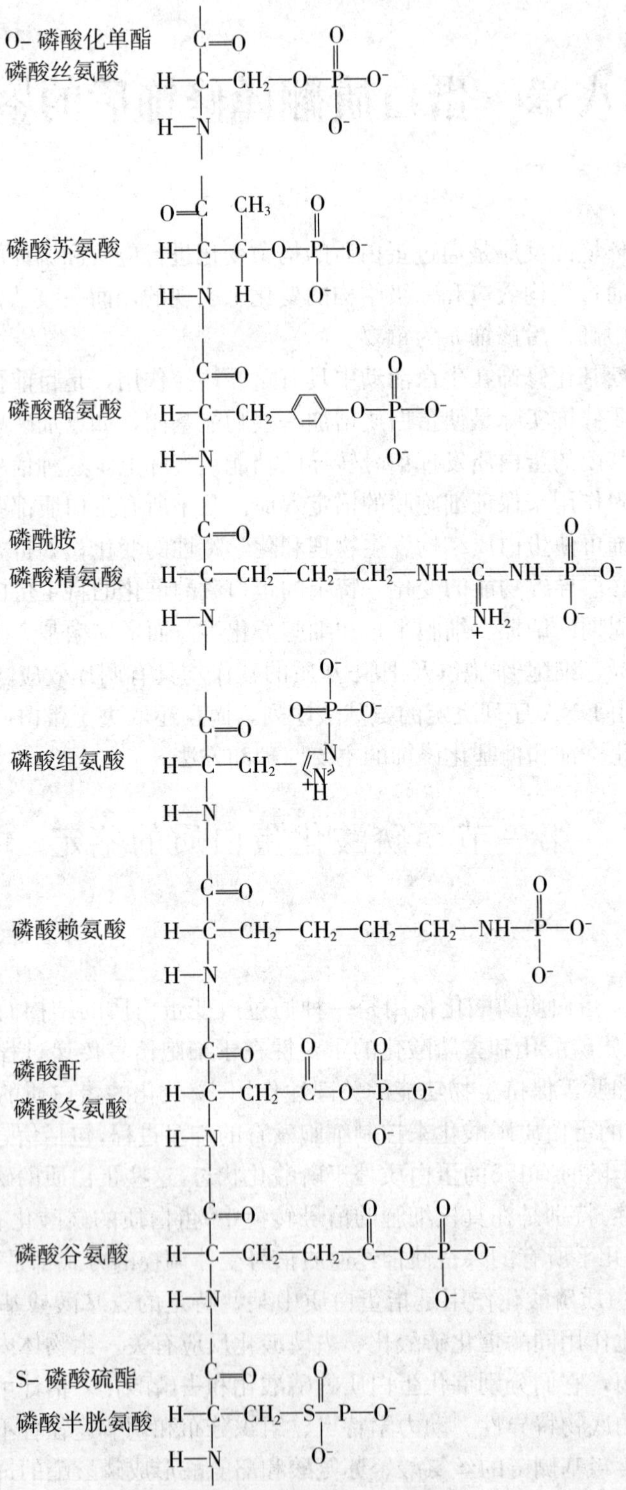

图 8-1　磷酸化氨基酸结构

物中的磷酸化主要发生在丝氨酸、苏氨酸和酪氨酸残基（图8-1）。磷酸化对于蛋白质而言是非均一性的，大多数可磷酸化的蛋白质都有多个磷酸化位点，但这并不意味着某一蛋白质分子的所有潜在的磷酸化位点都是磷酸化的。另一方面，蛋白质磷酸化在机体内是一个动态的过程，在不同的条件下蛋白质磷酸化的定量分析是研究蛋白质差异表达的内容。不同种类磷酸化氨基酸脱磷酸的难易程度不同。例如，丝氨酸和苏氨酸的磷酸化不稳定，在强碱性条件下，易发生脱磷酸基团反应，形成 α、β 不饱和键，这种反应通常称为 β 消除反应（图8-2）。相反，酪氨酸的磷酸化由于磷酸基团连在苯环上，不会发生 β 消除反应，相对是稳定的。丝氨酸和苏氨酸残基上磷酸基团脱去后的质量变化与酪氨酸是不同的（图8-3），酪氨酸因为无法进行 β 消除反应。所以，酪氨酸的去磷酸化比丝氨酸和苏氨酸少一步，减少的分子质量是80u，而苏氨酸和丝氨酸去磷酸化减少的分子质量是98u。这些细节的质量变化是磷酸化质谱检测中所必须注意的。因此，正确鉴定磷酸化蛋白质的结构以及磷酸化位置是研究磷酸化蛋白质功能的主要任务之一。

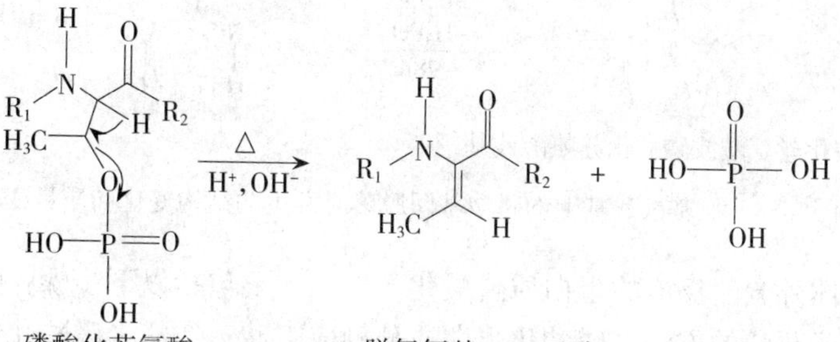

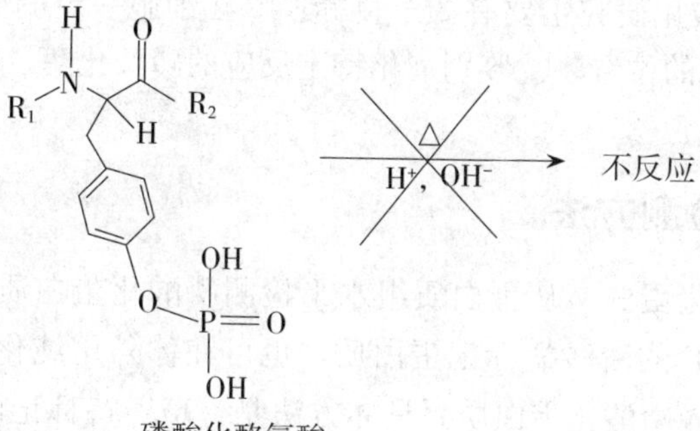

图8-2　磷酸基 β 消除反应的机制

A. 苏氨酸磷酸基 β 消除反应产生相应的脱氢氨基-2-丁酸（此示意图也适用于磷酸丝氨酸形成脱氢丙氨酸）和磷酸盐的机制的示意图　B. 磷酸酪氨酸缺乏相同的途径发生 β 消除反应的机制

3. 分析方法　由于蛋白质磷酸化经常在很低的计量范围内及在多个位点上，尽管用的是最灵敏的质谱分析方法，一般很难提取出足够的体内磷酸化蛋白质进行分离。因而许多蛋白质磷酸化的研究都是在体外用激酶作用蛋白质，使其产生更大数目的磷酸化蛋白质。通过磷酸化多肽的（电泳）共迁移可以证明体内和体外磷酸化位点的相同与否。区分磷酸化位点是否从体内蛋白质

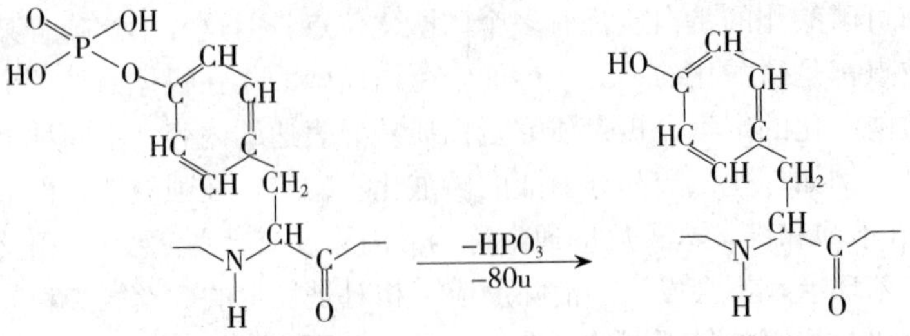

磷酸化酪氨酸残基　　　　酪氨酸残基

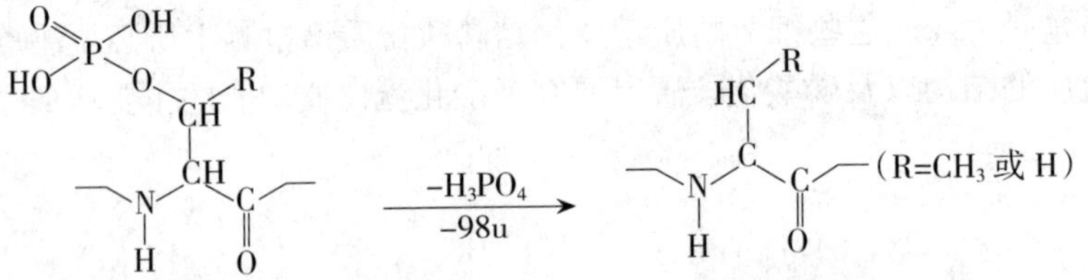

磷酸化丝氨酸或磷酸化苏氨酸残基

图 8-3　氨基酸残基上的磷酸基团脱落时发生的结构变化和质量变化

磷酸化而来还是从体外激酶反应的蛋白质磷酸化产生，主要包括以下步骤：①检测和提纯磷酸化蛋白质；②用酶的或化学的方法将磷酸化蛋白质分割成多肽；③从未磷酸化的多肽中分离磷酸化多肽或至少做磷酸化的多肽富集；④用质谱分析磷酸化多肽。

4. 研究的目标　蛋白质磷酸化研究主要有 3 个目标：①在细胞一定的生理状态下，确定蛋白质在体内磷酸化的氨基酸残基的位置；②鉴别催化特定反应的磷酸化酶、磷酸酯酶；③明确磷酸化反应对细胞生理的功能意义。

二、磷酸化蛋白质的检测方法

1. ^{32}P 放射性标记检测磷酸化蛋白　从蛋白质组水平检测磷酸化蛋白质经典的方法是^{32}P 标记法。该方法既可在体内用含^{32}P 的磷酸盐标记蛋白质，也可在体外用纯化的蛋白激酶和［γ-^{32}P］ATP 来标记细胞，使^{32}P 掺入磷酸化蛋白质。具体方法是：培养待标记的细胞至适当的生长期，在生长期的细胞中磷酸盐的转运达到最高峰时，用不含磷酸盐标记的培养液（如 DMEM）替换原来的细胞培养液，并加入含^{32}P 的磷酸盐共培养，使细胞 ATP 库与^{32}P 平衡，蛋白激酶利用被放射性标记的 ATP 使底物磷酸化。培养约 2 h 后裂解细胞提取蛋白质，随后进行双向电泳或十二烷基硫酸钠-聚丙烯酰胺凝胶电泳（SDS-PAGE）分离，放射自显影检测磷酸化蛋白质。^{32}P 渗入蛋白质后，通过化学断裂或酶解获得磷酸化多肽。后者用高效液相色谱或双向薄层色谱分离，通过闪烁计数或放射自显影来检测。高效液相色谱检测到的磷酸化多肽和从薄层色谱上切下来的点可用于磷酸化氨基酸分析。同时用 Edman 法，测定 Edmam 降解的每一个循环中放射性丢失。

2. 用蛋白质印迹检测磷酸化蛋白质　磷酸化蛋白质可以通过电泳得到分离，然后是利用抗磷酸氨基酸抗体与磷酸化蛋白质进行免疫印迹反应，从而检测出磷酸化蛋白质。主要的抗磷酸氨基酸抗体有抗酪氨酸磷酸盐抗体、抗丝氨酸磷酸盐抗体和抗苏氨酸磷酸盐抗体，其中抗酪氨酸磷酸盐抗体的特异性最好，也最为常用。由于抗磷酸化丝氨酸抗体和抗磷酸化苏氨酸抗体的特异性不高，所以某些磷酸化蛋白质不能被检测。具体步骤主要包括细胞蛋白质的提取、Western blotting 和蛋白质鉴定。其中细胞蛋白质提取主要是利用裂解液和 SDS-PAGE 或双向电泳提取细胞蛋白质，Western blotting 主要是通过第一抗体与第二抗体（辣根过氧化物酶）偶联孵育检测磷酸化蛋白质，最后一步主要是将分析胶电转印到聚偏氟乙烯（PVDF）膜上，进行免疫印迹反应，进而确定制备胶上相应的磷酸化蛋白质。然而，即使磷酸化的氨基酸包括在识别序列中，在某些情况下由于识别位点有空间阻碍，抗体也可能不识别其表位。

3. 完整磷酸化蛋白质的分析　质谱分析技术（MS）既可鉴定完整的磷酸化蛋白质的分子质量，又能鉴定蛋白质分子是否被修饰及修饰的程度，同时也可以进行样品的同源性比较。用来进行质谱分析的完整的蛋白质样本，应尽量少含盐（要低于 μg 级）和其他低分子质量的污染物，因为这些杂质会影响样品的制备和质谱分析时样品的离子化。

磷酸化蛋白质样品良好的均一性和无污染是分析蛋白质修饰的最基本的要求。如果怀疑样品可能被污染，则可用十二烷基硫酸钠-聚丙烯酰胺凝胶电泳或质谱对一部分磷酸化蛋白质样品进行检测。如果样品量较大（大于 10 mg），尽量制备可溶性的磷酸化蛋白质样品为好，但要避免使用与质谱不相溶的缓冲液和变性剂。从十二烷基硫酸钠-聚丙烯酰胺凝胶电泳凝胶上洗脱下来的完整蛋白质，即可用基质辅助激光解吸电离质谱（MALDI-MS）或电喷雾电离质谱（ESI-MS）分析。

一般情况下，用液相色谱-电喷雾电离质谱和基质辅助激光解吸电离飞行时间质谱（MALDI-TOF-MS）用于分析完整磷酸化蛋白质的分子质量，样品需要进行平行检测，即一个样品经磷酸酶处理（如碱性磷酸酶）或在体外与激酶和 ATP 一起孵育，另一个样品不做任何处理。

三、磷酸化蛋白质的富集

磷酸化蛋白质的富集主要通过抗体技术来进行。磷酸化蛋白质的抗体主要分成两种，一种是丝氨酸磷酸化蛋白质抗体和苏氨酸磷酸化蛋白质抗体，另一种是酪氨酸磷酸化蛋白质抗体。抗体技术已用于免疫共沉淀纯化磷酸化蛋白质。采用化学方法进行修饰，改变磷酸基团的化学性质，然后特异性分离纯化，并可以定量分析这些磷酸化蛋白质。化学修饰的基础是利用磷酸基团脱去后的 β 消除反应，通过加成反应，共价连接新的化学修饰基团。β 消除反应后生成的脱氢氨基酸直接由质谱测定，或用二巯基乙烷（ethanedithiol，EDT）作为亲核试剂，提供一个新的巯基以便连接一个生物素的亲和标记签，为下一步的亲和纯化和同位素标记（ICAT）定量提供条件。肽段中的半胱氨酸和甲硫氨酸会和二巯基乙烷发生副反应，因此首先需要对这两种残基进行强烈氧化，使其丧失活性。第二种化学修饰方法是在保护肽段的氨基和羧基端的基础上，对磷酸基团进行化学修饰，然后用特异化学表面的微球纯化。

四、磷酸肽的分离和富集

磷酸化位点分析是将蛋白质酶解成肽段，找到被磷酸化修饰的肽段，并对肽段进行序列分析，确定发生磷酸化的氨基酸位点。由于蛋白质磷酸化的化学计量值较低，而且在复杂的肽混合物中，质谱对磷酸肽的信号响应会被抑制。另一方面，要获得满意的修饰图谱需要多次试验，故需要有足够的蛋白样品才能满足需求。因此，分析前对磷酸肽的分离与富集至关重要（图8-4）。

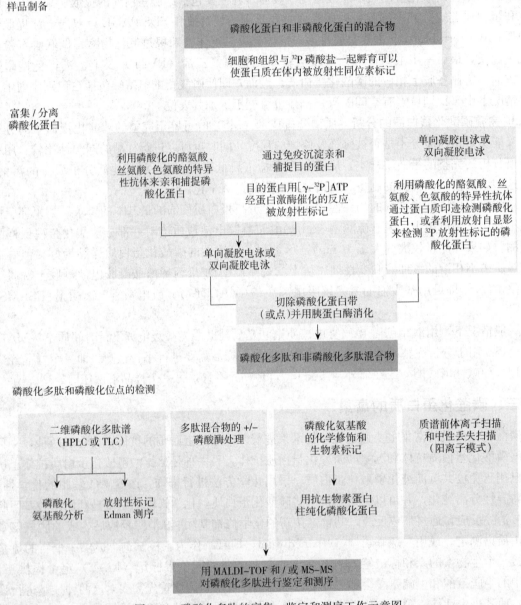

图 8-4　磷酸化多肽的富集、鉴定和测序工作示意图

1. 双向磷酸多肽图谱（2D-PP）　首先，磷酸多肽在薄层纤维素板上进行第一向电泳，再在第二个方向上进行薄层色谱，然后通过放射自显影或储存磷光显像检测已分离的^{32}P标记的磷酸多肽。该方法的一个显著优点就是它产生的提纯的磷酸多肽在从反应中取出后可直接用于质谱法分析。该方法比较灵敏，甚至比质谱法还要灵敏。双向磷酸多肽图谱（2D-PP）提供了其他方法

不能提供的有关蛋白质磷酸化状态的重要信息，包括：①磷酸化位点的最大数目；②放射自显影强度提供了在所有磷酸化肽中磷酸化的相对化学计量；③电泳和薄层析色谱（TCL）的正交分离提供了磷酸肽之间亲水性的相对状态。此外，双向磷酸多肽图谱灵敏度高，重现性好。但如果用双向磷酸多肽图谱做串联质谱分析的准备方法，那么加入的蛋白酶要尽量少，因为过量的蛋白酶在质谱分析磷酸肽时，其自切产物会占据图谱的主导，抑制磷酸肽的分析信号。

2. 高分辨率凝胶电泳　利用一维电泳和二维电泳技术进行磷酸多肽分离，然后用放射性自显影或储存磷光显像 ^{32}P 样本来检测。如果用双向电泳非变性凝胶电泳等电聚焦与碱性 40% SDS-PAGE 进行磷酸多肽分离和比较模式分析，其结果与双向磷酸多肽图谱结果相似。此方法与双向磷酸多肽图谱相比，应用的设备较普通，但有可能遗漏特定的磷酸多肽。

3. 固相金属亲和色谱　固相金属亲和色谱（immobilized metal affinity chromatography，IMAC）是选择性分离和富集磷酸多肽最广泛的方法。通过磷酸多肽的磷酸基团与色谱柱［亚氨基双乙酸或氰（次氮）基三乙酸］上螯合的 Fe^{3+}、Ca^{2+} 或 Cu^{2+} 等选择性吸附，然后用高 pH 溶液或磷酸盐洗脱富集磷酸肽（图 8-5）。此方法的优点在于每一个可溶磷酸化肽，不管其长度如何都能被富集，而且固相金属亲和色谱柱洗脱下的样品可直接用于反相高效液相色谱（RP-HPLC）分析。这一方法的局限性在于可能会丢失一些与固相金属亲和色谱柱结合能力较弱的磷酸肽，或某些结合能力强而难以洗脱的有多个磷酸化位点的磷酸肽。另外，那些富含酸性氨基酸链的非磷酸化肽段也有可能与固相金属离子结合。固相金属亲和色谱可以自己装填也可以使用装填好的商品化色谱柱。例如，磷酸化蛋白质 β-酪蛋白经 SDS-PAGE 凝胶电泳分离后进行胶上酶切，肽混合物用 Fe^{3+} 螯合的 ZipTip 金属离子亲和小柱提取磷酸肽，在含有 0.1% 醋酸的酸性溶液中使磷酸肽吸附在 ZipTip 柱上，用酸性溶液洗脱其他未结合的肽段，最后用 0.3 mol/L 氨水洗脱磷酸肽，用基质辅助激光解吸飞行时间质谱（MALDI-TOF-MS）分析 ZipTip 处理前后的肽谱（图 8-6）。

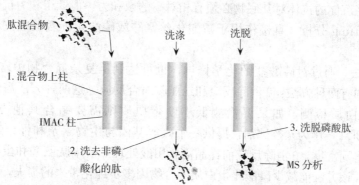

图 8-5　用固相金属亲和色谱（IMAC）从肽消化物中分离磷酸化肽

4. 反相高效液相色谱　反相高效液相色谱（RP-HPLC）分离是减少混合肽中的复杂成分的一个十分重要方法。这种方法重现性好，操作简单，且不需要特别的设备。其技术原理是根据磷酸多肽的疏水性和收集的碎片来分离 ^{32}P 标记的磷酸多肽，极少量的磷酸化肽可以在低流速下用毛细管柱分离。反相高效液相色谱的缺点是高亲水性的磷酸多肽不能被吸附到柱上而直接流过色谱柱，而高疏水性的多肽则到最高梯度时才会被洗脱甚至可能不会被洗脱，并会被聚合污染物遮

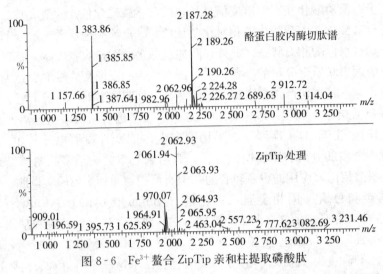

图 8-6 Fe^{3+} 螯合 ZipTip 亲和柱提取磷酸肽

盖。因此，在样本中有些磷酸多肽不能被检测到。再则，磷酸多肽吸附于金属表面上，如果使用金属注射器则可能发生显著的样品丢失。本方法的优点是易与电喷雾电离质谱仪相连，在没有放射性标记的条件下也可鉴定样本混合物中的磷酸多肽。

5. 毛细管电泳　本方法是将电喷雾质谱（ESI-MS）与毛细管电泳相结合分析磷酸多肽。即利用毛细管分区电泳设备分离、浓缩多肽，然后利用电喷雾电离质谱进行鉴定分析。

6. 免疫沉淀　高亲和性抗体可以从复杂混合物中免疫沉淀特定的蛋白。尽管此方法能选择性分离磷酸化蛋白质，但仍需要对每个被分析蛋白质找到专一性抗体。目前利用抗体富集蛋白质（肽）仅局限于分析磷酸化酪氨酸，然后用基质辅助激光解吸电离飞行时间质谱分析与抗体相联接的磷酸化肽。

尽管用于免疫沉淀的抗体对其底物必须有相对高的亲和力，但低亲和力抗体仍然可以有效地用于 Western blotting 分析。直接作用于磷酸化丝氨酸或磷酸化苏氨酸的抗体能用于 Western blotting 分析。

7. 化学修饰法　通过对磷酸盐的化学修饰，也可达到从复杂混合物中富集磷酸肽的目的。磷酸盐的化学修饰有两种方法：β 消除反应和二亚胺缩合反应。这两种方法需要样品量较大，主要用于高丰度蛋白质检测，如果要检测低丰度蛋白质则需要结合其他方法。二巯基乙烷（ethanedithiol，EDT）作为亲核试剂，提供一个硫醇基团与生物素亲和标记连接，可在相应的生物素亲和柱上得到富集。β 消除反应前样品需要用酸处理，使半胱氨酸和蛋氨酸残基氧化，避免与生物素反应。该方法能减少磷酸化蛋白质混合物因多步纯化带来的损失，但磷酸酪氨酸不易发生 β 消除反应，故受到限制。另外一种修饰手段，它不仅可以用来研究磷酸化丝氨酸肽段和磷酸化苏氨酸肽段，还可以研究磷酸化酪氨酸肽段。这一方法最显著特点是通过碳化二乙胺的催化作用将胱氨酸加到磷酸基团上，再通过巯基乙胺与碘乙酰树脂柱的共价结合使磷酸化肽得以纯化，但肽的 N 端必须首先用叔丁氧羰基（tert-butyloxycaronyl）保护；C 端则进行酰胺化保护，以避免复杂反应产生。磷酸肽的洗脱是通过三氟乙酸切割氨基磷酸键完成的。这种方法在质谱分析前，需要多步化学反应和柱纯化过程，所以可能会有大量的样品损失，而且这种方法只适用于磷酸肽的富集，目前还没有应用于磷酸化蛋白质的富集（图 8-7）。

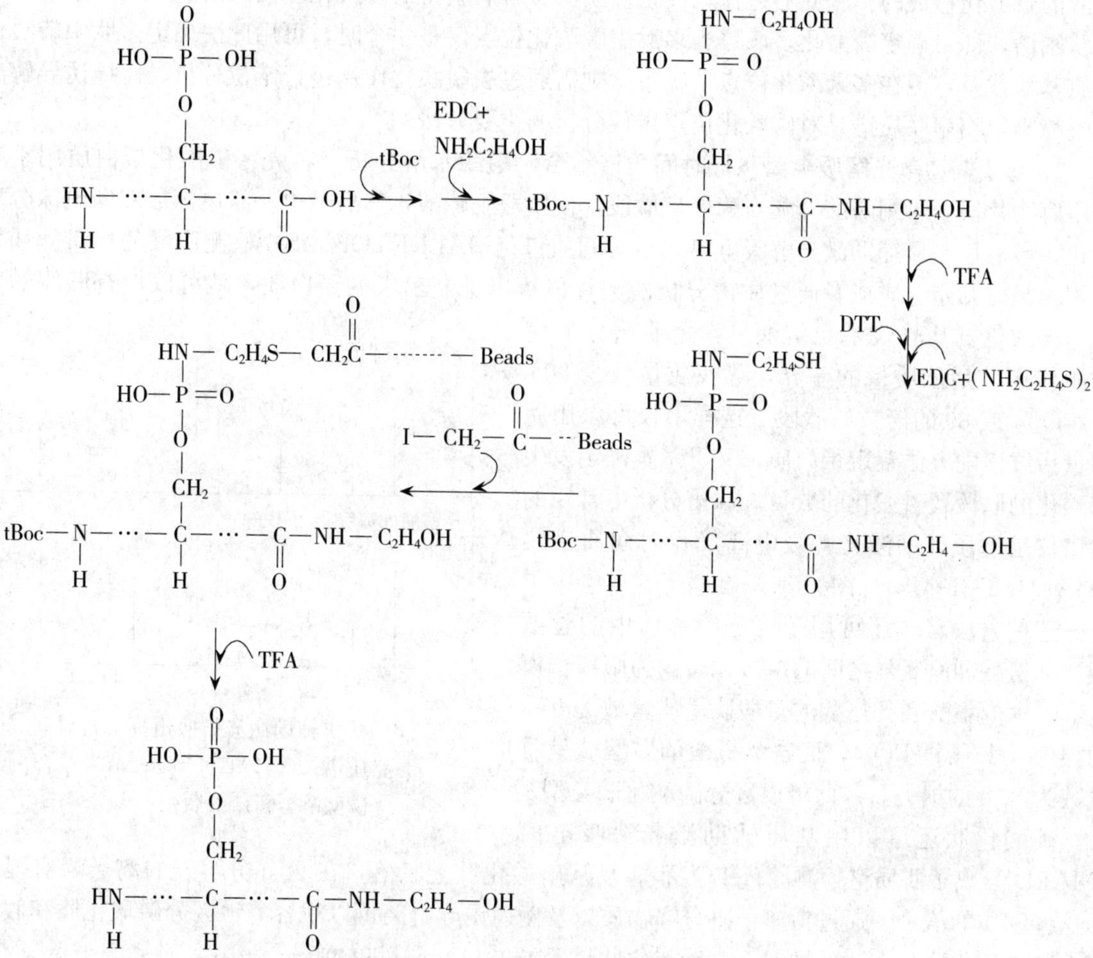

图 8-7　化学修饰后进行磷酸化蛋白质的纯化（碳化二乙胺反应）

（引自夏其昌，2005）

五、磷酸肽的识别

　　检测复杂的多肽混合物中的磷酸化多肽的质谱方法一般被分为两类，第一类方法依赖于对磷酸化的丝氨酸、苏氨酸的磷酯键的偏好性，而对磷酸化酪氨酸的偏好性较差。这种类型的片段化，可由碰撞形成或由电喷雾电离离子源区域内产生，或在基质辅助激光解吸电离质谱（MALDI-MS）的源后衰变（post-source decay，PSD）过程中形成。可以利用磷酸盐特异性的离子诊断扫描来确定磷酸化多肽是否去磷酸化，这包括先驱离子扫描、中性丢失扫描和源内断裂。磷酸盐特异性诊断离子（如 $H_2PO_4^-$，97 u；PO_2^-，63 u）是电喷雾电离以负离子方式在碰撞诱导解离（collision induced dissociation，CID）中产生的，可以用于磷酸化多肽鉴定。第二类方法是根据磷酸化多肽分子质量的增加值进行判断。如果蛋白质氨基酸序列是已知的，通过分子质量 80 u

的差值，便可鉴定蛋白质裂解产生的磷酸化多肽，这分子质量的差异是由于丝氨酸、苏氨酸和酪氨酸的磷酸化造成的。因此通过比较经蛋白质酶裂解后获得的磷酸化蛋白质的多肽质谱图和理论多肽图谱，即可确定磷酸化多肽。当多肽中磷酸化位点仅是一个时，可用此法确定多肽中磷酸化的氨基酸残基，但在多磷酸化位点情况下，则需通过去磷酸化作用进行定位分析。碰撞诱导解离和电喷雾电离串联质谱是对磷酸化位点定位分析的主要方法。

1. 基质辅助激光解吸电离飞行时间质谱结合磷酸酶水解分析 首先将磷酸化蛋白质用水解酶水解为片段，再用磷酸（酯）酶处理肽段，使肽段脱磷酸，然后通过一维电泳或双向电泳分离纯化，最后用基质辅助激光解吸电离飞行时间质谱（MALDI-TOF-MS）检测肽段的质量。如果分析物是已知蛋白质或者通过质谱分析酶解片段可以推断出来的蛋白质，就可以检查肽段的肽

谱。磷酸化氨基酸残基脱磷酸后，用质谱分析磷酸酶作用前后肽质量的差异，寻找质量减少 80 u（HPO_3）或 80 的倍数的肽段。这样不仅可以用肽质量指纹谱的方法鉴定蛋白质，又可基本确定发生磷酸化的肽段及磷酸化的数目。肽谱分析中常用的质谱仪是基质辅助激光解吸电离飞行时间质谱仪（MALDI-TOF-MS）（图8-8）。

这种方法有时还可用于区分磷酸肽中的丝氨酸、苏氨酸和酪氨酸之间的磷酸化。因为阳离子模式下，含丝氨酸和苏氨酸的磷酸肽呈质量数为 98 u 的损失（来自 H_3PO_4），而含酪氨酸的磷酸肽呈质量数为 80 u 的损失，以此可以区分磷酸化肽类型。

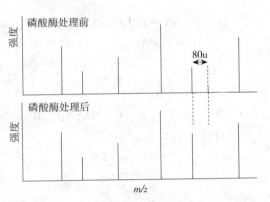

图 8-8 基质辅助激光解吸电离飞行时间质谱仪（MALDI-TOF-MS）结合磷酸酶分析磷酸肽

磷酸化肽还可以用基质辅助激光解吸电离（MALDI）离子肼质谱检测。H_3PO_4 很容易从磷酸化肽上脱落，在 98 u 分辨开的离子峰对提供了这些物质的信号。通过在离子阱分离物质以及碰撞诱导解离可以很容易地区分磷酸化肽和假定存在的磷酸化肽。在这种情况下，磷酸化肽易于失去 98 u 质量单位。

在样品制备中，胶面上至少要有 1 pmol 蛋白质才能可靠地找寻蛋白磷酸化位点。其他改善灵敏度的方法还有在样品处理过程中选择性丢失磷酸化肽、抑制复杂混合物磷酸化肽信号等。为了从样品中获得尽可能多的信息，原始质谱图取得后，把磷酸化酶直接用到基质辅助激光解吸电离靶。其他样品处理方法是在一个与高效液相色谱-质谱（HPLC-MS）或毛细管电泳-质谱（CE-MS）在线耦合的反应池中处理肽，该反应池中含有磷酸酶。

值得注意的是，在基质辅助激光解吸电离飞行时间质谱仪（MALDI-TOF-MS）分析中，应重视源后衰变肽的识别。一般情况下，在源后可观察到磷酸化肽的亚稳态裂解，寻找质量数减少 80 u 或 98 u 的肽段来判断磷酸肽。磷酸化丝氨酸和磷酸化苏氨酸残基容易发生 β 消除反应，丢失 H_3PO_4 分子，产生质量数减少 98 u 的碎片离子（亚稳离子）$[M+H-H_3PO_4]^+$；而磷酸化酪氨酸易于失去 HPO_3 分子，产生质量数减少 80 u 的碎片离子 $[M+H-HPO_3]^+$。

2. 串联质谱鉴定 在碰撞诱导解离条件下，磷酸化氨基酸的侧链在与磷脂结合位点发生断裂，从而产生磷酸基团的特异性片段，也称为报告离子（reporter ion）。带有磷酸基团的肽片段

在阴性离子模式下丢失分子质量为 79 u（PO_3^-）的肽段；在阳离子模式下丢失 H_3PO_4（分子质量约 98 u）的肽段。

（1）源内碰撞诱导解离　串联质谱是从复杂的混合物中检测磷酸化多肽的重要方法之一。用一个在源内区域（如 SCIEX TQ）带有喷嘴——锥形分离器（nozzle-skimmer）型接口的装置的三级四极杆质谱仪，在一次扫描中就可以获得色谱标志物和磷酸化多肽的分子质量，离子化片段的产生，是通过使用一个在 Q_1 之前穿过锥形分离器八极杆的高补偿电位来实现的（见图 5-18 和图 5-28）。而且，低 m/z 范围的扫描是为了捕获低分子质量的诊断离子。当 TQ 开始对较高 m/z 范围进行扫描时，锥形分离器电位被转化成不能诱导产生片段化的正常电压。这就允许诊断离子扫描和确定多肽分子质量的扫描，以一个连续不断的方式交替进行。

另一种扫描方法是一个高的八极杆分压上适当调节离子控制器的选择，随后进行两次完整的扫描。第一次完整扫描是用与单离子监测（SIM）实验相同的高分压下完成，这就给去质子化的磷酸化多肽分子的离子提供了信号，使磷酸化多肽分子离子去除磷酸盐。第二次完整扫描是在一个正常的八杆分压下进行，它提供了一个与高八杆分压下形成的完整扫描对照。第二次完整扫描与第一次完整扫描相比，就可以知道哪一个多肽离子被磷酸化了。

（2）前体离子扫描　前体（先驱）离子扫描（precursor ion scanning）又称为母离子扫描（parent ion scanning）是在阴离子模式下扫描磷酸肽丢失 79 u 离子的谱峰，具有高选择性和灵敏度。但由于这个扫描方式是在阴离子模式下进行的，而磷酸肽需要在阳离子模式下进行测序。因此，该扫描模式不适用于反相液相色谱层析分析，仅限于电喷雾电离产生的离子。

在采用负离子模式时，所有的磷酸化多肽都会产生 PO_3^-（79 u）特征性负离子。因此这种特征性"报告"离子可用于前体离子扫描，以期从多肽混合物中鉴定出磷酸化多肽，此方法的可靠性、灵敏度和特异性均较理想。然而必须注意的是，负离子模式进行的多肽测序效率不高，所以用串联质谱进行磷酸化多肽测序之前，必须转向正离子模式，pH 必须调整。在酪氨酸磷酸化的多肽中，以 216.043 u 存在的特征性"报告"正离子，可用于以正离子方式进行的前体离子扫描。配备有高精确性、高分辨率的串联质谱，就可得到最好的选择性，如四极杆质谱仪（见图 5-18 和图 5-28）。

与中性扫描不同的是，前体离子扫描模式直接检测前体离子在碰撞诱导解离过程中失去的离子。检测器得到碎片离子的信号时，已知该碎片离子的前体离子通过 Q_1 时的电压，根据 Q_1 电压值确定该前体离子的质量。因此前体离子扫描模式被用来检测肽混合物中某些含有特定结构特征的肽段。

分析磷酸肽时，在电喷雾电离阴离子模式下对 Q_1 进行连续扫描，设定 Q_3 中仅能通过的子离子质荷比（m/z）为 79 的离子的谱峰，也即会丢失磷酸根（PO_4^{3-} 基团）离子的磷酸肽谱峰。注意利用此种扫描方式在测序时要切换为阳离子模式，以提高信噪比，保证分析的灵敏度。该方法选择性和灵敏度均很高，且适合丝氨酸、苏氨酸和酪氨酸残基，但由于极性变化而不适合液质联机方法。如果利用纳升流速的纳电喷雾电离（Nano-ESI）离子源直接进样，进行串联质谱（MS-MS）分析，检测 PO_4^{3-} 基团的灵敏度会提高。合成肽中可检测到 10 fmol/μL 的磷酸化肽，而用纳电喷雾电离可检测到胶上酶解 β 酪蛋白中的磷酸化肽。最近发展的一种技术，可以用于检测酪氨酸磷酸肽产生的特征性 m/z 为 216.043 的亚铵离子（immonium ion），这种技术可以在阳离子模式下进行，因而可以直接进行序列分析。该方法可检测出亚皮摩尔量的蛋白质，具有高度特异性和灵敏度。

在线高效液相色谱（HPLC）以及多维分离方法已成功应用于磷酸化肽的分离分析。当被检测的样品为复杂混合物，且主要检测的对象为低丰度的磷酸化肽时，必须在质谱检测之前进行磷酸化肽的分离与富集。这样，在质谱分析过程中能应用前体离子扫描技术达到对体内修饰蛋白的成功检测。

（3）中性丢失扫描　1991 年，Covey 等第一次提出用中性丢失扫描（neutral loss scan mode）对磷酸化蛋白质进行检测和分析。中性丢失扫描方式是指串联质谱分析中对碰撞诱导解离作用后丢失的中性 H_3PO_4（约 98 u）离子的扫描方式。该方法只能检测已知电荷状态的磷酸根。具有两级质量分析器和碰撞诱导解离室的串联质谱仪可以用中性丢失扫描方法检测具有某一特征结构特点的一类离子。三级四极串联质谱仪（见图 5-18 和图 5-28）中采用此种扫描模式。HPO_3 和 H_3PO_4 的丢失为磷酸化多肽提供特征性信号，这可用于以串联质谱（MS-MS）为基础的方法，在多肽混合物中选择性检测磷酸化多肽。去磷酸化引起的分子质量不同的信息会显示在屏幕上，获得相应的差异特征峰以后，所有的数据都会在屏幕上显示，这样就可以从磷酸化多肽中获得产生离子图谱的多肽。目前主要是以阳离子模式和电喷雾电离在三级四极杆质谱中进行操作。不再使用 Q_1 来选择 Q_2 中进行片段化的母离子，而是 Q_1 和 Q_3 都进行扫描，这样 Q_1 和 Q_3 m/z 的扫描范围就可被目的中性丢失偏置。由于假阳性的存在，此方法不像源内碰撞诱导解离方法那样得到广泛应用。此方法的一个优势是以阳离子模式进行操作，并且可以在同一个实验中进行，用中性扫描来检测磷酸化多肽，可以和数据依赖性扫描一起获得碰撞诱导解离质谱图，用于对磷酸化多肽进行测序和磷酸化位点的定位。

在一个三级四极质谱中，用电喷雾以阳离子模式分析，Q_1 扫描整个质量范围，Q_2 发生离子碰撞，Q_3 与 Q_1 平行扫描。分析磷酸肽时，如果从带一个正电荷的 $[M+H]^+$ 肽混合物中寻找丢失中性磷酸分子 H_3PO_4 的磷酸肽，则 Q_1 和 Q_3 的扫描电压差所代表的质荷比（m/z）就应该是49，即磷酸根从磷酸化丝氨酸和苏氨酸的丢失而产生的偏移值，但磷酸化酪氨酸不会丢失。此方法的优点是以阳离子模式进行扫描分析，找到磷酸肽后可以直接通过碰撞诱导解离分析磷酸肽的序列及磷酸化位点。缺点是一次只能检测一种电荷离子，假阳性率高，灵敏度低，只能用于检测磷酸丝氨酸和磷酸苏氨酸。近来有人通过鉴定多电荷肽片段的电荷状态，鉴定了组织来源的肽混合物中的磷酸肽。

3. 液相色谱-串联质谱　液相色谱-串联质谱（LC-MS-MS）分离水解肽是降低样品复杂性的一个很好的方法。该方法是将样品上样于填有反相材料 C18 的纳升柱，而后进行洗脱，洗脱后的成分直接用于串联质谱分析。应用改进的液相色谱-串联质谱技术可用于鉴定转录因子和蛋白激酶等低丰度蛋白质在内的千余种磷酸肽。有人应用螯合 Fe^{3+} 的固相金属亲和色谱（IMAC）柱富集甲基酯化修饰的磷酸肽，经纳流反相高效液相色谱-电喷雾电离质谱（nano flow reversed-phase HPLC-ESI-MS）分析，共鉴定了位于 32 种蛋白质上的 64 个不同的酪氨酸磷酸化位点。

4. 电子捕获解离质谱技术　该技术是将电子捕获解离（electron capture dissociation，ECD）和傅立叶变换离子回旋加速共振质谱（Fourier transform ion cyclotron resonance-mass spectrometry，FTICR-MS）技术相结合，可用于肽中磷酸化残基的准确定位。电子捕获解离比碰撞诱导解离能产生出较多的肽碎片，而且肽或肽碎片没有磷酸（H_3PO_4 和 HPO_3）的损失，因此可在保留磷酸化氨基酸完整性的前提下，对酶切消化的肽骨架进行测序，直接而实际地反映磷酸化蛋白质的结构。这就允许不进行任何蛋白质的降解处理，直接进行磷酸位点的确定。由于傅立叶变换离子回旋加速共振质谱（FTICR-MS）具有极高分辨力，一些常用质谱不能分析的大分子肽和蛋白质也能在傅立叶变换离子回旋加速共振质谱得到很好的鉴定。用纳电喷雾电离-傅立叶变换离子回旋共振质谱的电子捕获解离技术建立了可行的磷酸肽序列分析的方法。在这种方法中，通过电子捕获解离（ECD）所获得的自然的或合成的磷酸肽的解离谱比源内碰撞诱导（活化）解离（CID）所获得的解离谱的复杂性要小得多，能从完整的磷酸肽离子或多质子化的磷酸肽离子中通过 ECD 产生 c、z 型片段离子，而使磷酸盐基团或磷酸脱去（丢失），且无水生成。

5. 逐级改变取样锥电势　在电喷雾电离三级四级杆质谱仪取样锥加上高电势可导致磷酸化肽上磷酸根的丢失。在阴离子质谱扫描中，通过提高取样锥的电势来检测磷酸化肽可以得到这个特性。$m/z\,63$ 和 $m/z\,79$ 信号的出现表明磷酸化肽的存在。扫描继续到高质量数时，取样锥的电势降低，这样可检测到肽段的质量数。这个方法的缺点在于高 m/z 是以阴离子模式记录，它比以阳离子模式记录的灵敏度要低。但是这个问题可以通过改变离子极性加以克服。该方法磷酸化肽的检出限一般为 $100\,\text{fmol}$。正如中性丢失扫描一样，逐级改变取样锥电势方法对于检测未知的生物样品也用处不大。

6. ^{31}P 检测　用高效液相色谱（HPLC）分离电感耦合等离子体质谱（inductively coupled mass spectrometry，ICP-MS）检测 ^{31}P 可以专门鉴定磷酸化肽。磷酸化肽的量要通过液相色谱-电喷雾电离质谱（LC-ESI-MS）进行测定。用合成的肽注入到高效液相色谱柱中，检出限达到 $100\,\text{fmol}$。尽管此方法需要分辨率足够高的电感耦合等离子体质谱来分辨 ^{31}P 及其背景离子，它仍具有可定量测定 ^{31}P 的优点。通过电感耦合等离子体质谱测量 ^{31}P 与 ^{32}S 的比率，可以获得蛋白质中磷酸根的平均含量。

六、磷酸化位点分析

主要有两种测定磷酸化位点的方法。第一种方法取决于磷酸酯键的化学性，如在电喷雾电离质谱仪的碰撞室或离子源中，或在基质辅助激光解吸电离质谱（MALDI-MS）的源后衰变（PSD）过程中，磷酸化肽可通过磷酸酯键断裂产生碎片离子而被鉴定。第二种方法基于肽段增加的磷酸酯基团的质量数。如果蛋白质是已知的，可通过质量数来确定肽段。在某些情况下，肽段只含有一个丝氨酸、苏氨酸或酪氨酸残基，则很容易找到磷酸化位点，但在大多数情况下，肽段含有许多个丝氨酸、苏氨酸或酪氨酸残基，给确定磷酸化位点带来一定的困难。

1. 碰撞诱导解离　确定磷酸化位点最普遍的方法是用阴离子模式下电喷雾电离源内碰撞诱导解离（CID），碰撞诱导解离可以产生很多阴离子，这些阴离子能够特异性反映磷酸化位点的信息，因而产生的阴离子称为诊断离子，如 $H_2PO_4^-$（$97\,u$）、PO_3^-（$79\,u$）、PO_2^-（$63\,u$）。诊断一个离子可通过三级四极杆、离子肼装置或混合四极杆飞行时间（Qq-TOF）仪来测量。源内碰撞诱导解离与在线高效液相色谱结合，即可确定磷酸肽的洗脱时间而得到其色谱标识，又能得到其相对分子质量而获得鉴别结果。诊断离子也可通过八极杆检测。

在碰撞诱导解离分析上的最大问题就是磷酸基团的脱落，这种脱落有时会造成对磷酸化位点分析的极大困难。因此，通过化学修饰，使磷酸基团转化成相对稳定的基团，在进行低能量的碰撞诱导解离时尽可能保留磷酸化位点，以便对磷酸化位点的信息有更多的了解。可使用 β 消除反应后的磷酸化肽段进行亚硫酸盐加成，使得磷酸基团转化成亚硫酸根，提高这个位点上基团的稳定性（图 8‑9）。

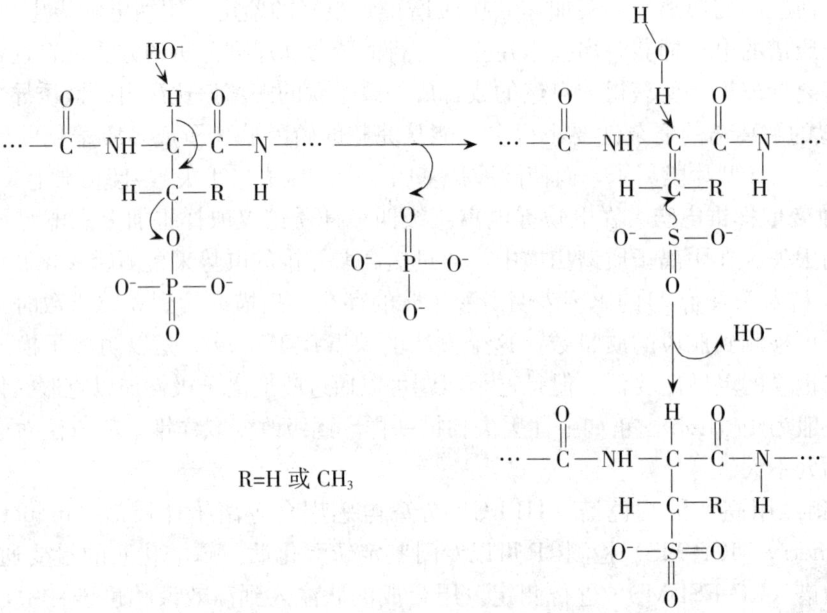

图 8‑9　对丝氨酶和苏氨酸磷酸化的亚硫酸盐加成化学过程
（引自夏其昌，2005）

R=H 或 CH₃

一些 β 消除的方法也用于磷酸化位点的鉴定。通过加入碱和硫代乙醇后，磷酸化苏氨酸和丝氨酸转为 S‑乙烯半胱氨酸或 β‑甲基‑S‑乙烯半胱氨酸残基，然后进行源内碰撞诱导，由于去除了不稳定的磷酸根，修饰的磷酸化肽段与肽段母离子更为接近，这将会得到更多的序列信息。将基质辅助激光解吸电离源与四极杆飞行时间（Q‑TOF）分析器联用，可使碰撞诱导更有效地处理基质辅助激光解吸电离产生的肽段离子。

2. 源后衰变　在基质辅助激光解吸电离飞行时间质谱仪分析过程中，尽管磷酸化肽碰撞诱导裂解的最主要方式是失去磷酸化肽，但部分磷酸化肽在离开离子源后的飞行过程中磷酸化肽片段也会进一步裂解，这一特性可用于鉴定磷酸化位点，但是离子片段的产率一般很低。当磷酸化位点是在脯氨酸残基端时，氨基键的断裂是有用的，因为丝氨酸‑脯氨酸以及苏氨酸‑脯氨酸序列一般是直接利用脯氨酸酶直接作用的靶点，所以这种选择性断裂很重要。

3. 源内裂解　在基质辅助激光解吸电离飞行时间（MALDI‑TOF）质谱仪分析过程中，瞬时的亚稳离子裂解发生在解离与加速的飞行管之间的延迟时间内，这种裂解叫做源内裂解方式，离子片断以 c、y 以及 z+2 为主，且谱图结果易于解释。在此方法中，可以根据残基中失去 80 u 质量的差别推断磷酸盐的存在。

4. 电子捕获解离　傅立叶变换离子回旋共振质谱（FTICR‑MS）是一种分辨率极高的质谱技术，在磷酸化肽分析中发挥了重要作用。傅立叶变换电子回旋共振（FTICR）的碎片模式是一种电子捕获分裂技术，其原理是照射一束亚热态的电子到电喷雾所产生的磷酸化肽段，或者是小分子蛋白质本身，使其形成碎片。与碰撞诱导解离技术撞击肽段时产生的大量 b 族和 y 族碎片不同，电子捕获解离技术主要形成 c 碎片和 z 碎片，进而使磷酸化位点直接分析成为可能，因此电子捕获解离比碰撞诱导解离更容易用于分析磷酸化位点。此外，这种方法在小蛋白质中定位磷酸化位点时不需要酶解。

七、修饰的预测

对于蛋白质的鉴定，基质辅助激光解吸电离飞行时间质谱仪（MALDI-TOF-MS）是首选的仪器。但在多肽的鉴定与修饰分析方面，基质辅助激光解吸电离飞行时间质谱仪鉴定可以明确哪个肽可能有修饰形式存在，但却不能精确地定位特定氨基酸的修饰，要确切鉴定必须获得肽离子串联质谱（MS-MS）图谱。然而，要准确预测肽修饰所需数据处理量极大。因此，需要数据缩减算法和软件工具筛选修饰肽的串联质谱扫描数据。Sequest 和 SALSA 就是这类的软件工具。Sequest 程序允许使用者指定若干可能出现于蛋白质的普通低分子质量修饰。Sequest 将串联质谱数据与从数据库序列产生的虚拟串联质谱扫描进行关联。数据库中既包括氨基酸修饰肽，也包括氨基酸非修饰肽。例如，一个串联质谱扫描可能对一个有丝氨酸残基的数据库序列显示很高的 Sequest 相关得分，如果对磷酸丝氨酸肽序列的相关性很高，而与非磷酸化的序列的相关性很低，这个串联质谱图谱可能是来自磷酸化的肽。如果对图谱中 Sequest 指定的离子检查核实，磷酸化肽的 b 和 y 离子系列有相应于磷酸化的变化，可以确定肽片段发生了磷酸化修饰。Sequest 可检测在已知氨基酸（如磷酸丝氨酸）上可预测的修饰。然而，当修饰的性质和被修饰的氨基酸不能预测时，Sequest 一般不能检测修饰形式。在这种状况下，Sequest 试图使修饰肽的图谱与数据库中未修饰的序列相匹配，从而使匹配发生错误。

SALSA 是另一种分析蛋白质修饰串联质谱数据的方法。但仍无法检测不能预测的修饰，或不产生明显丢失或产物离子（如磷酸酪氨酸）的修饰。因此 Sequest 和 SALSA 单独使用时在绘制蛋白质修饰谱中都有很大的局限性。如果 Sequest 和 SALSA 联用可很好地解决上述问题。即先用 Sequest 鉴定肽的非修饰化形式，检索产生样品中某些标识蛋白质目录，然后用 SALSA 检索这些蛋白质的肽所代表序列基序（图 8-10）。

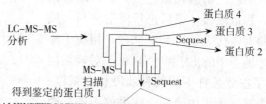

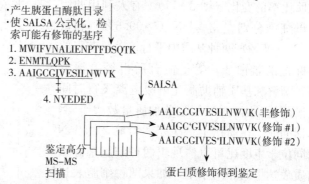

图 8-10　液相色谱-串联质谱（LC-MS-MS）、Sequest 和 SALSA 联用鉴定混合物的蛋白质组分和蛋白质修饰

八、定量分析

在不同生理条件下，一些已知的磷酸化位点可能有少数分子发生了磷酸化，或根本没有磷酸化；但在极端情况下，可能所有蛋白质分子都发生了磷酸化。故蛋白质发生不同的磷酸化，可能处于不同的信号途径。因此，通过分析细胞内蛋白质磷酸化的程度来获得生物的信号转导及相应的响应机制的信息，是蛋白质组学研究功能蛋白质的关键所在。

定量蛋白质组学就是对蛋白质的差异表达进行准确的定量分析，通过定量分析来研究生物的信号转导与相应的响应机制。就磷酸化修饰分析而言，磷酸化位点确定后，还要进一步确定其化学计量关系（如磷酸化肽和未磷酸化肽的比例）。传统的磷酸化定量方法仍是磷酸氨基酸分析和

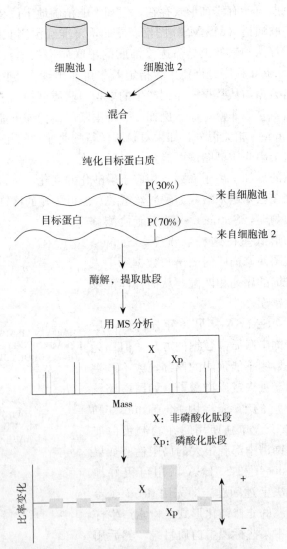

图 8 - 11　^{15}N 稳定同位素标记法定量磷酸化蛋白质
（仿夏其昌，2005）

Edman 降解，要求富集蛋白质样品，依赖于细胞中相关激酶和磷酸酶的活性；或通过高效液相色谱将磷酸化肽从未磷酸化的肽中分离出来，然后通过积分两个高效液相色谱图的峰面积测定氨基酸。

1. 全细胞稳定同位素标记法　同位素稳定标记细胞可以获得磷酸化肽数量的信息。将两种细胞在不同的条件下生长，一种为正常培养基，另一种为由 ^{15}N 提供 N 源的培养基，混合两种培养物，提取细胞蛋白质。分离目标蛋白质（磷酸化蛋白质）后，使蛋白质酶解，提取肽段，最后进行质谱分析。质谱图中每对峰代表一对酶解肽段，相应于添加在两个池子中的 ^{14}N 和 ^{15}N，每一对峰强度比提供了在此条件下的两种肽段相对强度。两种培养基（池）中磷酸化水平的不同反映了 ^{15}N 标记的非磷酸化肽与未标记的非磷酸化肽比率的变化（图 8 - 11）。有人利用两组酵母细胞分别在富含 ^{14}N（＞99.6％）和富含 ^{15}N（96％）两种基质中平行培养，获得两种标记的蛋白质，等量混合后再经电泳分离、酶解和基质辅助激光解吸电离飞行时间质谱分析。因为 ^{15}N 标记肽的质量数大于 ^{14}N 标记的肽，在质谱上产生了一对峰，$^{14}N/^{15}N$ 的同位素丰度比可以体现出两种细胞来源蛋白质表达量的相对水平，如果两种细胞表达完全一致，则所有肽段 $^{14}N/^{15}N$ 丰度将在一个平均值范围内；如果两种来源蛋白质的磷

酸化程度不同，其含磷肽段与相应未磷酸化肽段的$^{14}N/^{15}N$丰度比就会与平均值不同，根据其比值来进行磷酸化程度的相对定量。该方法的灵敏度很高，但仅适用于稳定同位素能结合到蛋白质上的情况，而且培养基中同位素可能会影响细胞的生长和蛋白质的翻译后修饰，目前还不适用于大规模的蛋白质定量分析。

2. 磷酸肽同位素亲和标记法 磷酸肽同位素亲和标记方法是一种质量标记法。两个含有磷酸化肽或磷酸化蛋白质的样品在亲核试剂存在和碱性条件下，使磷酸肽或磷酸化蛋白质的磷酸根发生β消除反应，然后通过亲核试剂的Michael加成而连接到C＝C双键上。在第一个样品不能发生亲核加成，而另一个样品的亲核试剂被氘化，混合两样品，修饰的残基将发生亲和标记，酶解后提取含亲和标签的肽段并用质谱分析。由于引入两种不同分子质量的生物素亲和标签，使磷酸丝氨酸和磷酸苏氨酸肽定量分析更为准确。另一种同位素标记的方法是亲核试剂通过一个乙烯基改变质量数（图8-12）。

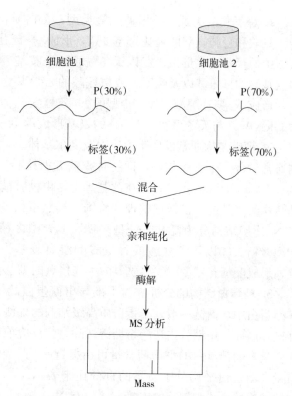

图8-12 磷酸肽同位素亲和标记法定量磷酸化蛋白质
（仿夏其昌，2005）

第二节 糖基化蛋白质的鉴定

一、概述

糖蛋白是许多生物过程的基本物质，这些过程包括细胞生长、细胞与细胞的黏着、免疫应答反应等，尤其在动物、植物病原菌与寄主相互识别过程中糖蛋白均发挥重要的作用，是动物、植物免疫学反应的重要物质基础。随着人类基因组计划的完成以及蛋白质组技术的不断发展，糖基化蛋白质组的研究将越来越受到广泛重视。

1. 糖基化的作用 糖基化是蛋白质的一种重要的翻译后修饰。被糖基化修饰后的蛋白质称为糖蛋白。所有生物的细胞表面都由许多不同类型的糖链所包被，而且在细胞内也存在各种类型的糖基化。在哺乳动物中，60％～90％蛋白质在某个位置是被糖基化的。糖链修饰在无数的生物体系中起着关键性的作用，主要的功能是作为细胞-细胞和细胞-分子相互作用的识别标记。在真核生物细胞中，寡糖链与蛋白质多肽链中的氨基酸以多种形式共价连接，构成糖蛋白的糖肽连接，简称为糖肽链。

2. 糖基化的类型 根据糖肽链类型，蛋白质糖基化可以分为 4 类：①以丝氨酸、苏氨酸、羟赖氨酸和羟脯氨酸的羟基为连接点，形成 O-糖苷键型，如由 GalNAc 的异头碳与丝氨酸或苏氨酸中的羟基缩水形成。②以天冬酰胺的酰胺基、N 末端氨基酸的 α 氨基以及赖氨酸或精氨酸的 ω 氨基为连接点，形成 N-糖苷键型，如 β 构型的 N-乙酰氨基葡萄糖（β-GlcNAc）与天冬酰胺（Asn）的氨基形成的 N-糖苷键。N-糖链结构通常发生于内质网及高尔基体上，其内侧通常包含一个五糖核心，即三甘露糖五糖核心（Glc-NAc 2Man 9）（图 8-13），在此基础上，由糖苷酶及糖基转移酶将其进行多样化整理和修饰。按照单糖位置可将 N-连接结构分为高甘露糖型多糖、混合型多糖、复杂型多糖。③以天冬氨酸或谷氨酸的游离羧基为连接点，形成酯糖苷键型。④半胱氨酸为连接点的糖肽键。

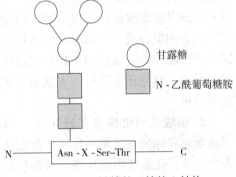

甘露糖

N-乙酰葡萄糖胺

图 8-13　N-链糖的五糖核心结构

3. 糖蛋白结构的分析 为了推导出糖蛋白的一级结构，必须先确定以下信息：①糖含量。在糖蛋白中，糖链一般处于蛋白质高级结构的外侧，而糖苷内切酶切断糖链与蛋白链间连接的糖苷键，因此，用糖苷内切酶将糖链切除，将反应前后的质谱图进行比较，就能直接表述糖链的平均质量，而糖蛋白的平均糖含量可由糖链平均质量占糖蛋白平均分子质量的百分比来表示。②糖基化的位置和糖苷的连接方式，有 N 连接和 O 连接两种方式。③不同的糖残基的顺序，包括它们的分支点。④糖苷连接的位置。⑤每个糖的端基异构（anomeric）型（α 或 β）。⑥每个糖组分的鉴定。

糖蛋白分析一般分为 3 步：①完整的糖蛋白质的分子质量测定；②糖蛋白的多肽骨架，用酶裂解、分离和鉴定酶解后的糖肽；③进行一系列的内糖苷酶或外糖苷酶消解，分析和决定糖基侧链的一级结构（图 8-14）。

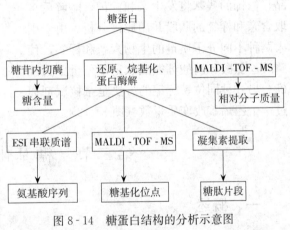

图 8-14　糖蛋白结构的分析示意图
（仿钱小红，2003）

二、糖基化蛋白质的检测方法

糖基化蛋白质的检测方法主要以下几种。

1. 荧光染色检测方法 荧光染色检测是通过荧光染料与糖蛋白间的特异反应进行的。主要的荧光染料试剂有丹磺酰肼、荧光素氨基脲酰肼、Pro-Q Emerald 300、Pro-Q Emeral 488 和 SYPRO Ruby 等。这些染料主要适用于聚丙烯酰胺凝胶中糖蛋白的染色，但灵敏度各不相同。其中 Pro-Q Emerald 300 试剂和 Pro-Q Emeral 488 试剂对胶中的糖蛋白的检测灵敏度较高，每条带分别可达 1 ng 和 4 ng，比标准的高碘酸-希夫碱方法灵敏度高 50 倍，对印迹在聚偏二氟乙烯膜上的糖蛋白检测灵敏度则为每条带 2～18 ng。有些试剂可以直接用于检测胶中或膜上的糖蛋白，有的则需要与其他试剂配合才能用于检测，如荧光素氨基脲酰肼需要与8-萘胺-1,3,6-三磺酸盐配合使用才能对印迹在聚偏二氟乙烯膜上的糖蛋白检测。此外，有些染料可以复合使用，如，Pro-Q Emerald 300 试剂与 SYPRO Ruby 试剂复染，SYPRO Ruby 试剂对总蛋白质染色呈橙色，Pro-Q Emerald 300 试剂对糖蛋白染色呈绿色。

2. 与凝集素联用染色检测法 凝集素常可以与其他试剂联用，提高糖蛋白的检测灵敏度。目前用于糖蛋白染色的凝集素主要有伴刀豆凝集素 A、小麦胚芽凝集素（wheat germ agglutinin，WGA）、西非单叶豆凝集素（griffonia simplicifolia lectin Ⅱ，GSl-Ⅱ）、花生凝集素（peanut agglutinin，PNA）、galectin LEC-6 等。一般程序是：蛋白质经过聚丙烯酰胺凝胶分离，印迹到聚偏二氟乙烯膜上，然后与结合了碱性磷酸酯酶的凝集素一起孵育。再通过碱性磷酸酯酶酶解十二烷基二甲基氧化胺（dodecyl-dimethylamine-oxide，DDAO）磷酸盐，产生红色荧光的DDAO来检测。此方法检测糖蛋白的灵敏度约为 15 ng。

3. 糖链鉴定法 该方法是用酶解或化学裂解方法将糖链从糖蛋白中释放出来，然后进行鉴定。一般需要 2-氨基苯甲酸等标记和毛细管电泳或高效液相色谱等分离糖链，再用质谱、核磁共振等方法来进行检测。

4. 其他常规检测方法

（1）**放射性标记法** 放射性标记法将 ^{3}H 或 ^{14}C 标记的糖加入培养的细胞或组织中，通过放射性自显影检测糖蛋白。也可通过蛋白质的受体进行放射性标记，检测蛋白质糖基化水平，此法多用于病毒诱导的肿瘤细胞的研究。

（2）**分子荧光标记法** 由于某些糖基化蛋白质具有发荧光的特性，因而可用荧光分光光度计测定荧光值来反映蛋白质糖基化水平。主要采用的激发波长 370 nm/发射波长 440 nm。

（3）**电泳法** 双向电泳均可检测糖蛋白的存在。目前主要采用等电聚焦（IEF）-SDS-PAGE作为高通量检测技术。

（4）**凝集素法** 凝集素可特异性吸附糖蛋白，因而被广泛应用于糖蛋白的鉴定。

（5）**抗体标记法** 抗体标记法是针对糖蛋白所带糖链的类型制备各种抗体，对糖蛋白进行检测。

（6）**化学酶法** 构建了一种半乳糖基转移酶，可选择性地给糖基化蛋白质标记上含酮基的蛋白毒素抗体。已成功地在老鼠的前脑中鉴定出 25 种与基因表达、神经信号转导、突触可塑性等功能相关的 O-糖基化蛋白质。

三、糖基化蛋白质的分离

研究糖基化蛋白质首先需要从蛋白质混合物中分离纯化糖蛋白，再从糖蛋白中分离纯化糖肽。目前分离糖蛋白的主要方法有电泳法和层析法。电泳法即通过电泳的方法先得到糖蛋白条带或蛋白质点，再通过电洗脱或透析的方法得到糖蛋白，或用免疫染色或凝集素染色从胶中找到感兴趣的条带或点，再用糖苷酶胶内酶解释放出糖链，释放出的糖链可用荧光标记。层析法主要是利用抗体、凝集素进行亲和层析。多维高效液相色谱是近年分离蛋白质的新方法（称为 2-D ProteoSepTM）。第一维是高效聚焦色谱（high performance chromatofocusing，HPCF），分别得到不同的 pI 的蛋白质组分，再将每个 pI 组分进行第二维的高分辨率反相高效液相色谱（RP-

HPLC）分离。层析法与凝胶电泳联用也可用来分析蛋白质翻译后修饰。常用的凝集素主要有伴刀豆凝集素 A（ConA）、花生凝集素、植物血凝素、麦胚凝集素、豌豆外源凝集素、网孢盘菌凝集素（*Aleuria aurantia* lectin，AAL）和 galectin LEC-6 等。其中，伴刀豆凝集素 A 和 galectin LEC-6 主要连接高甘露糖型或复杂糖型的 N-连接糖链；而花生凝集素则对存于 O-连接糖链的 T 抗原（Gal-β-1-3GalNAc 结构）具有很高的亲和性。层析法也可与非凝胶电泳相结合，如经过凝集素琼脂糖柱亲和层析，得到与该凝集素特异性结合的糖蛋白混合物，将糖蛋白混合物用胰蛋白酶或无色细菌（achromobacter）蛋白酶酶解，得到肽段混合物，再经过与凝集素琼脂糖柱相同的凝集素琼脂糖柱亲和层析（图 8-15）。

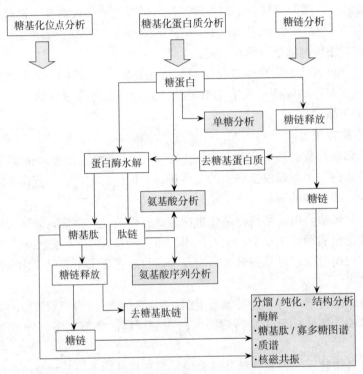

图 8-15　糖蛋白分析流程图

（仿夏其昌，2005）

四、糖基化分析

1. 蛋白质糖基化位点分析　利用生物质谱结合蛋白酶以及专一性糖苷酶酶解、特征离子监测（selected ion monitor）等方法可进行糖基化氨基酸位点分析。一般情况下，直接通过比较糖苷酶处理前后的糖蛋白水解肽谱，就可确定糖肽的位置和糖基化位点。目前糖基化位点研究主要采用的生物质谱技术包括基质辅助激光解吸电离飞行时间质谱（MALDI-TOF-MS）、纳电喷雾电离四极杆飞行时间质谱（Nano ESI-Q-TOF-MS）、液相色谱-电喷雾电离质谱（LC-ESI-MS）、傅立叶变换离子回旋共振质谱等。如利用木瓜蛋白酶酶解小鸡血浆 IgG，通过高效液相色谱（HPLC）纯化，再利用基质辅助激光解吸电离飞行时间质谱技术分析小鸡血浆 IgG 的两种糖苷类型及其特异性 N-糖基化位点。基质辅助激光解吸电离飞行时间质谱在糖蛋白中 N-连接糖链的结构分析中得到了广泛应用。分子质量较小且含有较少糖链的糖蛋白可直接应用于基质辅助激光解吸电离飞行时间质谱分析。而对于大分子糖蛋白，由于分辨率不够，不能直接进行糖型的分析。对于不能直接分析的糖蛋白，常采用两种策略，即去除糖链或降解蛋白质成为较小的肽段。采用化学方法、外切糖苷酶或内切糖苷酶的方法切除糖链，分析去除糖链前后蛋白质分子质量的变化，从而获知糖基化信息。当分析的糖蛋白含几个糖基化位点时，则进一步采用唾液酸酶、糖肽酶或 O-糖苷酶分析。由于多个糖基化位点的存在，需要裂解蛋白质后分别测定获知每一糖链的分子质量。

通过液相色谱-电喷雾电离质谱中的碰撞诱导解离和特征离子监测，可寻找糖基特征离子，进而确定糖肽。核磁共振技术也可用于糖基化氨基酸位点的鉴定。这种方法可在溶液中直接进行蛋白质结构测定。

2. 糖链结构的鉴定及含糖量的测定　糖链结构的解析分为两步，第一步是高纯度糖链的获得，第二步是进行结构分析。

（1）糖链与非糖成分的分离　酶法和化学法是常用的两种裂解方法。酶法裂解的优点是可以使用特异性内切酶（如 PNGase F 和内切糖苷酶等）在特异部位切下糖链，且对非糖成分没有损伤，但不是所有的糖链都能找到合适的酶进行分离。对于有些酶无法切除的糖链则需要用化学法（如肼解和碱的 β 消除反应等）来割裂糖链，化学法可以将糖链和非糖成分完全分离，但是对非糖成分的损伤很大。

（2）糖链的富集　可利用植物凝集素选择性地与糖链结合而分离糖链部分，如通过连续性凝集素亲和层析的方法从同一细胞中分离各种糖链。高效液相色谱和毛细管电泳技术在糖链的分离中应用也相当多，分离的样品可直接进入质谱仪进行结构的解析。

（3）糖链结构的鉴定　质谱技术是糖生物学家应用最为广泛的测定糖链结构的工具。快原子轰击质谱（FAB-MS）、电喷雾电离质谱、基质辅助激光解吸电离飞行时间质谱（MALDI-TOF-MS）可直接用于样品的分析。目前最直接的分析糖链结构的方法是串联质谱的母离子扫描技术和基质辅助激光解吸电离飞行时间质谱的中性丢失。利用电喷雾电离质谱和基质辅助激光解吸电离飞行时间质谱在分析糖链方面各有优缺点。电喷雾电离质谱较容易获得糖链结构信息，但糖链的离子化程度较差；基质辅助激光解吸电离飞行时间质谱适合于检测糖链复杂的不均一性，但不适于分析细微的结构。基质辅助激光解吸电离飞行时间质谱还可检测衍生或未经衍生的寡糖，特别是对非衍生化的寡糖，基质辅助激光解吸电离飞行时间质谱比电喷雾电离质谱效果好。在电喷雾电离质谱中，糖链的组成和不均一性可以直接由糖肽的质谱和串联质谱比较图谱解析，根据单糖的质量数可推断糖链的组成。但对同质量异构的糖基（如甘露糖和葡萄糖），仅从质谱图谱还无法分辨。如要进一步细致地分析糖链结构，一般是采用酶解或化学裂解的方法，将糖链从蛋白质上切割下来后进行质谱、串联质谱及至多级质谱分析。

分裂糖链结构，必然要进行碰撞诱导解离，糖链在发生碰撞诱导解离时，有 3 种断裂方式：①单糖间相连键的断裂，由此获得糖链的线性序列（linear sequence）；②单糖间相连键两次断裂，通过这种方式获得内部离子（internal ion），从而得到糖链的分支信息；③还原端交叉环断裂，它可以提供单糖间连接方式的信息。但是，由于化学键的强度不一，断裂方式①最容易发生，相应的碎片离子强度高，掩盖了由②、③两种断裂方式产生的碎片离子。因此，质谱法分析寡糖不太容易分辨糖链的分支和连接方式。

一种称为大气压基质辅助激光解吸电离傅立叶变换离子回旋共振质谱（atomospheric pressure matrix-assisted laser desorption ionization with Fourier transform ion cyclontron resonance mass spectrometry，AP-MALDI-FTICR-MS）所产生的离子能量要比真空基质辅助激光解吸电离质谱少得多。在检测灵敏度方面，AP-MALDI-FTICR-MS 可以检测到飞摩的水平。

由于四极杆飞行时间质谱（Q-TOF-MS）具有高分辨率、高灵敏度和高精确度，也正在逐步应用于糖链的研究。

质谱法测定糖链的另一个优点是可以与蛋白质分离设备（如高效液相色谱、毛细管电泳等）进行联用，这样可避免样品转运过程中的污染和损失，提高分析效率和准确度。

第三节　若干挑战性的问题

一、关于利用质谱分析技术

目前，对蛋白质翻译后修饰的鉴定主要是利用质谱分析。但是利用质谱技术分析蛋白质翻译后修饰要比其鉴定蛋白质困难得多，主要有以下 4 个原因：①被翻译后修饰的蛋白质经常只是很少的生物计量拷贝。因此，修饰的肽的检测需要一个高灵敏度的方法。②蛋白质可以通过一个多肽的序列或碰撞诱导解离谱来鉴别，而蛋白质翻译后修饰的鉴别则需要包含修饰位点的特定肽的分离和分析。③翻译后修饰和多肽之间的键经常是脆弱的，因此很难找到使肽保持修饰状态下的电离条件。④超过 400 种蛋白质的修饰已经被发现，整个包括所有的可能修饰蛋白质的序列是巨大的。这 4 个方面也就是蛋白质翻译修饰后进行鉴定时应该重点注意的问题。

二、关于磷酸化分析的困难

1. 磷酸化蛋白质　目前分析磷酸化蛋白质常遇到的主要困难是：①磷酸化蛋白质通常丰度相对较低；②体内蛋白质磷酸化位点是可变的，一种蛋白质可能存在多种磷酸化形式；③细胞内存在很多磷酸酯酶，在样品处理时，这些酶很容易将磷酸基团脱掉；④磷酸化蛋白质酶解后的磷酸化肽段带负电性，在质谱技术中面临着难以质子化的困难；⑤质谱分析中，磷酸化的肽段往往受非磷酸化肽段信号的强烈抑制。

2. 磷酸化肽　磷酸化肽的鉴定分析对现有的质谱技术提出了巨大挑战。理论上，质谱技术可对蛋白质的每个磷酸化成分进行检测，但实际上质谱对蛋白质水解片段的分析极少能达到 100% 的覆盖率。磷酸基团的阴离子电荷妨碍胰蛋白酶的消化，而磷酸蛋白水解所得的肽却不能像非磷酸肽那样可以直接进行质谱鉴定。复杂性主要有三点：①在阳离子模式下（蛋白质检测通常使用的模式）非磷酸肽的存在会削弱磷酸肽离子的信号；②样品中存在着质量相同但磷酸化位点不同的肽；③肽质量指纹谱不能直接产生序列信息，很难准确地鉴定。目前已经建立了一些可以区分带有磷酸根的肽段与不带磷酸肽段的质谱技术。用串联质谱仪的母离子扫描、中性丢失扫描等检测方式通过分析含磷酸基团肽段产生的特征离子，可以直接从肽混合物中找到磷酸化肽段。用基质辅助激光解吸电离飞行时间质谱结合磷酸酶的水解也可以找到磷酸肽。

概括起来，质谱分析磷酸化多肽有以下 3 方面问题需要解决。①磷酸化多肽正离子化效率下降。基质辅助激光解吸电离质谱对一个特定的非磷酸化多肽信号响应系数，比磷酸化酪氨酸对照要高 10 倍。为了补偿在基质辅助激光解吸电离过程中离子化的不足，可加入铵盐，如氨基柠檬酸盐。基质辅助激光解吸电离在阴离子化模式时，磷酸化多肽的离子化效果有时比非磷酸化多肽好。阳离子与阴离子化模式效率不同，可以用来确定混合物中磷酸化多肽。电喷雾电离对磷酸化和非磷酸化多肽的离子化效率影响不大。②磷酸化的氨基酸残基会影响酶裂解。研究表明，在裂解侧（R/K-X-PS/PT）下游+2 位置的磷酸化丝氨酸、苏氨酸残基会明显降低胰蛋白酶的裂解效率，而胰蛋白酶是质谱分析的关键酶。③质谱检测时磷酸化多肽极易丢失磷酸部分。在采用低能量碰撞诱导解离时，尤其对丝氨酸和苏氨酸磷酸化多肽，磷酸丢失是经常发生的。甚至在基质辅助激光解吸电离实验中，激光的照射就足以引发气相的磷酸丢失。虽然这种特性有时可用于从混合物中发现磷酸化多肽，但是经常会降低质谱的灵敏度和增加串联质谱分析片段组合的复杂性。

三、关于糖基化研究的复杂性

一般分子质量较小的糖蛋白可直接用基质辅助激光解吸电离飞行时间质谱（MALDI-TOF-MS）分析。但对于大分子糖蛋白分辨率不够，不能直接进行糖型分析，需要去除糖链或降解蛋白质成为较小的肽段。比较去除糖链前后蛋白质分子质量的变化，从而获知糖基化信息（图 8-16）。如果糖蛋白的糖基化位点较多，也较难用单一方法确定。糖蛋白的糖链部分的性质，即糖链由哪些单糖组成对于糖蛋白分析至关重要。传统方法采用酶解或化学降解方法获得糖链后，水解成单糖，用阴离子交换色谱分离，然后与标准图谱对照。但这种方法仅确定糖蛋白总的糖基组

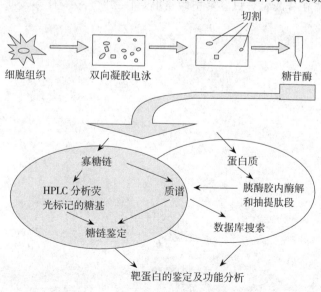

图 8-16　N-糖基化蛋白质分析流程图

（仿夏其昌，2005）

成，而无法获得某一位点上的糖链组成。糖链不均一性给某一糖链的分离和分析增加了难度。此外，糖链的连接顺序、糖链的分支和连接方式、糖基异头构型也增加了糖基化的复杂性。

思 考 题

一、名词解释

蛋白质翻译后修饰　蛋白质磷酸化　中性丢失　蛋白质糖基化　前体离子扫描方式　双向磷酸多肽图谱　电子捕获解离　源后衰变　诱导碰撞解离

二、简答题

1. 真核生物与原核生物蛋白质磷酸化的主要特点各是什么？
2. 蛋白质翻译后修饰鉴定的难点是什么？
3. 研究蛋白质磷酸化的意义和复杂性各是什么？
4. 分析蛋白质磷酸化的目标是什么？
5. 鉴别蛋白质磷酸化氨基酸位点的主要过程是什么？
6. 磷酸化肽富集的主要方法是什么？
7. 蛋白质糖基化类型有哪些？
8. 糖蛋白分离的主要方法有哪些？
9. 糖链分离与结构分析的主要方法有哪些？
10. 糖蛋白分离纯化应注意哪些环节？
11. 鉴定磷酸化蛋白过程中存在的问题，如何实现磷酸化蛋白的高通量分析？
12. 鉴定糖蛋白过程中存在的问题和解决途径各是什么？
13. 中性丢失扫描在磷酸化蛋白鉴定中的作用是什么？

第九章　定量蛋白质组学研究技术

蛋白质组学概念的提出为蛋白质研究提供了全新的思路。随着蛋白质组学研究的深入发展，人们已经不再满足于对于一个细胞或组织的蛋白质进行定性研究，而是着眼于蛋白质量的研究。在蛋白质相互作用的研究中，质谱最初只是作为鉴定蛋白质的一种快速、高效的方法：混合的蛋白质样品首先经过纯化分离、然后通过 SDS-PAGE 将复合体中的组分分开，随后对目标蛋白质进行酶解；得到的肽段在质谱中进行鉴定，从而确定样品中的目标蛋白质的序列；但由于分离方法的灵敏度及技术本身的局限，对于那些相互作用较弱、分子质量较大或偏碱性的蛋白质往往不能达到理想的分析效果，增加了实验结果的假阴性。定量蛋白质组技术的出现解决了这一问题，而该技术的策略正是较好的利用了质谱的高灵敏度。近年来科学家提出了定量蛋白质组学（quantitative proteomics）的概念，就是把一个基因组表达的全部蛋白质或一个复杂的混合体系中的目标蛋白质进行精确的定量和鉴定。这标志着蛋白质组研究已从简单的定性分析向精确的定量研究方向发展，并已逐渐成为蛋白质组学研究的新前沿。

第一节　定量技术体系与分类

一、技术体系

在蛋白质组学研究中，定量蛋白质组研究技术发展很快，已建立了许多新的研究体系与技术。这些研究体系主要有双向电泳-质谱（2-DE-MS）技术体系、蛋白质芯片分析体系及基于同位素标记的质谱分析技术体系等。在各种技术体系中，双向电泳-质谱技术体系对蛋白质的定量分析多建立在原样本与处理样本的比较分析上，通过原样本与处理样本的比较来进行同一蛋白质在不同处理下数量上的差异分析，这种分析手段被称为凝胶定量差异分析技术。

基于双向凝胶电泳的定量蛋白质组学研究主要有 3 种方法。一种是通过无标记的蛋白质双向凝胶电泳。首先对蛋白质混合物进行分离，然后通过比较不同凝胶上的表示同一个蛋白质的点的着色强度来得到其定量信息；最后对选出的蛋白质点经过胶切、蛋白酶水解和质谱检测进行鉴定分析。但由于双向电泳本身存在的弊端，其重复性不理想，不能检测具有极端等电点的强酸性、强碱性、分子质量太大或太小的、低丰度、疏水性的蛋白质及膜蛋白质；操作耗时费力，难以实现自动化，不能适应高通量分析的要求。因此，限制了其应用范围。

另一种方法是荧光差异凝胶电泳（difference gel electrophoresis，DIGE）。这是在传统双向电泳技术的基础上，结合了多重荧光分析的方法，在同一块胶上共同分离多个分别由不同荧光标记的样品，并第一次引入了内标的概念，极大地提高了结果的准确性、可靠性和重复性。在荧光差异凝胶电泳技术中，每个蛋白质点都有它自己的内标，并且软件自动地根据每个蛋白质点的内标对其表达量进行校准，保证所检测到的蛋白质丰度变化是真实的。

第三种是近几年发展起来的通过标记物实现量化信息的获取，基于蛋白质的同位素标签和自动化的串联质谱检测分析方法。在这种方法中，通过代谢标记、酶反应或化学反应，用不同的同位素标签标记存在于不同样品中的蛋白质，然后将不同标记的样品混合在一起，同时进行处理分析。

基于蛋白质芯片分析的研究体系，其基本原理是将各种蛋白质有序地固定于滴定板、滤膜和载玻片等各种载体上制成检测用的芯片，然后，用标记了特定荧光抗体的蛋白质或其他成分与芯片作用，经漂洗将未能与芯片上的蛋白质互补结合的成分洗去，再利用荧光扫描仪或激光共聚焦扫描技术，测定芯片上各点的荧光强度，通过荧光强度分析蛋白质与蛋白质之间相互作用的关系，由此达到测定各种蛋白质功能的目的。

双向电泳-质谱是比较成熟的早期技术，近年来取得的改进和最近荧光双向差异电泳的丙烯酰胺标记技术的提出使重复性和精确度进一步改善，但由于技术本身局限性并没实现真正意义的全蛋白质分析。蛋白质芯片由于具有高通量、微型化及自动化等优点已逐渐引入到定量蛋白质组研究上来，但目前其标准化、适用范围等方面还存在许多不足，如何保持蛋白质天然活性等问题尚需在技术上有更大的发展。而以同位素为内标的质谱直接定量分析新技术的提出，突破了前两种技术的局限性并显示出可同时精确定量和鉴定的能力，成为当今定量蛋白质组研究技术的主要发展方向。

二、定量法分类

1. 定性差异分析与定量差异分析　定性差异分析技术只能提供蛋白质有与无的差异，当其含量低于体系检出下限时，则判定为无。对于样品中都能检出的蛋白质不能提供含量差异的信息。一种称为自下而上（bottom up）的路线，是从蛋白质样品的酶切片段来鉴定蛋白。如 Hochstrasser 等在双向电泳的基础上发展了分子扫描的方法，该方法将整张双向电泳（2 - DE）胶上的蛋白同时酶解，并将酶解片段同时转移至一张聚偏氟乙烯（PVDF）膜上，然后使用基质辅助激光解吸电离飞行时间质谱（MALDI-TOF-MS）对膜上的样品进行逐行整体扫描。该方法可提供由蛋白质谱鉴定结果表示的双向电泳图谱，从而免去了蛋白质点显色、检测的步骤，将检测灵敏度直接提高到了质谱的水平，并提供了自动化、大规模进行蛋白质鉴定的方法。

另一种路线称为自上而下（top-down）定性差异分析方法。该方法通过分析完整蛋白质的精确分子质量来鉴定蛋白质。如用傅立叶变换质谱给出精确分子质量和氨基酸序列标签。在 top-down 路线指导下，Yates 等人在研究核膜特异性的蛋白质组时提出差减蛋白质组的定性分析技术。由于在提取过程中核膜组分容易被微粒体膜组分污染，而微粒体膜不易被核膜污染，所以可通过从核膜组分中差减掉存在于微体膜组分中的蛋白质的办法得到较纯的核膜蛋白质。

2. 绝对定量与相对定量　不同技术方法对蛋白质表达水平差异分析的能力和原理是不同的。按照分析能力不同可分为提供相对含量信息的定量差异分析技术和提供有无信息的定性差异分析技术。此外，还有专门的技术用于蛋白质修饰的差异分析等。比较蛋白质组学研究的蛋白质定量分析，可以分为绝对定量分析和相对定量分析两种研究策略。绝对定量分析的策略需要已知丰度的纯蛋白质做内标，然而并不是所有蛋白质都有商业化产品可用做内标。因此，必须纯化各种蛋白质进行绝对定量。如果要测出许多蛋白质的浓度变化，制备这些纯蛋白质需要花费很长时间。

对低丰度蛋白质的检测，绝对定量的研究技术难度就更高。因此，多数情况只能测定细胞在两种状态间的蛋白质浓度比率差异，进而进行相对定量。虽蛋白质定量研究分为绝对定量和相对定量，但目前蛋白质组学定量研究，主要集中在对蛋白质表达差异或者表达量的变化进行比较研究，即相对定量蛋白质组学研究方面。

3. 凝胶差异分析和非凝胶差异分析　定量差异分析技术对样品中蛋白质进行定量比较，可包括基于凝胶的差异分析技术和非凝胶差异分析技术。基于凝胶的差异分析技术可包括双向电泳技术、荧光双向差异凝胶电泳（fluorescence two dimensional differential gel electrophoresis，2D-DIGE）技术。这不仅可通过染料与蛋白质含量之间的线性关系比较同一蛋白质在不同样品之间的含量，还可提供该蛋白质在样品总蛋白质中的含量百分比，该过程可通过图像分析软件对蛋白质斑点的标准化来实现。

非凝胶差异分析技术只能通过色谱峰或质谱峰提供蛋白质含量信息，定量能力较前者弱，可对同一蛋白质在不同样品之间的含量差异做相对比较，却不能反映该蛋白质在样品中的相对含量。非胶差异分析技术包括多维液相色谱（multidimensional liquid chromatography）、稳定同位素特征标签生物质谱（stable isotope assisted mass spectrometry，SIAMS）、质量编码的丰度标签（mass-coded abundance tagging，MCAT）、蛋白质芯片等。

4. 标记定量法和无标记定量方法　目前，蛋白质组研究的实验技术流程一般为样品（蛋白混合物）经双向凝胶电泳，染色，胶中蛋白酶切，进入质谱鉴定；或样品（蛋白混合物）直接经酶切，色谱分离，进入质谱进行鉴定。在双向凝胶电泳的实验中，可以通过比较染色后的两张双向电泳（2-DE）凝胶蛋白组图像中蛋白质点的光密度值进行差异定量，或比较同种蛋白质经同位素标记和未经标记的串联质谱峰面积进行差异定量。但这两种常用技术由于在样品处理上费时费力，不利于大规模的蛋白质组定量。因此，兴起了无标记的质谱定量方法，这种方法只需分析大规模鉴定蛋白质时所产生的质谱数据，用蛋白质相应的质谱数据进行定量。

无标记定量方法是直接利用蛋白质鉴定中产生的数据，比如样品酶切后经液相色谱-串联质谱（LC-MS-MS）产生的质谱数据。目前，无标记定量方法根据数据信息可分为两大类：基于鉴定蛋白的肽段数的定量方法和基于质谱峰强度的定量方法。

第二节　荧光染料分析法

蛋白质组表达差异分析的主要问题是如何合理比较蛋白质组之间的差异，即如何分析不同细胞、组织在不同时刻、状态下各种蛋白表达的相对丰度。因此，建立可靠的蛋白质表达水平差异分析技术十分重要，是蛋白质组分析的一个核心技术问题。

不同技术方法对蛋白质表达水平差异分析的能力和原理是不同的。按照分析能力不同可分为提供相对含量信息的定量差异分析技术和提供有无信息的定性差异分析技术。其中基于凝胶的定量差异分析技术包括双向电泳和荧光双向差异凝胶电泳分析。

一、双向电泳凝胶染料显示

双向电泳（2-DE）只是一个分离过程，点的显现还需蛋白质染色。不同的染色方法原理不同，灵敏度、线性范围、与质谱兼容性、试剂耗费、对软硬件的要求等也不同，如表9-1所示。考马斯亮蓝染色和银染为常用方法，简单易行。近年来推出了荧光染色技术（如CYPRO Ruby）以及荧光标记（如Cy2、Cy3、Cy5），操作方便，灵敏度较高（图9-1），但价格较高。一般可根据不同的实验要求和条件选择不同的染色方法（表9-2）。其中，线性范围是试样量与检测器的信号之间保持线性关系的范围。一般来说，较广的线性范围可提高蛋白质定量的准确性，而较高的灵敏度可降低样品上样量。

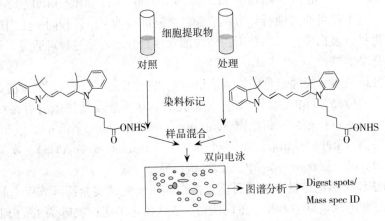

图9-1　染料标记分析过程

表9-1　不同染色方法的比较

染色方法	灵敏度（pg/mL）	线性范围	与质谱兼容性	试剂耗费	对软硬件要求
考马斯亮蓝染色	10^5	3	++	+	+
银染	200	7	+	+	+
荧光染色	400	10^4	+++	++++	++++
荧光标记	250	10^4	++	+++	++++

表9-2　常用荧光染料的激发及发射波长

荧光染料	激发波长（nm）	发射波长（nm）	荧光染料	激发波长（nm）	发射波长（nm）
Cy2 TM	489	506	Alexa TM 546	555	570
GFP（Red Shifted）	488	507	TRITC	547	572
YO-PRO TM-1	491	509	Magnesium Orange TM	550	575
YOYO TM-1	491	509	Phycoerythrin, R & B	565	575
Calcein	494	517	Rhodamine Phalloidin	550	575
FITC	494	518	Calcium Orange TM	549	576
Fluor X TM	494	519	Pyronin Y	555	580
Alexa TM 488	490	520	Rhodamine B	555	580
Rhodamine 110	496	520	ABI, TAMRA	560	582
ABI, 5-FAM	494	522	Rhodamine Red TM	570	590
Oregon Green TM 500	503	522	Cy3.5 TM	581	596

（续）

荧光染料	激发波长 （nm）	发射波长 （nm）	荧光染料	激发波长 （nm）	发射波长 （nm）
Oregon Green TM 488	496	524	ABI，ROX	588	608
Rlbo Green TM	500	525	Calcium Crimson TM	590	615
Rhodamine Green TM	502	527	Alexa TM 594	590	615
Rhodamine 123	507	529	Texas Red	595	615
Magnesium Green TM	506	531	Nile Red	549	628
Calcium Green TM	506	533	YO-PRO TM-3	612	631
TO-PRO TM-1	514	533	YOYO TM-3	612	631
TOTO-1	514	533	R-Phycocyanin	618	642
ABI，JOE	520	548	C-Phycocyanin	620	648
BODIPY 530/550	530	550	TO-PRO TM-3	642	660
Dil	549	565	TOTO-3	642	660
BODIPY TMR	542	568	DiD DilC（5）	644	665
BODIPY 558/568	558	568	Cy5 TM	649	670
BODIPY 564/570	564	570	Thiadicarbocyanine	651	671
Cy3 TM	550	570	Cy5.5	675	694

　　双向电泳（2‑DE）的缺点是费时费力，同一样品需多次重复，并进行较为复杂的软件分析。更为致命的是有些蛋白质（高疏水性和大于100 ku的高分子蛋白质）不易进胶，极酸和极碱性蛋白质不易分离。而且由于染色方法灵敏度的限制，低丰度蛋白质不易检出，特别是分子质量小于4 000 u的蛋白质也不易分辨出。但由于其能直观地展现出各种蛋白质（理论上一个点就是一个蛋白质）及其含量，并同时提供等电点、分子质量以及蛋白质修饰的信息。因此，在做差异比较时，双向电泳（2‑DE）仍是一种基本的技术选择，已广泛应用于细菌、病毒、细胞系、体液和组织等各类样品的差异蛋白质组分析中。双向电泳与其他技术体系的联合应用以及双向电泳本身在自动化和显色技术上的改进将成为今后的发展方向。

二、荧光双向差异凝胶电泳

　　一般将能在可见光范围强烈吸收和辐射出荧光的染料称为荧光染料。荧光颜料实质上是颗粒很细的荧光染料的树脂固体溶液，这些染料有特定的 π 电子共轨体系。荧光双向差异凝胶电泳（DIGE）是在双向电泳的基础上出现的技术，将待比较的蛋白质样品经不同的荧光染料（Cy2、Cy3、Cy5）标记后，等量混合进行双向电泳（图9‑2）。

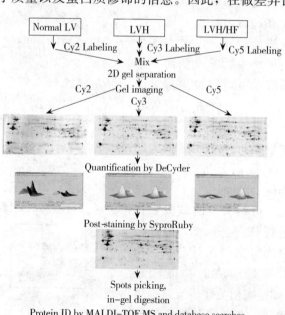

图9‑2　电泳后的差异分析

该种染料的 N-羟基琥珀酰亚胺酯活性基团与蛋白质赖氨酸的 ε-氨基共价结合，被标记蛋白质的等电点和分子质量基本不受影响。蛋白质量差异可通过蛋白质点不同荧光信号间的比率来决定。因为荧光染料灵敏度高，所需样品量非常少，每次只需 $50\,\mu g$ 即可。一张胶可同时分析 3 个样品（图 9-3），省去了不同胶图之间的匹配问题，节约时间，重复性提高。还可对大样本量进行统计分析，这时需在每张胶中加入由所有样品等量混合而成的内标，以确保各张胶之间对比的准确性，因不同胶之间源于双向电泳系统的改变仍然存在，而内标可对这种改变进行校正，以最大限度地反映生物学改变而不是系统改变，实验流程见图 9-4。由于所需的胶数减少，分析通量得到了提高。最近还推出功能更强大的扩展数据分析（extended data analysis，EDA）系统，可对大量的试验数据进行管理、分类，并进行聚类等高级统计分析，为差异蛋白质的功能阐述（如疾病相关性研究）提供便利。主要问题是染料较贵并需专门扫描仪器。

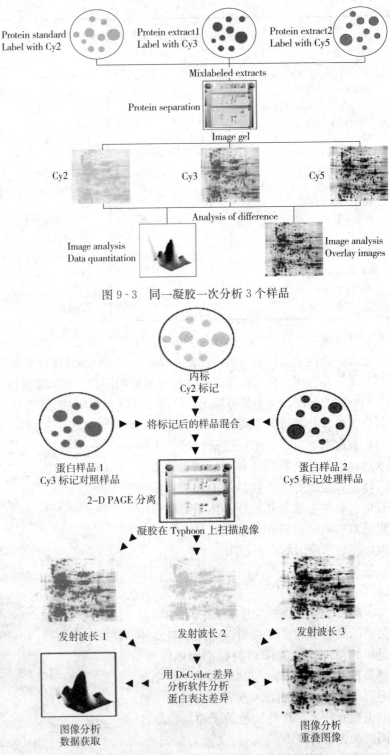

图 9-3　同一凝胶一次分析 3 个样品

图 9-4　蛋白质样品中加有内标的凝胶实验流程

第三节　同位素标记技术

一、原理

质谱是很好的蛋白质鉴定工具，但不同的蛋白质或多肽在质谱中有不同的离子化效率，所以不能从质谱图中对蛋白质（肽）进行定量分析。以稳定同位素为内标，将物理化学性质相同、质量不同的同位素掺入两种样品，混合后不同状态的相同蛋白质（肽）因质量差异在质谱图中表现为一对峰，通过比较质谱峰强弱，精确定量出蛋白质不同状态下表达量的变化。这就是基于稳定同位素标签和液相色谱与串联质谱（LC-MS-MS）联用技术定量和鉴定蛋白质的理论依据。

稳定的同位素之间具有轻重之分，而其化学性质又保持相同，这就使得有同位素标记的蛋白质在分离纯化时具有相同的特性，而在随后的质谱鉴定中又能根据质量的差异被区分开。通常采用的同位素标记为^{2}H、^{13}C、^{15}N 以及 Griffin 等人利用同位素标记亲和标签（ICAT）技术，串联基质辅助激光解吸电离飞行时间质谱（MALDI-TOF-MS）和四极杆飞行时间质谱（quadrupole time of flight mass spectrometer，Qq-TOF-MS）而非电喷雾电离串联质谱（ESI-MS-MS）鉴定蛋白质水解后的肽段，包括鉴定某些低丰度蛋白质。该方法中，首先以基质辅助激光解吸电离飞行时间（MALDI-TOF）鉴别每一对同位素标记亲和标签标记肽段的质谱峰强度差异，同时可以间接判断蛋白质的相对含量，只有量上的差异达到一定标准的肽段再用四极杆飞行时间质谱（Qq-TOF-MS）测序鉴定。这种质谱分析方法不像电喷电离串联质谱（ESI-MS-MS）鉴定蛋白质那样，分析过程在质谱模式与质谱-质谱模式中不断转换，使肽段定量的准确性可能被质谱（MS）模式与串联质谱（MS-MS）模式交换的过程所影响，交换过程中可能使低强度质谱峰完全丢失，而基质辅助激光解吸电离四极杆飞行时间质谱（MALDI-quadrupole-TOF-MS）方法不但可以节约花费在鉴定表达量没有改变的蛋白质上的时间，还可以简化数据处理，在蛋白质鉴定和定量之间不会出现不平衡，更有利于高通量蛋白质组分析和低丰度蛋白质的鉴定。运用该方法定量分析以半乳糖或乙醇为碳源的情况下酵母细胞蛋白质组的变化，分析得到了 59 种蛋白质，其中包括 8 个低丰度蛋白质（密码子偏见值小于 0.2），其中一个蛋白质的密码子偏见值低至0.069。

二、分类

目前，同位素标签引入方式有 3 类：①生物代谢方式引入，它是通过细胞生长过程的正常代谢反应把培养基中的稳定同位素标签引入蛋白质组成中；②化学性引入，它是通过人工设计含有稳定同位素标签的化学试剂，通过与蛋白质（或肽段）样品中特定氨基酸位点发生化学反应而引入；③酶解过程引入，它是在蛋白质酶解过程中加入含有稳定同位素标签的重水或者 N-乙酰［^{2}H$_3$］丁二酰亚胺（N-acetoxy-［^{2}H$_3$］succinimide，NAS）引入蛋白质或者肽段中。加入同位素标记的方法主要分为：代谢标记法（stable isotope-labelled animo acids in cell culture，SILAC）和化学标记法，如同位素亲和标签法（isotope-coded affinity tagging，ICAT）。前者是在培养细胞的过程中加入同位素标记，称为体内标记；后者则是在提取细胞内总蛋白并经过亲和纯化后加入同位素标记，称为体外标记。两种方法都将得到的对照及实验组样品混合，进行质谱分析。由于同位素轻重差异，质谱能很容易地区分并鉴定实验组中特异的蛋白质。该方法中，亲和纯化过程是最大限度的保留实验组中的差异蛋白质而非排除污染蛋白质，系统本身的灵敏度在质谱分析中得到保证，这就避免了传统的定性蛋白质组技术中分离方法本身固有的局限性，大大提高了实验结果的灵敏度和准确性。

三、生物代谢方式引入标记

1. 原理　稳定同位素代谢标记是将一定量的相同种类但表达水平不同的两个（细胞）样品分别置于正常培养介质和富含某重质同位素（如 ^{15}N）的相同介质中培养，一定时间后将两者混合酶解，然后选择性亲和分离、色谱分离，并进行质谱分析。这种方法只适用于对微生物的分析，而不能直接分析从组织中提取的细胞，同时，同位素富集的基质环境可能会影响微生物的生长和蛋白质的生物合成。

通过细胞或者生物体（主要是指简单的生物体）正常的生长代谢把稳定同位素标签引入到蛋白质组成中，操作简便、高效。另外，它也是在稳定同位素标签技术中最早把同位素标签引入蛋白质组成中的技术，对蛋白质样品标记完全，避免了在样品标记处理等过程出现的误差。其缺点是，它只能适用于可培养的细胞或者简单的生物体（细菌、酵母）的蛋白质定量研究。最近也有报道使用"重"氨基酸标记蛋白质，这为体外培养的哺乳动物细胞的代谢标记提供了思路。

2. 方法

（1） $^{15}N/^{14}N$ 蛋白质标记技术　分别用富含 $^{15}N/^{14}N$ 的细胞培养基培养要比较的细胞或者简单生物体，通过生物的正常代谢方式以 ^{15}N 替代氨基酸组成中的 ^{14}N，进而把 ^{15}N 标记引入蛋白质组成中。

Conrads 等用此技术分析了细菌蛋白质组定量信息，并与哺乳类动物蛋白质组进行了定量的分析比较。Wu 等则对酵母的蛋白质组以及其蛋白质定量的动力学特点进行了分析探讨。由于氨基酸中的 N 原子的组成不固定（从甘氨酸的 1 个到精氨酸的 4 个），因此，标记和未标记肽段的质量差则与其具体的氨基酸组成相对应，增加了层析以及质谱定量分析时的复杂度。因此，还没有把此标记用在细胞培养上的研究报道。

（2）细胞培养条件下稳定同位素标签技术　培养条件下稳定同位素标签技术（stable isotope labeling with amino acids in cell culture，SILAC），是通过细胞的正常生长代谢，把稳定同位素标记的氨基酸引入到蛋白质组成中（图 9-5），质谱分析质量相差 6u。这可以大大简化质谱定量分析前人工处理的复杂度。目

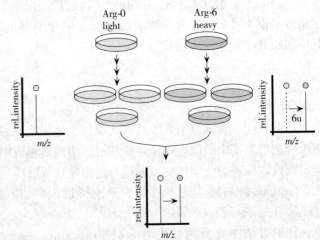

图 9-5　把稳定同位素标记的精氨酸引入到蛋白质组成中

前，可用在培养条件下稳定同位素标签技术上的稳定同位素主要包括^{2}H，^{13}C以及^{15}N等。

Zhang等研究发现，稳定同位素重氢在层析分析时存在同位素效应，影响分析的结果。Mann等利用含有^{13}C标记的精氨酸标签的培养条件下稳定同位素标签技术很巧妙地获得了参与表皮生长因子（epidermal growth factor，EGF）信号通路的28种相关蛋白质（图9-5），为深入分析信号通路以及具体机制提供了重要信息。这也提示，培养条件下稳定同位素标签技术除了在定量比较蛋白质组研究方面发挥作用外，在生化代谢、信号通路以及蛋白质间相互作用动力学研究等方面也有巨大的潜力（图9-6）。此技术的缺点在于，它只能用在基于培养的细胞体系以及单细胞生物上。

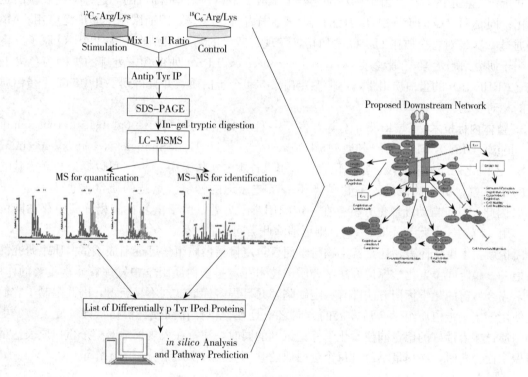

图9-6　细胞培养中的稳定同位素标签

近来，它的应用范围被Ippel等以及Krijgsveld等相继扩大到了多细胞生物体研究上。他们通过两步法，先用标记氨基酸饲喂细菌或酵母，然后用它们作为多细胞生物（果蝇和线虫）的饲料，进而间接地把同位素标签引入到多细胞生物蛋白质中，并获得了这些多细胞生物突变体相关的蛋白质信息。

四、酶解过程引入标记

1. ^{18}O/^{16}O 水　在两个要比较的蛋白质样品的酶解过程中分别加入^{18}O和^{16}O水，这样可特异地对酶解肽段的C末端进行标记，等量混合后进行质谱分析样品间蛋白质组的差异。它在挖掘生物靶标等方面有成功的报道。

Wang 等研究小组发明的反转标记（inverse labeling），即（^{16}O 对照样品×^{18}O 实验样品，^{18}O 对照样品×^{16}O 实验样品）对照样品进行两组正反双向标记实验，然后分别混合进行质谱鉴定。此法增加了比较样本间蛋白质组间差异分析的灵敏度和分辨率。此技术缺点在于当样品混合后容易发生标记物 ^{18}O/^{16}O 的交叉互换。为此，必须对混合样品快速鉴定分析。

2. 酶解标记 H$_2$^{18}O　通过肽段的 C 端也可以对肽段进行稳定同位素标记，一种方法就是在 H$_2$^{18}O 的溶液中进行蛋白酶切。Schnolzer 等将蛋白质在 H$_2$^{18}O 中酶解后，在其 C 端可稳定结合 1 个或 2 个 ^{18}O 原子。

研究者同时发现，在液相色谱、电喷雾电离和基质辅助激光解吸电离，氧原子与 C 端碳原子的共价键是稳定的。但是由于在 C 端结合 1 个或 2 个 ^{18}O 原子是随机的，这样会使肽段的定量复杂化；同时 H$_2$^{18}O 的价格很高，且酶解时要求样品充分干燥，因而限制了其广泛应用。Miyagi 等通过 Lys-N 对蛋白质在 H$_2$^{18}O 中酶切，发现在肽段的 C 端只结合上去 1 个 ^{18}O 原子。将该方法用于研究细胞活素类/脂多糖（lipopolysaccharide，LPS）处理和未处理的视网膜色素上皮细胞（ARPE-19）的蛋白质组学，不但鉴定出了 584 个蛋白质，并且得到了其中 562 个蛋白质在量上的相对变化。

3. 整体内标技术　Chakraborty 等开发了一种称为整体内标技术（global internal standard technology，GIST）的标记。它通过用 N-acetoxy-［^{2}H$_3$］succinimide/N-acetoxy-succinimide（NAS）乙酰化处理酶解肽段，把同位素标签引入样本分析体系中。NAS 可以标记必需氨基酸和肽段的 N 末端，由于肽段的乙酰化位点不一，被标记的轻链、重链的质量差也不固定（3～13 u），因此，对于自动批量化分析存在一定的困难。另外，由于重氢在液相分离中存在同位素效应，用［^{13}C/^{12}C］代替［^{1}H/^{2}H］，则可消除此类问题的发生。

无论就技术更新而言，还是就生物科学而言，定量蛋白质组学已逐渐成了蛋白质组研究的新前沿之一。稳定同位素化学标记方法结合质谱技术在定量蛋白质组学中发挥着非常重要的作用。然而，当今所有的化学标记方法都有一定缺陷，并且很多标记试剂不易获得，因此限制了它们的广泛使用。定量蛋白质组学今后发展的方向之一是在提供操作简便、价格低廉、更灵敏、更准确、与质谱兼容性好的稳定同位素化学标记试剂的同时，注重在大规模地对整个蛋白质表达量的差异做全面分析时，在尽量不放过每个蛋白质的基础上，减少质谱分析的工作量。

五、亲和标签法引入标记

由 Gygi 等首先发明了同位素标记亲和标签技术（isotope-coded affinity tag，ICAT），此技术利用一种人工合成的化学试剂，预先选择性地标记某一类氨基酸残基，分离富集被标记的肽段后，质谱（mass spectrometry，MS）鉴定。根据质谱图上不同同位素标记亲和标签试剂标记的一对肽段离子的强度比值，定量分析比较样本的相对丰度并进行质谱鉴定分析。

同位素标记亲和标签试剂已进行了多方面的改进。首先用 ^{13}C/^{12}C 来代替 ^{2}H/^{1}H，消除液相分离的同位素效应。其次，引入质谱分析前，生物素亲和标签可被切割掉（酸切割和光切割）亲和子部分，减少了生物标签的分子质量，降低了由于标签引入蛋白质样品中可能带来的误差。第三种改进则是由 Zhou 等开发的固相同位素标记亲和标签试剂，它与液相同位素标记亲和标签试剂相比，具有快速、简便、高效等特点。

　　同位素标记亲和标签技术的特点有：①能够兼容分析体液、细胞和组织中绝大部分蛋白质；②烷基化反应即使在有盐、去垢剂以及稳定剂存在下都可以进行；③只需分析半胱氨酸（Cys）残基（或其他残基）的肽段，降低了分析的复杂性；④允许任何类型的免疫、物理分离方法，能很好地定量分析微量蛋白质。鉴于以上特点，它在微体蛋白质定量、T细胞膜蛋白质分析、疾病发生以及生物标记的发掘中都有许多成功的报道。

　　但此技术也存在一些缺点，主要表现为：①过量的标记或者任何内源的生物素都会由于彼此的竞争而影响亲和的效率；②亲和洗脱以后获得被标记的肽段如果和非标记的肽段质量相等，就会造成假阳性或者假阴性的结果；③通过特异亲和半胱氨酸（或者其他氨基酸）标签，也许不能完全覆盖蛋白质信息，特别是对那些含有相对较少半胱氨酸（或其他氨基酸）的蛋白质；④通过选择性亲和吸附标签肽段很可能导致肽段丰度信息的丢失。

　　1. 同位素标记亲和标签技术的原理　　上文已述，1999年，Gygi等建立了同位素标记亲和标签（ICAT）技术，为发展定量蛋白质组学提供了一个广阔的空间。同位素标记亲和标签技术是利用一种新的化学试剂——同位素标记亲和标签试剂，预先选择性地标记某一类蛋白质，分离纯化后，质谱（MS）鉴定。并根据质谱图上不同同位素标记亲和标签试剂标记的一对肽段离子的强度比例，定量分析它的母体蛋白质在原来细胞中的相对丰度。

　　同位素标记亲和标签试剂由3部分组成：①试剂与蛋白质反应的基团，这个基团特异结合肽链中半胱氨酸残基的巯基；②中间的连接子，可以结合稳定的同位素；③亲和标签——生物素（biotin），可以和卵白素结合，选择分离同位素标记亲和标签标记的多肽。试剂分为两种形式，分别称为重质（连接子含有8个氘原子）和轻质（连接子含有8个氢原子），由8个氘原子与8个氢原子分别标记的同位素标记亲和标签质量正好相差8u（图9-7）。

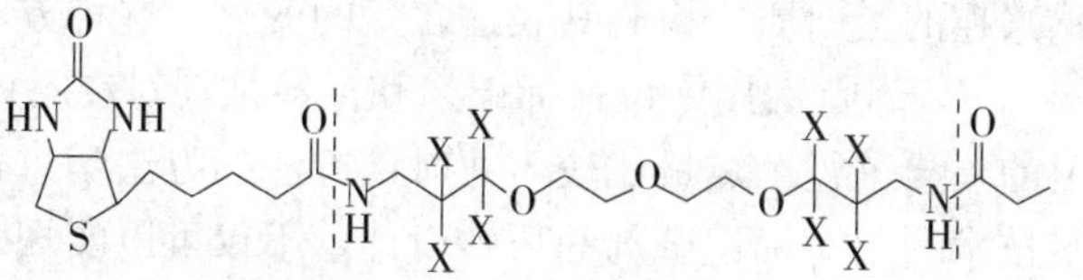

生物素亲和标签　　　　　连接子　　　　　巯基反应
　　　　　　　　　　　　　　　　　　　　活性基团

图9-7　同位素标记亲和标签试剂的结构

(仿Gygi，1999)

　　2. 具体操作流程　　同位素标记亲和标签技术的具体操作流程是：①将两种来源密切相关而不同状态的细胞裂解，蛋白质被还原；②两种样品中各加入不同的同位素标记亲和标签试剂标记；即分别用D_0和D_8试剂与同种细胞的不同形态（如正常细胞和病变细胞）中的蛋白质反应，如D_0与正常细胞反应，D_8与病变细胞反应，试剂选择性只与半胱氨酸反应；③标记完全后的两种样品混合，胰酶水解成大小不同的肽段；④固相阳离子柱交换，除去所有残留的胰酶、去垢剂、还原剂和同位素标记亲和标签试剂；⑤标记与未标记的肽段经卵白素亲和层析分离；⑥标记的肽段洗脱后经液相色谱（LC）再次分离，串联质谱（MS-MS）分析，得到的谱图中如果一对峰质量相差8u或4u（双电荷肽段离子），则为同一种蛋白质水解的肽段，由D_0和D_8峰的相对强度进行相对定量。这样通过比较峰型完全一样的一对肽段峰的离子强度，可以推断出两种样品中同一种蛋白质的相对含量，再将质谱检测数据提交数据库检索，鉴定相对应的蛋白质。因为半胱氨酸是相对稀少的氨基酸，当进行数据库检索时半胱氨酸标记肽段为肽段鉴定提供一个限定范围，因此更容易鉴定相应蛋白质（图9-8）。

3. 优缺点

（1）优点　相对目前其他蛋白质组研究方法而言，同位素标记亲和标签技术有诸多优点。①兼容任何生长条件下的组织中的蛋白质，比较两种或更多种来源密切相关的蛋白质样品，可以得到不同状态下蛋白质表达量的变化比例。来源密切相关的蛋白质的含量可互为对方的内部参照标准。②烷基化反应高度特异。③只分离含有半胱氨酸的肽段，降低了体系的复杂性（总肽段中10％的含有半胱氨酸的肽段代表80％的蛋白质，能够分析低丰度的蛋白质，并且在数据库中搜索结果时起限制作用）。对于含有多个半胱氨酸残基的蛋白质，通过重复检索含多半胱氨酸的肽段可得到肯定的鉴定和定量。④因为分离是在肽段水平上进行，所以膜蛋白溶解性的问题得到解决，可以对膜蛋白进行鉴定和定量。⑤因为同位素标记亲和标签技术建立在色谱分离的基础上，任何促进蛋白质溶解的试剂均可使用。⑥能够直接鉴定和测量低丰度蛋白质。也有研究者利用同位素标记亲和标签技术单独选择某一种感兴趣的蛋白质，检测其表达含量的变化，这种方法也被称为质谱免疫印迹法（mass Western blot）。Gygi首次用同位素标记亲和标签试剂对在不同碳源生长条件下的酵母细胞蛋白质表达水平上的差异进行了定量比较，并对该方法的方法学进行了确证。

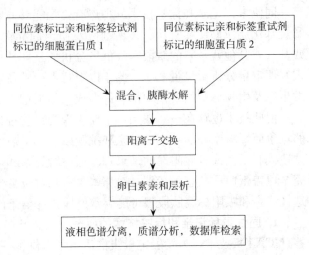

图9-8　同位素标记亲和标签技术定量分析
不同表达量蛋白质的操作流程

同位素标记亲和标签技术利用对标记试剂的巧妙设计，不仅可以实现对不同条件处理的细胞差异蛋白质的定量分析，而且大大简化了被分离样品的复杂程度，为比较蛋白质组学研究中差异蛋白质的分离与鉴定提供了十分有用的技术。

（2）缺点　同位素标记亲和标签方法本身也有一些缺点，有待提高改进。①这一方法无法分析不含半胱氨酸的蛋白质；②同位素标记亲和标签标记（－500 u）在整个质谱分析过程中保留在每个肽上，会影响肽段的检测和增加数据库搜索算法的复杂性，对一些小的肽段（小于7个氨基酸残基）更是如此，而对其二级质谱碎片离子解析增加了难度；③被标记的2个多肽质量相差8 u、含有2个半胱氨酸的多肽质量相差16 u时与氧化很难区分，对定量和鉴定都带来难度；④一般同位素标记亲和标签定量的误差在20％以内，但如果样品成分复杂，定量误差会增大，并往往需要手工检查结果；⑤这种方法要获得完整的信息，最重要的是标记必须是特异、完全的，但当前标记的效率是时间依赖性的，很少能达到80％以上。另外，目前商品化试剂的高价位也影响了该方法的普遍应用。

4. 同位素标记亲和标签技术的应用

（1）测定和定量膜蛋白　目前膜蛋白的研究在疾病治疗和药物研发中起着重要作用，例如在血管内皮细胞膜上找寻治疗心脏病和高血压靶蛋白质；研究与乳腺癌发病预后有着密切相关的膜蛋白 Her2/neu 等等。它们的重要作用吸引大批的研究者参与其中。但由于膜蛋白溶解性较低，双向电泳分离时易析出，不能很好分离，所以膜蛋白研究进展缓慢。David K. H. 等人利用同位素标记亲和标签技术系统测定了来源密切相关的两种细胞膜蛋白的相对含量。正常 HL-60 细胞和经佛波酯（phor-bol-12-myristate-13-acetate，PMA）处理的 HL-60 细胞微粒体的蛋白质提取物按照同位素标记亲和标签技术的操作方法进行分析处理。超过 5 000 个含有半胱氨酸残基的肽段被鉴定，从中鉴定 492 种膜蛋白并测量它们在不同外界刺激条件下表达量上的差异。为进一步检验同位素标记亲和标签试剂标记膜蛋白（$d_0 : d_8$）比例的准确性和重复性，David 等比较了 13 个来自不同样品中的同一跨膜酪氨酸蛋白激酶 CD45 的含半胱氨酸残基肽段 $d_0 : d_8$ 比例。实验结果显示这种比例的变化率小于 20%。

（2）鉴定和定量低丰度蛋白质　　衡量任何一种鉴定和定量蛋白质的质谱方法，分辨率的重要标准是它是否能分析低丰度蛋白质。双向电泳结合质谱分析蛋白质，虽然有足够的灵敏度，但用这种方法针对酵母蛋白质进行研究时发现并不能检测到密码偏见值（codon bias value，CBD）在 0.0～0.1 之间的酵母蛋白质，然而这部分蛋白质在酵母中却占绝大多数。基因的密码偏见值是偏爱使用编码同一种氨基酸的几个密码子中的某一密码子的特性。高丰度蛋白质有较高的密码偏见值，低丰度蛋白质的密码偏见值通常较低。因此，同位素标记亲和标签技术还有待进一步的改进。

六、同位素标记亲和标签技术的改进

各种同位素标记技术，它们都具有各自的适用范围及特点。代谢标记具有精确简便等特点，但它只适于特定培养条件细胞或者简单的生物体。化学标签和酶解标签技术则可以适用于几乎所有蛋白质、组织以及体液等样品，但这些技术在样品处理过程中很容易引入人为操作误差。怎样实现高度自动化、高通量对整体蛋白质组、低丰度蛋白质精确定量分析，以及蛋白质相互作用等系统研究，仍然是摆在定量蛋白质组领域面前的一大挑战。

尽管同位素标记亲和标签技术有许多优点，但是如前所述之缺点的存在，仍不能完全满足蛋白质组研究的需要。因此对同位素标记亲和标签试剂的研究和改进一直在进行，并取得了许多进展，形成了同位素标记亲和标签系列技术。第二代可剪切同位素标记亲和标签（cleavable ICAT，cICAT）在连接子和亲和素间引入酸剪切位点，质谱分析前移去亲和标签，分析灵敏度提高了数倍。而固相同位素标记亲和标签将亲和素连接于固相介质并引入光剪切位点，一步完成标记、分离步骤并耐受强烈洗脱条件。Sebastiano 等以乙烯基吡啶代替碘乙酰胺活性基团，使修饰效率得以改善（能 100% 与 Cys 反应）且不影响其他功能团。Olsen 等合成了一种称为 Hys 的试剂，以 His 亲和标签代替生物素，6 个 ^{13}C 代替 8 个氘（同位素导致峰的复杂性及结果不可靠性主要出现在氘化的肽，^{13}C 代替氘质量相对较小，液相色谱分离时有相同的延迟时间），连接子上有一胰酶切位点，降低了复杂性及提高了检测限，并可扩展到不同的多肽。

1. 固相同位素标记亲和标签试剂　　固相同位素标记亲和标签试剂由 4 部分组成，即氨丙基（aminopropyl）包被的玻璃珠、含有 O-硝基苯的光裂解连接子（linker）、连接 7 个氢或 7 个氘的亮氨酸同位素标签和巯基特异反应的碘乙酰胺基团（图 9-9）。

　　两种不同状态的蛋白质经酶解、还原，含两种不同同位素的固相稳定同位素标签试剂分别与两种肽段混合，碘乙酰胺基团与肽段的半胱氨酸残基结合；含不同同位素的标签的玻璃珠混合，洗除未结合的肽段；在360 nm紫外光照射下，连接子断裂，标记同位素的肽段被回收后用液相色谱-串联质谱（LC-MS-MS）鉴定（图9-10）。

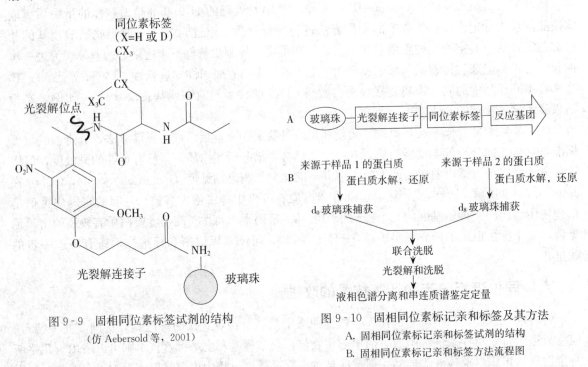

图 9-9　固相同位素标签试剂的结构

（仿 Aebersold 等，2001）

图 9-10　固相同位素标记亲和标签及其方法

A. 固相同位素标记亲和标签试剂的结构

B. 固相同位素标记亲和标签方法流程图

　　为比较固相同位素标记亲和标签与传统同位素标记亲和标签的性能，用2种方法同时检测酵母细胞在乳糖诱导下起调节作用的蛋白质含量的变化，发现新试剂对蛋白质的检出率是传统同位素标记亲和标签试剂的3倍以上。与传统的同位素标记亲和标签试剂方法相比，固相稳定同位素标签试剂鉴定了许多传统同位素标记亲和标签技术没有鉴定的蛋白质，例如涉及乳糖利用的半乳糖激酶（galactokinase，GAL 1）、半乳糖通透酶（galactose permease，GAL 2）、半乳糖转移酶（galactotransferase，GAL 7）、尿苷二磷酸-葡萄糖-4-表位酶（UDP-glucose-4-epimerase，GALX），而传统同位素标记亲和标签技术仅鉴定了 GAL 1。说明固相稳定同位素标记方法更简单、更灵敏、更有效。

　　该方法中稳定同位素标记是在酶切后进行的，而传统同位素标记亲和标签试剂标记则是在酶切前进行的。相对肽段来说，标签的质量较小且呈中性，所以在串联质谱（MS-MS）分析中观察到的肽段不易被忽略。然而，光化学反应与其他裂解过程相比不太可靠，尤其是在填料中发生的反应（柱中反应）。这可能是没有其他有关固相同位素标记亲和标签的报道的原因。

　　2. 可裂解同位素标记亲和标签　新一代的可裂解同位素标记亲和标签（cleavable ICAT，cICAT）与同位素标记亲和标签试剂相比较，可裂解同位素标记亲和标签一方面用 ^{12}C 和 ^{13}C 分别取代了同位素标记亲和标签试剂中的 ^{1}H 和 ^{2}H；另一方面，在它的结构中包含一个作用原理与固相同位素标记亲和标签的连接子相同的、能在酸性环境下断裂的连接子，缩短了进入质谱检测肽段的长度。另外，不同标记肽段质量相差是9u或9u的倍数。可裂解同位素标记亲和标签试剂由3部分组成，即半胱氨酸特异性反应基团、含9个同位素^{13}C或^{12}C标签的可裂解连接子和亲和纯化的生物素部分（图9-11）。已经有多篇文章报道了该方法在定量蛋白质组学中的应用。其中，Yu等以牛血清白蛋白（BSA）为样本，详细考察了可裂解同位素标记亲和标签试剂在不同实验条件下（如洗脱步骤、标记的完整性和定量的精确性等）对分析鉴定结果的影响，鉴定出牛血清白蛋白中含有半胱氨酸肽段的误差为10％。同时，用可裂解同位素标记亲和标签试剂研究了抗肿瘤药喜树碱调节后的皮质神经元蛋白质组学。

3. 可视同位素标记亲和标签　可视同位素标记亲和标签（visible isotope coded affinity tag，VICAT）是在可裂解同位素标记亲和标签技术的基础上以实现绝对定量的改进方法。可视同位素标记亲和标签试剂由3种不同的同位素标签组成，即用来标记样品的巯基标记标签（VI-CAT）、标记内标多肽标签（^{14}C-VICAT＋6）和等电聚焦标志标签（^{14}C-VICAT-28）（图9-12）。后2个标签含有放射性同位素^{14}C，标记在肽段上后可以通过闪烁计数仪来定位肽段。除此之外，在3个同位素标签中均含有1个生物素标签、1个半胱氨酸活性反应基团巯基和1个与固相同位素标记亲和标签相同的光裂解连接子。在（LC-MS-MS）分析鉴定中，不同的标签由保留在多肽上的连接子区别开来，因为掺入了^{13}C和^{15}N内标的标签比巯基标记标签质量大6u，而去掉了2个亚甲基基团IEF标志标签则小28u。

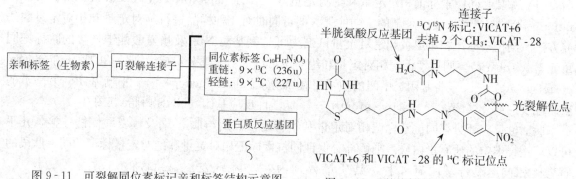

图9-11　可裂解同位素标记亲和标签结构示意图

图9-12　可视同位素标记亲和标签试剂的结构
（引自Lu Y，2004）

可视同位素标记亲和标签技术的操作流程是：待测蛋白质经变性还原后，用巯基标记标签（VICAT）标记，酶切消化。另外，平行操作的是一段合成肽段，分别用内标标签和等电聚焦标志标记。将这3部分混合在一起，等电聚焦后切下胶上的肽段，用闪烁计数仪检测标记的肽段。然后进行亲和层析，紫外光照射裂解，以液相色谱-串联质谱（LC-MS-MS）分析检测。在发生光裂解反应后，VICAT-28部分将不进入质谱检测。通过比较普通VICAT标记的肽段和VI-CAT＋6标记作为内标的标准肽段的峰面积，就可以得到蛋白质的绝对量。

可视同位素标记亲和标签方法可以实现单一蛋白甚至是复杂样品（细胞裂解液）的绝对定量。但由于有放射性物质存在而限制了其进一步的推广使用。

4. 同位素分化亲和能量转移标签技术　与^{18}O水、整体内标技术（GIST）和同位素标记亲和标签技术不同，由美国 Target Discovery 公司开发出的同位素分化亲和能量转移标签（IDBE-ST™）标签试剂（isotope-differentiated binding energy shift tag，IDBEST），是利用原子聚变时由于辐射效应而损失质量的特点（爱因斯坦相对论），通过原子聚合获得的元素（缺陷元素）的实际质量小于该元素的自然质量。通过引入到同位素标签中一个质量缺陷元素（^{13}C），使含有这种标签的肽段质谱峰出现−0.1u的偏移（相对于非标签的肽段），从而避免了非标签肽段的噪音干扰，进一步提高了质谱分析的精确度和特异性。这种试剂适合于对用蛋白质芯片或者亲和柱等手段富集一些低丰度蛋白质分子的分析，它主要有两种试剂标签，分别可与半胱氨酸和赖氨酸发生亲和反应。

5. acid-labile isotope-coded extractant Qli 等报道了一种称为酸不稳定同位素编码萃取（acid-labile isotope-coded extractant，ALICE）的新型巯基反应相对定量方法。ALICE 试剂含有3 个功能区域，即与巯基高反应的顺丁烯酰亚胺基团、酸敏感连接子〔可以用重或轻的同位素合成，轻重之间的差异是10u（D_0 和 D_{10}）〕和非生物的多聚物。ALICE 的最大特点是酸敏感性，在 pH 为 7.0~7.5 时，酸不稳定同位素编码萃取（ALICE）可与肽段的巯基完全反应；而在微酸的条件下，酸敏感连接子与有机多聚物分离。酸洗脱的肽段可直接进入液相色谱-串联质谱（LC-MS-MS）。Qiu 等用该方法成功地对 2 组 8 种不同浓度的标准蛋白混合物进行了分离和相对定量。结果表明，该方法的系统误差很低，同时该方法在质谱中的背景噪音低。

6. 同位素标记相对定量和绝对定量（iTRAQ）试剂

（1）原理 同位素标记相对定量和绝对定量（isobaric tags for relative and absolute quantitation，iTRAQ）技术是一种新的、功能强大的可同时对 4 种样品进行绝对定量和相对定量的研究方法。同位素标记相对定量和绝对定量试剂为可与氨基酸 N 端及赖氨酸侧链连接的胺标记同重元素（isobaric）。同位素标记相对定量和绝对定量试剂由 3 部分组成，即一端的报告部分（reporter group）——报告基团、中间的质量平衡部分（balance group）——平衡基团、另一端的肽活性反应部分（peptide reactive group）——肽活性反应基团（NHS 树脂）（图 9-13）。

肽活性反应部分把同位素标记相对定量和绝对定量试剂与肽 N 端及赖氨酸侧链连接，几乎可以标记样本中的所有蛋白质。平衡部分保证同位素标记相对定量和绝对定量标记的同一肽段的质荷比相同。报告基团有 4 种，其质量分别为114u、115u、116u和117u，因此，根据报告部分的不同，同位素标记相对定量和绝对定量试剂分为4 种。平衡基团的质量分别为31u、30u、29u和28u，整个同位素标签的总质量最终组合为145u（图 9-13 和图 9-14）。带有不同标记试剂的肽段在质谱中是没有区别的，即在质谱图中，任何一种同位素标记相对定量和绝对定量试剂标记的不同样本中的同一蛋白质表现为相同的质荷比。而在串联质谱中，信号离子表现为不同质荷比（114~117）的峰。因此，通过串联质谱图谱中几个低质量数报告基团的峰的相对高度及面积来进行相对定量和绝

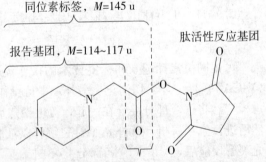

图 9-13 同位素标记相对定量和绝对定量试剂的结构
（仿 ABI, 2004）

对定量，可以得到蛋白质的定量信息。

在串联质谱中，报告部分在串联质谱图上表现为诊断离子（diagnosticion），质荷比在 114～117 之间（图 9-14C）。由于诊断离子分布在低分子质量区域，和其他普通离子容易区分，诊断离子峰的峰高及面积代表了不同样本中同一蛋白质的相对量的比值。诊断离子是同位素标记相对定量和绝对定量技术蛋白质定量研究的关键。y_2 和 b_2 离子用于蛋白质鉴定（图 9-14B、D、E）。因此，串联质谱检测的诊断离子量的比值，代表了不同同位素标记相对定量和绝对定量试剂标记的不同样本（最多可以同时检测 4 个样本）之间的同一蛋白质的量的变化。

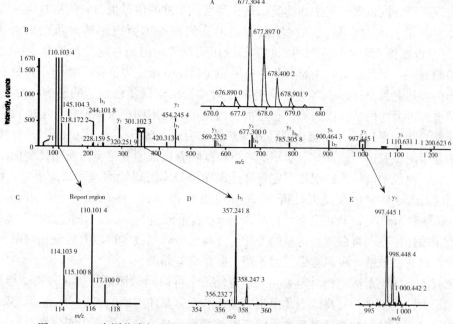

图 9-14　4 个同位素标记相对定量和绝对定量试剂（114、115、116、117）标记样本的串联质谱检测结果

A. 带电量不同的离子　B. VLVDTDYK 的串联质谱图　C. 4 个诊断离子　D、E. 肽片段离子

同位素标记相对定量和绝对定量标记物能够标记肽段 N 末端，受标记位阻（steric hindrance）的影响较小。同位素标记相对定量和绝对定量一个明显的好处是能够标记不含 CyDye（Cy2、Cy3 或 Cy5）染料标记位点的肽段。同位素标记相对定量和绝对定量唯一的缺点是样本需要用胰酶消化裂解。这样可能在样本处理时出现误差。因此，保证同位素标记相对定量和绝对定量前期样本处理条件的一致性很重要。

（2）技术的操作流程　以两个样本为例，其实验过程为：样本还原、变性、半胱氨酸封闭→胰蛋白酶消化蛋白→消化蛋白的同位素标记相对定量和绝对定量试剂标记→混合标记蛋白注入同一个试管内→LC-MS-MS 质谱检测及分析。首先用还原剂 3-（2-氯乙基）磷酸［tris-（2-chloroethyl）phosphate，TCEP］对样本蛋白质还原，并用半胱氨酸封闭剂封闭，加入胰蛋白酶消化蛋白后用同位素标记相对定量和绝对定量试剂标记，充分标记后的蛋白质样品用强阳离子交换色谱纯化；用 QSTAR XL 及 QTRAP 质谱仪检测后用 Pro QUANT 软件分析。也可以用 4700 蛋白质分析系统检测后用 GPS Exp lorer™ 3.0 软件分析。分析结果可以直接从 Celera 识别系统获得蛋白质功能、生物学特性及其他生物信息，也可以与相关的基因数据库连接查询。Shadforth 等开发了 i-Tracker 软件，可以通过 non-centroided 串联质谱峰列表中提取离子峰报告率，并可以很容易与 Mascot 及 Sequest 蛋白质鉴定工具连接。

（3）应用 Ross 等首次用同位素标记相对定量和绝对定量试剂对野生型酵母菌株和同源的 upf1Δ、xrn1Δ 突变株中的多种蛋白质进行了定量分析，与同位素标记亲和标签试剂鉴定的结果相比，肽段覆盖率明显提高。DeSouza 等将同位素标记相对定量和绝对定量试剂和可裂解同位素标记亲和标签试剂结合起来用在子宫内膜癌（EmCa）组织匀浆中，发现了 9 种潜在的生物标志物。并且发现可裂解同位素标记亲和标签试剂在鉴别低丰度的信号蛋白时的相对比例较高，而同位素标记相对定量和绝对定量试剂在鉴定较高丰度的核糖体蛋白和转录蛋白质时更有优势。Cong 等对纤维母细胞 4 个生长周期的细胞裂解液用同位素标记相对定量和绝对定量试剂定量标记研究，检测到 240 个蛋白质，并对部分蛋白质用 Western 杂交方法做了验证，表明不同生长阶段蛋白质谱的表达差异。Hirsch 等为了研究缺血对枯否氏细胞蛋白组学的影响，对 Lean Zucke 大鼠进行缺血后再灌注的枯否氏细胞进行分离、消化，之后用同位素标记相对定量和绝对定量试剂标记。质谱检测后得到 1 559 个蛋白质，并对热休克蛋白 270（shock protein 70）和髓过氧化物酶用酶联免疫吸附试验做了验证。显示缺血可以引起枯否氏细胞分泌蛋白质明显变化，并与多个调控通路有关。也说明同位素标记相对定量和绝对定量技术可以检测这种缺血反应。Richard 等也用同位素标记相对定量和绝对定量试剂对白血病癌基因（leukemogenic oncogene TEL/PDGFRβ）转染和未转染的干细胞系（FDCP2mix）裂解液进行标记，并用液相色谱进行检测，根据报告离子的比值得到蛋白质表达量的变化，并与用微阵列技术检测的转染和对照干细胞系结果进行对比，具有一致性，可能对癌基因作用机制研究有帮助。

（4）优缺点 同位素标记相对定量和绝对定量最多可以同时标记分析 4 种类型样品的试剂，这是此技术最大的优点之一。此试剂是由报告基团和平衡基团组成的等重同位素标签，它可以标记所有的肽段。报告基团在通过碰撞诱导解离时被切割下来，并产生一个同位素系列，代表了标记肽段的质量信息。由于肽段在碰撞诱导解离前还帖附于等重标签上，因此肽段在序列分析的同时也获得了分段的信息。

同位素标记相对定量和绝对定量与同位素标记亲和标签试剂相比，同位素标记相对定量和绝对定量试剂对氨基的标记是一种普遍标记的模式，它的优点是通量大，几乎所有的肽段都能被标记。这种试剂可标记赖氨酸和肽段的 N 末端。这样，绝大部分肽段都进行了两次标记（这点类似于整体内标技术），因此必须在质谱分析前进行预分离（通常采用多向液相分析或者电泳分离），以便简化在第一次质谱分析时肽段的数目。

同位素标记相对定量和绝对定量的优点在于，其同位素标签是在串联质谱分析后才被分离掉，这样就可以避免与非标签的同等肽段的竞争。DeSouza 等最新报道，用同位素标记相对定量和绝对定量技术发现了与子宫内膜癌疾病发生相关的蛋白质。但是，如果用这种普遍标记的方法来大规模的鉴定和定量蛋白（理论上说，每个蛋白质只要有一条肽段就可以对其进行鉴定和定量），则是一件费时费力的事情。另外，在同位素标记相对定量和绝对定量试剂标记需要反应体系的有机相体积高达 60% 以上，蛋白质样品很容易发生沉淀而损失，这也是该试剂的一个弱点。

因为肽段的差异只有在串联质谱完成后才能获悉，因此比较费时，而且对样品密集度要求也较高。另外，一些非标签的等重化学噪音会混淆同位素标记相对定量和绝对定量标记肽段的串联质谱序列。此外，蛋白质的修饰或者变异都会改变被标记肽段的质量，因此导致信息丢失。不同的等重肽段也会增加肽段分析的复杂度。

第四节　针对性亲和标签技术

一、磷酸化蛋白质同位素标记亲和标签

Smith 等在同位素标记亲和标签试剂的基础上发明了磷酸化蛋白质同位素标记亲和标签试剂（phosphoprotein isotope-coded affinity tag，PHIAT），为研究和鉴定磷酸化蛋白的磷酸化位点提供了一条新途径，同时该方法对低丰度蛋白质的鉴定和定量也是有效的，因此拓展了同位素标记亲和标签技术的应用。磷酸化蛋白质同位素标记亲和标签试剂含有亲核的巯基和同位素标签及其共价连接的生物素基团。使用磷酸化蛋白质同位素标记亲和标签试剂可富集、提纯和定量分析不同状态的 O-连接磷酸化蛋白质。利用此方法，已成功地鉴定了酪蛋白和酵母蛋白质提取物的磷酸化位点。进一步的实验证明，通过磷酸化蛋白质同位素标记亲和标签试剂方法，不但可鉴定商品化供应的 β 酪蛋白的磷酸化位点，还可鉴定这种酪蛋白中的低含量酪蛋白，表明该方法对低丰度蛋白质的鉴定和定量也是有效的。

Smith 等还报道了固相磷酸化蛋白质同位素标记亲和标签，该方法是固相同位素标记亲和标签与磷酸化蛋白质同位素亲和标签试剂磷酸化蛋白质同位素标记亲和标签的结合。该同位素标签是在固相捕获的步骤中被引入，采用的是可光裂解的连接子。

二、选择性标记特异氨基酸

定量蛋白质组学的发展主要集中在基于蛋白质或肽的稳定同位素标记以及自动化串联质谱技术，化学结构相同但质量不同的稳定同位素标签用于标记两个样品混合物中的蛋白质，样品混合之后进行质谱分析。这样，一个样品中的每一个分析物都可以作为与其化学结构相同的另一样品中的分析物的定量标准。

1. 同位素的化学探针标记

（1）半胱氨酸的标记　同位素标记亲和标签方法具有良好的兼容性，同时能有效地降低样品的复杂性。但第一代同位素标记亲和标签试剂存在以下的两个问题：①生物素-同位素结合标签质量过大。由于在质谱分析中标签仍保留在每个肽上，使得在碰撞诱导解离条件下，很易被片段化，那么标签特异化的片段离子就会使串联质谱分析标记肽段的过程复杂化。②使用 8 个氢原子和 8 个氘原子作为质量标签，在高溶解性的反向液相色谱分析过程中，会部分溶解同位素标记的肽段，而使用其他的同位素（如 $^{12}C/^{13}C$）就能减小同位素影响，也能极大地降低同位素标记的肽之间的层析交换。为了解决这些问题，已经逐步发展了第二代特异标记半胱氨酸（Cys）的同位素标签试剂。

Zhou 等发明了一种新的方法，称为固相同位素标签（solid-phase isotope tagging），该试剂由 4 部分组成：氨丙基包被的玻璃珠、含有 O_2 硝基苯的光裂解连接子、连接 7 个氢或 7 个氘的

亮氨酸同位素标签、与巯基特异反应的碘乙酰胺基团（图9-15）。该技术的流程是：①将同位素标记亲和标签试剂与玻璃珠结合，使之固相化；②对两种不同状态的蛋白质酶解、还原，含有不同同位素的固相稳定同位素标签分别与两种肽段混合，碘乙酰胺基团与肽段的半胱氨酸残基结合；③标记后混合，洗脱未结合的肽段；④360nm紫外光照射，使连接子断裂；⑤回收被标记的肽段进行毛细管液相层析，结合串联质谱分析以确定肽的序列及在不同样品中的相对丰度。在这种方

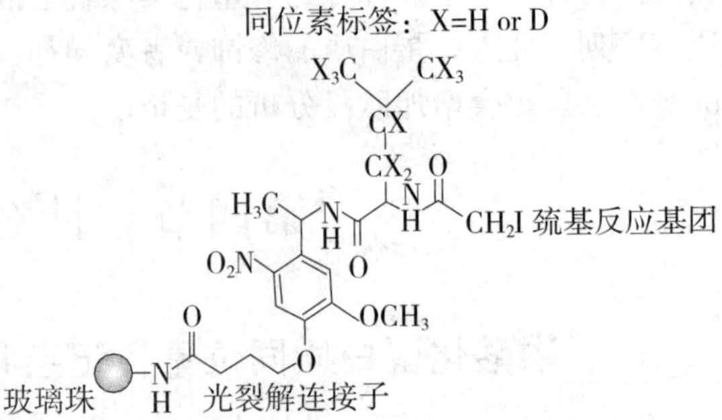

图9-15 固相同位素标签试剂的结构

法中最重要的两点是：蛋白质的特异性和混合物的背景。采用串联亲和层析技术（TAP）标记目标蛋白质能显著地改善信号蛋白质与干扰蛋白质的比例，提高信噪比。

前文介绍了一种新型的蛋白质标记试剂——可视同位素标记亲和标签试剂（visible isotope-coded affinity tag），标记半胱氨酸（Cys）的巯基基团或硫代乙酰化氨基酸基团。这种试剂包含一个生物素亲和基团，一个碘乙酰基团（能专一性与肽的Cys残基反应），一个含有 ^{14}C 或 NBD-Cl（7-chloro-4-nitrobenzo-2-oax-1, 3-diazole）荧光团的探针（visible tag）（使标记的肽可以通过质谱之外的方法进行检测），一个可被光裂解的连接子（可以去除标签的一部分）。具有以下几个特征；①使用这种可见的标签，在分离过程中可通过电泳进行定位，更易检测；②使用了一个可光裂解的连接子，在质谱分析之前，可以除去大多数标签；③同位素标签包含 ^{13}C 和 ^{15}N 原子代替 ^{2}H 以确保反相高效液相色谱中轻型和重型标记的肽能准确地共转移。同位素标记亲和标签试剂标记的肽，首先通过包括固相pH梯度的等电聚焦胶条分离，然后将等电聚焦胶条上的目的区域所获得的肽洗脱下来，结合反相高效液相色谱、微内径高效液相色谱、电喷雾电离串联质谱分析洗脱的肽。同位素标记亲和标签方法对于在复杂的蛋白质混合物（如血清或细胞裂解液）中定量特异目的蛋白质非常有效。这种可见探针从肽标记后到在质谱中定量的全过程中都能对大量的目的肽进行定量，这是一个很重要的方面，因为分析物在多步程序中的丢失是不可避免的。

（2）色氨酸标记 在串联质谱分析之前使用一个被 $^{13}C_6$ 和 $^{12}C_6$ 标记的2-硝基苯基硫氯（NB-SCl）标记色氨酸，所使用的两种同位素标记的肽对质量相差6u，从而可以对来自不同样品的蛋白质进行定量比较。之后，目的肽片段用 Sephadex LH-20 分离，然后在基质辅助激光解吸电离飞行时间质谱（MALDI-TOF-MS）或电喷雾电离质谱（ESI-MS）上进行分析。此方法不适用于不含色氨酸的蛋白质。

（3）氨基酸N末端的标记 巯基特异性试剂的优点是能够从复杂样品中选择性分离含有Cys的肽段，因此，降低了质谱分析样品的复杂性。缺点是不含Cys的肽不适合于此法，那些功能很重要但不含Cys的蛋白质将会被遗失。尝试同位素标记一个蛋白质消化物中的所有肽，发展出了N末端标记方案。在此方案中，每种肽都能被标记和定量，而不用考虑其氨基酸组成。Nam等发明了一种新的方法，使用轻型 D_0 和重型 D_{10} 标记的丙酸酐进行N末端同位素标记，通过这种方法，对成肌细胞在形成肌小管过程中所表达的波形纤维蛋白质进行了定量分析。

（4）羧基的标记 使用蛋白酶在酶解过程中把 ^{18}O 从 $H_2^{18}O$ 转入羧基的过程，称为酶解法。

这种使用同位素修饰羧基的方法，已得到广泛的应用。将样品置于含有 $H_2^{16}O$ 或 $H_2^{18}O$ 的缓冲液中，加入蛋白水解酶消化蛋白质，含有 ^{16}O 或 ^{18}O 的水分子就可以转移至分解的肽段上。而后将酶解的两种产物等量混合，再利用液相色谱和质谱技术分离鉴定蛋白质，从而可以计算两组蛋白质组的相对丰度。

这种同位素标记方法简单有效，但存在着一些问题。例如，轻、重型肽的质量差别小，使定量分析更复杂，而且在低分辨率质谱和电喷雾电离质谱中，交换（从 $H_2^{18}O$ 转入羧基）可能被脲阻止，且交换速度具有结构特异性。但相对同位素标记亲和标签而言，羧基标记具有更多优点和更广阔的应用前景。

2. 非同位素的化学探针标记　有些方法直接对目标蛋白质的特定氨基酸进行非同位素化学探针标记，同样达到了分离蛋白质组、降低样品复杂性的目的。

（1）赖氨酸标记　Cagney 等发明了一种特异标记赖氨酸的方法，称为质量丰度编码标签（mass-coded abundance tagging，MCAT）技术，是一种不采用同位素标记的色谱标记定量法。其原理是氧甲基异脲（O-methylisourea）可与赖氨酸的 ε 氨基发生专一的胍化反应，一种蛋白样品酶解的赖氨酸肽段胍基化后，与另外没有进行胍基化酶解样品等量混合，采用反相毛细管液相色谱分离特异肽段，最后进行质谱分析，根据胍化赖氨酸的质量，比较同一肽段的相对丰度。Cagney 对酵母蛋白质组进行分析实际检测的相对丰度与理论丰度之间的相关性达到了 0.88，该方法具有很大的潜力。

（2）组氨酸标记　通过固相金属亲和色谱（immobilized metal affinity chromatography，IMAC）可富集含有组氨酸的肽类。为了避免非特异性氨基酸（半胱氨酸、色氨酸）的羧基结合到固相金属亲和色谱树脂上，在固相金属亲和色谱柱和捕获含组氨酸肽之前，对样品进行烷基化和乙酰化作用。为进一步简化样品的复杂性，Wang 等富集分析同时含有半胱氨酸和组氨酸的肽，先使用巯基-二硫键互换的共价层析选择含有半胱氨酸的肽，然后通过还原性切割将其释放，并通过固相金属亲和色谱柱捕获含组氨酸的肽。

（3）甲硫氨酸标记　主要有两种方案用于分析含有甲硫氨酸的肽。第一种，使用商业化甲硫氨酸特异性玻璃珠，通过溴乙酰功能基团将含甲硫氨酸的肽共价连接到固体支持物上。除去未结合的肽之后，用 β-巯基乙醇将含甲硫氨酸的肽从支持物上释放，并通过质谱分析混合物。第二种，基于对角线层析（diagonal chromatography）的原理，在层析过程中氧化甲硫氨酸侧链以增加极性，然后通过反相高效液相色谱（RP-HPLC）洗脱被氧化的肽。这两种方法都没有使用稳定同位素进行精确定量，因而只限于对蛋白质进行初步鉴定。如果能与同位素标记技术结合，就能成为定量技术很好的补充，其缺点在于在细胞内或样品制备过程中一些甲硫氨酸会被氧化而导致结果的误差。

第五节　同位素标记技术的应用

应用同位素标记联合质谱分析技术进行定量蛋白质组研究的发展十分迅速，包括蛋白质复合物及相互作用的组成动态变化研究、翻译后修饰研究、亚细胞器研究、扰动产生的蛋白质差异分析以及疾病靶标和药物开发平台等方面。

一、补充双向电泳的不足

鉴于蛋白质组的复杂性，通常在亚蛋白质组（如某种细胞器、组织）水平上进行研究，这对进一步了解蛋白质功能线索有重要意义。例如，膜蛋白（真核生物膜蛋白还可能存在翻译后修饰）在细胞通路和疾病研究中起着重要作用，但由于膜蛋白溶解性较低，双向电泳（2 - DE）不能有效分离，膜蛋白的研究进展一直较为缓慢。应用同位素标记技术结合其他技术则可以实现有目的的分析。

1. 标记加抗体选择 Arnott 等应用生物掺入方法用抗体选择性地定量检测了前列腺癌膜表面的蛋白质，被称为质谱免疫印记法（mass-Western），不需胶分离或其他初步纯化步骤。

2. 标记加亲和柱分离 Olsen 等用 Hys 试剂标记，以 Ni^{2+} 亲和柱分离，成功用于可鼠前脑和后脑膜蛋白定量蛋白质组研究，直接系统地检测鉴定了 355 个膜蛋白，测定了其中 281 个蛋白质的变化，显示了其高通量能力。

3. 标记-质谱结合液相色谱分离 Han 等则采用了同位素标记亲和标签-质谱（ICAT-MS）结合多维液相色谱分离，完成了对人正常和白血病细胞的微粒体多达 5 000 个蛋白质分化分析，其中鉴定了近 500 种膜蛋白并定量了它们在不同刺激下的反应差异，是到目前为止对膜相关蛋白质的最综合的分析。

二、解决大分子复合物及相互作用问题

1. 复合物分析 蛋白质通常不是单独而以复合物形式表现功能，并形成了相互作用调控网络，研究复合物组分和含量的动态变化，能了解重要生化事件中的调控机制及网络概貌。已有很多关于蛋白质复合物的研究报道，如对酵母菌（*S. cerevisiae*）的转录机器多蛋白质复合物的鉴定及对线粒体新陈代谢活动关键的丙酮酸脱氢酶复合物的组成和丰度分析等。

Ranish 等发展了 DNA 启动子亲和纯化法，分离了酵母细胞不同状态下（野生型和温度敏感突变型）的核蛋白 RNA 聚合酶Ⅱ（pol Ⅱ）起始前复合物（包括数 10 种亚单位，能与 DNA 启动子的 TATA 框结合启动转录），以同位素标记亲和标签（ICAT）结合液相色谱-质谱（LC-MS）分析了该复合物特殊组分及丰度的动态变化。尽管 RNA 聚合酶Ⅱ及其一些相关因子已被鉴定，却无法区分被鉴定蛋白质是 RNA 聚合酶Ⅱ组分还是与之共纯化的蛋白质，而酵母双杂交不能在生理条件下研究相互作用，但定量质谱方法通过对野生型和温度敏感突变型（使转录失活）蛋白质的比较，49 个蛋白质在温度敏感突变型比野生型低于 1.9 倍（其中有 45 个已知是组分），因而能从共纯化蛋白质中区分出 RNA 聚合酶Ⅱ组分（即使比共纯化的蛋白质丰度低），为研究者进行复合物纯化及综合分析提供了一个有力的工具。

2. 相互作用分析 Brand 等定量分析了鼠白血病分化期间与转录因子 NF-E-p18/MafK 复合物相互作用的蛋白质及变化。在分化期间，白细胞的 β 球蛋白基因调控区与转录因子 NF-E-p18/MafK 结合为 β 球蛋白表达所必需，研究结果证实了 MafK 为双功能分子，与该分子相互作用的蛋白质从 Bach1（共抑制子）转换为 NF-E-p45（共激活子）是从抑制转为活跃的关键的一步，在终端分化前随着相互作用的变化顺序激活 β 球蛋白的表达，该工作提供的定量信息增进了复合物及相互作用变化的深度了解。

三、扰动诱导发现细胞新通路机制

细胞可对体内及环境变化做出反应，引起调控网络通路的改变和重建。为研究表皮生长因子受体（epidermal growth factor receptor，EGFR）通路，Schulze 等用了一种合成肽方法，只合成表皮生长因子受体的 Src 蛋白 SH_3 域，以 SH_3 的酪氨酸（Tyr）磷酸化和非磷酸化形式做诱饵，在培养细胞中用氘（或氢）亮氨酸（Leu）标记检验了与配体蛋白质 Grb_2 相互作用过程，结果和来自 Src 依赖 SH_3 域对肌动蛋白修饰、内吞的信号事件一致，证实了 SH_3 功能域对信号通路是非常重要的。

Blagoev 等对鼠细胞经表皮生长因子受体刺激和未刺激不同状态进行了代谢标记，以配体蛋白 Grb_2 的 SH_2 域（可结合磷酸化表皮生长因子受体）亲和纯化了表皮生长因子受体，液相色谱串联色谱（LC-MS-MS）高灵敏度定量分析并鉴定了 228 个蛋白质，发现许多相关蛋白质的变化，其中 28 个在刺激后表达提高，包括组蛋白 H_3、菌丝蛋白及凋零素等，并发现了两个新蛋白质。

四、翻译后修饰

1. 存在问题　许多生物过程及功能是靠翻译后包括磷酸化、糖基化、泛素化等修饰调节的，而且修饰是普遍的和动态的，甚至一个蛋白质有许多修饰位点。如磷酸化修饰，一般发生在蛋白质的 Ser、Thr、Tyr 等位点，从蛋白质组范围内鉴定磷酸化位点和定量磷酸化水平的改变是必需也是困难的，况且磷酸化蛋白质的低丰度使情况更复杂化。早期定量研究是用放射性 ^{32}P 标记和双向电泳（2-DE）分离，但蛋白质量需求很大并有放射性危害；或是用免疫印迹提纯并定量分析鉴定磷酸化蛋白，但磷酸特异性抗体尚不能识别所有磷酸化蛋白质，难以适用高通量的磷酸化蛋白质研究。

2. 磷酸化位点的分析　用 ^{15}N（或 ^{14}N）富集介质和基质辅助激光解吸电离飞行时间质谱（MALDI-TOF-MS）对感兴趣的酵母磷酸化蛋白质进行肽指纹图谱分析，可定量磷酸化位点，其灵敏度可高达皮摩尔到亚皮摩尔水平。迄今最完全的磷酸化蛋白质组鉴定是 Ficarro 等的工作，鉴定了超过 1 000 个磷肽位点，并可扩展为定量分析。今后磷酸化蛋白分析的一个重要方向是大规模细胞膜磷酸化蛋白质的分析。糖基化蛋白质对细胞黏附和识别等有重要功能，也是重要的疾病靶标，但目前蛋白质数据库（http://pir.georgetown.edu/pirwww/search/textpsd.shtml）只有 172 个被实验证实的人糖基化蛋白质。

3. 糖蛋白的分析　两项有关 N 型糖蛋白研究的重要工作，一项是定量了线虫 250 个糖肽的变化并鉴定了 400 个位点，另一项是分析了人血浆和血清糖蛋白并发现了异常先天性糖基缺陷造成糖基化通路缺失。方法上两者都首先用固相色谱柱捕获糖蛋白，以 N 型糖酐酶 PNGase F 释放糖蛋白，同位素标记糖肽并串联质谱分析。两者不同之处在于捕获方法及同位素标记路线有所区别，前者是固相凝集素柱介导的亲和捕获糖蛋白，在氘化（或氢）水中消化时掺入标记；后者是糖蛋白先与固相介质上的酰肼共价结合，洗去非糖蛋白，PNGase F 酶解后洗去未结合肽，然后氘（或氢）琥珀酸酐标记，仅一个简单的分析就完成了位点、丰度检测及鉴定。研究表明，白蛋白（最丰富的血清蛋白）不包含任何 N 型糖位点。

五、信号分子的分析

泛素在真核生物细胞蛋白质降解中充当信号分子，可与靶蛋白质赖氨酸（Lys）的 ω 氨基共价结合，胰酶切后的肽在泛素位点包含两个标签 Gly 可被质谱检测到。Peng 等用 His 标记的泛素从酵母细胞捕获泛素化肽，鉴定了 1 075 个泛素蛋白质和 110 个泛素位点，如结合标记技术，将开辟定量研究泛素及类泛素修饰蛋白质的先河。

六、疾病研究与药物筛选

在疾病研究方面，Xiong 等进行了药物干扰的犬类淋巴肉瘤细胞研究，用凝集素选择了带有 L-岩藻糖的糖肽，结合标记技术，发现在化疗过程中患者血液中岩藻甾醇蛋白浓度降低至 1/2 以下，并鉴定了两种蛋白质 CD44 和 E 黏合分子，已知与细胞黏合和癌细胞迁移有关，这种方法适合于与疾病相关糖蛋白质变化的差异监测，为寻找异常糖基化靶蛋白打下了良好基础。Nirmalan 等用异亮氨酸（Ile）代谢标记监测了一种人致死性的疟原虫在药物四环素作用过程中的发展和变化，观察到了一系列可能的靶蛋白的不同效应，发现了磷酸果糖激酶 N-转甲基酶和肌动蛋白 1 等在周期中的不同变化，这些蛋白质在疾病中的角色正在研究中。

在药物筛选方面，为实现高通量筛选候选药物靶标，Oda 等建立了一个系统的新战略：①固定在介质上的不同化学药物与蛋白质作用；②标记与药物结合的蛋白质、酶解、液相色谱-质谱（LC-MS）分离、鉴定与定量标记肽；③转录阵列方法选择候选肽；④表面等离子共振证实激活结构与候选蛋白质间的相互作用。对一种新类型抗癌试剂 E7070 的研究显示了这种系统方法有利于混合物中大量尚未证实靶蛋白的发现，其规模是以前不可能达到的，为加速药物筛选和治疗诊断提供了一个极具潜力的平台。

思 考 题

1. 定量蛋白质组学的含义是什么？
2. 简述同位素标记技术的原理与方法。
3. 试区别标记定量法和无标记定量方法的异同。
4. 怎样理解细胞培养条件下的稳定同位素标签技术？
5. 简述蛋白质酶解过程引入标记。
6. 简述同位素标记亲和标签（ICAT）技术的原理。
7. 同位素标记亲和标签技术有哪些改进？
8. 简述可视同位素标记亲和标签技术。
9. 说明一种选择性标记特异氨基酸技术的过程。
10. 为什么同位素标记技术能够得到应用和不断发展？

第十章　蛋白质生物信息学

第一节　概　　述

　　蛋白质组学研究是以群体水平进行有意义蛋白质的分子研究,其群体研究对象的数量多,研究内容和处理过程复杂,要求要有相对应的数据分析方法。生物信息学正是一个处理大批量数据的平台,因而生物信息学和蛋白质组学交叉一起就形成了蛋白质生物信息学。蛋白质生物信息学是蛋白质组学研究的三大内容之一,在蛋白质分析过程中综合运用数学、计算机、化学、物理学知识,充分发挥着信息转换的纽带作用。

一、生物信息学与蛋白质组

　　1. 生物信息学　生物信息学(bioinformatics)是一门新兴的交叉学科,是随着人类基因组计划而兴起的。生物信息学包括获取和处理分析信息数据等所有方面的内容,它充分运用了数学、计算机和生物等知识分析生物学现象及意义。主要研究生物的遗传本质和规律,包括物质组成、结构功能、生命体的能量、信息交换与传递等。进一步说,生物信息学就是以 DNA 序列信息为基础,不仅要阐明编码蛋白质和 RNA 的序列信息,而且还要阐明信息组中大量的非编码序列的信息实质,从而认识和掌握代谢、发育、进化等规律。

　　生物信息学还能利用基因组的序列信息来预测蛋白质的空间结构及其功能,从而进一步为生物科学者研究蛋白质、核酸的分子设计和药物设计奠定坚实的基础。该领域已经扩展到对基因组学、蛋白组学、药物筛选和药物化学中大量资料的管理、处理、分析和视图化;生物信息学还包括对不断膨胀的数据库的整合与挖掘,寻求新的信息处理途径和信息分析方法,综合新技术多层面地观察和阐明生命现象与本质。

　　生物信息学的研究内容主要分为以下几个方面:①序列对比;②结构比对;③蛋白质二级结构和三级结构的预测;④计算机辅助编码蛋白质基因的识别;⑤非编码区的识别和 DNA 密码的识别;⑥分子进化和比较基因组学;⑦序列重叠群装配;⑧遗传密码的起源,⑨基于结构的药物设计;⑩生物信息处理并行算法。

　　2. 蛋白质组　基因是遗传信息的源泉,而功能蛋白却是功能基因的执行者。虽然基因组计划确定了固有 DNA 序列的遗传信息,但是并不能提供直接参与生命活动蛋白质等分子的相关信息。蛋白质是细胞中各种代谢和调控的主要执行者,也是各种致病因子对机体作用的靶分子。所以,蛋白质研究逐渐转移到蛋白质性质、结构与功能的关系方面。

　　理论上,一种生物仅有一种基因组和一种蛋白质组。即蛋白质组(proteome)是指一种基因组所表达的全套蛋白质。但是,实际研究中随着时间和空间的不同,一种生物在某一时间点或位点却又表现出多种不同的(亚)蛋白质组。另外,蛋白质还具有各种修饰作用。其结果,蛋白质组研究的基础信息量就远大于基因组研究。

蛋白质组中的不同蛋白质可以进行蛋白质-蛋白质相互作用，也可发生蛋白质-DNA相互作用以及蛋白质-糖类相互作用，从而扩大了蛋白质组信息学研究的范围，而且大大增加了蛋白质信息学研究的内容。譬如对重大疾病及其过程的差异表达蛋白的研究，就是对重大疾病的重要阶段，绘制其蛋白质图谱，并对系统的发生过程进行定性、定量的研究，从而探究出重大疾病的差异表达的蛋白质，为人们制备相关药物提供科学证据。蛋白质信息学的相关研究，主要是探究蛋白质的序列、结构、功能，预测基因编码蛋白质的结构和功能。在应用蛋白质组研究的同时建立尽量完整的蛋白组数据库，并发现其中的数据规律和相关知识是本章的主要内容。

二、蛋白质生物信息学的研究内容

目前蛋白质组采用的试验方法主要有双向电泳、质谱、蛋白质微量测序、酵母双杂交等，而生物信息学是通过生物试验数据进行获取、加工、储存、检验从而进行生物学意义的分析。所以，蛋白质生物信息学的分析方法主要就是围绕着双向电泳、蛋白质测序等实验技术进行生物信息的分析。具体有以下几个方面：通过双向电泳的图谱，找出正常和病理情况下差异表达的蛋白斑点，从而构建了双向电泳图谱；对蛋白质图谱的鉴定（有关内容见第四章）；参与双向电泳的蛋白质的鉴定，包括单独或者综合利用质谱数据和氨基酸序列测序结果，氨基酸组成分析结果（有关内容见第六章）；用酵母双杂交技术来确定蛋白质间相互作用，从而构建细胞内庞大的相互作用的网络系统；对蛋白质结构和功能进行大规模的分析。本章的主要内容将集中在对质谱鉴定及其以后有关的蛋白质信息学分析。

三、蛋白质生物信息学展望

随着蛋白质组学研究的不断深入，蛋白质的研究已经出现技术平台和信息一体化的趋势。例如早期蛋白质研究采用的双向凝胶电泳、图像分析、蛋白质鉴定技术都是各自独立的。目前已经有很多公司推出了整合实验数据和信息处理的技术平台，如：Intertigator、Rosetta、Netgenics等。同时，蛋白质组学研究技术和生物信息分析方法也在不断改进和提高。

随着蛋白质信息量的增加，数据库容量不断增大，从而导致分析数据任务急剧加重，需要开发功能越来越强大而使用越来越简单的数据分析软件。为此，蛋白质生物信息学逐步走向商业化的道路，许多免费的软件都转化成为商业化的软件，生物信息学虽然是解决信息迷宫的良药，但是最终还是得用实验的方法来验证实验假设。

第二节　蛋白质组学分析相关的生物信息资源

生物信息学是蛋白质组学研究得以迅速开展的一个重要支持平台。随着互联网的兴起，生物信息学也进入了一个快速发展的阶段。有许多与蛋白质组相关的分析、搜索软件可通过与EX-PASY蛋白质组学服务器链接而获得。这些软件可用于查找所需信息，鉴定蛋白质的种类，分析蛋白质的理化性质，预测可能的翻译后修饰以及蛋白质的三维结构。

在互联网上有着数不清的生物信息资源，包括生物信息中心、数据库、免费下载的生物软件等。这里，对蛋白质组学研究中经常用到的生物信息资源做一简单概括，对其中较为重要的蛋白质组学信息中心和蛋白质组学数据库作较为详细的介绍。

一、蛋白质组学生物信息中心

1. 欧洲生物信息学研究所 欧洲生物信息学研究所（European Bioinformatics Institute，EBI；http：//www.ebi.ac.uk），1995 年建立于英国剑桥，其前身是位于德国海德堡的欧洲分子生物学实验室（European Molecular Biology Laboratory，EMBL）的核酸序列数据库。EBI 接受了原来 EMBL 数据库的管理和维护，并且是欧洲分子生物学信息网（European Molecular Biology Network，EMBnet）的一个特别节点。EBI 开展了多方面的生物信息学服务和研究，还可以通过它的网页连接到其他服务项目和各种数据库以及分析工具，是一个非常有用的生物信息中心。

2. 欧洲分子生物学实验室 欧洲分子生物学实验室（European Molecular Biology Laboratory，EMBL，http：// www.embl-heideberg.de），建立于 1974 年，受 16 个国家资助（包括几乎所有的西欧国家和以色列），其主实验室设在德国海德堡。除了进行实验研究外，还提供多种生物计算和数据库检索方面的服务以及蛋白质和核酸的序列分析。另外，EMBL 在德国 Hamburg、法国 Grenoble、英国 Hixton（即欧洲生物信息学研究所所在地）和意大利 Monterotondo 设有分部，网址分别为：http：//www.embl-hamburg.de、http：//embl-grenoble.fr/、http：//www.embl-monterotondo.it/、http：//www.embl-heidelberg.de/ExternalInfo/。

3. 欧洲分子生物学信息网 欧洲分子生物学信息网（European Molecular Bilogy Network，EMBnet）始建于 1988 年，它从一个非正式的生物学数据库逐渐演变成一个全球范围内的生物信息学网络，覆盖遗传学与分子生物学等领域。从 1996 年开始，EMBnet 将节点范围扩展至欧洲以外的国家，现有 29 个国家节点（national nodes）和 10 个特别节点（special nodes）。中国于 1996 年加入 EMBnet，节点设在北京大学生物信息中心，网址是：http：//www.cbi.pku.edu.cn。

4. 美国国家生物技术信息中心 美国国家生物技术信息中心（National Center for Biotechnology，NCBI）主页的网址是：http：//www.ncbi.nlm.nih.gov，成立于 1988 年，其前身是美国国家卫生署（National Institute of Health，NIH）下属的一个计算生物学研究室，现作为美国国家医学图书馆（National Library of Medicine，NLM）在 NIH 的一个分支，受 NLM 管理，是目前世界上最大的生物信息中心之一。自 1992 年 10 月，美国国家生物技术信息中心承担起管理 GenBank 数据库的责任。美国国家生物技术信息中心的工作人员接受来自各个实验室递交的序列，同时每天与另外两大国际核酸序列数据库（EMBL 和 DDBJ）进行大量的数据交换，同美国专利和商标局的链接使得专利的序列信息也被整合进来。由于人类基因组计划的快速进展，GenBank 中的序列呈指数级增长，核酸碱基数目大概每 14 个月就翻一倍。GenBank 已拥有来自 47 000个物种的 30 多亿个碱基。其内设有孟德尔人类遗传数据库（OMIM）、三维蛋白质结构的分子模型数据库（MMDB）、唯一人类基因序列集合（UniGene）、人类基因组基因图谱、分类学浏览器以及与国立癌症研究所合作的癌症基因组剖析计划（CGAP）等数据库。

5. 瑞士生物信息学研究所 瑞士生物信息学研究所（Swiss Institute of Bioinformatics，SIB），网址是：http：// www.expasy.ch/。它是一个蛋白质组研究的生物信息中心，建立了蛋白质专家分析系统（expert protein analysis system，ExPASy）。其 SWISS-PROT 数据库对收入的数据进行非常严格的人工检查，只有现实存在的蛋白质才被收录，每一条记录都有详细的注释，包括功能、结构域、翻译后的修饰、详尽的引文和对其他许多数据库的超链接，并且它的冗余度也较低，是进行蛋白质序列查询和比较的一个较好的入门网站。它的 TrEMBL 则是从 EM-BL 数据库中将核酸序列翻译出来的蛋白质序列，并已通过计算机自动进行注释。到 2009 年 3 月止，SWISS-PROT 收录有 412 525 条序列，TrEMBL 收录有 7 537 442 条序列。它在我国的北京大学生物信息中心设有镜像。

6. 蛋白质信息资源　蛋白质信息资源（Protein Information Resource，PIR），它是隶属美国华盛顿大学医学中心的国家生物医学研究基金会（National Biomedical Research foundation，NBRF）的一个分支，网址是：http：//www. pir. geogeown. edu。它与德国马普学会的慕尼黑蛋白质序列信息中心（Munich Information Center for Protein Sequence，MIPS）以及日本国际蛋白质信息数据库（Japan International Protein Information Database，JIPID）合作，共同维护一个国际蛋白质序列数据库（PIR-Internatinal Protein Sequence Database，PIR-IPSD），这是一个主要按照同源性和分类学组织的综合性、非冗余的数据库，它采用人工注释且有大量的链接，可链接到其他蛋白质数据库。实际上，该数据库由 PIR-PSD、iProClass、PIR-NREF、PIR-AS-DB、PIR-ALN、PIR-RESID、PIR-NRL3D、FAMBASE、ProClass、PIR-ARCHIVE 等多个数据库组成。到 2004 年 12 月止，该数据库的 80.00 版共收录有 7 966 091 条蛋白质。

7. 人类基因组图谱资源中心　人类基因组图谱资源中心（Human Genome Mapping Project Resource Center，HGMP-RC）隶属于英国医学研究委员会（Medical Research Council，MRC），是 EMBnet 的英国国家节点。它维护的 Genome Web 站点是内容丰富和更新及时的网上生物目录之一，其网址是：http：//www. hgmp. mrc. ac. uk/。它管理的 CCP11（Collaborative Computational Project 11）具有丰富的网上生物信息资源，网址是：http：//www. hgmp. mrc. ac. uk/CCP11/。

8. 慕尼黑蛋白质序列信息中心　慕尼黑蛋白质序列信息中心（Munich Information Center for Protein Sequences，MIPS），网址是：http：//www. mips. biochem. mpg. de。它是德国国家环境与卫生研究所的生物信息学研究部门，这个生物信息中心有着丰富的生物信息资源，是 PIR 在欧洲的主站、EMBnet 的德国特别节点。它提供基因组和蛋白质组的分析工具，包括 Pedant、Orpheus、Protfam、MITOPS、Atlas、Align 等众多分析程序。

9. 以色列魏兹曼科学研究所　以色列魏兹曼科学研究所（Weizmann Institute of Science），它的研究范围很宽，其生物系的分子遗传学研究中心（The Leo and Julia Forchheimer Center for Molecular Genetics）参与了国际人类基因组计划。它的生物信息学含有许多教育资源，有蛋白质组学和基因组学的一些介绍。网址是：http：//bioinfo. weizmannn. ac. il/。

10. 曼彻斯特大学生物信息学教育与研究　曼彻斯特大学生物信息学教育与研究（University of Manchester Bioinformatics Education and Research，UMBER），是 EMBnet 的一个特别节点。它提供对 PRINTS 蛋白质指纹数据库和 OWL 数据库的检索。网址是：http：//www. bioinf. man. ac. uk/dbbrowser/。

11. 里昂生物信息中心　里昂生物信息中心（Pole Bio-informatque Lyonnais，PBIL），网址

是：http：//pbil. univ-lyonl. fr/。它由法国里昂大学生物计量与演化实验室和蛋白质生物学与化学研究所在 1998 年联合建立，维护着一批与细菌有关的数据库，如 EMGLib、NRSub、HOBACGEN 等，其特点是分子生物学与生态学的结合。

12. Bibeserve Bibeserve (Bilefeld University Bioinformatics Server) 是德国 Bielefeld 大学生物信息学服务器，它提供范围很广的生物信息学服务。网址是：http：//bibiserv. techfak. uni-bielefeld. de/。

13. BioSino 上海生命科学院生物信息中心，提供了有关生物信息学方面的新闻、论文、相关数据库、软件等。

14. CBI 北京大学生物信息中心，介绍了丰富的生物信息学基本知识，国内外生物信息学网站，常用的生物信息学数据库的介绍和相关的软件等。

二、蛋白质组学分析主要数据库

1. 蛋白质序列数据库

（1）PSD 和 PIR 国际蛋白质序列数据库（PSD）是由蛋白质信息资源（PIR）、慕尼黑蛋白质序列信息中心（MIPS）和日本国际蛋白质序列数据库（JIPID）共同维护的国际上最大的公共蛋白质序列数据库。这是一个全面的、经过注释的、非冗余的蛋白质序列数据库，其中包括来自几十个完整基因组的蛋白质序列。所有序列数据都经过整理，超过 99％的序列已按蛋白质家族分类，一半以上还按蛋白质超家族进行了分类。PSD 的注释中还包括对许多序列、结构、基因组和文献数据库的交叉索引，以及数据库内部条目之间的索引，这些内部索引帮助用户在包括复合物、酶-底物相互作用、活化和调控级联和具有共同特征的条目之间方便的检索。每季度都发行一次完整的数据库，每周可以得到部分更新。PSD 数据库有几个辅助数据库，如基于超家族的非冗余库等。PIR 提供三类序列搜索服务：基于文本的交互式检索；标准的序列相似性搜索，包括 BLAST、FASTA 等；结合序列相似性、注释信息和蛋白质家族信息的高级搜索，包括按注释分类的相似性搜索、结构域搜索 GeneFIND 等。PSD 和 PIR 的网址是：http：//pir. georgetown. edu/，下载地址是：ftp：//nbrfa. georgetown. edu/pir/。

（2）SWISS-PROT SWISS-PROT 的网址是 http：//www. ebi. ac. uk/swissprot/，是经过注释的蛋白质序列数据库，由欧洲生物信息学研究所（EBI）维护。数据库由蛋白质序列条目构成，每个条目包含蛋白质序列、引用文献信息、分类学信息、注释等，注释中包括蛋白质的功能、转录后修饰、特殊位点和区域、二级结构、四级结构、与其他序列的相似性、序列残缺与疾病的关系、序列变异体和冲突等信息。SWISS-PROT 中尽可能减少了冗余序列，并与其他 30 多个数据建立了交叉引用，其中包括核酸序列库、蛋白质序列库和蛋白质结构库等。利用序列提取系统（SRS）可以方便地检索 SWISS-PROT 和其他 EBI 的数据。SWISS-PROT 只接受直接测序获得的蛋白质序列，序列提交可以在其 Web 页面上完成。

SWISS-PROT 中的记录，每行（line）均有两个字母头，这两个字母便提示了该行的意义。每行都有自己的记录格式来表示不同的数据，从而形成了一个完整的记录。该记录总共有 23 种不同类型的行（包括空格与终止行）。有的记录可能会出现某些行的缺失，某些行却会出现多次，但每条记录开始的鉴定行（ID）和终止的结尾行（///）却是不能缺的。在参考项中（以 R 字母开头的 7 项），其信息来源除学术期刊、著作外，还有来自直接投递给数据库的信息。事实上，数据库中未经发表的蛋白质序列数目和蛋白质组研究所鉴定的蛋白质数据都在不断增加。SWISS-PORT 记录中不仅参考了测序工作，同时参考了其他不同类型的研究，如三维结构测定、突变分析、突变体的测定以及翻译后修饰研究等。在评论行（CC）中，包含有大量的文本介绍。可划分为 22 个不同的主题，如功能、亚单位、相似性等，其中以翻译后修饰（post translational modification，PTM）和质谱（MS）主题与蛋白质组研究关系较大。特征行（feature，FT）提供蛋白质序列简洁的注释，通常该行有翻译后修饰、结合位点、酶活性位点、二级结构区域等信息。此外，蛋白质鉴定的矛盾结果（conflict），如不同文章报告的不同的蛋白质序列、突变体等也在该行予以给出。该行中的区域（region）信息提示该段序列在蛋白质中可能的位置，如 signal、transit、propep 分别提示该蛋白质可能是信号肽、转运肽或者是肽的前体，chain、peptide 等则提示该段序列出现在定型蛋白质的形式中。

在 SWISS-PORT 新的数据库界面（niceview）中对数据库的部分记录进行了整合，将 R 项进行合并、突出与其他数据库的交叉参考（cross-reference）。交叉参考以指针（pointer）的方式提供 SWISS-PORT 数据库中相关记录以及与 SWISS-PORT 数据库有合作关系的数据库中的相关记录，比如在 SWISS-PORT 数据库中检索到一个记录，则可通过交叉参考中的链接找到该记录在 EMBL 中编码该蛋白的核酸序列记录，在线人类孟德尔遗传数据库（OMIM）中与该蛋白有关的遗传性疾病的记录，在 PDB 数据库中的该蛋白的三维结构信息以及在 PROSITE 与 Pfam 数据库中与该蛋白有关的同源蛋白质家族信息等。并且在其他行中也大量使用了超链接，因此读者能够方便地从 SWISS-PORT 数据库跳转访问至其他数据库中的内容。

由于人类基因组计划的迅速进展，导致进入 SWISS-PORT 数据库中的蛋白质数目也在快速增加。为了不降低数据库中记录的质量（因为新加入数据库的序列多是没有经过序列分析和人工注释），1996 年建立了 TrEMBL（Translation of EMBL Nucleotide Seqence Database）数据库。该数据库可以用来进行同源性分析、蛋白质组研究等（比如要求尽可能快地访问所有已知的蛋白质序列）。它的记录来自 EMBL 数据库中核酸序列编码区（coding sequence，CDS）的计算机自动注释，因此该数据库可以视为 SWISS-PROT 数据库的补充。当 TrEMBL 中的记录经过人工注释后，便会被移至 SWISS-PORT 数据库中。

对数据库而言，冗余性和复杂性是必须考虑的两个重要方面。比如对序列的同源性比较或者蛋白质的鉴定，就要求尽可能全面地扫描整个数据库而同时又尽量减少冗余性、重复性。在 SWISS-PORT 中，已经采用整合（merge）数据的方法以尽量减少数据库的冗余性。如果来自不同测序结果的序列出现矛盾的话，在数据库中该记录相应的特征行中会有所提示。

2. 蛋白质结构数据库　蛋白质的空间三维结构对于理解蛋白质的功能、药物设计以及其他一些生物技术方面的应用等，有着至关重要的作用。因此，人们一直在试图建立蛋白质三维结构数据库。出于技术上的限制，在长达 30 年内的时间里，人类所测定的蛋白质三维空间结构增长十分缓慢，到 1995 年大概测定了 4 000 个空间结构。但在这之后，由于采用了新的 X 射线晶体衍射和核磁共振的方法以及采用现代生物技术快速表达和纯化复杂蛋白质的特异结构域，使得蛋白质三维结构的鉴定速度大大加快。目前重要的三维结构数据库有 PDB 等。

（1）蛋白质结构数据库（Protein Data Bank，PDB）　　PDB 数据库网址是：http：//

www. rcsb. org/pdb/。1971 年建立于美国布鲁克海文国家实验室。它是国际上唯一的生物大分子结构数据档案库，收集由 X 射线衍射和核磁共振实验测定的生物大分子结构数据，经过整理和确认后存档而成。从 1998 年 10 月起，PDB 由生物信息学合作研究组织（Research Collaboration for Structure Bioinformatics，RCSB）管理。RCSB 的主服务器和世界各地的镜像服务器提供数据库的检索和下载服务，以及关于 PDB 数据文件格式和其他文档的说明，PDB 数据还可以从发行的光盘获得。使用 Rasmol 等软件可以在计算机上按 PDB 文件显示生物大分子的三维结构。PDB 在我国的北京大学生物信息服务器上设有镜像。

（2）PROSITE　PROSITE 的网址是：http：//www. expasy. ch/prosite/。该数据库是有关蛋白质家族（families）和结构域（domains）的数据库，详细描述了已知的蛋白质结构之间的关系。该数据库中涉及的序列模式包括酶的催化位点、配体结合位点、与金属离子结合的残基、二硫键的半胱氨酸、与小分子或其他蛋白质结合的区域等。有的情况下，某个蛋白质与已知功能蛋白质的整体序列相似性很低，未知蛋白质的氨基酸序列与已知蛋白质的一级结构相差太远，以至于未能发现任何相似性（resemblance），但由于功能的需要保留了与功能密切相关的序列模式，蛋白质之间的相关性可能通过蛋白质序列中一群特定的氨基酸残基而发现，这样就可能通过 PROSITE 的搜索找到这些特定的氨基酸残基即所谓的模式（pattern）、模体（motif）、指纹（fingerprint）等。

尽管模式方法在发现蛋白质家族中非常有用，但仍有一些蛋白质家族的结构域由于极端多样性，而不能被任何模式所检测到，如免疫球蛋白、PH 结构域、SH3 结构域等。在这些结构域中，只有很少的氨基酸残基是保守的，如果在这些区域建立模式，将会产生太多的假阳性或者假阴性。此时基于 profile（加权矩阵，weight matrix）的算法可用来检测该类蛋白质或结构域，profile 是对蛋白质序列中特定的氨基酸和空隙（gap）进行打分，然后用这些分数来计算联配中的 profile 和序列相似性的分值。如果联配相似性分数高于或等于给定的界值（cutoff value），表明它是一个结构域。与模式不同的是，profile 并不试图在一小段区域内建立很高的序列相似性，相反 profile 通过对蛋白质序列整个长度扫描来描绘蛋白质家族或结构域的特征。

（3）Swiss-3Dimage　在 SWISS-PORT 数据库中有其自行开发的三维结构数据库，称为 Swiss-3Dimage。在这个数据库中，不但有已测定其空间结构的高质量的蛋白质三维结构图谱，可通过软件观看到特定蛋白质分子的三维结构信息，而且数据库已对这些图谱的特征性信息（如活性位点残基、结合的金属离子、二硫键等）用文本方式进行了注释。

（4）Pfam　Pfam 是一高质量的蛋白质结构域家族数据库，它收集了大量的蛋白质多序列联配和隐马可夫模型数据。Pfam 能迅速、自动地从 DNA 序列中预测出蛋白质并分成结构域家族，从而有助于对翻译出的蛋白质做注释。其网址是：http：//pfam. wustl. edu/。

（5）Domo　Domo 是法国国家生物信息中心维护的一个蛋白质结构域数据库，该库通过自动分析蛋白质一级序列库 SWISS-PROT 和 PIR 找出其中的结构域，并把它们分组。网址是：http：//www. infobiogen. fr/services/domo/。

（6）SBASEs　SBASEs 是由国际遗传工程与生物技术中心（International Center for Genetic Engineering and Biotechnology）建立和维护的蛋白质结构域数据库，7.0 版含有237 937个注释有结构、功能以及配基结合位点等信息的蛋白质片段。该数据库聚类成1 811个组，并且提供万维网界面的在线使用，用户也可通过 FTP 下载至本地计算机上进行使用。网址是：http：// www. icgeb. trieste. it/sbase/、http：//sbase. abc. hu/sbase/。

（7）Prodom　Prodom 是一个能自动产生蛋白质结构域家族的数据库。网址是：http：// protein. toulouse. inra. fr/prodom/doc/prodom. htmL。

3. SWISS-2DPAGE 数据库　SWISS-2DPAGE 数据库是日内瓦大学医院和日内瓦大学医学生物化学系共同创建的，它包含有不同生物来源样品的 2 - DE 参考图谱（reference map）和图谱中已鉴定蛋白质的多种信息。这些生物样品来源包括人类的多种组织、细胞系、鼠的多种组织、大肠杆菌、果蝇、线虫以及其他一些模式生物等。在 2D-PAGE 数据库中存放有两大类信息，一类是 2 - DE 胶的图像数据，另一类是 2 - DE 胶上已鉴定的蛋白质相关信息，如表观分子质量、等电点、蛋白质名称、鉴定方法等。为此，SWISS-2DPAGE 数据库提供了多个数据库的入口，如通过描述词（description）、全文本查询、接受号、点击图像中蛋白质点（clicking on a spot）、作者、蛋白质点序列号（spot serial number）、SRS 等进入数据库。当单击交叉参考点或 2D-PAGE 中已鉴定点的超链接时，会出现放大的 2-DE 图像以便读者看得更清楚，并将已鉴定点用颜色进行标示。

由于 2D-PAGE 数据库的数目在不断增加，SWISS-PROT 数据库专门为此建立了一个世界性的 2D-PAGE 数据库的列表，称之为 WORLD 2D-PAGE。

三、其他数据库

1. OWL 数据库　OWL 网址是：http：//www. bis. Med. Jhmi. Edu/Dan/Proteins/owl. html，是由 SWISS-PROT、PIR、CenBank 翻译序列（GenBank translation）和 NRL-3D 等源数据库所衍生的一个非冗余的蛋白质数据库。

2. KIND 数据库　KIND（Karolinska Institute Nonredunant Database），这是由瑞典斯德哥尔摩生物信息中心维护的卡洛林斯卡学院非冗余数据库，它是由 SWISS-PROT、PIR、Genpept、TrEMBL 等源数据库产生的蛋白质数据库。1999 年，KIND 数据库含有 274 900 条序列，2007 年达到 546 421 条蛋白质序列，其组成如下：Swissprot 16%、Pir 21%、Trembl 52%、Genpept 11%。它可以用 FTP 方式匿名下载至本地计算机上进行使用。网址是：http：// www. mbb. ki. se/biois. htmL。

3. BCM　BCM（Baylor Colleage of Medicine）服务器的网址是：http：// searchlauncher. bcm. tmc. edu/。它是由位于休斯敦的人类基因组测序中心（Human Genome Sequencing Center，HGSC）所管理的生物信息资源，有许多生物信息学工具的连接，并且提供查询分析服务。

4. Prints 数据库　Prints 数据库衍生于 SWISS-PROT/TrEMBL 数据库，是一个蛋白质家族指纹（fingerprint）数据库，网址是 http：// bioini. man. ac. uk/dbbrowser/PRINTS/。所谓指纹，就是一组用来鉴定蛋白质家族保守的模体序列。

5. 直系同源聚类数据库　直系同源聚类数据库（Clusters of Orthologous Groups of Protein，COG），该数据库以细菌、藻类和真核生物的主要亲缘系（phylogentic lineage）的 44 个完全基因组中的蛋白质序列为基础进行比较分析，根据系统进化关系分类构建而成。每个 COG 由至少来自 3 个亲缘系的单个蛋白质或者一个类似蛋白质（paralog）组成，因此能够对应于一个古老而保守的结构域。COG 库对于预测单个蛋白质的功能和整个新基因组中蛋白质的功能都很有用。利用 COGNITOR 程序，可以把某个蛋白质与所有 COG 中的蛋白质进行比对，并把它归入适当的 COG 簇。COG 库提供了对 COG 分类数据的检索和查询、基于 Web 的 COGNITOR 服务、系统进化模式的查询服务等。网址是：http：//www. ncbi. nlm. nih. gov/COG。下载 COG 库和 COGNITOR 程序在：ftp：//ncbi. nlm. nih. gov/pub/COG。

6. 蛋白质相互作用数据库 蛋白质相互作用数据库（Database of Interaction Proteins，DIP），记录经实验证实有相互作用的蛋白质。它收集不同来源的信息并进行整合，以获得单一的连贯的蛋白质相互作用（a single consistent set of protein-protein interactions）。到 2007 年共收录有 9 700 个蛋白质之间的相互作用。网址是：http：//dip. doe-mbi. ucla. edu/。

7. 蛋白质相互作用在线 蛋白质相互作用在线（Protein Interaction on the Web）是一个关于蛋白质相互作用和信号通路的数据库，它收集已发表在正式刊物上的蛋白质之间的相互作用，并且只有经过酵母双杂交确证才会被收入该数据库中。但目前该数据库只有人类蛋白质之间的相互作用可以利用。其更新较快，大约每月一次。网址是：http：//pronet. doubletwist. com/。

8. 生物分子相互作用网络数据库 生物分子相互作用网络数据库（Biomolecular Interaction Network Database，BIND）的网址是：http：//www. bind. ca/。主要用来储存各种相互作用、分子复合物（molecular complex）以及信号通路。数据库中已收录相互作用 5 939 个、分子复合物 54 个以及信号通路 7 个。

9. 分子相互作用数据库 分子相互作用数据库（Molecular Interaction database，MINT）网址是：http：//tweety elm. eu. org/mint/index. html。该数据库收集各种生物分子之间的相互作用，已共收录两两相互作用（Binary interaction）3 786 个，非直接相互作用（indirect interaction）782 个、多体复合物（multimeric complex）3 个。

10. 信号通路数据库 信号通路数据库（Signaling Pathway Database，SPAD）是一个整合遗传信息与细胞信号传递通路的数据库。因细胞外信号传至细胞内为级联反应过程，该数据库依据细胞外信号分子分为 4 类：生长因子、细胞因子（cytokine）、激素和环境压力（press）。其网址是：http：//www. grt. kyushu-u. ac. jp/spad。

11. O 型糖链蛋白质数据库 O 型糖链蛋白质数据库（O-glycosylated Proteins Database，O-GlycBase）网址是：http：//www. cbs. dtu. dk/databases/OGLYCBASE/。5. 0 版本共收录有 198 个糖蛋白，收录的规则包括至少有一个经过实验证实的 O 型 glycosylation 位点。数据库是非冗余的，因此数据库的序列是不一样的，除非报告有矛盾的 glycosylation。

12. 磷酸化位点数据库 磷酸化位点数据库（Phosphorylation Site Database，Phospho-Base），是经过修订的蛋白质磷酸化位点数据库。该数据库提供丝氨酸（serine）、苏氨酸（threonine）、酪氨酸（tyrosine）等氨基酸残基的磷酸化情况和相应的动力学参数。该数据库第 2 版已有 400 多个蛋白质记录、1 400 多个磷酸化位点。网址是：http：//www. cbs. dtu. dk/databases/PhosphoBase/。

13. Blocks 数据库 Blocks 是蛋白质同源与分类性数据库，包含蛋白质家族中保守区域的组块（block）经多序列联配的数据。这个数据库是根据 PROSITE 中的条目，用 BLSUM 打分矩阵做序列联配生成的。

14. Systers 数据库　Systers 是一个蛋白质分类数据库，数据库通过系统反复搜寻（researching）的方法构建而成。其网址是：http：// www. dkfz-heidelberg. de/tbi/services/cluster/。

15. Protomap 数据库　Protomap 是一蛋白质分类数据库，网址是 http：// www. protomap. cs. huji. ac. il。它自动对 SWISS-PROT 数据库中的蛋白质进行层次分类（hierarchical classification），几乎所有的组（group）都对应于自然的蛋白质家族或超家族，这有助于对已知蛋白质家族做更细致的划分，并阐明家族之间的关系。

16. DBCat 数据库　DBCat 是生物信息数据库的目录数据库，它收集了 500 多个生物信息学数据库的信息，并根据它们的应用领域进行了分类。包括 DNA、RNA、蛋白质、基因组、图谱、蛋白质结构、文献著作等基本类型。数据库可以免费下载或在网络上检索查询。DBCat 的网址是：http：//www. infobiogen. fr/services/dbcat/。下载 DBCat 在：ftp：//ftp. infobiogen. fr/pub/db/dbcat。

第三节　谱库构建

一、建库原理

由于质谱仪分辨率的原因，现阶段的质谱仪仍然不能够直接用来测定蛋白质大分子，因此，人们在构建蛋白质大分子质谱鉴定的数据库之前，必须采用位点特异性的蛋白酶（如胰蛋白酶）对蛋白质进行酶解，然后对酶解形成的多肽片段进行测定来建立数据库。这样，蛋白质的鉴定问题就转变成为对多个肽片段进行鉴定问题。此时，质谱鉴定的蛋白质数据库，实际上是多肽数据库。人们通常还将其称为蛋白质数据库，但已经不同于完整蛋白质的数据库。

对应着 MALDI-TOF-MS 和 LC-SEI-MS/MS 分析，主要有两种方法对肽片段进行鉴定，一种称为肽质量指纹图谱（peptide mass fingerprint，PMF），另一种则是肽序列标签（peptide sequence tag，PST）。因此，也就要建立这两种数据库。

建立蛋白质 PMF 数据库时，先对蛋白进行酶解，然后用质谱仪对酶解得到的肽片段分子质量进行测定，得到的图谱被称为肽谱（peptide mapping）或 PMF。这样，就得到了一种蛋白质的"理论肽谱"。不同的"理论肽谱"进一步构成蛋白质的肽谱数据库。

建立蛋白质 PST 数据库时，首先对蛋白质进行酶解，然后质谱仪对酶解的蛋白质进行测定并得到一张肽谱，接着质谱仪对选定某个肽片段进行源后裂解（post-source decay，PSD）或者诱导碰撞解离（collision induced dissiociation，CID），从而将肽片段变得更碎，并得到肽片段序列图谱，即 MS-MS 图谱。不同的"理论 MS-MS 肽谱"进一步构成蛋白质的肽谱数据库。

二、建库方法

1. 蛋白酶解　在构建数据库时，首先要对蛋白质进行酶解，有多种酶可以使用，但通常采用具有位点特异性的蛋白酶（如胰蛋白酶）对蛋白质进行酶解。

2. 酶解蛋白多肽的测定　对酶解形成的多肽片段进行测定，如用 MALDI-TOF-MS 进行测定，则为肽质量指纹图谱（表 10 - 1）；如用 LC-SEI-MS/MS 进行测定，则为肽序列标签图谱。

表 10-1 分子质量相同的蛋白形成不同的指纹图谱

质白质序列	分子质量（M+H）（u）	胰蛋白酶酶解片段
Protein 1 acedfhsakdfqea sdfpkivtmeeewe ndadnfekqwfe	4 842.05	acedfhsak dfgeasdfpk ivtmeeewendadnfek gwfe
Protein 2 acekdfhsadfqea sdfpkivtmeeewe nkdadnfeqwfe	4 842.05	acek dfhsadfgeasdfpk ivtmeeewenk dadnfeqwfe
Protein 3 acedfhsadfqeka sdfpkivtmeeewe ndakdnfeqwfe	4842.05	acedfhsadfgek asdfpk ivtmeeewendak dnfegwfe

在表 10-1 中，分子质量同为 4 842.05 的 3 种蛋白质，经过胰蛋白酶（k 为酶解点）酶解，可分别形成 4 种多肽片段，而且每种蛋白形成的 4 种多肽都不同于另外 2 种蛋白质形成的 4 种多肽。因此，这 3 种蛋白质分别形成不同的指纹图谱。

3. 蛋白多肽数据库的建立 一种蛋白质经酶解和质谱鉴定后形成不同的多肽片段，将这些多肽组成一个数据包，称为多肽数据包，不同的多肽数据包进一步构成多肽数据库。

三、按类型建库

蛋白质质谱数据库的建设，一般都按多种类型进行多肽数据的整合，如人类、动物、植物微生物等分类，甚至更细的划分。

生成的谱库要有一定的注释，如四极杆或者磁质谱仪，注册在谱库中的谱图大多情况通常是使用 70 eV 的电子能量来轰击样品得到的。需要注意的是，很多仪器参数会影响谱图的式样，通过注释以便用户对于未知样品的谱图也应该在同样电子能量下获得。

谱库也在不断的扩大与发展，包括增加新的蛋白的数据和不同质谱仪的图谱，如已出现离子阱质谱仪的质谱图。

第四节 蛋白质组学通用软件

目前，蛋白质组研究的通用技术包括双向凝胶电泳、质谱技术和蛋白质芯片技术。双向凝胶电泳和蛋白质芯片能产生高分辨率、高通量的图像信息，质谱技术主要是对蛋白质进行鉴定。如何把实验产生的图像信息转化为具有生物学意义的数据信息则需要与这些技术有关的软件相结合。本节将介绍蛋白质组研究的通用软件。

一、双向凝胶电泳软件

双向凝胶电泳根据等电点和相对分子质量的不同一次可分离数千种蛋白质，经染色后蛋白质在聚丙烯酰胺凝胶上形成密度不同、分布不均的复杂点图谱。如何对图谱上的这些蛋白质点进行检测、定量、比较、分析和归类是双向凝胶电泳分析软件所要解决的问题。

双向凝胶电泳使用的软件的开发始于 20 世纪 70 年代末，已经历 3 代的发展历程。最初是使用 DEC PDP11 家族的小型计算机在 VMS 操作系统上运行的，如 Elsie、LIPS、Gellab 和 Tycho；第二代是基于 Unix 的程序，盛行于 20 世纪 80 年代后期，如 Gellab-Ⅱ、Elsie-4、Kepler、Melanie 和 Quest 等；第三代是基于 Unix、NT 和 Mac 多种计算机平台的程序，如 2D BioImage、Melanie-Ⅱ 和 Phoretix 2D。

当今，双向图谱分析软件正向 PC 化方向发展，界面更友好，使用更方便，功能更强大，以适应这一工具进入普通实验室。最有代表性的有 PDQuest、Melanie-Ⅲ、Phoretix 2D 和 ImageMaster 2D 等。随着蛋白质组学的兴起，新的双向凝胶电泳分析在自动化方面又有较大改进，如：Z3、Delta 2D 和 Progenesis。

Quantityone 是单向凝胶分析软件，但可配套各种产品，界面华丽，能够生成报告。

QuantiScan 2.1 是功能单一的单向凝胶分析软件，但经评测能够准确测量出各个条带的分子量。

PDQuest 是最常用的显示（imaging）、分析（analyzing）双向凝胶电泳图谱和数据库查询（databasing）的一个软件包，它运作在 Windows 环境下，图形界面简单易用，有标准菜单、工具条，并且支持键盘操作。

PDQuest 从 Bio-Rad 的专业扫描仪中获取图像，用高斯计算法去除图像背景噪声、凝胶中的人为假象和水平垂直的条纹，然后用点细化（spot segmentation）的方法去检测和定量蛋白质斑点，最后检测结果显示并能输出到其他的统计分析用途中。它能同时分析凝胶上的10 000个蛋白质斑点，能跟踪报告所有蛋白质形式和样品浓度的变化，给出合理的定量和定性数据。PDQuest 的匹配（matching）和数据（databasing）分析能力使它能同时分析几百块凝胶，以柱形图（histograms）方式能进行一组实验中每块凝胶与（由它们共同产生的）参考图像（master）的高级分析和比较。扫描的文件能被插入或输出到发现组（discovery series）中，文件格式转换为 TIFF 格式以便做其他用途。图像匹配的数据能输入到列表中（spreadsheet）以便做简单的分析。

用 PDQuest 分析 2D 凝胶包括以下主要步骤。

1. 图像的采集　扫描凝胶或其他介质，软件会依据预扫描获得的介质和染色方法自动改变发光方式和滤光片的设置。

2. 看图和解释　软件的看图工具可对图像进行缩放、翻转、任意角度调整、切割和去除背景噪声，还可将图像转换为数据，同一块胶可以产生不同的文件输出。另外，利用密度工具还可看到整张图上的 OD 值的变化。在点的检测中 PDQuest 会自动标记哪些点是过饱和点（saturated），哪些点是模糊点（faint），这些点将不能参加以后的分析过程。同时，也可以通过过滤来过滤噪声。使用者也可人工标记哪些点不参与分析过程，还可将紧挨在一起的点综合在一起合成一个点，便于比较和分析。

3. 点的检测和定量　PDQuest 的样品点检测过程是自动进行的，使用者也可人工设定参数，如扫描过程、看图过程、点检测的灵敏度以及是否纠正模糊点等。PDQuest 还可根据所做的标准给出凝胶上每个点的相对分子质量（M_r）和等电点（pI）信息。

4. 建立和编辑比较组　点的检测完成后，同一块胶会自动生成 3 个文件，设定一个标准胶作为下一步比较分析的基础。标准胶应选择一块最具代表性的胶，这块胶要分离得好和包含比较组分离的点。

5. 凝胶匹配　根据不同的目的做出不同的匹配组（matchset），然后将它们整合成一张标准胶（standard）。选择标准胶的要素有：点的数目、代表胶、对照胶和点的质量。对匹配组可进行编辑操作：部分匹配、手工匹配、检查非稳定点（erratic spot）、重新匹配、添加点等。匹配过程中需要人工设定一些参考点（landmark）。

6. 数据归类　PDQuest 可将凝胶上的点做数据处理。有 6 组设置可使用：定量、定性、任意（arbitrary）、布尔（boolean）、统计和解释（annotation）。

7. 报告输出　匹配组（matchset）的数据可输出到列表中进行分析，扫描的图像可以 TIFF 的形式输出到其他图像处理软件中进行分析。

PDQuest 图谱分析是一个多步、有序的过程，包括蛋白质斑点的检测、高斯拟合（Gaussian fitting）、定量、背景扣除、图像定位（alignment），最后是凝胶图像的比较，蛋白质斑点配比（matching）。图谱分析的大多步骤是自动进行的，但由于凝胶电泳的质量，通常有 10% 左右的斑点没有被正确检测，有小部分蛋白质斑点可能会配错，需要人工校正。要提高蛋白质斑点检测和配比的正确率，一方面需要提高双向凝胶电泳的质量，另一方面需要建立更为精确的斑点检测和配比的计算机算法。最近，Panek 等提出了一种称为特征点匹配算法（point pattern matching）的新的计算机计算法，检测蛋白质斑点的正确率大于 95%，斑点配比的精确率大于 98%。

二、质谱分析常用软件

在蛋白质组分析中，生物质谱技术主要用来鉴别蛋白质。蛋白质样品被选定的酶水解，形成多肽，不同质量的多肽被质谱仪检测出来，得到质谱（MS）。肽可以进一步被打碎，并测得碎片质量分布，即串联质谱（MS-MS）。用质谱识别蛋白质的方法有 3 种：①肽质量指纹图谱结合数据库搜索识别蛋白质。先对蛋白质模拟酶解，得到理论质谱并建立数据库，再将实验质谱与数据库中的理论质谱进行比较，符合的作为结果。②用串联质谱搜索数据库。对蛋白质模拟酶解，得到理论串联质谱和数据库，实验串联质谱再与数据库中的串联质谱进行比较，符合的作为结果。③从串联质谱数据直接测肽序列，称为从头（de novo）测序的方法。此法依据串联质谱的物理意义直接推测肽的氨基酸序列，而不是搜索数据库。但由于实验数据的不完整性，而只能得到部分序列信息，还要进一步利用这些部分信息搜索数据库，以鉴定整个蛋白质。所用的方法有图论、动态规划、局部搜索。这种方法严重依赖于质谱的质量，尚未得到广泛应用。

数据库查询软件正好是针对肽质量指纹或肽序列信息来设计的，如利用肽质量指纹谱（PMF）的软件有：PeptIdent/MultiIdent、MS-Fit、MOWSE、ProFound、PeptIdent2 等；利用肽序列质量信息的软件有：Sequest、ProbID、SCOPE、Sonar、CHOMPER、Popitam、MS-Tag、PepSearch 等，两种信息均可使用的软件有：PepSea、PepFrag、Mascot 等。表 10 - 2 列出了部分软件的网址以供参考。

表 10 - 2　常用质谱鉴定软件的 Internet 地址

软件名称	网 站 地 址	特　点
PeptIdent/MultiIdent	http：// us. expasy. org/ tools/ peptident. html	肽质量和碎片离子检索软件
MS-Fit	http：// us. expasy. org/ tools/ multiident/	肽质量检索软件
MOWSE	http：// srs. hgmp. mrc. ac. uk/ cgibin/ mowse	肽质量检索软件
ProFound	http：// prowl . rockefeller. edu/ cgibin/ ProFound	肽质量和碎片离子检索软件
Sequest	http：// fields. scripps. edu/ sequest/	肽质量检索软件
PepSea	http：//www. protana. com/ solutions/ software/default. asp	肽质量和碎片离子检索软件
PepFrag	http：// prowl. rockefeller. edu/ PROWL/ pepfragch. html	肽质量和碎片离子检索软件
Mascot	http：// www. matrixscience. com/	肽质量和碎片离子检索软件
ProbID	http：// www. systembiology. org/ research/ probid/	肽质量和碎片离子检索软件
PepSearch	http：// compbio. sibsnet. org/ projects/ pepsearch	肽质量和碎片离子检索软件
MS-Tag	http：//prospector. ucsf. edu/	肽质量和碎片离子检索软件
Popitam	http：// www. expasy. org/tools/popitam	肽质量和碎片离子检索软件

1. PeptIdent/MutiIdent　此软件是 ExPASy 服务器上的两个利用肽质量指纹谱（PMF）进行蛋白质鉴定的软件。这两个软件均采用简单记分方法，即直接计算匹配的蛋白质肽片段并按匹配片段数目多少和序列覆盖率（sequence covered）来排序，显然这种记分方法使得高分子蛋白质容易产生较高的分值，因为高分子蛋白质可以裂解产生更多的肽片段，从而导致随机匹配片段的增加。

2. MOWSE　MOWSE 是一个基于概率算法的数据库查询软件，其记分方法依据肽片段分子质量在蛋白质数据库中的出现频率。首先，它根据特定的蛋白酶查询 OWL 数据库并构建一个新的 MOWSE 肽片段数据库，并对肽片段按分子质量大小以 10 ku 为间隔进行分组，在每个组中肽片段分子量再以 100 u 为间隔划分成不同的 CELL，因此 CELL 中包含有 MOWSE 肽片段数据库在其范围内出现的肽片段数，再用每个 CELL 中的肽片段数除以其所在分组中的全部肽片段数便可得到每个 CELL 的分布频率。当数据库查询时，若实验肽片段与理论肽片段相匹配，则给每个匹配片段用其相应的 CELL 分布频率进行计算并用蛋白质平均分子量 50 ku 对记分系统进行校正以减少高分子质量蛋白质（＞200 ku）随机分值的积累。

3. ProFound　ProFound 软件是基于贝叶斯公式，对数据库中的蛋白质按其肽片段出现的概率进行排序，同时对数据库中每个蛋白质序列的详细信息进行了考虑并允许整合加入额外的信息（如氨基酸组成信息以及部分肽片段的序列信息），并且在算法中也考虑了实验中所观察到的酶解产生的肽片段沿蛋白质序列的分布信息。贝叶斯算法的另一优点是不同信息可以很容易地整合到一起，这样便有利于利用所有能用到的信息来进行数据库查询优化，从而大大提高算法的灵敏度和选择性。

4. Sequest　Sequest 使用未经解释的肽谱信息来查询数据库，即查询数据库的信息来自于整个质谱图谱。它采用一种称为交叉关联（cross-correlation）的方法来计算所测到的质谱数据与数据库中蛋白质序列的关系并对数据库的蛋白质序列进行排序。Sequest 软件可以使用多个肽片段的序列信息进行数据库的查询，而且使用该软件并不需要从肽谱图谱中抽取任何信息来进行数据库查询，也就是说不需要人工干预，但数据库查询过程十分缓慢。

5. Popitam Popitam 采用了启发式策略 (heuristic strategy) 的方法来加强串联质谱数据库查询的过程。该软件采用了一种称为非决定性合并方法 (non deterministic cooperative strategy) 并通过将串联质谱转化为图表 (graph) 的形式来解决图谱解释中的质谱峰的合并问题。在过滤模块中，Popitam 采用了标签算法 (tag algorithm)，该算法能有效处理源肽片段中的突变以及未知修饰等情况。在记分模块中则采用了蚁群优化后启发方法 (ant colony optimization meta-heuristics) 来寻找图表中的最佳记分路径。

6. SCOPE SCOPE 是一个基于统计学模型的串联质谱结果的数据库记分模块。该软件通过两步随机过程构建串联质谱 (MS-MS)，首先根据训练集样品的分布曲线产生一个源肽片段理论碎片图谱，然后再根据仪器测量误差的分布情况产生一个肽片段碎片图谱，最后采用动态程序的方法计算出由随机过程构造出的候选肽片段出现这种串联质谱 (MS-MS) 的概率。

三、蛋白质芯片软件

蛋白质芯片技术主要用于蛋白质间相互作用和差异显示蛋白质组的研究，在高密度的方格上含有各种微量纯化的蛋白质，并能够高通量地测定这些蛋白质的生物活性，以及蛋白质与生物大分子之间的相互作用。在大批量分析生物分子的实验性差异时，尤其是在对于大规模的蛋白质信息进行分析时，生物芯片方法是一种十分有效的技术。

蛋白质芯片技术流程如下。蛋白质首先要被捕获并固定在芯片上，使用一般芯片扫描仪使用激光束逐个扫过每个像素，直至微芯片上的所有点都被扫描，并被以高解析度图片的形式保存下来。接着进行的便是数据提取的过程，以便将表达于芯片上的实验组及对照组的相对荧光强度数值记录下来。这牵涉大规模计算各种双荧光比例值，也会产生大量的统计数据供进一步分析之用。因为各种不同的实验目的，通常应用到下列 3 种计算方法：中值比例值 (ratio of median)、比值中间值 (median of ratio)、回归比例值 (regression ratio)，当三者能得到相近的结果时，便认为该数据点是可信的。蛋白质芯片与基因芯片不同，芯片上的蛋白质的三维结构要保持正确，从而保证它们和样品特异性的结合能力，这也是制备蛋白芯片最大的技术难题，一般采用机械手直接点样法，以避免蛋白质空间结构的改变。根据需要的不同，点样芯池的数目也不同。研究用芯片数目较少，规模生产用芯片池的数目则要大得多，所以芯池的数目由数个到上千不等。

最常用的蛋白质芯片扫描分析软件是 GenePix Pro 5.0。以下是这个软件的主要特点：①软件可依据条件自动找点 (auto align)，并根据点的大小和形态等条件定义所找到的点；②提供 1~4 色荧光标定分析；③通过导航器来定位微阵列；④可自动提供多种影像、数据报告及图表。自动形成各项分析测量的散点图 (Scatter Plot)；⑤自动接受从其他扫描仪来的 16-bit 灰阶影像，TIFF 格式的图像均可被分析；⑥简单通过互联网连接到基因数据库。下面是对 GenePix 结果和其生物学相关信息的描述。

1. 柱形图 在 GenePix Pro 的"柱形图页"中显示 Cy3 与 Cy5 通道的像素强度的分布。柱形图最主要的作用是评估光电倍增管基值 (PMT) 的设定，以确保扫描电压不被设得过高，避免像素强度达到饱和的数值。同时柱形图也用来平衡 Cy3 和 Cy5 的信号强度，通过调节光电倍增管基值电压值使红色、绿色的柱形曲线重叠。

2. 数据点 由 GenePix Pro 辨识的可显示的独立点，GenePix Pro 软件采用两种不同的散点图来提供数据点附加的视觉信息。第一种就是所谓的"特征像素分布图"（图 10-1），绘制一个以数据点的 Cy3 强度为 x 轴、Cy5 强度为 y 轴的图像。该图对于评价单个数据点的数据质量是十分有帮助的。同时特征像素分布图的对话框也显示两种荧光的中间值、背景强度、以及三种比例值。可方便地进行比较，进一步地研究有问题的点，并在必要时将其去除。

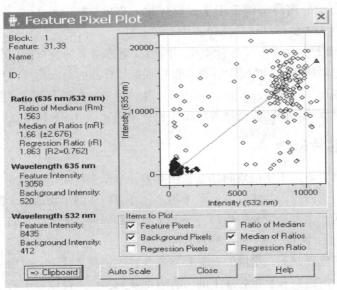

图 10-1　特征像素分布图

第二种位于"散点图"中（图 10-2），它允许用户自由选择 x、y 轴所代表的数据。散点图在实验图像数据重现方面的功能十分强大，特别适合用于判断"结果页"中数据的质量，并将其标记为"好点"与"坏点"。例如，数据点索引号（index）/对数比例值（log ratio）的散点图提供一个当前数据变化的直观汇总。

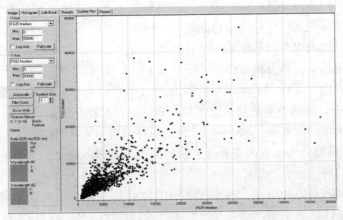

图 10-2　散点图

在芯片系统中，主要用 Protein Chip Software3.0 做数据处理工作，这是初加工，要做出用于临床检测的图谱与生化分析的生物标记还得用其他软件，比如决策树、神经网络等。蛋白质芯片软件从各个方面控制了芯片阅读器，便于数据的采集和分析。蛋白质芯片软件在 Windows 2000NT 下使用，并具有芯片的自动阅读、多重的数据比较、可选择的谱图显示方式：扫描图谱、棒图和电泳样图谱等友好的界面。用户可以根据提示输入阅读芯片的规程参数。这些参数可以保存下来重复用于以后的类似的实验。输入需要的参数并把芯片插入阅读器后，只要按下"Read"按钮阅读器就能自动收集数据并显示出被测物的谱图。显示数据（Data Views），为了充分利用收集到数据，分析软件提供了多种显示方式，并可以通过屏幕上的几个按钮实现每种显示方式的切换。

①Spectrum View or Retentate Map（扫描图谱）：扫描图谱是描述每种分子质量的蛋白质到达检测器的量。

②Peak Map（棒图）：旨在使图清晰而容易解读。

③Difference Map View：两个或多个蛋白质组谱图的比较能便捷地突出特别的蛋白质或称为标记物。

④Gel View（电泳样图谱）：分析软件还可以把数据处理成模拟的凝胶电泳图谱，当样品量很大时可以更容易直观比较。

⑤3-D Overlays：可以同时评价几个谱图以研究相关峰的微小变化。这对研究疾病的发展和药物作用的影响特别适用。

其他特殊的芯片处理软件：①Cluster，对大量微阵列数据组进行各种聚类分析与其他各种处理的软件；②ScanAlyze，进行微阵列荧光图像分析，包括半自动定义格栅与像素点分析；③GenePattern，除了进行微阵列分析以外，还可以进行多种数据分析、共享数据，并能以单机或者联机模式运行。

四、其他软件和技术

在对蛋白质进行大规模的分析时，通用软件不能对蛋白质的某些具体生物学信息进行分析，因此还需要一些其他的分析软件。

1. 蛋白序列分析软件包 ANTHEPROT 蛋白序列分析软件包 ANTHEPROT 5.0，包括了蛋白质研究领域所包括的大多数内容。应用此软件包，使用个人电脑，能进行各种蛋白序列分析与特性预测，包括进行蛋白序列二级结构预测；在蛋白序列中查找符合 PROSITES 数据库的特征序列；绘制出蛋白序列的所有理化特性曲线；在 Internet 或本地蛋白序列数据库中查找类似序列；计算蛋白序列分子质量、相对密度与各氨基酸残基的相对比例；计算蛋白质序列滴定曲线与等电点；选定一个片段后，绘制 Helical Wheel 图；进行点阵图（dot plot）分析；计算信号肽潜在的断裂位点等功能。

2. 螺旋状膜蛋白拓扑结构观察与编辑软件 VHMPT 螺旋状膜蛋白拓扑结构观察与编辑软件 VHMPT（Viewer and Editor for Helical Membrane Protein Topologies）是一种主要用来研究跨膜蛋白结构的软件，可以自动生成带有跨膜螺旋蛋白的示意性双向拓扑结构，并可对拓扑结构进行交互编辑。

3. 膜蛋白分析软件 MPEx 膜蛋白分析软件 MPEx 3.0（Membrane Protein Explorer）是一种基于 JAVA 操作界面的研究膜蛋白拓扑学结构和其他特性的软件。软件可以很方便地使用膜蛋白拓扑结构数据库 MPtopo (Database of Membrane Protein Topology)。

4. 蛋白质相互作用网络可视化系统 Osprey　Osprey 1.2.0 蛋白质相互作用网络可视化系统，是加拿大多伦多大学一个生物信息学研究组开发的，目的在于更好地研究蛋白质相互作用网络 (protein-protein interaction network) 和蛋白质复合物。软件本身和 BIND、GRID 等数据库整合，涉及蛋白质、核酸序列，又和 GenBank 交叉链接。

5. 蛋白质相互作用分析工具 PIN　PIN2.0 是 Protein-protein Interaction Networks 的缩写，软件的开发者是中国科学院计算所，此软件可以显示蛋白质交互作用网络和功能注释。软件同时包括酵母蛋白交互作用数据。

6. 蛋白质质谱与序列分析软件 GPMAW　GPMAW 6.0 DEMO 是 General Protein/Mass Analysis for Windows 的缩写，主要功能是进行蛋白质质谱与序列分析。除了可用于蛋白质与多肽的质谱分析外，还可用于蛋白序列其他方面的分析，如序列比对、二级结构分析等等。

7. 蛋白质分析软件 InsightII　InsightII 是生命科学领域分子模拟系统的图形操作平台。它依托于 UNIX 图形工作站，对生物大分子，特别是蛋白质分子的空间构象给予图形界面化。同时，集成常用的、具有共性的分子操作工具，如空间构象显示模式、几何参数计算、分子结构单元的定义和操作、计算数据的图形处理等。该操作平台为 AMPAC/MOPAC、TURBERMOL、DMOL 等应用软件提供了链接。

InsightII 操作平台涉及的常用应用模块包括：Builder、Homology、Discover、Delphi、Docking、Analysis 等。Builder 是构建分子（有机分子、生物分子、金属配合物等）模型、赋予初始结构的工具，可以进行分子中键长、键级、原子力场参数等的修改。Homology 是蛋白质同源模建的核心模块，该模块通过目标蛋白质序列在蛋白质结构数据库（PDB）中搜索同源蛋白，依据获得的同源蛋白质为模板来预测目标蛋白质的空间构象。该模块能够进行蛋白质及核酸的序列联配、蛋白质空间结构叠合、非保守区（loop）构象搜索及模建、二级结构预测及分析、蛋白质亲疏水性分析、结构修正、结构模型合理评估、结构参数检测等。Discover 是分子力学优化、分子动力学动态模拟操作平台，是有机小分子、生物大分子结构优化、动力学模拟的应用模块，可以进行包括最陡下降、共轭梯度、牛顿力学等多种分子力学极小化和分子动力学模拟，同时也可以进行高温模拟淬火搜索能量稳定点。Delphi 程序通过求解泊松-玻尔兹曼方程来分析蛋白分子、有机分子的静电分布，有效地模拟蛋白质分子间的相互作用。Docking 程序是基于结构的药物设计的应用模块，既可以进行受体-配基间的分子对接，进而分析作用能量、分子间氢键分布、反应自由能等，又可以结合分子生物学实验确定的受体结合靶点进行对接过程中的动态模拟。Analysis 是分子动力学动态模拟结果的图示分析程序，对动态模拟结果给出图形、表格分析，通过选取某一特定构型、某一特定时间的分子构象，重现分子动力学动态模拟过程中的动态变化，并对动力学分析过程中产生的分子构象进行聚类分析。

8. 蛋白分析软件 GCG　GCG 基于个人电脑和工作站的分析蛋白质和核酸序列功能软件集合，具有支持网络操作和完成数百种分析功能。其功能有：面向分子生物学、生物信息学进行序列对比、数据库检索、进化分析、序列拼接、基因模式识别、酶切位点、PCR 引物设计、蛋白质功能位点分析、蛋白质与核酸对译以及二级结构分析。

9. 蛋白分析软件 Gene Explorer　Gene Explorer 是面向分子生物学的分析操作平台。Gene

Explorer 将分子模拟技术、生物信息学、数据分析集中于同一操作界面，包含：核酸和蛋白质同源检索、蛋白质空间构象预测、蛋白质突变体设计、线性酶切位点分析。

蛋白质同源检索，借助不同的检索技术，建立有效的检索方法，对蛋白质序列进行同源检索，同时分析结构信息，从而将检索方法扩展。

10. 蛋白质在线分析工具 BCM Search Launcher　BCM Search Launcher 是一个蛋白序列二级结构预测综合站点，从此站点出发，输入蛋白序列，可以根据需要，使用各种在线预测工具，包括 Coils、nnPredict、PSSP/SSP、PSSP/NNSSP、SAPS、TMpred、SOUSI、Paircoil、Protein Hydrophilicity/Hydrophobicity Search、SOPM，使用十分方便。

11. PSA　PSA 是 Protein Sequence Analysis（蛋白质序列分析）服务器的缩写，此服务器由美国波士顿大学生物分子工程研究中心（the BioMolecular Engineering Research Center）开发，提交要分析的氨基酸序列。PSA 服务器可以自动预测二级结构及折叠区域。

12. PRS　PRS 是欧洲分子生物学实验室（EMBL）提供的一种在线分析工具，是以未知蛋白质序列的氨基酸组成而非氨基酸序列进行蛋白家族及各种特性预测的服务器。研究者提交所要分析的氨基酸序列给 PRS，其可将分析的结果通过电子邮件回复给序列分析者。

在蛋白质组研究领域，研究者正在通过双向凝胶电泳-质谱分析软件、色谱-质谱分析软件和蛋白质芯片分析软件对蛋白质进行大规模、高通量的研究，同时借助于其他蛋白质软件进行蛋白质结构和功能的研究。但是，由于蛋白质结构的复杂性，目前的蛋白质软件还存在一些不足之处，有待进一步的更新完善。

第五节　蛋白质功能分析和预测

了解蛋白质中氨基酸序列和三维结构之间的关系，是蛋白质生物信息学的主要目的之一。如果明确了这种关系，就可以从氨基酸序列可靠地预测分析蛋白质结构。在各种公共数据库中，序列信息数量的急剧增加，为蛋白质的分类、结构预测、蛋白质的模建提供了丰富的资源。

所有已知的蛋白质序列，包括直接测得的或是由核酸序列中开放阅读框转换的，都包含决定其结构功能的所有信息。用实验方法获取蛋白质结构信息的速度远远赶不上单纯序列数据产生的速度。圆二色谱、旋光色散、X 射线晶体衍射和核磁共振虽然都是确定结构特征的有力技术，但这些技术耗时很大，且对技能要求很高。通过比较蛋白质序列和结构的数据库的容量，可得到两类信息之间的明显差距。为此，许多科学工作者围绕着"预测的方法"，做了很多的尝试和努力。对于研究使用理论计算的方法预测蛋白质的三维结构和功能取得了一定的成果。

由于构成蛋白质的 20 余种氨基酸残基化学组成上的差别，任一残基对蛋白质的整体物理性质都会产生影响，因而导致结构和功能性上存在更大的多样性。这些残基本身有些是酸性也有些是碱性的，因而在蛋白质结构域中每种残基对构成不同类型结构都存在不同偏向。传统生物学理论认为，蛋白质的序列决定三维结构和功能。因此，进行蛋白质结构的预测对于探索蛋白质结构与功能的关系，并在此基础上进行的蛋白质的复性、突变体的设计以及基于结构的药物设计都具有十分重要的意义。

对蛋白质结构的预测，有很多采用不同算法的方法，所以会产生不同的结果。但很重要的一点是：理解不同方法的原理。因为不同的算法特点也不同，一种方法可能对某些蛋白质很合适，对另外某些蛋白质则完全不适用。即便如此，正确应用这些预测技术，取长补短，参照主要的生化数据，就能得到有关蛋白质结构和功能的有价值信息。

一、预测蛋白质的物理性质

根据组成蛋白质的 20 余种氨基酸的物理和化学性质，可以分析电泳等实验中的未知蛋白质，也可以分析已知蛋白质的物化性质。即从蛋白质序列出发，可以预测蛋白质的许多物理性质，包括等电点（pI）、分子质量、酶切特性、疏水性、电荷分布等。相关的工具介绍如下。

1. Compute pI/Mw　Compute pI/Mw 是 ExPASy 工具包（http：//www. expasy. ch. tools/）中的程序，一种计算蛋白质的等电点和分子质量的工具。对 pI 的确定是建立在（早期研究中）将蛋白质从由中性到酸性变性条件下迁移过程中所获得的 pK（Bjellqvist 等，1993）的基础之上。对于碱性蛋白质，它计算出的等电点可能不准确。分子质量的计算是把序列中每个氨基酸的同位素平均分子质量累加起来，再加上一个水分子的质量。使用该程序时，可以把序列整理为 FASTA 格式，或者提供 SWISS-PROT 标识，或者是可唯一确定的添加号。若用户提供了序列，该程序会自动计算出全序列的 pI 和相对分子质量（M_r）。若用户提供的是 SWISS-PROT 标识，程序会显示该条目的描述和物种记录；如果用户给出一段序列片断范围，计算机将只在该片段上进行分析。

2. PeptideMass　PeptideMass 是 ExPASy 工具包中的程序，该工具针对肽段谱图分析实验，用于确定在特定蛋白酶或者化学试剂作用下的蛋白质内切产物（Wilkins 等，1997）。可预测水解结果的酶和试剂有：胰蛋白酶（trypsin）、糜蛋白酶（chymotrypsin）、Lys-C、溴化氰、Arg-C、Asp-N、和 Glu-C（双羧酯或磷酸酯）等，半胱氨酸和甲硫氨酸可用来在计算产物肽段前进行修饰。若用户提供的是 SWISS-PROT 标识，而不单是一段序列，PeptideMass 还能利用 SWISS-PROT 库中标注的信息协助计算。例如，除去信号序列和剪切之前引入已知的翻译后修饰。结果将会列成表格输出，其中包括输入蛋白的 pI 和相对分子质量（M_r），SWISS-PROT 中有关变种的分子质量、位点、修饰后变种的信息，以及肽片断的序列。

3. TGREASE　TGREASE 是 FASTA 工具包中的程序，可作为独立程序在 Mas 和 Doc 系统下运行，是沿蛋白质序列长度计算其疏水性的工具。疏水性是每个氨基酸所固有的特性，是氨基酸的一种远离周围的水分子，将自己包埋进蛋白质核心的一种相对趋势。这一趋势加上空间立体条件和其他一些因素决定了一个蛋白质最终折叠的三维空间构象。TGREASE 可用于预测球状蛋白质内埋区以及判断待定跨膜序列等方面。

每个氨基酸根据其一系列的物理特性（溶解性、跨越水-气相时产生的能等），赋予一个数值代表其疏水性。具有最高正值的氨基酸具有最大的疏水性；而低负值的氨基酸则更加亲水。根据蛋白质序列疏水性的移动平均值（或称为亲疏水性）索引被计算出来。可以调整窗口的宽度，推荐使用 7～11 残基的窗口宽度来获得更多的信息和更少的噪声干扰。最后绘制出亲疏水性-残基序列号的曲线图，用这个程序可以发现膜蛋白的跨膜区和高疏水性区的明显相关性。

4. SAPS 分析方法　蛋白质序列统计分析（Statistical Analysis of Protein Sequences，SAPS）对提交的序列给出大量全面的分析数据（SAPS 的网址 http：//www. isrec. isb-sib. ch/software/

SAPS_form. html），包括按照种类对氨基酸的统计计数、电荷分布分析（包括正、负电荷聚集区的位置、高度带电和不带电区段以及电荷的传播和模式等）、高疏水性和跨膜区段、重复结构和多重态以及周期性分析。

二、从氨基酸组成识别蛋白质

目前，对已知序列蛋白质识别最常用的方法是同源性检索。如果在蛋白质数据库中发现与已知蛋白质高度同源的蛋白质序列，就可以很容易对未知蛋白质进行识别。同时，研究结果表明，蛋白质结构较其序列呈现更高的保守性，功能相近的蛋白质在其功能位点或者酶的活性中心附近的氨基酸序列一般表现高度的保守性，即在功能相近的蛋白质家族中一般具有高度保守的序列模式，这在序列相似性较低的蛋白识别中十分有用。根据组成蛋白质的 20 余种氨基酸的物理和化学性质可以分析和识别电泳等试验中的未知蛋白质。

根据蛋白质的氨基酸组成、等电点、分子质量等理化性质，已经开发了大量的对未知蛋白质进行识别的程序，比较常用的有 ExPASy 工具包中的 AACompIdent 和 AACompSim。

1. AACompIdent　它是 ExPASy 提供的一个根据氨基酸组成辨识蛋白质的程序。它主要根据未知蛋白质的氨基酸组成与 SWISS-PROT 或 TrEMBL 数据库中相似蛋白氨基酸组成的比较完成对未知蛋白质的识别工作。这个程序需要的信息包括氨基酸组成、蛋白质的名称、pI 和 M_r 以及它们的估算误差、所属物种或者物种种类或"全部（ALL）"、标准蛋白质的氨基酸组成、标准蛋白质的 SWISS-PROT 的编号、用户的 E-mail 地址等。

2. AACompSim　AACompSim 与 AACompIdent 类似，但比较是在 SWISS-PROP 数据库不同记录之间进行，它可以通过将 SWISS-PROP 数据库中一条记录的氨基酸组成对整个数据库进行检索，以发现数据库中那些氨基酸组成与之最为接近的记录。AACompSim 可以用于发现蛋白质之间较弱的相似关系。

3. PropSearch　PropSearch 提供基于氨基酸组成的蛋白质辨识功能。可以应用不同的物化性质来分析蛋白质，包括分子质量、巨大残基的含量、平均疏水性、平均电荷等，把查询序列的这些属性构成的"查询向量"与 SWISS-PROT 和 PIR 中预先计算好的各个已知蛋白质的属性向量进行比较。这个工具能有效地发现同一蛋白质家族的成员。可以通过 Web 使用这个工具，用户只需输入查询序列本身。PropSearch 的网址：http://www.embl-heideberg.de/prs.html。

4. MultiIdent　MultiIdent 是专门用于双向凝胶电泳中蛋白质识别的程序，它可根据蛋白质等电点、蛋白分子质量、种属来源、氨基酸组成、蛋白质序列标签、蛋白酶及化学物质对蛋白质的作用特点等信息的综合分析而完成对未知蛋白质的识别工作。其过程为：首先根据蛋白的氨基酸组成检索获得一系列匹配的记录，随后参照等电点、分子质量、序列标签以及消化特性等参数进行进一步分析，以准确地对蛋白质进行识别。

三、蛋白质二级结构预测

蛋白质二级结构预测是蛋白质结构预测的主要组成部分之一，不同的氨基酸残基对于形成不同的二级结构元件具有不同的倾向性，因此发展出很多二级结构的预测方法。

二级结构预测方法分为 3 类：①统计-经验算法，其中最著名的有基于经验统计规则的

Chou-Fasman 方法及其信息论算法的 GOR 方法；②物理-化学方法，基于对于蛋白质结构的物理及化学原理的预测，如 Lim 方法；③机器学习方法，如神经网络方法。

二级结构预测的准确性一般是 70% 左右。主要是因为二级结构预测中很难考虑蛋白质分子内部相距较远的氨基酸在参加折叠过程中可能产生作用力。

不同的氨基酸对于形成不同的二级结构元件具有不同的倾向性，这是对蛋白质进行二级结构预测时应注意的。同时，在二级结构的基础上，相邻的二级结构单元常会进一步折叠形成超二级结构或者结构域，这些结构在构成蛋白质生物学功能及蛋白质的识别中具有重要意义。二级结构是指 α 螺旋和 β 折叠等规则的蛋白质局部结构元件。α 螺旋是一种螺旋结构，有主链构成螺旋的骨架，侧链从螺旋向外伸出。β 折叠片的变种称为 β 变种。按照蛋白质中二级结构的成分可以把球形蛋白分为全 α 蛋白、全 β 蛋白、α+β 蛋白和 α-β 蛋白 4 个折叠类型。蛋白质经常存在由若干相邻的二级结构单元按一定规律组合在一起、在空间上彼此区分的超二级结构。如螺旋-转角-螺旋结构模体、β 发卡结构（两个反向平行的 β 折叠通过一个短环状结构连接起来）、β-α-β 模式（两条平行的 β 折叠链及 α 螺旋连接起来），这些结构单位出现在许多具有不同功能的蛋白质中。预测蛋白质二级结构的算法大多以已知三维结构和二级结构的蛋白质为依据，用人工神经网络、遗传算法等技术构建预测方法。

总之，二级结构预测仍是未能完全解决的问题，一般对于 α 螺旋预测精度较好，对 β 折叠差些，而对除了 α 螺旋和 β 折叠等之外的无规则二级结构则效果很差。因此，目前人们倾向于综合采用多种预测程序，并将其预测结果合并，可获得比运用单个程序更为准确的结果。其中，EBI 的 JRPRED 程序是目前最为准确的二级结构预测工具。

1. JPRED　JPRED 是一个基于 Web 页的采用包括 GOR 在内的多种算法对单个或多个蛋白质序列的二级结构进行预测的程序。值得注意的是，JPRED 不接受序列名称的输入方式，因此用户必须通过复制、粘贴输入一个蛋白序列。检索流程如下。

①进入 JPRED 的操作窗口，并选择 "Submit a sequence"。

②单击 "Paste your sequence here" 文本框，随后将需要分析的序列通过复制、粘贴输入到此文本框中，在对话框中分别输入 E-mail 地址及用户对所分析序列的命名。

③单击 "Run secondary structure predictions!" 开始一个分析过程，但当发现在 PDB 数据中存在一个同源序列时将自动停止分析过程。此时返回主页，单击底部地 "Advanced Options" 按钮，并设置 JPRED 使之不对 PDB 数据库进行搜索。JPRED 通过对一系列的二级结构进行预测，并以 H 代表 α 螺旋，以 E 代表 β 折叠。在检索结果中首先给出通过 PSI-Blast 检索获得的待检序列的同源性序列，这是因为通过对一系列同源序列的预测比仅仅对单个序列的预测获得的结果要精确得多。

2. nnPredict　nnPredict 由加利福尼亚大学的 Donald Kneller 编写，它采用神经网络方法预测二级结构，并将蛋白质结构类型分为特定结构蛋白。全 α 蛋白、全 β 蛋白、α-β 蛋白，输入结果包括 "H"（螺旋）、"E"（折叠）和 "—"（转角）。这个方法对全 α 蛋白能达到 79% 的准确率。

打开 nnPredict 的操作窗口，在其序列输入窗口中输入标准的以单字母或以空格隔开的三字母表示的氨基酸序列；对于由多条肽链构成的蛋白质，可以将每条肽链单独输出或将其视为一条肽链，但其间用"!"隔开。

3. PredictProtein PredictProtein 提供了序列搜索和结构预测服务，它先在 SWISS-PROT 中搜索相似序列，用 MaxHom 算法构建多序列比对的序列谱，再在数据库中搜索相似的序列谱，然后用 PHD 程序来预测相应的结构特征，包括二级结构。得到的结果包含大量预测过程中产生的信息，还包含每个残基位点的预测可信度。其预测准确率的平均值达到 72%。

4. SOPMA SOPMA 是带比对的自优化预测方法，将几种独立二级结构预测方法汇集成"一致预测结果"。采用的二级结构预测方法包括 GOR 方法、Levin 同源预测方法、双重预测方法、PHD 方法和 SOPMA 方法。多种方法的综合应用平均效果比单个方法更好。

5. PSIpred PSIpred 是英国 David T. Jones 实验室开发的基于神经网络算法的蛋白质二级结构预测软件。它可以在分析 PSI-Blast 计算结果的基础上进行结构预测，有效率可达 78%。

6. PSI-Blast PSI-Blast 是进行蛋白质鉴别的工具，同时也可用于结构域的识别。但是在运用此工具时要特别小心，如果不加限制地任其自动运行，则很容易导致错误，最后可能会导致在检索结果中出现完全不相关序列，从而导致检索的失败。PSI-Blast 是一个十分有力的工具，被广泛采用，但是在实际运用中要进行仔细的分析。

目前，在二级结构预测方面仍存在许多问题。例如，许多试验表明，同一肽段在不同的溶剂环境中能进行二级结构的构象转变。甚至同一肽段在不同的蛋白质中其二级结构也不一样。例如，天花粉蛋白的 α 螺旋同源片断在水溶液中形成 β 折叠结构，在六氟异丙醇中则转变为典型的 α 螺旋结构。Minor 和 Kim 曾设计一个称为"变色龙"的肽段（chameleon），分别插入蛋白质 G 的 IgG 结合结构域的不同二级结构域区域中，结果可形成两种不同类型的二级结构：插入原 α 螺旋区域的肽段形成 α 螺旋结构，而插入原 β 折叠区域的同一肽段则形成 β 折叠结构的现象。因此，蛋白质中肽链序列虽然有一定的构象形成趋势，但不是绝对的，随着环境因素的变化而可能进行结构的转换，这大大增加了二级结构预测的复杂性。

四、蛋白质的三维结构预测

几乎所有的生命活动都是靠蛋白质完成的，蛋白质的功能与其结构密切相关。随着众多生物基因组破译工作的完成，生物学研究面临的最重要的挑战之一，就是由这些生物大分子的基因序列预测蛋白质的结构，进而了解它们的功能。确定这些蛋白质的结构和功能的工作如此复杂庞大，使得测定基因组的工作相形之下都显得异常简单。知道蛋白质的结构为人们打开了药物开发的大门，因为蛋白质的结构决定了它的功能。这个领域取得的突破将在生物技术与药物设计领域产生巨大的影响。未来人们将能精确预测任何一个蛋白质的功能，尤其是那些从基因组数据中首次发现的蛋白质。

蛋白质是由氨基酸脱水缩合形成的多肽链组成，而众多 DNA 中的基因控制合成蛋白质。DNA 里所包含的信息，决定了氨基酸的种类及其排列顺序。但是人们还不知道生物界大部分蛋白质的结构及功能。知道组成蛋白质的氨基酸序列仅仅是一个开始。蛋白质分子的多肽链折叠成一个紧凑的三维结构，研究人员一直在用相当繁琐的实验技术确定这种三维结构中每一个原子的位置。利用电脑分析模拟多肽链的折叠、了解氨基酸之间怎样相互吸引或排斥，应该可以预测蛋白质的结构。根据以上的实验和分析结果，已经产生了众多有关蛋白质序列和结构的数据库。

Protein Data Bank 是一个由结构生物信息学领域的研究人员合作建立的向公众开放的数据库。在 Protein Data Bank 中，有众多的三维结构是"重复"的，它们中的大多数都是一种结构或另一种结构的不同变化形式。这种现象可能是由于几个不同的实验室提供的是同一种结构，这些结构之间只有很细小的差别，也有可能其中的一些结构是同一种蛋白质与不同配基结合的形式。这种现象也说明这些蛋白质只是一些含量高，并且容易纯化的蛋白质。

即使拥有今天的复杂的技术，研究工作仍然处在给数目未知的蛋白质编目录的阶段。这种状况不仅仅是因为蛋白质的数目多，而且因为目前仍然存在重要的技术障碍。例如，许多蛋白质，尤其是细胞表面的受体，是结合在膜上的。这些结合在膜上的蛋白质通常都很大，不溶于水溶液，因此很难结晶，也就很难或无法获得其三维结构。

功能研究紧随结构分析。结构蛋白质组学的核心是一个看似简单的前提：蛋白质的一级结构（即氨基酸的排列顺序）决定了它的三维结构，而又决定了蛋白质的功能。如何准确了解蛋白质的结构，结构如何决定功能，这些问题经过了过去的几十年都没有得以真正解决。有些人从基本原理出发设计蛋白质，使其折叠成预想的结构。其他人从已知蛋白质着手向前分析，把蛋白质分解成折叠、弯曲、螺旋、扭曲和回折（一些自发形成的二级结构），从而了解使蛋白质形成特定结构的各种相互作用力。还有许多研究人员从寻找已知蛋白和未知蛋白之间的相似性，或从比较功能相似的已知蛋白质出发。实际上，如果功能相似的已知蛋白质的序列具有同源性，事情也就简单了，但事实常常是——即使序列间不存在同源性，相似的结构仍然决定相似的功能。一个蛋白质，尤其是掌握了从已完成的基因组序列中获得的新蛋白质的三维结构的详细信息后，即使它与已知蛋白质的序列间没有明显的同源性，也能够预测这个蛋白质的功能。

蛋白质三维结构预测是当前结构预测的难点之一，由于蛋白质的折叠过程仍然不十分明了，从理论上解决蛋白质折叠的问题还有待突破，但也有了一些关于三维结构预测的方法。目前对蛋白质三维结构预测的工作存在两种路线：对那些存在一级结构相似性在 40％以上的已知结构蛋白质序列的未知蛋白质，可通过同源模建的方法预测其空间结构，虽然这需要大量的分析工作，但其准确性相对较高。对于许多蛋白质，并不存在已知空间结构的同源蛋白，必须采用从头预测的方法，这需要大量的计算机资源，同时其算法还很不成熟，其准确性仍有待改进。即使完成蛋白质的结构分析后，在当前的研究水平下，由蛋白结构推导出其功能的工作也面临着很多困难。

目前，最常见的蛋白三维结构预测方法为"同源模建"和"穿针引线"（threading）。前者先在蛋白质结构数据库中寻找未知结构的同源伙伴，再利用一定计算方法把同源蛋白质的结构优化构建出预测的结果。后者将序列"穿"入已知的各种蛋白质的折叠子骨架内，计算出未知序列折叠成各种已知折叠子的可能性，由此为预测序列分配最合适的折叠子结构。除了穿针引线方法之外，用 PSI-Blast 方法也可以把查询序列分配到合适的蛋白质折叠家族，在实际中也得到一定应用。

1. 与已知结构的序列比较　有多种与已知结构的蛋白质数据库进行比较的预测方法。最好的是采用 BlatP 程序直接搜索 NRL-3D 数据库或者 SCOPE 数据库。如果在连续 100 个氨基酸范围内含有大于 40％的一致性，那么在蛋白质结构上则具有较为显著的相似性。此种情况下，如按照同源模建（homology modeling）方法进行预测，则程序能够提供详细而又准确的预测结果。当连续 100 个氨基酸范围内仅含有 25％～40％的一致性结构时，则难以提供精确的同源模建分析结果。

如果无法在 NRL-3D 数据库中找到匹配序列，下一步则是搜索 HSSP 数据库。最简单的方法是用 Blast 或 FASTA 程序搜索蛋白质序列数据库（SWISS-PROT、TREMABL、PIR）。序列检索系统（sequence retrieve system，SRS）能够提供大于 25％的序列一致性。如果该检出结果含有 HSSP 数据库的信息，那么在字段"DR"中会出现有关注释。如果该未知蛋白质和 HSSP 数据库的蛋白质序列含有超过 25％的序列一致性，那么一般可以认为该蛋白质至少和 HSSP 数据库中的蛋白质具有相似的折叠模式。

2. 同源模建　同源模建较为复杂，本书不拟深入讨论。Web 中的 Swiss-Model 可提供自动化的同源模建分析任务。Swiss-Model 服务器是运行于日内瓦生物医学研究所的自动化蛋白质模建服务器。用户向其中提交序列后，该服务器将和结构数据库进行比较。如果发现显著匹配，则进行对齐分析。此分析结果将被用来和结构数据库进行比较，也称为穿针引线式与已知结构进行比较。随后用分子模建（molecular modeling）方式对此初始结构数据进行提炼和改良。此未知蛋白质的坐标信息随后返回给用户，可用 rasmol 或者 Swiss-Model 提供的蛋白质结构显示程序观察。作为选择，用户也可将自己的对齐结果（未知序列和一致结构的蛋白序列）提交到 Swiss-Model 进行分析。

3. 穿针引线（threading）**算法和折叠识别**　蛋白质结构分析方面的最活跃研究是折叠识别和穿针引线。其中的精华之处在于它们提供了一个全新的基于序列的预测方法，而无需考虑和已知结构蛋白质的同源性问题。

穿针引线原理的基本出发点非常简单。通常可以提问"所有可能的蛋白质形状中何者适应于我的序列？"，但是也可以问这样的问题"我已经观察到了已知结构蛋白质结构中的折叠方式，我的序列是否也能折叠为此种方式？"前者将导致对成千上万种可能折叠结构的搜索，而后者只涉及对 1 000 种结构的搜索。实际上，重要折叠特征总是频繁出现，在新发现的蛋白质晶体结构中经常可以观察到。也就是说，自然界中已经优选了有限的折叠方式。

在进行穿针引线分析时，未知序列与数据库中的折叠模板按照一定优化的方式进行穿针引线，并进一步计算其能量。当该序列和数据库中的所有模板进行匹配后，程序就会输出显著的匹配结果。

折叠识别并不是十分可靠的技术，一般仅 30％～50％的结果较为可靠。这些程序的输出结果十分粗糙，尚不足以进行同源建模的研究。然而这是对大量蛋白质进行结构预测的有效方法。折叠识别方面有大量的网络资源可用，也有一些程序可下载到 Unix 工作站上使用。使用时可尽量全面地使用这些资源并仔细分析这些资源的一致性结果。

五、蛋白质功能的预测

一般来说，对于蛋白质功能预测而言，最重要的就是所分析的目的蛋白质是否和具有功能信息的已知蛋白质相似。主要有两种策略：同源序列分析和功能区相关保守序列特点分析。一般分析流程如下（图 10-3）。

1. 基于序列同源性分析的蛋白质功能预测　相似的序列很可能具有相似的功能。因此，蛋白质的功能预测最为可靠的方法是进行数据库相似性检索，即将所要分析的蛋白质序列与数据库中已有的蛋白质序列相比较，迅速地检索与目的蛋白质序列相似的库存序列，并由已知相似序列蛋白质的功能推测目的蛋白质的功能。

有多种工具软件可以用于蛋白质序列的对库检索，但由于采取的算法策略不同而各有差异，有的速度慢但结果准确，有的速度快但往往得不到所需的结果。BLASTP 和 FASTA 等软件能够快速检索到同一性比较高的序列。当 BLASTP 和 FAS-TA 无法得到显著性结果时可以用 BLITZ 软件进行分析，BLITZ 软件精确但十分耗时。

在进行具体分析时，所使用的打分矩阵对结果的影响是十分重要的，对不同的打分矩阵应该具体分析。首先，所选择的打分矩阵必须和序列匹配的

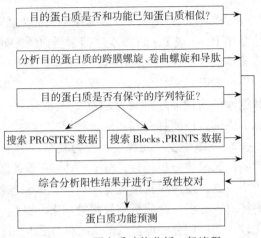

图 10 - 3　蛋白质功能分析一般流程

同源性相对准确，比如 PAM250 用于远距离匹配（约 25％一致性）、PAM40 用于同源性较低的相关蛋白质，BLOSUM62 则常用于常规分析。其次，使用不同的打分矩阵能够更好地揭示保守区域。

未知序列分析的一般策略如下：①和运行 BLASTP 程序的服务器连接（如 NCBI）；②将目的序列粘贴到输入框中，选择 BLOSUM62 打分矩阵运行 BLASTP 程序，序列要求为 FASTA格式或纯文本序列格式；③如果 BLASTP 检测到高度同源的序列，将有可能提示目的序列的生物学功能；④如果 BLASTP 未能获得有意义的结果，可以试用 FASTA，速度较慢，但有时能获得有意义的结果；⑤如果 BLASTP 和 FASTA 均未能获得结果，则需要采用完全 Smith-Water-man 算法对数据库搜索以获得所需结果，例如使用 EBI 的 BLITZ 程序（http：//www2. ebi. ac. uk/bic _ sw/）。此类程序能发现同源性较低的序列（20％～25％）之间的匹配情况，这种匹配在使用其他算法时会被丢掉。

在使用调整打分矩阵技巧的同时，也可以选择不同数据库进行检索。典型情况下使用的是非冗余蛋白质序列数据库 SWISS-PROT 和 PDB 数据库。一些站点也允许用户对其他数据库进行检索，例如可以使用 BLASTP 程序检索 OWL 综合性蛋白质序列数据库（http：//www. biochem. ucl. ac. uk/bsm/dbbrowser/OWL/owl _ blast. html）。下面简要介绍几个基于序列同源性的在线分析工具。

（1）基于 NCBI/BLAST 软件的蛋白质序列分析　使用 NCBI/BLAST 软件（http：//www. ncbi. nlm. nih. gov/BLAST/），用户可以直接将蛋白质序列输入到 NCBI BLASTP 序列输入框内，设置相关参数后点击 "Blastp" 就可以进行相应的序列分析（图 10 - 4）。

（2）基于 WB/BLAST2 软件的蛋白质序列分析　使用美国华盛顿大学（Washington University，WU）的 BLAST 软件（WU-BLAST2, http：/dove. embl-heidelberg. de/Blast2/）也可以进行蛋白质序列同源性分析（图 10 - 5）。结果与 NCBI/BLAST 大同小异。

（3）基于 FASTA 软件的蛋白质序列分析　FASTA 也是进行蛋白质序列同源性比对的有力工具，一般认为较 BLAST 运算速度慢，但结果比较准确。在线分析地址是 http：//

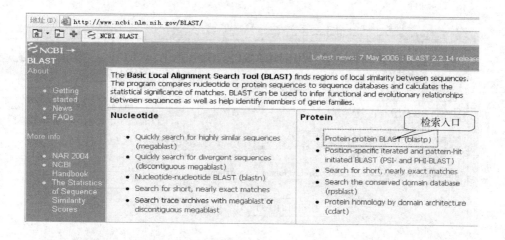

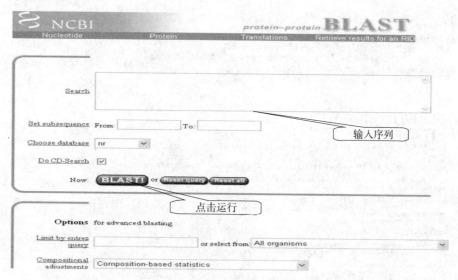

图 10 - 4　NCBI BLASTP 入口（上）及操作界面（下）

www2. ebi. ac. uk/fasta3/ 。

2. 基于 motif、结构位点、结构功能域数据库的蛋白质功能预测　通常来说，很难通过一般的序列对齐获得足够的蛋白质功能信息，特别是对于一条新的蛋白质序列。有时，即使蛋白质序列对齐能发现一些匹配片断，也不能提示所分析的蛋白质的功能信息。研究表明，蛋白质的糖基化、酰基化和磷酸化等对蛋白质功能有很大的影响，几乎所有的生理病理过程都与这些修饰有关。因此，关于此方面的生物信息学研究也得到相应发展，从而可以用来预测新的蛋白质的糖基化、磷酸化等位点。

同时，分子进化方面的研究显示，蛋白质的不同区域具有不同的进化速率，一些氨基酸序列特别是功能必需的功能域必须在进化过程中足够保守以实现蛋白质功能。因此，完全可以通过确定这些保守的区域来预测蛋白质功能。例如，蛋白质序列中有很多短片段与蛋白质功能活性位点和结合区域非常重要，如整合素受体能够识别其配体中的 RGD 或者 LDV motif 。那么如果目的

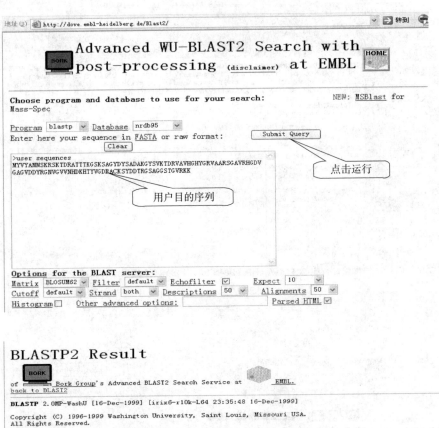

图 10-5　WB/BLAST2 入口（上）及检索结果（下）

蛋白质的序列中含有一个 RGD motif，则该蛋白很可能和整合素结合。然而这并不完全意味着该蛋白一定能够和整合素结合，但如果忽略这些重要的保守区域显然是不恰当的。此方面已经开发了大量的生物信息学资源以建立保守序列模式数据库和鉴定这些保守模式的软件工具。

在序列模式的鉴定方面有两类方法。第一类是依赖于和一致性序列或者基序（motif）各残基的匹配模式。这种模式可以快速地搜索 motif 数据库，然而其缺点在于必须和库存 motif 百分之百地匹配，即使达到 99％的匹配结果也会被忽略掉，从而有一定的不敏感性。第二类是依据更为复杂的蛋白质序列结构特征谱来进行分析。特征谱搜索（profile search）是指针对蛋白质序列多重对齐结果中的保守序列区域而不仅仅是一致性序列进行搜索，从而能更敏感地检测到进化距离较远的蛋白质的相关性。然而，构建此类数据库并不是一项简单的工作，因此并不像 motif 数据库中的那样多。因此在具体分析时，需要对多种数据库同时分析，以确保序列分析的可信度。

（1）数据库

① motif 数据库 PROSITE：由 Amos Bairoch 所创建 PROSITE（http：//www. expasy. org/prosite/）是目前最有名的 motif 数据库。对 PROSITE 数据库进行查询时，可联网至 http：//www. expasy. org/tools/scanprosite/。将目的序列粘贴到输入框中，点击"START THE SCAN"进行查询（图 10-6），系统将把搜索结果发送至用户提供的邮箱中。然而，PROSITE 数据库的主要目的是收集整理已经明确功能的序列模式，所以在查询时必然会出现较多的假阳性结果，尤其是较小的氨基酸序列。而在查询一些比较复杂的序列时往往因为一个氨基酸不匹配而不能被成功地检出，因此，总体上灵敏度较差。但它提供的重要信息依然使它成为蛋白质功能分析的重要工具。

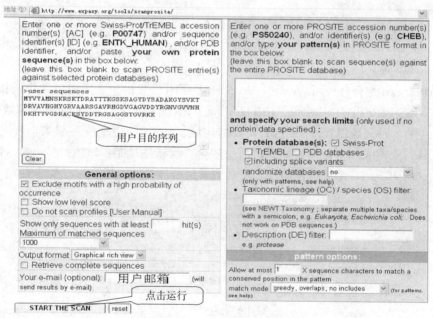

图 10-6 PROSITE 检索界面

② profile 数据库：PROSITE 是根据 SWISS-PROT 蛋白质序列中有生物学意义的位点（site）、模式（pattern）和轮廓（profile）的数据库，包括酶的活性位点、辅因子结合位点、二硫键位点等。这个数据库（http：//www. expasy. org/prosite/ 、http：//www. expasy. org/ftp/databases/prosite/）可以帮助分析新蛋白质序列是否属于已知的家族。

profile 数据库提供了比 motif 数据库更为敏感的分析工具，而且网络上提供了许多 profile 数据库，在数量和质量上也存在各种各样的问题，有的含有大量注释信息较差的序列模式，有的则含有数量较少但注释信息丰富而且质量比较高的序列模式。

③ HITS 蛋白质结构域数据库：HITS 是瑞士 ISREC 建立的一个蛋白质结构数据库，易于

查询给定蛋白质序列中的 motif，检索到的 motif 返回 SWISS-PROT 等数据库中含有此 motif 的蛋白质信息。HITS 检索界面如图 10 - 7 所示，检索地址为：http：//hits. isb-sib. ch/cgi-bin/motif_scan。

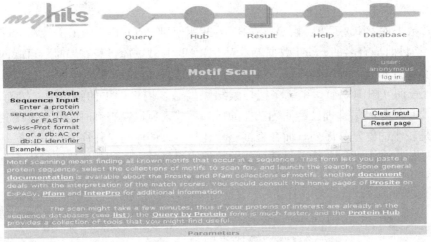

图 10 - 7　HITS 检索界面

④InterProScan 综合分析网站：InterProScan 是 EBI 开发的集成蛋白质结构域和功能位点数据库，把 SWISS-PROT、TrEMBL、PROTSITE、PRINTS、Pfam、ProDom 等数据库提供的蛋白质序列中的各种局域模式（pattern），如结构域、motif 等信息统一起来，形成一个较为全面的分析工具。检索入口多，覆盖面广，信息较全。检索地址是：http：//www. ebi. ac. uk/InterProScan/（图 10 - 8），系统将自动发送检索结果至用户提供的邮箱。

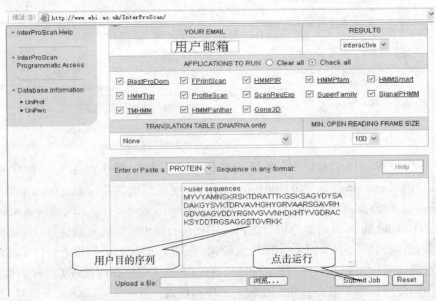

图 10 - 8　InterProScan 入口界面

（2）分析工具与方法

①蛋白质序列轮廓（profile）分析：可链接至 http：//hits. isb-sib. ch/cgi-bin/profile _ search 进行分析（图 10 - 9）。

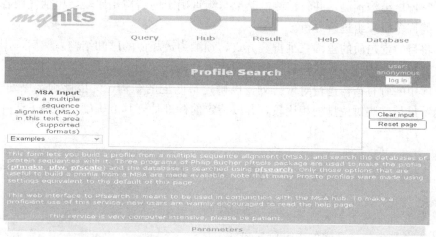

图 10 - 9　Profile 检索界面

② 蛋白质结构功能域分析：SMART（Simple Modular Architecture Research Tool）是一种比较理想的蛋白质结构功能域分析工具。EMBL 建立和集成了大部分已知蛋白质结构功能域的数据，用于蛋白质结构功能域分析，检索入口地址为：http：//smart. embl-heidelberg. de/（图 10 - 10），分析结果同时提供相关资源的链接。

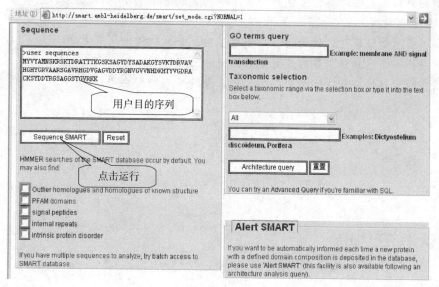

图 10 - 10　SMART 检索入口界面

六、蛋白质结构功能预测结果的评估

各类数据库以及预测方法的发展，给研究者带来极大的方便，但是随之而来的一个难题摆在面前：由于采取的数据库和方法的差异，对同一序列分析往往会产生不同的结果，对于这些结果如何取舍成为研究人员不易解决的问题。为此，一种完全不受约束的预测准确度的检测，称为CAPS（结构预测的关键评估）比赛的方法已被确认。要求公布结构的科学家提供相应的序列，由质疑者对它做出结构预测，并将预测的结果与新近确定的结构相比较，包括使用各种方法（如线程技术）的许多研究组进行分析。

首先，将目的蛋白质的正确三维折叠方式，预测为最相似的已知结构。然后，用序列对位排列准确地预测折叠方式。一旦获得目标序列的预测结构，就用 DALI、SSAP 以及 VAST 等将该结构与数据库中的所有结构进行对位排列，以确定最匹配的结构，并以此确定序列-结构对位排列。将预测结果与这些对位排列相比较，并以特定的标准估算其准确度。这种方法一般可以较容易地预测同一性大于 25% 的序列。

思 考 题

1. 什么是生物信息学和蛋白质生物信息学？

2. 简述蛋白质生物信息学的主要研究内容。

3. 利用美国国家生物技术信息中心网站，分别查找一个植物蛋白和一个动物蛋白的氨基酸序列，以及编码该蛋白相应的基因序列。

4. 分别简述一个主要的蛋白质序列数据库和一个主要的蛋白质结构数据库的特点，及其所收录的主要蛋白信息。

5. 在研究蛋白质组时，如何去选择和使用双向凝胶电泳-质谱分析软件、色谱-质谱分析软件和蛋白质芯片分析软件？

6. 做蛋白质功能分析时，请给出一个使用蛋白质分析软件的研究方案。

7. 预测分析一个已知序列蛋白质可能的二级和三级结构。

8. 应用序列同源性分析方法预测一个已知氨基酸序列的蛋白质功能。

第十一章　蛋白质组学的应用

第一节　蛋白质组学在植物上的应用

植物蛋白质组学是研究植物细胞基因编码的全部蛋白质及其相互作用以及蛋白质修饰的一门科学。与一些简单的原核生物相比，植物蛋白质组学研究相对落后，在拟南芥（*Arabidopsis thaliana*）和水稻（*Oryza sativa*）的基因组序列公布后，植物蛋白质组学研究逐渐活跃起来。

一、植物种群间蛋白质遗传差异研究

基于基因组学的一些遗传标记，如 RAPD（random amplified polymorphic DNA）、RFLP（restriction fragment length polymorphism）、SSR（simple sequence repeat）、ISSR（inter-simple sequence repeat）等，已经广泛地应用于植物遗传研究中。在蛋白质组学研究中，质谱鉴定的对象是基因表达的产物，即蛋白质。这些蛋白质是介于基因型和表现型之间的物质，在功能上具有分子遗传的特性，因而蛋白质组学所标记的蛋白质是联系基因多样性和表现型多样性的纽带，具有独特的生物学意义。植物遗传多样性研究一般分为种间水平的研究和种内水平的研究。如对某一地区不同小麦品种亲缘关系研究，可以通过双向电泳（2‑DE）技术分析共有蛋白质点的数量，计算出每对基因型间的相似指数，并以此绘出在某一区域系统发育关系的树状图。通过与传统的分类结果相比较，找到区分不同品种间的蛋白质标记，如二磷酸核酮糖羧化酶/加氧酶大亚基两种形式和 β‑ATP 酶仅在中国春（小麦栽培种）和 *Triticum speltoides* 具有相同的等位形式，而在其他品种中没有发现相似的等位位点。类似的，通过比较不同地理来源的树木种类的总蛋白质，寻找树木种类间蛋白质多态性，从而显示种间的距离。因此，双向电泳技术，结合质谱分析可以区分种群间的差异，阐明造成种间差异的原因。种内遗传多样性研究主要是明确自然选择对同种群体进化的作用。已有研究表明，通过双向电泳方法分析小麦群体遗传差异的蛋白质点，可以证明环境因素对小麦群体的选择作用。这种方法也可区分在不同地域分布的同种植物之间的亲缘关系，明确起源与地域的关系。此外，蛋白质组技术还可为作物栽培品种质量快速鉴定提供蛋白质标记，如小麦胚乳蛋白质中的各种成分可作为鉴定标记。

二、植物发育相关蛋白质组研究

突变体研究是植物发育的重要研究手段之一。通常是对在相同条件下栽培的突变体及野生型植物的双向聚丙烯酰胺凝胶电泳（2D-PAGE）图谱进行差异比较，受到影响的蛋白质通过质谱法或 Edman 测序法进行鉴定，为研究表现型突变背后的生化过程提供有价值的信息。如有人通过分析模式植物拟南芥发育突变体的总蛋白质双向聚丙烯酰胺凝胶电泳图谱，发现突变体与野生型植物图谱有明显的差异，下胚轴长度的变化与一个肌动蛋白的同源异构体有关。通过用清水、

赤霉素和多效唑溶液处理赤霉素缺陷型和野生型小麦，发现赤霉素直接或间接调节了胚根突出蛋白质表达丰度的变化，其中 S-腺苷甲硫氨酸同工型可能是种子发芽和成苗所必需的。通过比较野生型和缺失型（缺铁、叶绿素等）的番茄和玉米突变体，可以鉴定出与铁吸收代谢的相关酶系，光合作用相关蛋白质和抗胁迫相关防御酶系等。双向电泳（2-DE）技术还可用于某一基因的多效性研究，如玉米中的 opaque 2（O2）基因编码一个属于亮氨酸拉链家族的转录因子，这个转录因子对蛋白质的表达有多种效应，即 O2 是联系子粒多种代谢途径的调控基因。

在种子发育过程中，蛋白质也发生各种变化，如灌浆期各种蛋白质的积累水平和动态变化对种子质量至关重要，通过蛋白质组学技术可以鉴定出在种子灌浆期哪些代谢相关蛋白质下降，哪些转运和储藏相关蛋白质积累增加。例如，脂氧合酶、糖转运和分裂酶、过敏原蛋白、苹果酸脱氢酶、α 淀粉酶抑制剂和胰蛋白酶抑制剂表达丰度增加，而抗坏血酸过氧化物酶和冷调节蛋白（Cor14b）在灌浆早期和成熟干燥有关。

三、植物组织器官蛋白质组学

植物蛋白质组学上的差异不但存在于不同基因型以及同一基因型的不同植株之间，也存在于同一植株的不同组织和器官之间。在植物的发育过程中，不同组织和器官在功能上的分化，也表现在不同器官蛋白质的组成和数量的差异上。蛋白质组学的研究有助于对植物发育过程机制的理解。在水稻、玉米、烟草等作物组织和器官水平的蛋白质组学已有一些报道。如对水稻根、茎、叶、种子、芽、种皮以及花粉、胚、胚乳、叶鞘、愈伤组织和悬浮细胞蛋白质的研究，以期揭示上述器官或组织发育机理。通过比较高油玉米与低油玉米胚蛋白质组成分的差异，筛选出与高油特性相关的蛋白质标记。对于转基因植物功能基因的鉴定也可采用蛋白组学方法，如将 *Tcyt* 基因转化烟草悬浮培养细胞后，细胞产生高水平的内源细胞分裂素，从而使该细胞株系表现出细胞聚集增加、细胞变长、细胞壁加厚 5 倍等特征。

四、植物亚细胞蛋白质组学

植物亚细胞蛋白质组学研究已成为国际蛋白质组学研究的热点。亚细胞蛋白质组学主要研究一个细胞器内表达的蛋白质组。目前主要集中在植物叶绿体、线粒体、高尔基体等的亚细胞蛋白质组学研究。这些研究主要是为了揭示植物光合作用、呼吸作用、营养物运输等过程的调控机理。高等植物有 21 000～25 000 种蛋白质，其中叶绿体蛋白质占 $10\%～25\%$，充分证明了叶绿体在植物细胞中的重要性。Peltier 等（2000）利用双向聚丙烯酰胺凝胶电泳（2D-PAGE）、质谱及 Edman N 端序列测定等方法，系统地分析了豌豆（*Pisum sativum*）叶绿体中类囊体的蛋白质，并在数据库中进行了搜索，鉴定了 61 个蛋白质，其中 33 个蛋白质的功能及功能结构域得到了确认。也有人利用类似方法鉴定了菠菜（*Spinacia oleracea*）叶绿体中的核糖体 30S 和 50S 亚基的蛋白质，发现菠菜的质体核糖体是由 59 个蛋白质组成的，其中 53 个与大肠杆菌有同源性，而 6 个是非核糖体质体特异性的蛋白质（PSRP-1 到 PSRP-6）。PSRP 蛋白质可能参与质体中特有的翻译及其调控过程，包括蛋白质通过质体 50S 亚基在类囊体膜上的定位和转移。对于拟南芥叶绿体中类囊体膜蛋白质的磷酸化现象的研究，发现光系统 Ⅱ 核心中的 D1、D2、CP43 蛋白质位于 N 端的苏氨酸（Thr）被磷酸化；外周蛋白 PsbH 的 Thr-2 被磷酸化；而成熟的光捕获蛋白 LCHⅡ的 Thr-3 被磷酸化。结果还表明，这些类囊体蛋白质中，没有任何一个能在稳定连续光照条件下完全磷酸化，或者在长期黑暗适应的条件下完全去磷酸化。在光、暗转换的条件下，PsbH 的 Thr-4 有迅速而可逆的超磷酸化现象。质谱法为研究复杂样品中蛋白质磷酸化的化学计量学提供了新的途径。

关于叶绿体外膜和内膜疏水蛋白质研究较多，常用有机溶剂提取叶绿体蛋白、然后用双向聚丙烯酰胺凝胶电泳分离蛋白质，已经证明叶绿体有 5%～10% 的膜蛋白质（即 15～20 个蛋白质）是疏水性的。从绿藻（*Chlamydomonas reinhardtii*）中分离出一种含有酰基脂类的低密度叶绿体膜片段，类似于叶绿体内膜和类囊体膜。一些与叶绿体 mRNA 相结合的蛋白质非常丰富，说明这些膜是叶绿体基因表达的重要场所。叶绿体蛋白质的翻译后修饰（主要包括甲基化、棕榈酰化等）是目前亚细胞蛋白质组学研究的难点。蛋白质组学技术还可以对异构体基因表达及其 mRNA 前体的剪接、mRNA 的编辑研究提供重要帮助。

近年关于拟南芥和水稻的线粒体蛋白质组学研究较多。在拟南芥线粒体蛋白质中已鉴定出涉及呼吸链电子传递、三羧酸循环、氨基酸代谢、蛋白质的输入和加工与组装、转录、膜转运和抗氧化防御等相关蛋白质。明确了拟南芥的 RPS2 基因编码了一个假单胞菌的抗性蛋白质，通过识别假单胞菌的 AvrRpt2 蛋白激活抗病的信号通路。最新的研究表明，膜蛋白 RIN4 介导了识别过程，被 AvrRpt2 蛋白降解，导致了 RPS2 信号通路的激活。这一研究从分子水平上解释了拟南芥对植物病菌所具有的先天性免疫机制，展示了人们对植物抗病信号转导的新认识。上海植物生理生态研究所的何组华教授报告了一个拟南芥的突变体 asr1，该突变体对生长素（IAA）不敏感，并且表现出对病原菌迟滞的超敏反应以及植株体内高水平的水杨酸（SA）的积累。这项研究提供了 SA 和 IAA 在植物抗病信号转导中具有相互作用的分子证据。

黄瓜花叶病毒（cucumber mosaic virus，CMV）是一种非常严重的病毒病害，能侵染烟草、番茄等多种植物，在病毒对农作物、蔬菜等的侵染机理及农作物、蔬菜等的抗性机制研究中，蛋白质组学技术发挥了重要作用。有人利用圆二色谱仪（CD）分析了被 CMV 侵染的番茄细胞膜蛋白质结构的变化。结果发现，被 CMV 侵染番茄细胞膜蛋白质分子二级结构发生了变化，表现为 α 螺旋的减少和 β 转角的增加；吴茱萸抽提物处理感病番茄细胞膜后，使得被病毒破坏的蛋白质结构得到了修复。

五、植物环境信号应答和适应机制蛋白质组学

1. 非生物环境胁迫因子的影响　在植物的生存环境中，一些非生物因子胁迫（如干旱、高温、盐渍、寒害、臭氧、缺氧、机械损伤等）对植物的生长发育和生存都会产生不同程度的影响。植物感受这些逆境信号后通过信号转导过程调节细胞内抗逆相关蛋白质的表达，进而调整自身的生理状态或形态的改变来适应不利的环境。因此，寻找与抗逆相关蛋白质（或基因）对了解植物抗逆机制以及提高植物抗逆性具有重要意义。利用分子改良生物学技术和基因工程手段可以提高植物的抗逆性已有许多报道，但目前仅利用植物少量自身基因的改变来达到提高植物抗逆性的目标。蛋白质组学技术为寻找更有效的新抗逆相关基因（或蛋白）开辟了方向。同时对全面揭示非生物胁迫的伤害机制以及植物对非生物环境的适应机制提供了可能。目前研究比较多的有高温诱导的低分子质量热击蛋白（LMW-HSP）、低温诱导的冷响应蛋白、干旱诱导的渗调蛋白、

水孔蛋白和 ABA 信号转导蛋白、盐胁迫的木质素合成酶、抗坏血酸过氧化酶等。例如，通过分析干旱胁迫与灌溉条件下水稻品种间蛋白质图谱上蛋白质点表达丰度的变化，可以鉴定出调控水稻抗旱能力相关蛋白质，明确水稻减轻旱害的生理学机制。利用放射性同位素自显影双向电泳法研究水稻幼苗盐胁迫下多基因的瞬时表达，发现至少有 35 个蛋白质被盐胁迫诱导和 17 个蛋白质被抑制，包括 20 个在这之前未曾报道的低丰度蛋白质。这些发现对寻找渗透压应答新基因，尤其是那些在水稻盐耐性获得中起瞬时调节作用的基因十分重要。臭氧对水稻叶片生理有明显的影响，通过双向电泳技术、氨基酸测序和免疫杂交法可以发现臭氧对叶片损害作用与抗坏血酸过氧化物酶的增加、叶片光合相关蛋白质（如 1，5-二磷酸核酮糖羧化酶/加氧酶等）大幅度减少有密切关系。

2. 植物激素蛋白质组学研究 激素在植物一生中起着重要的调控作用，蛋白质组学技术对于揭示植物激素的信号转导机理开辟了新途径。一般首先通过激素诱导植物，利用软件分析双向电泳蛋白质图谱，确定差异蛋白质，然后经质谱技术和数据库检索鉴定蛋白质，最后通过蛋白质氨基酸序列推导基因序列。另一种方法是利用激素处理植物组织（如叶或根）并提取其 mRNA，构建 cDNA 文库，然后用由氨基酸序列推导出的寡核苷酸做探针进行筛选，分离相关的 cDNA，最后从 cDNA 数据库中寻找相同的序列。对于未知蛋白质可以直接进行 N 端测序，也可利用 N 端序列制备血清，然后在 cDNA 表达文库中筛选，分离新的蛋白质 cDNA 序列。利用蛋白质组学技术已在脱落酸、赤霉素、茉莉酸诱导水稻、马铃薯等组织中发现了与抗胁迫有关的蛋白质酶，如热激蛋白、木质素合成酶和钙网蛋白等。其中有些蛋白质还与防御反应、激素信号转导和能量代谢等过程密切相关。Rey 等（1998 年）在马铃薯的叶绿体中发现了一个受干旱诱导的未知蛋白。利用 N 端序列制备的血清在叶片 cDNA 表达文库中筛选，分离到了新的具有典型硫氧还蛋白特征的 cDNA 序列，并被硫氧还蛋白活性的生化实验所证实。Rakwal 和 Komatsu 用外源茉莉酸（jasmonic acid）处理水稻的幼苗组织，通过双向电泳技术发现在水稻的茎和叶中诱导了新蛋白质。对蛋白质点进行 N 端和内部测序及免疫杂交分析，发现茎中有 28ku 的蛋白酶抑制剂（BBPIN）和酸性的与病理有关的 17ku 蛋白质（PR-1）。免疫杂交分析表明，茉莉酸处理后这些蛋白质的表达具有组织特异性和发育阶段特异性，说明外源茉莉酸处理可以引起与植物自我防御机制有关的基因在茎、叶组织中的特异性表达。Shen 和 Komatsu（2003）将水稻叶鞘用 5 $\mu mol/L$ 赤霉素处理不同时间后的蛋白经双向电泳分离和计算机图像分析，发现 33 个蛋白质发生变化，其中 21 个蛋白质点表达增强，12 个蛋白质表达减弱，说明赤霉素处理水稻叶鞘至少有 30 多个基因的产物与之相关。对其中的钙网蛋白（calreticulin）进行了深入分析，发现它有 2 个不同等电点（pI）蛋白质点，随赤霉素处理时间增加，pI 4.0 的蛋白质点逐渐消失，而 pI 4.1 蛋白质点浓度则逐渐增加。由此说明钙网蛋白在赤霉素信号传递调节叶鞘伸长中是一个重要组分。

油菜素内酯（SBP）对植物和动物细胞的生长发育都是必需的信号分子。在动物细胞中 SBP 不仅通过调节油菜素内酯在细胞中的清除时间来调节细胞内油菜素内酯的浓度，而且还通过和其他的膜上受体相互作用参与油菜素内酯的信号转导。除了用经典遗传学手段外，斯坦福大学的王志勇教授利用蛋白质组学的方法分离介导油菜素内酯信号的蛋白质，证明参与油菜素内酯信号转导的蛋白质主要存在于质膜中。这一结果揭示了细胞器蛋白质组在功能蛋白质组研究中的重要性。

六、蛋白质组学在植物病害防治机理研究中的应用

1. 生物防治机理　关于植物病害生物防治机理在基因水平上已有较多研究。然而由于生物防治微生物-病菌-宿主之间相互作用的复杂性，使人们对生物防治机理的认识还不够全面。玉米腐霉菌苗病是一种世界性病害，国内外在生物防治方面作了很多工作，然而关于该病害的生物防治机理研究还不够深入。陈捷等利用双向电泳技术和质谱分析方法（MALDI-TOF-MS）鉴定了木霉菌诱导玉米产生抵抗腐霉菌侵染的相关蛋白质。结果表明，腐霉菌侵染后诱导 5 日龄玉米幼苗根系上调蛋白质 75 种，下调蛋白质 140 种，数量明显少于生物防治木霉菌处理和木霉菌与腐霉菌复合处理，而且腐霉菌侵染对蛋白质图谱影响较大，腐霉菌处理与未接种对照蛋白质图谱相似系数仅为 0.49，而木霉菌处理后蛋白质图谱与未接种对照相比相似系数明显提高。基质辅助激光解吸电离飞行时间质谱（MALDI-TOF-MS）分析结果表明，腐霉菌侵染主要干扰防御反应酶系的表达，如引起病程相关蛋白质（pathogenesis-related protein，PRP）消失，SOD 和内切几丁质酶（endochitinase A）表达丰度降低（而木霉菌处理可提高上述蛋白质的表达）等防御相关蛋白质的表达。不仅如此，木霉菌处理后，呼吸作用、营养合成和运输作用相关的蛋白质的表达亦明显增强。

蛋白质组学技术可以用于生物防治系统中诸因子关系的研究。在木霉菌定殖植物表面过程中，病菌与木霉菌之间势必要发生不同程度的互作，通过双向电泳技术和质谱分析方法鉴定出了木霉菌被病菌诱导出的新蛋白质，如立枯丝菌诱导木霉菌产生了热击蛋白（HSP70）和细菌阴沟肠道菌素（bacteriocin cloacin）等，从而证明了病菌激发子可诱导木霉菌重寄生功能。通过蛋白质组学分析发现，木霉菌重寄生相关基因的断裂或敲出，将使木霉在与寄主和病菌互作中的蛋白质图谱发生明显变化。Marr（2004）研究了植物（番茄、烟草、菜豆、马铃薯）-病菌（*Botrytis cinerea*、*Rhizoctionia solan*、*Pythium ultimum*、*Trichoderma atroviride* P1 菌株或 *Trichoderma harzianum* T22 菌株）-微生物三者关系，在木霉菌和病菌存在条件下植物蛋白质图谱发生了很大变化，诱导产生了病程相关蛋白质，该蛋白质与诱导抗性有关。Matteo（2005）设计了木霉菌（*Trichoderma atroviride*）-菜豆-病菌（*Botrytis cinerea*、*Rhizoctonia solani*）三重互作研究模式，通过蛋白质组学技术发现疏水蛋白、ABC 转运蛋白、糖基水解酶（glycosyl hydrolase）和金属蛋白酶（metalloprotease）与木霉菌-病菌-宿主植物多重互作关系密切，同时还发现了新的诱导抗性相关蛋白质，证明木霉菌可以诱导宿主植物系统抗性。

2. 抗病机理　植物抗病性因子是相当复杂，有些属于组成表达的，有些属于诱导表达的，而且受环境因子影响较大。由于存在 mRNA 翻译后修饰的现象，因此仅从抗性相关基因的研究已无法完全揭示植物抗性的本质。近年人们开始利用蛋白质组学方法探索植物的抗病机理。

（1）玉米病害抗性相关蛋白质组　玉米穗腐病是一种世界性病害，由于多数穗腐病菌产生毒素，造成了明显的农产品安全问题，是引起食品和畜禽饲料污染主要原因之一。近年来，利用蛋白质组学技术研究玉米抗穗腐病菌侵染及其毒素危害的报道不断增加。Sonia Campo 等（2004）利用高分辨率双向电泳（2-DE）、基质辅助激光解吸电离质谱（MALDI-TOF-MS）和纳电喷雾离子阱串联质谱（nEI-IT-MS-MS）分析技术，研究了 *Fusarium verticillioides* 侵染后玉米种胚蛋白质组的变化，鉴定出与蛋白质合成、蛋白质折叠稳定性、耐氧胁迫等相关蛋白质和寄主抗氧

化、细胞解毒作用的相关酶系，如过氧化氢酶（CAT）、超氧化物歧化酶（SOD）、谷胱甘肽转移酶等。同时通过免疫印迹法鉴定出了侵染后种胚中积累的β-1，3-葡聚糖酶和几丁质酶等病程相关蛋白质，证明其有协同调控种胚抗侵染作用。Stephen Chivasa（2005）等利用蛋白质组学技术研究了镰孢菌激发因子诱导玉米悬浮细胞产生的胞外基质过氧化物酶磷酸化状态的变化，以及木聚糖分泌型抑制因子、3-磷酸甘油醛脱氢酶和热击蛋白-82的积累等生理反应，推测这些生理反应的变化与寄主防御反应信号转导与抗性的诱导关系密切。Huang等（1997）从抗黄曲霉毒素的品种Tex6T中发现了两种子粒蛋白，一种是抗菌丝生长的28ku蛋白质，另一种是抑制毒素形成的100ku蛋白。Ji等（2000）发现病菌侵染和毒素接种后均能诱导玉米若干种几丁质酶和β-1，3-葡聚糖酶同工型产生。Chen等（1998）在子粒中发现了组成表达的14ku胰蛋白酶抑制蛋白（TI），该抑制蛋白在抗性品系比感病性品系含量高。胰蛋白酶抑制蛋白质主要是抑制了真菌淀粉酶，减少了果穗中病菌生长和产毒所需的糖分。该蛋白质的编码基因可以作为抗性育种分子标记（Rajasekaran等，2000）。Chen等（2002）通过双向电泳（2-DE）、电喷雾串联质谱（ESI-MS-MS）和Edman胰蛋白酶降解法及其同源分析，研究了不同品种对黄曲霉侵染的抗性相关蛋白质。结果表明，抗、感品种接种黄曲霉后某些蛋白质的定量与定性表达发生了明显变化。在抗性品种中发现了10余种特异蛋白质和上调5倍的蛋白质：①抗旱相关蛋白质，包括疏水性储藏蛋白（globulin 1和globulin 2）、胚迟育丰富蛋白质（LEA3和LEA4）；②胁迫反应蛋白质，包括渗透胁迫相关蛋白质、醛糖还原酶（ALD）和WSI18、Peroxredoxin抗氧化剂（PER1）、耐冷调控蛋白、水胁迫诱导蛋白、阴离子过氧化物酶、乙二醛酶（GLX I）、多种热击蛋白（HSP16.9）；③抗菌蛋白（tripsin inhibitor）和病程相关蛋白质（PR-10）。子粒抗黄曲霉不仅需要抗菌蛋白还需要疏水性储藏蛋白质。病菌侵染和非生物因子引起的胁迫机制共享，即寄主对病菌的抗性相关蛋白质同时又是对非生物胁迫因子的抗逆蛋白质。Guo等（1997，1998）通过比较不同抗性基因型，发现玉米品种果穗下包叶的抗黄曲霉毒素污染与萌发诱导的核糖体钝化蛋白（RIP）和zeamatin（一种从玉米种子中分离出的抗真菌蛋白）有关。在玉米抗黄曲霉机制中发现：寄主对生物与非生物因子一系列防御反应是相似的，均具有产生活性氧（ROS）和促（细胞）分裂原活化蛋白激酶（MAPK）的特点，这种激酶在活体条件下受过氧化氢产生的刺激因子调控。MAPK在不同植物与病菌互作反应系统均发挥重要作用。玉米在干旱条件下，耐干旱品种黄曲霉毒素污染较少，抗胁迫和抗菌蛋白质与子粒抗黄曲霉素呈正相关，抗性相关基因受生物和非生物因子调控，即玉米抗旱能力与抗黄曲霉素呈正相关，两者受共同调控因子控制。

玉米叶斑病（如大斑病、小斑病、弯孢菌叶斑病和灰斑病）每年发生均很严重，已成为威胁我国玉米生产的主要障碍之一。近年来虽然玉米抗病育种工作发展很快，但关于玉米抗性分子机理的研究相对滞后，因此利用蛋白质组学的方法全面揭示玉米抗叶斑病分子机理具有重要应用价值。黄秀丽、陈捷等（2006）等在接种弯孢叶斑病菌（*Curvularia lunata*）后不同时间（24h、36h、48h、60h、72h）分别从感病自交系E28和抗病自交系78599-1叶片分离蛋白质，比较分析发现，两种自交系接种后蛋白质点数明显增加，但上调2倍或下调至1/2的蛋白变化规律性不明显，说明病菌与寄主互作随着时间的变化而复杂化，并非是简单的线性关系。相比较而言，抗病自交系78599-1尽管基本蛋白质点总数（480）比感病自交系（556）少，但其上调2倍的蛋白质点数明显比感病品种高，说明病菌侵染对抗病自交系蛋白质诱导效应更明显，即上调蛋白表达数量可能与抗性反应相关性更明显。进一步比较发现，抗病自交系下调至 1/2 的蛋白质点数占总蛋白质点数平均比例（2.4%）明显低于感病自交系（5.6%），说明感病自交系蛋白质表达丰度受到抑制的程度高。通过基质辅助激光解吸飞行时间质谱分析，叶片双向电泳（2 - DE）结果表明，两种自交系接种后存在明显的差异蛋白质，在抗病自交系中表达丰度明显增加或诱导产生的蛋白有：①抗病和抗胁迫相关蛋白质，如：胞质抗坏血酸过氧化物酶（cytosolic ascorbate peroxidase，cAPX）、谷胱甘肽过氧化物酶（glutathione peroxidase，GPX）、干旱诱导蛋白质（22ku，drought-inducible protein）；②光合作用相关蛋白质，如叶绿素 a/b 结合蛋白（chlorophyll a/b-binding protein precursor，Cab）、1，5 -二磷酸核酮糖羧化酶/加氧酶（ribulose - 1，5 -biphosphate-carboxylase，Rubisco）等。说明玉米对弯孢菌的抗性机制可能与寄主抗氧化胁迫水平与光合效率提高有关。已有研究表明，抗坏血酸氧化酶和谷胱甘肽氧化酶是清除活性氧的主要酶系，抗性品种这两种酶活性的提高有利于防御寄主因病菌侵染引起的膜脂过氧化，从而提高抗性。另一方面，抗坏血酸的氧化产物氧化型抗坏血酸抑制醛缩酶，因而可使呼吸作用转入戊糖途径，为寄主合成抗病生化物质提供五碳糖原料。然而目前尚不清楚抗性品种叶片内抗坏血酸氧化酶和谷胱甘肽氧化酶的细胞学定位。1，5 -二磷酸核酮糖羧化酶/加氧酶是固定 CO_2 反应的限速酶，改进该酶的活性尤其是对 CO_2 的亲和性，就能提高植株的光合速率。寄主植物光合作用的提高必然有利于提高植物的抗性。

（2）水稻病害抗性相关蛋白质组　在水稻病害方面，Konishi 等（2001）利用蛋白质组学技术研究了水稻瘟病菌侵染过程寄主植物叶片蛋白质的变化。研究发现病菌侵染可诱导叶片 PR - 5 蛋白质增加，如果在氮肥复合作用下，水稻叶片 1，5 -二磷酸核酮糖羧化酶小亚基减少，病菌侵染抑制施肥对蛋白质的诱导作用。Kim 等的研究（2003）表明，稻瘟病菌能够诱导水稻悬浮细胞和叶片病程相关蛋白（OsPR - 10）、异黄酮还原酶类似蛋白（isoflavone reductase like protein）、葡萄糖苷酶（β - glucosidase）和假定受体类似蛋白激酶。在病菌与寄主相互作用的反应中，病程相关蛋白质（OsPR - 10）、probenazole-inducible protein（PBZ1）和盐诱导蛋白质（SalT）的出现比亲和反应的早，说明这 3 种蛋白质与抗性关系密切。利用水杨酸、茉莉酸、过氧化氢等激发子处理水稻悬浮细胞也已诱导了相应蛋白质的变化。Kim 等（2004）研究证明，稻瘟病菌（*M. grisea*）蛋白酶体同源物（MgP1 和 MgP5）是 20S 蛋白酶体的 α 亚基，其中 MgP5 在病菌附着胞形成中高度表达，并受氮和碳素饥饿控制。

（3）番茄病害抗性相关蛋白质组　在番茄病害方面，利用双向电泳技术和电喷雾电离串联质谱（ESI-MS-MS）技术研究了野生番茄（*Lycopersicon hirsutum*）LA407 对番茄溃疡病菌（*Clavibacter michiganensis* subsp. *michiganensis*）的抗性机理，明确了 QTL 的 Rcm2.0 和 Rcm5.1 两个遗传位点所调控的抗性相关蛋白质的性质，推测出了肽氨基酸序列，鉴定出了 44 个番茄基因或表达序列标签。根据 Rcm2.0 和 Rcm5.1 品系差异蛋白质显示和稳态 mRNA，说明这两个位点控制了不同的抗性机制。Martijn 等（2002）利用双向电泳技术研究了番茄枯萎病菌 *Fusarium oxyporum* 侵染过程中病程相关蛋白质积累的变化。共鉴定出分子量在 10～40 ku 的 5 种病程相关蛋白（PR 蛋白），其中鉴定出控制病菌与寄主非亲和互作的可编码 22 ku 的木质液体中可提取的蛋白质。发现了 PR - 1 的异构体（PR - 1a 及 PR - 1b）、PR - 3 异形蛋白质和一种新蛋白质（PR - 5 的异形蛋白）。在木质液中具有独特的蛋白分泌，如碱性葡聚糖酶和 PR - 5x。证明这种碱性的葡聚糖酶只能在维管束内分泌，而不能在叶肉内分泌。PR-5x 是一种碱性蛋白，是镰孢菌侵染与寄主根系关系早期非亲和性互作后的大量产生的蛋白质。

（4）黄瓜病害抗性相关蛋白质组　黄瓜白粉病（*Sphaerotheca fuliginea*）是一种广泛发生的世界性病害，但目前关于黄瓜抗白粉病的机制还不完全清楚。陈捷、范海延等（2005）通过双向电泳差异显示和质谱分析，研究了接种白粉病菌和葡聚六糖诱导后黄瓜抗、感白粉病姊妹系 R17 和 S17 的黄瓜病程抗性相关蛋白质组的变化。通过分组分离法（bulked segregation analysis）建立 F$_2$ 代抗感池，并研究了 F$_2$ 代抗感池的差异蛋白质组。通过基质辅助激光解吸电离串联飞行时间（MALDI-TOF-TOF）质谱分析和 SWISS-PROT/NCBI 数据库搜索，抗病品系 R17 共鉴定出 9 种不同的蛋白质，这些蛋白质主要与光合作用、呼吸作用、抗逆（病）性、信号转导和物质运输有关，同时还发现了未知功能蛋白质等。可见，植物对病原菌侵入或经诱导产生的防御反应是许多蛋白质相互作用完成的，它涉及植物的多种代谢途径。

（5）豆科抗根腐病蛋白质组　由 *Aphanomyces euteiches* 引起的豆科植物根腐病是豆科作物减产的主要原因之一。Colditz 等研究表明，该病菌侵染后可诱导 2 个推测细胞壁蛋白质和 2 个热击蛋白差异表达。此外，根系受侵染后 1 个查耳酮-O-甲基转移酶同工型高丰度表达。大多数受诱导的蛋白质属于 PR10 类家族。

七、蛋白质组学在植物抗虫机理研究中的应用

通过双向电泳技术也可研究植物的抗虫性。如研究水稻极端抗褐飞虱基因和极端感虫基因受虫害和未受虫害的秧苗蛋白质的变化，结果表明，虫害 48h 后，感虫集团的 1 个分子质量 40ku 的蛋白质 P40（p*I* 6.3）明显减少甚至消失；而在抗虫集团中，P40 的表达未受影响，推测 P40 与水稻受飞虱为害后引起的应答反应有关。

八、豆科作物与根瘤菌互作蛋白质组

根瘤菌与豆科作物识别后，进入植物细胞内形成具有固氮能力的类菌体。类菌体周隙（perbacterioid space，PS）是类菌体周膜（perbacteroid membrane，PMB）与细菌质膜之间的间隙，是共生体成员之间交换代谢产物的媒介。目前通过串联质谱（如 MALDI-TOF-MS-MS 等）和检索非冗余数据库，在 PS 和 PMB 中已检测类菌体蛋白、内膜蛋白（V-ATPase、BIP、嵌合膜蛋白、GTP 结合蛋白、囊泡受体）、糖和盐转运蛋白、信号转导蛋白（受体激酶、钙调素、14-3-3 蛋白、病原应答蛋白 HIR）与双方相互识别有关，同时还检测出一些参与固氮相关蛋白质（如血红蛋白、谷胺酰胺合成酶、脲酶、尿酰胺结合蛋白等）。此外，还发现了 α 岩藻糖酶、乙烯诱导蛋白、Cu/Zn-SOD、假定 16.5ku 蛋白质、维管蛋白 α 链、伴侣蛋白 21 前体和磷酸丙糖异构酶等，这些蛋白质可能与根瘤发育调节有关，其中 α 岩藻糖酶特异表达可能是结瘤失败的原因之一。

九、蛋白质标记遗传作图与候选蛋白质

1. 蛋白质标记遗传作图　研究表明，代表蛋白质量变异的点（如位置移动或蛋白质点的有无）均受单基因控制。位置移动变异是指两个具有相同特征和染色强度的点在双向电泳（2-DE）胶上发生的相对位移。鉴定两个蛋白质点发生位移（PS）的标准包括以下 3 个方面：①在

双向电泳胶图上位置较近，有相近的等电点和表观分子质量；②在分离谱系中以单基因共显性的孟德尔方式遗传，在单倍体和双单倍品系中以 1：1 比例分离，在 F_2 自交群体中以 1：2：1 比例分离；③对应于同一个蛋白，在 F_2 代双向电泳胶图上，某一个点的有无（P/A）以 3：1 比例分离的，即这种蛋白表现单基因显性遗传，说明这种多态性由单基因引起的。如果 P/A 变异与 PS 变异相对应，那么 P/A 位点就对应于一个蛋白质的结构基因。如果一个 P/A 变异对应于一个不能检测的点的数量变化，那么 P/A 位点对应一个控制蛋白质表达水平的主控基因。目前蛋白质标记的遗传定位研究主要集中小麦、玉米和海岸松中。在其他作物如大麦和豌豆中仅几个 PS 位点报道。

2. 蛋白质数量性状基因位点（PQL）和候选蛋白 虽然数量性状基因位点（QTL）的定位近年来应用中有了较大突破，但仍存在很多局限性，如数量性状基因位点定位不精确，即遗传图谱上的数量性状基因位点的置信区间太大，无法用于潜在基因的鉴定。尽管性状分割分析已应用于分子标记辅助育种，但只能鉴定部分数量性状变异。由于 1 cM 的平均物理图距是变化的，因此大部分一年生植物数量性状基因位点定位非常困难。蛋白质组学技术不仅能提供表达基因组作图的有效分子标记，还可能为理解数量性状基因位点生物功能提供候选蛋白质。从生物学角度，可以从候选基因（CG）和候选蛋白质（CP）途径获得数量性状基因位点。虽然候选基因在育种程序中是非常必要的，但一个候选基因的产物不显示数量和（或）活性的多态性，也就是说如果一个候选基因和一个数量性状基因位点的共定位不与另外一个控制其活性和数量的数量性状基因位点共定位，这个候选基因是无法证实的，因此只有通过研究蛋白质数量位点（PQL）才能得到与其共定位的数量性状基因位点性质。Damerval 等利用数量性状基因位点策略研究 2 - DE 分离蛋白质的数量变异的遗传决定性。用玉米 F_2 群体中分离的 RELP 和 PS 位点构建的连锁图谱对调控因子或表示点强度变异的蛋白质数量位点蛋白质数量位点区间作图进行定位。在分析的 72 个蛋白中，42 个蛋白质检测到 70 个蛋白质数量位点，分布在整个基因组中。蛋白质数量位点策略也可以鉴定候选蛋白质，即控制蛋白质数量和活性的遗传因子与已知农艺性状的数量性状基因位点共定位，而结构基因则不能。

3. 作物缺失体的鉴定 小麦遗传是三联体的，使得异源六倍体小麦中多肽以双倍或三倍剂量存在，控制同一蛋白质的调控子可有不同的基因位点，导致较难确定控制蛋白质的结构基因。应用蛋白质组学技术鉴定小麦的缺失体，当凝胶上一个点由于一条染色体臂缺少而消失时，可以认为控制这个蛋白质的结构基因在那条臂上。同样原则也适用于定位酶的位点。

第二节 蛋白质组学在动物科学中的应用

一、动物细胞蛋白质表达图谱

通过表达蛋白质组学研究，把某一种动物的细胞、组织中的蛋白质建立蛋白质表达图谱或扫描基因组表达序列标签（EST）图谱。即可以分析不同动物体的细胞和组织的蛋白质组性质，又可根据蛋白质表达和修饰的变化来进行动物的品质分析和疾病的研究，还有助于对稀有保护动物或特种经济动物的研究。

二、动物遗传繁育

传统的遗传育种学认为，动物的性状是由对应的基因控制的。细胞基因组是唯一的，一个机体只有一个确定的基因组。然而随着人们对生命本质认识的不断深入，一个基因一个蛋白质的理论已无法解释基因遗传信息的复杂规律。即有机体某一性状并不是由单一基因控制的，而是存在基因互作及蛋白质间复杂的相互作用。引入蛋白质组学手段后，品种选育将从现在的通过个别基因的转移来改进个别性能，进入整体性能的改善。

三、动物生长发育规律

在动物不同生长发育阶段或不同环境和营养条件下，动物生理会发生不同的变化，这种变化对于研究动物个体的发育规律具有重要意义。由于营养和生理调控物质对激素和受体基因表达的影响，造成了生理变化的复杂性，而采用以往的单一因子研究方法是无法认识这种复杂性变化的。而蛋白质组学所能提供的信息量相当丰富，可以充分反映动物在宏观或微观环境下生理发生的微细变化，使动物的营养生理学知识更新成为可能。随着蛋白质组学技术的普遍采用，使人们能够对动物生长发育过程中下丘脑、垂体、靶腺（肝脏、甲状腺、肾上腺、性腺等）组成的内分泌生长轴的主要激素、受体及相关蛋白因子的表达规律及其品种或组织特异性进行更为深入的研究，为最终全面揭示动物生长发育机制奠定重要基础。

四、动物亚细胞蛋白质组

线粒体是真核细胞的重要细胞器，是细胞生成 ATP 的主要场所。线粒体在不同组织中的数量、形态、超微结构、呼吸容量及参与的特殊代谢通路都存在很大差异，以适应不同组织的生理功能需要。运用 shotgun-LC-MS-MS 技术分析小鼠组织特异性的线粒体，发现只有 50% 的线粒体蛋白质在心、肝、肾、脑的线粒体中共有。除此之外，存在大量组织特异性的线粒体蛋白。如细胞色素 b_5 和 Peroxiredoxin 在肝脏和肾脏中有，而在心脏中则无。类似的，利用蛋白质组学技术可以研究酒精对大鼠肝脏线粒体的慢性影响。

第三节　蛋白质组学在水产研究中的应用

海洋是人类在地球上赖以生存和发展的最大空间，在生命起源中有着十分重要的作用。如今，海洋中生存着地球上大多数的生物种类。开发和保护海洋生物已经成为重要的任务，而开发和利用海洋生物资源则成为新兴产业的重要源泉。现代遗传学、分子生物学、细胞免疫学、生物物理学、生物化学、生物技术和养殖工程学等学科的快速发展极大地提高了人类认识海洋生物及其生命过程的能力。在海洋生物的研究中，蛋白质组学起步较晚，但进展迅速，已在海洋生物的生理学、免疫学与分类学等领域得到广泛应用。

一、水生生物发育相关蛋白质

发育是一种生物的基因组按一定的时间和空间秩序选择性表达为功能蛋白质组的过程。蛋白质组学的兴起为分子发育生物学研究，特别是揭示发育调控机制提供了新技术。金鱼胚胎发育过程表现出二倍体依赖性，二倍体可正常发育，单倍体发育过种中表现出泡状眼、无腔眼等表现型，并最终导致败育。研究表明，利用蛋白质组学技术可以揭示相同基因组型的雌核发育的金鱼单倍体与二倍体胚胎的发育过程。从发育激活后 26h 金鱼双倍体双向电泳蛋白质表达谱中鉴定出 32 个差异表达蛋白质，发现 VSX1、生长因子结合蛋白 IGFBP1 等 16 个蛋白质在双倍体胚胎中表达而在单倍体中基本不表达。对原肠中晚期胚胎提取全蛋白质，采用双向电泳进行分离，获得了较好重复性的凝胶图谱，运用 PDQuest2 - D 软件分析，蛋白质点胶内酶解后，用基质辅助激光解吸串联飞行时间质谱（MALDI-TOF-TOF-MS）共鉴定出 52 个差异蛋白质点，其中包括在注射反义 DNA 的样品中 7 个完全不表达的蛋白质和 34 个下调蛋白质，以及 11 个上调的蛋白质，这些差异蛋白质表明，VSX1 基因表达的抑制对胚胎发育的形态建成、区域特化、细胞分化带来严重影响。海洋经济动植物的抗病蛋白质组以及海洋植物光合功能蛋白组等也是近年研究的重点。藻胆体是海洋生物中研究得最为透彻的功能蛋白质组。采用蛋白质组学技术，建立了嗜水气单胞菌 PPD（134/91）在稳定期蛋白质组的蛋白质分布图谱。此实验结果对嗜水气单胞菌菌株之间的比较研究和功能蛋白质组研究具有重要参考价值。

血吸虫又称为裂体吸虫。在我国造成血吸虫病流行的是日本裂体吸虫，大多集中在水域附近。由于血吸虫是吸虫中少见的雌雄异体，雌雄合抱是雌虫成熟的前提。因而，深入研究血吸虫性别差异及雌雄虫相互作用的分子机制，有助于探索控制血吸虫雌虫成熟产卵的有效方法，对控制血吸虫病具有重要意义。研究表明，血吸虫不同的发育阶段及不同的性别，其基因组 DNA 所表达的蛋白质有所不同。电泳分析表明，血吸虫雌雄虫间存在着蛋白质差异，这可能与两性虫体间不同的组织器官（如睾丸、卵巢、子宫、卵黄腺）和两性虫体的不同生理功能有关。这对于寻找与血吸虫发育相关的特异性蛋白质或新蛋白质具有重要的意义。

二、水生生物致病相关蛋白质鉴定

鳗弧菌、哈维氏弧菌、溶藻胶弧菌、副溶血弧菌、迟钝爱德华氏菌、荧光假单胞菌、嗜水气单胞菌等都是水生生物的主要致病菌。研究这些致病菌蛋白质组学对防治水生生物疾病具有重要意义。

采用蛋白质组学方法研究副溶血弧菌在不同浓度的 NaCl 中外周蛋白的表达方式，丰富了人们对渗透调节蛋白的认识，对筛选盐敏感性蛋白质也提供了有利依据。

嗜水气单胞菌是多种水生动物的原发性致病菌，可以产生强烈的外毒素，如溶血素、组织毒素、坏死毒素、肠毒素、蛋白酶等，引起甲鱼败血症、黄鳝出血病等。有学者通过蛋白质组学技术研究嗜水气单胞菌的生长代谢，旨在为控制这种病原菌的感染提供分子基础。

三、水生生物抗逆与抗病相关蛋白质研究

蛋白质组学技术在疾病的诊断、治疗、预防、发病机制以及开发新药等方面发挥着越来越大的作用。通过应用蛋白质组学技术可阐明病原生物的蛋白质组信息，并通过病原蛋白质组寻找可以作为新的诊断标记的蛋白质。同时，阐明病原与宿主间相互作用的机理，为彻底消灭病原提供理论依据。

采用双向电泳技术研究嗜水气单胞菌在热激应答过程中的蛋白质表达变化，确定了与热激应

答有关的基因，对研制温度敏感株疫苗具有重要意义。

随着抗生素在水产养殖中的广泛使用，耐药性问题不断困扰着水产养殖业。采用四环素次抑菌浓度对嗜水气单胞菌进行选择，筛选得到耐四环素的嗜水气单胞菌菌株，通过比较对照菌与耐药菌总蛋白质的双向电泳图谱，获得两者之间差异蛋白质的生物信息，对解决致病性嗜水气单胞菌的耐药性问题有重要意义。

水质污染是鱼类主要的逆境因子，在大西洋污染区中已发现一些小鳕鱼对芳香烃污染物如多氯联苯（PCB）、多环芳烃（PAH）等有明显抗性。通过蛋白质组学研究可以寻找到与抗污染相关的蛋白质。

利用双向电泳技术对正常虾和病虾肝胰脏进行蛋白质表达差异比较，发现了差异明显的蛋白质点，说明差异蛋白质可能与对虾的抗病和免疫活性有关。

四、水生生物免疫学研究

在水生生物免疫学研究中，蛋白质组学技术已有较好的应用，如利用琼脂糖凝胶亲和层析技术从虾的血液中分离纯化出 IgG 类蛋白质。纯化的蛋白质用双向电泳及免疫斑点技术进行分析，然后再使用质谱技术获得肽质量指纹谱及其蛋白质序列。将所得的肽质量指纹谱和蛋白质序列在 NCBI 数据库上查询，证实此种蛋白质为血蓝蛋白。显示了节肢动物门的血蓝蛋白中有一个含有 252 个氨基酸残基的 Ig 类保守区域。采用双向电泳和质谱技术从受外伤的泥鳅血液中筛选与急性期反应（ARP）有关的蛋白质，鉴定出 6 种相关蛋白质，其中阿朴脂蛋白、组织蛋白酶、C 反应蛋白为已知的，而信号识别蛋白、胃泌激素 T1 及小清蛋白是新的 ARP 相关蛋白质。

第四节　蛋白质组学在微生物学研究中的应用

随着后基因组时代的到来，微生物蛋白质组学应运而生。微生物蛋白质组学主要集中在两个方面，一是各类模式微生物数据库的建立及一系列基础工作的开展；另一是病原微生物的建库，病原物与疫苗的筛选与研制，属于基础研究和应用研究的结合。

一、模式微生物研究

由于模式生物的研究是理解复杂生物学的重要通路。以人类基因组计划的提出为界，可将模式生物分为两个大类：前基因组时代的 BG 模式生物和后基因组时代的 AG 模式生物。后基因组时代的模式生物主要取决于它们在物种进化、人类疾病、生物药物等方面的应用。

1. 大肠杆菌的蛋白质组学　大肠杆菌基因蛋白质数据库 ECO2DBASE（*Escherichia coli Gene-protein Database*）是 Vanbogelen 和 Neidhardt 自 20 世纪 80 年代中期建立起来的，到 2009 年该数据库已经发展到第 7 版，包括了大肠杆菌的 10 种不同的外界环境。目前，大肠杆菌蛋白质组学的研究几乎涉及蛋白质组学研究的所有领域。

在蛋白质表达调控方面，人们建立了 96 孔板法生产和纯化大肠杆菌蛋白质产物的生产流水线，这个流水线表现为高通量、高效、易操作。另外，研究者以大肠杆菌为模式生物，将双向电泳质谱（2DE-MS）技术用于大肠杆菌热击蛋白家族及其调控元件的研究，首次揭示了生物体对抗多种环境压力时特殊基因的表达及整体性调控元件的表达调控系统。

在结构蛋白质组学方面，大肠杆菌的核糖体结合因子A（RbfA）是重要的研究内容。细菌和古细菌基因组编码的非膜结合蛋白质，经由大肠杆菌表达后只有一半是可溶的，这给功能和结构的研究带来了极大的困难，因此人们将采用核磁共振、X射线结晶技术和蛋白质组学技术，并结合不同物种的同源蛋白质的战略思想。Ge等人在研究大肠杆菌的硫胺生物合成酶系统成员ThiS和ThiG，CoA合成酶系统的CoaBC等时应用了top down MS路线解释了它们与DNA预测序列的相对分子质量偏差在于末端剪切或翻译后的修饰，而在bottom down-MS中无法解释这些较大的蛋白质与预测的偏差，提示电子俘获分离- top down FTM可以告诉人们有关较大蛋白质精细结构的信息。

2. 酵母蛋白质组学　酿酒酵母（*Saccharomyces cerevisiae*）和裂殖酵母（*Schixosaccharomyces pombe*）是两种广泛使用的单细胞真菌类模式生物。酿酒酵母和裂殖酵母分别拥有6 400个和4 900个基因，其中30％是未知功能的，这些基因的功能是什么？它们如何表达调控？表达产物（尤其是蛋白质类产物）的亚细胞定位和酶学等功能如何？均是需要回答的问题。目前利用蛋白质组学技术研究模式酵母主要有以下几方面：①研究基因表达调控和蛋白质-基因相互作用的DNA阵列技术；②研究蛋白质相互作用的酵母双杂交系统；③研究蛋白质相互作用的蛋白质复合物纯化与质谱鉴定技术；④通过*lacZ*、绿色荧光蛋白质或同位素标签为报告者的亚细胞定位技术；⑤实现酿酒酵母5 800个可读框的克隆表达的蛋白质组芯片技术。

Feldhaus等人应用一种高通量的抗体分离技术来研究单链可变片段的抗体文库（single-chain variable fragments of antibodies，scFvs，人的已有10^9种），将scFvs克隆表达在酵母表面，磁珠法富集结合流式细胞术筛选。

在蛋白质复合物及蛋白质相互作用方面，以酿酒酵母为模式，检验新的群集算法——分子复合物检测（molecular complex detection，MCODE），Blder和Hogue收集整理15 143种酿酒酵母蛋白质间相互作用，涉及4 825种酵母蛋白质，相当于酿酒酵母蛋白质组的75％，共预测了209个蛋白质复合物。以生化法纯化结合质谱鉴定发现了酿酒酵母后期起始复合物（anaphase-promoting complex，APC）的11个亚单位，Yoon等人采用串联亲和纯化（tandem affinity purification，TAP）和纯化复合物直接质谱分析（direct analysis of the purified complexes by MS，DALPC）技术在裂殖酵母和酿酒酵母后期起始复合物中检测到13个亚单位。有人应用基于噬菌体展示配基共有序列的算法预测与大规模酵母双杂交相联合的战略，仅利用酵母的SH3结构就可鉴别涉及206种蛋白质的394对相互作用和有关145种蛋白质的233对相互关系。

定量蛋白质组学中酵母也发挥着作用。例如，同位素标记亲和标签（ICAT）标记葡萄糖或半乳糖为碳源的酿酒酵母蛋白质，在不同质量标签标记的同种蛋白质的共移行，基质辅助激光解吸飞行时间质谱（MALDI-TOF-MS）检测了13种这样的共移行蛋白质。Smith等人用傅立叶变换离子回旋加速共振质谱（FTICR）或串联质谱分析总蛋白质酶解产物，以酿酒酵母和球菌（*Deinococcus radiodurans*）为研究对象，也进行了蛋白质定量方面的尝试。

二、人类疾病病原微生物蛋白质组学研究

人类疾病致病微生物的蛋白质组学研究，对于了解其毒性因子、抗原及疫苗的制备非常重

要。应用双向凝胶电泳、蛋白质鉴定的质谱分析法和生物信息学等蛋白质组学技术，全局性监测病原菌的基因表达，可有效鉴定与菌株变异、环境影响和遗传操纵效应相关的重要蛋白质。通过病原菌的比较蛋白质组学研究，有助于阐明与微生物毒力和耐药相关蛋白质，描述疫苗和用于诊断的蛋白质特征，以及确定药物设计的新靶位和评价这些药物对微生物生理学的作用或效应。病原微生物蛋白组学研究主要集中在以下几个层面：①作为病原微生物的不同菌株之间的蛋白质组的比较；②同一种病原微生物的不同菌株之间的蛋白组的比较；③同一种病原微生物的不同生理状态的蛋白质组学研究；④对病原微生物进行亚蛋白质组（sub-proteomics）分析；⑤研究宿主和微生物的相互关系，寻找新型疫苗的靶分子。

1. 同一种病原微生物的不同菌株之间的比较蛋白质组学研究　部分病原微生物的不同菌株具有不同的致病性，研究这些菌株之间的蛋白质组的差别，显然有助于了解该微生物的致病机制以及相关药物、疫苗的开发。

利用双向凝胶电泳、质谱鉴定技术、液质联用技术和同位素标记定量技术对钩端螺旋体两个不同致病性菌株以及它们在不同的生物条件下的蛋白质组进行比较研究，这些菌株在蛋白质组水平上的差异对药物和疫苗开发具有重要意义。利用蛋白质组学 2DE-MALDI-TOF-MS 技术，研究 4 个幽门螺杆菌临床隔离群，对比差别蛋白质表达图谱，4 个临床隔离群可按地区来源分成了两组，这表明蛋白质组学研究可作为致病微生物临床隔离群区分的可靠参数之一。

2. 同一种病原微生物的不同生理状态的蛋白质组学研究　疟疾是现代三大瘟疫（结核病、艾滋病、疟疾）之一，针对疟原虫的各个生理状态下的蛋白质组表达比较分析，对全面了解疟原虫的生命周期中变化机理具有重要作用，即应用多维蛋白质识别技术 MudPIT 研究恶性疟原虫 clone 3D7 在孢子期、裂殖期、滋养体期和配子体期的蛋白质组，共鉴别 2 400 种蛋白质；用 NanoLC-ESI-MS-MS 分别鉴别了恶性疟原虫无性生殖期蛋白质 714 种、配子体期蛋白质 931 种和配子期蛋白质 645 种共 1 289 种。近来，Reid 等人对链球菌的不同生长状态的蛋白质组变化进行了研究，并和基因表达进行了比较，对 4 种新的抗原分子进行了分析，认为这些分子是潜在的药物和疫苗的靶分子。

支原体（*Mycoplasma*）是一类缺乏细胞壁的原核细胞型微生物，它既不同于细菌，也不同于病毒，是介于细菌和病毒之间，能在无活细胞的人工培养基上生长繁殖的最小微生物。支原体的种类繁多，造成的危害非常广泛。目前，研究较多的是肺炎支原体（*Mycoplasma pneumoniae*，MP）和生殖器支原体（*Mycoplasma genitalium*，MG）。Regula 等人应用不同的 pH 梯度、不同凝胶浓度、不同的缓冲液系统进行 1D 或 2D-SDS-PAGE、LC-Q-MS 和 MALDI-TOF-MS 鉴别了 350 种蛋白质，对比源于 DNA 序列基因产物预测，350 种蛋白质对应 224 个基因，初步建立了肺炎支原体蛋白质组数据库。

3. 研究宿主和微生物的相互关系，寻找新型疫苗的靶分子　蛋白质组学技术等后基因组技术的出现为更加理性的设计疫苗提供了可能。以双向凝胶电泳、生物质谱、生物信息学以及免疫学的技术（即所谓血清蛋白质组分析，SERPA）为代表的几大技术对于推动蛋白组学在疫苗学研究中的应用起到了关键作用。显然，疫苗学的发展是病原微生物蛋白质组学的热点之一。将 cDNA 文库构建技术、重组 DNA 技术和基因、蛋白质芯片技术相结合构成了免疫组学的关键技术，并可应用于多种疾病疫苗制备。

金黄色葡萄球菌（*Staphylococcus aureus*）是最危险的一种葡萄球菌。大约 1/3 的人会在不知不觉中感染金黄色葡萄球菌，但是在医疗过程中发现一些耐药性金黄色葡萄球菌已经出现。Vytvytska 等人对耐药性金黄色葡萄球菌进行了血清学蛋白质组分析，发现了几种高度血清敏感性的抗原，它们可能作为疫苗的候选抗原分子。莱姆病（Lyme disease）病原为包柔疏螺旋体，由蜱传播，症状有发热、头痛、慢性移行性红斑，可表现为关节炎、脑膜炎、神经炎、脊髓炎和心肌炎等。这一疏螺旋体属至少包括了 5 种不同致病性的菌株。Jungblut 等（奥地利）人选取 *Borrelia garinii* BITS 菌株为研究对象，应用 2 - DE-MALDI-MS 对比了它在浸染后较早（红斑迁徙期）和较晚（出现关节炎、肢皮炎等症状）临床时期的病人血清的差异蛋白质组，鉴定了包括疾病时期特异性蛋白质在内的 20 种抗原类物质，这些抗原均是潜在的可用于特异性诊断的标志物。

三、植物病原微生物致病机理

众所周知，植物病原微生物致病因子主要有细胞壁降解酶、毒素和激素等，然而要全面揭示病原微生物的致病机理实际上也远不止这些，如能量代谢相关蛋白质、信号转导相关蛋白质、色素合成相关蛋白质、植物病原菌与寄主植物识别相关蛋白质等。目前在水稻和玉米病原菌蛋白质组学方面也有一些研究。

1. 病原真菌致病相关蛋白质鉴定　弯孢菌是人类和植物重要的致病真菌，其中有些种类属于人-植物共患病原菌，但目前对于植物的致病机理一直没有明确。徐书法、陈捷等（2005）采用双向电泳技术，对从自然界分离的玉米弯孢霉叶斑病菌不同致病类型菌丝蛋白质进行了分析。强、弱致病菌分别出现 28 和 8 个致病性分化特异蛋白质，共出现了 39 个表达丰度差异蛋白质。当病菌在抗性品种上经过继代接种后，菌株蛋白质数量和多数蛋白质的表达丰度逐渐增加，而且这种变化与致病性升高平行相关，意味着寄主定向诱导病菌致病相关蛋白质的变化可能是新致病类型分化的基础。在 75 个差异蛋白质中，发现了可能直接影响病原菌致病性分化的相关蛋白质（如 Brn1）和通过调控病菌遗传发育、基因表达、信号转导及能量代谢等过程而间接影响致病性的因子（如柠檬酸合成酶、亚精胺合成酶、转酮酶、烯醇化酶、rDNA 蛋白、热激蛋白 70 等）。

2. 病原细菌致病相关蛋白鉴定　柑橘皮尔斯病（*Xylella fastidiosa*）引起果树叶片退绿，造成减产。蛋白质组学研究表明，该病原菌产生具有黏着作用的分泌蛋白质可能与致病性相关，包括毒素、解毒酶、蛋白酶和多种假想蛋白质，主要分布在细菌的胞内空间。

四、特殊生境微生物蛋白质组学

1. 耐逆境极端微生物　极端微生物（extremophile）是生物对极端环境适应的特殊种类，研究极端微生物的特性对探索生命的起源、微生物育种及开发利用等具有重要意义。近年来，研究人员开始利用蛋白质组学的方法从极端微生物中筛选重要的功能蛋白（如温度敏感蛋白），为克隆新功能基因奠定基础。腾冲嗜热厌氧菌（*Thermoanaerobacter tengcongensis*）是我国科学家在云南腾冲地区发现的热泉微生物，其基因组序列和蛋白质组分析已完成。蛋白质组学研究表明，热激蛋白（如 HSP60）对 80 ℃高温非常敏感，即在该温度下的表达量高于 75 ℃时的 6 倍以上，为克隆耐高温基因提供了基因资源。同样，蛋白质组学技术还能用于嗜碱单胞菌 N10 细胞膜蛋白质的分析，有助于了解嗜碱菌的嗜碱生理机理。研究发现，跨膜转运蛋白、呼吸链组分、信号转导蛋白（如趋化蛋白 CheY 和铜抗性跨膜蛋白等）均可能与微生物嗜碱性有一定关系。

2. 肠道微生物 双歧杆菌是人和动物肠道内栖居的数量最多、功能最重要的生理性细菌，作为微生态学研究的核心，对宿主发挥生物屏障、营养、免疫、抗肿瘤、控制内毒素血症、延缓衰老、抗肿瘤等生理作用。双歧杆菌与宿主在肠道内相互作用的机制非常复杂，蛋白质组学技术为解决这一难题提供了可能。有两个假定蛋白（BL1132 和 BL1064）、具有革兰氏阳性菌细胞壁的黏附基序 LPXTG，它们可能参与了双歧杆菌与宿主的黏附作用。

第五节　蛋白质组学在医学中的应用

基因表达异常是引起疾病的一个重要环节，而基因表达异常最终是通过蛋白质体现于人体的。蛋白质组学技术可以帮助人们分析导致疾病的蛋白质变化，所确定分子标志可以用于了解疾病发生的不同过程，探讨同一病症的患者不同的病因以及疾病与年龄、疾病的组织特异性等问题。目前，蛋白质组分析技术主要应用于基础研究领域，主要涉及干细胞的定向分化、肿瘤的发生和发展以及疾病早期诊断等方面。

一、干细胞的定向分化

干细胞（stem cell）是一类具有自我更新和多向分化潜能的细胞，在人类疾病治疗中具有重要的作用。由于干细胞分化过程与蛋白质动态变化有密切的关系，因此蛋白质组学技术对于揭示干细胞分化的分子机理具有重要作用。例如，应用双向电泳并结合质谱鉴定及芯片技术，可以对造血干细胞系 MPRO（mouse promyelocytic）经维甲酸诱导不同时段后 mRNA 和蛋白质表达的动态变化进行分析，从而筛选出骨髓分化相关蛋白质。

二、疾病发生机理与早期诊断技术

疾病的早期诊断和决定治疗的生物学标志物的鉴定具有重大意义。癌症是由遗传因素和环境因素综合作用引起的。由于蛋白质组学技术可以从整体水平上发掘疾病发生相关因子，因此蛋白质组学技术在全面揭示肿瘤形成机理方面具有非常广阔的应用前景。

双向电泳（2‐DE）联合质谱为核心技术的蛋白质组学在探索肿瘤发病机制方面得到了广泛的应用。有人对 10 例大肠癌组织的蛋白质组学进行了研究，发现了真核生物翻译起始因子 4H、无机焦磷酸酶、醛缩酶 A 和氯离子跨膜通道蛋白 I 等差异蛋白质。对处于不同分化阶段的人类大肠癌细胞株 Caco‐2 的分析，发现不同分化阶段的细胞株之间蛋白质表达谱不同，鉴定出 11 种分化相关蛋白质。对原代培养的肾癌细胞和正常细胞进行了双向电泳分析，发现肾细胞癌高表达蛋白质 16 种和低表达蛋白质 7 种，其中 α，β‐晶状体球蛋白、锰过氧化物歧化酶和膜联蛋白 IV 这 3 种蛋白质在原代培养的肿瘤细胞中普遍表达增高。

近年来，一些新的蛋白质组学新技术也广泛应用于肿瘤发生与发展机制的研究。如利用高通量蛋白质芯片技术鉴定出了许多在乳腺癌组织中表达量增加的蛋白质（如酪蛋白激酶 Ie、p53 蛋白、膜联蛋白 XI、CDC25C、真核起始因子 4E 和丝裂活化蛋白激酶 7），而多功能调节蛋白 14‐

3-3表达量降低。Friedman等利用双向荧光差异凝胶电泳技术分析了6例不同时期的结肠癌，在凝胶上共获得1 500个蛋白质点，质谱鉴定出其中52种蛋白质，包括细胞角蛋白、膜联蛋白Ⅳ、肌酸激酶、脂肪酸结合蛋白等。

蛋白质组学技术除在肿瘤发生机理研究方面的应用外，在神经系统疾病（如阿尔茨海默病、血液病以及泌尿系统疾病等）的早期诊断方面已开始应用。利用毛细管电泳结合质谱分析研究不同病理类型肾病患者尿液的差异蛋白质，发现肾病患者的尿液多肽种类存在极大差异，且不同病理类型的肾病患者间也存有显著差异，甚至在临床症状不明显的患者中也存在某些差异蛋白质。这为临床上通过患者的体液来快速而准确诊断疾病类型提供了有力的工具。

思　考　题

1. 根据蛋白质组学国内外研究进展，你认为蛋白质组学今后的发展方向是什么？
2. 蛋白质组学技术在分子育种中的应用前景如何？
3. 蛋白质组学在生物农药创制中的应用前景如何？

主 要 参 考 文 献

（美）Dan E. Krane，Michael L. Raymer 著．孙啸，陆祖宏，谢建明，等译．2004．生物信息学概论．北京：清华大学出版社．

（美）Andreas D. Baxevanis，B. F. Francis Ouellette. 李衍达，孙之荣，等译．2000．生物信息学：基因和蛋白质分析的实用指南．北京：清华大学出版社．

（美）David W. Mount 著．钟扬，王莉，张亮主译。2003．生物信息学：Sequence and Genome Analysis. 北京：高等教育出版社．

（美）Jonathan Pevsner 著．孙之荣主译．2006．生物信息学与功能基因组学．北京：化学工业出版社现代生物技术与医药科技出版中心．

（英）D R 韦斯特海德，J H 帕里什，R M 特怀曼著．王明怡，杨益，吴平等，译校．2004．生物信息学．北京：科学出版社．

（英）S R Pennington，M J Dunn 等，著．钱小红，等译．2002．蛋白质组学：从序列到功能．北京：科学出版社．

（美）利布莱尔著．张继仁译．2005．蛋白质组学导论：生物学的新工具．北京：科学出版社．

（美）马尔科姆等著．孙之荣主译．2004．探索基因组学、蛋白质组学和生物信息学．北京：科学出版社．

Teresa K Attwood，David J，Parry-Smith 著．罗静初，等译．2002．生物信息学概论．北京：北京大学出版社．

蔡良知，郑志竑．2006．干细胞的蛋白质组研究．生物学杂志 23（2）：7-9.

车发云，邵晓霞，夏其昌．2000．高效液相色谱-电喷雾四极杆离子阱质谱鉴定蛋白质磷酸化位点．中国科学 C 辑 30（4）：421-427.

陈川，王三英，彭宣宪．2004．嗜水气单胞菌耐四环素的蛋白质组学初步研究．微生物学报 44（3）：396-398.

陈主初，梁宋平．2002．肿瘤蛋白质组学．长沙：湖南科学技术出版社．

高政权，王广策，曾呈奎．2003．蛋白质组学的研究概况及其在海洋生物学中的应用．海洋与湖沼 34（3）：334-344.

郭饶君．1999．蛋白质电泳．北京：科学出版社．

郭尧君．1991．适于蛋白质组研究的大豆种子蛋白双向电泳技术的改进．生物化学与生物物理进展（18）：32-37.

郭尧君．2005．蛋白质电泳实验技术．北京：科学出版社．

胡鹤永．1994．水产通论．北京：中国农业出版社．

黄珍玉．于雁灵，方彩云，等．2003．质谱鉴定磷酸化蛋白研究进展．质谱学报 24（4）：494-500.

贾佩峤．2003．双向电泳的技术原理及在水产动物病害研究上的应用展望．海洋湖沼通报 4：49-53.

贾宇峰，郭尧君，等．2001．蛋白质双向电泳图像分析．生物化学与生物物理进展 28（2）：246-250.

贾宇峰，郭尧君．2000．双向电泳图像分析软件．现代科学仪器（5）：20-23.

姜颖，徐郎莱，贺福初．2003．质谱技术解析磷酸化蛋白组．生物化学与生物物理进展 30（3）：350-355.

兰彦，钱小红，等．2001．蛋白质组分析中蛋白质分步提取方法的建立．生物化学与生物物理进展 28（3）：415-418.

李蕾，应万涛，等．2003．蛋白质组研究中的二维电泳分离技术．色谱 21（1）：27-31.

李峰，肖志强，陈主初．2003．质谱数据库查询软件的应用与评价．生命的化学 23（6）：467-469.

李树龙，姜颖，贺福初．2005．稳定同位素标签技术在定量蛋白质组研究中的应用．生命的化学 25（5）：149 - 155.

李兆英．2001．蛋白质组学及其意义．生物学通报 35（9）：8.

林炳承．2001．微全分析系统中的微分离学及其在生命科学中的应用．现代科学仪器 78（14）：21 - 24.

刘勇，张峻华．2003．蛋白质组学研究进展及展望．内江师范学院学报 18（2）：45 - 49.

刘慧玲，张养军，钱小红．2006．稳定同位素化学标记结合质谱技术在定量蛋白质组学中的应用．生物技术通讯 17（3）：460 - 464.

刘昤青，郭寅龙．2003．傅立叶变换-离子回旋共振质谱法在蛋白质分析中的应用．质谱学报 24（2）：363 - 369.

刘师莲，秦延江，张旭华，等．2005．神经蛋白质组学双向电泳技术体系的建立．山东大学学报 43（5）：369 - 374.

龙晓辉，张耀洲．2005．定量蛋白质组同位素标记技术及应用．细胞生物学杂志 27：286 - 290.

罗治文，朱良，谢谓芬．2006．同位素标记相对和绝对定量技术研究进展．中国生物工程杂志 26（10）：83 - 87.

马歌丽．2001．蛋白质组研究的进展．郑州轻工业学院学报（自然科学版）16（2）：7 - 10.

彭丹妮，黄静，吴自荣．2007．酵母三杂交系统的原理和应用．生命科学 19（4）：461 - 464.

祁维平．2004．蛋白质组学及其在疾病研究中的研究．山东生物医学工程 1（2）：54 - 57.

钱小红，贺福初主编．2003．蛋白质组学：理论与方法．北京：科学出版社．

荣举，许丽艳，李恩民．2003．同位素亲和标签（ICAT）系列技术及其在蛋白质组研究中的应用．癌变·畸变·突变 15（4）：244 - 248.

沈岩，吴冠芸，陈雨亭．1997．酵母双杂交体系（Yeast Two-Hybrid System）：一种研究蛋白-蛋白相互作用的强有力方法．国外医学遗传学分册（1）：1 - 5.

隋少卉，王京兰，蔡耘，等．2007．磷酸化蛋白质组学分析和定量技术的研究进展．生物化学与生物物理进展 34（3）：240 - 245.

赵宏伟，田秀珠，王波．2006．差异蛋白质组学研究与应用进展．医学与哲学（临床决策论坛版）27（4）45 - 47.

万晶宏，钱小红，郭尧君．1998．蛋白质组分析中双向聚丙烯酰胺电泳技术的初步建立与优化．生物物理学报（4）：389 - 391.

王京兰，张养军，蔡耘，等．2003．生物质谱结合 IMAC 亲和提取和磷酸酶水解分析蛋白质磷酸化修饰．生物化学与生物物理学报 35（5）：459 - 466.

王三英，吴谋胜，陈晋安，等．2003．嗜水气单胞菌蛋白质组分子解剖图谱的初步建立．厦门大学学报（自然科学版）42（20）：139 - 144.

王山，李钰．2006．蛋白质的糖组学研究进展，细胞生物学杂志 28：127 - 131.

王志珍，邹承鲁．1998．后基因组-蛋白质组研究．生物化学与生物物理学报 30：533 - 539.

吴谋成．2003．仪器分析．北京：科学出版社．

吴谋胜，彭宣宪．2002．采用蛋白质组学方法研究嗜水气单胞菌的生长代谢．水产学报 26（1）：42 - 46.

吴谋胜，王三英，彭宣宪．2002．温度对嗜水气单胞菌蛋白质表达的影响．厦门大学学报（自然科学版）26（5）：68 - 71.

吴忠道，冯明钊，徐劲，等．2001．日本血吸虫雌雄成虫可溶性蛋白组分的双向电泳分析．热带医学杂志 1（2）：120 - 122.

夏其昌，曾嵘，等编著．2005．蛋白质化学与蛋白质组学．北京：科学出版社．

邢浩然，刘丽娟，刘国振．2006．植物蛋白质的亚细胞定位研究进展．华北农学报 21（增刊）：1 - 6.

许实波．2002．海洋生物制药．北京：化学工业出版社．

杨范原．1999．生物质谱与方法．北京：科学出版社．

杨珺，邹全明，蔡绍皙．2003．磷酸蛋白组的研究技术及进展．生物工程学报 19（2）：244 - 245.

杨芃原，钱小红，盛龙生. 2005. 生物质谱技术与方法. 北京：科学出版社.

叶雯，刘凯于，洪华珠，等. 2005. 定量蛋白质组学中的同位素标记技术. 中国生物工程杂志 25 (12)：56 - 61.

于晓波，郝艳红，许丹科，等. 2006. 蛋白芯片在蛋白质组学中的应用. 东北农业大学学报 (2)：276 - 282.

翟国才. 1997. 嗜水气单胞菌的生物学特性与危害性. 内陆水产 (12)：21.

张成岗，贺福初. 2002. 生物信息学方法与实践. 北京：科学出版社.

张倩，杨振，张艳贞. 2006. 蛋白质糖基化修饰的研究法及其应用. 生物技术通报 46 - 49.

张树民，陈英暗. 2000. 发展中的酵母杂交体系. 生命科学 12 (1)：4 - 6.

章晓鹏，肖志强，陈主初. 2005. 用蛋白质组学方法解析磷酸化蛋白质. 生命的化学 5 (3)：260 - 262.

赵国屏. 2002. 生物信息学. 北京：科学出版社.

钟扬，张亮，赵琼. 2003. 简明生物信息学. 北京：高等教育出版社.

钟春英，彭蓉，彭建新，等. 2004. 蛋白质芯片技术. 生物技术通报. 2：34 - 37.

周飞，任建林，董菁. 2008. 乙型肝炎病毒囊膜蛋白候选结合蛋白的研究进展. 世界华人消化杂志 16 (16)：1788 - 1792.

朱建国，林矫矫，等. 2001. 日本血吸虫成虫蛋白质的性别差异性研究. 中国寄生虫学与寄生虫病杂志 19 (3)：107 - 109.

Abbas M K，Cain G D. 1989. Analysis of isoforms of actin from *Schistosoma mansoni* by two-dimensional gel electrophoresis. Parasitol Res：178 - 180.

Affolter M，Watts J D，Krebs D L，et al. 1994. Evaluation of 2 - dimensional phosphopeptide maps by electrosparyionization mass-spectrometry of recovered peptides. Anal Bio Chem 223：74 - 81.

Amanchy R，et al. 2005. Stable isotope labeling with amino acids in cell culture (SILAC) for studying dynamics of protein abundance and posttranslational modifications. Sci STKE (267)：12.

Amini A，Chakraborty A，Regnier F E，et al. 2002. Simplification of complex tryptic digests for capillary electrophoresis by affinity selection of histidine-containing peptides with immobilised metal ion affinity chromatography. J Chromatogr B Analyt Technol Biomed Life Sci 772：35 - 44.

Anderson N I，Anderson N G. 1998. Proteome and Proteomics：new technologies，new concepts，and new words. Electrophoresis 19：1853 - 1861.

Anderson N L，Taylor J，Scandora A E，et al. 1981. The TYCHO system for computer analysis of two dimensional gel electrophoresis patterns. Clin Chem 27：1807 - 1820.

Annan R S，Huddleston M J，Verma R，et al. 2001. A multidimensional electrospray MS-based approach to phosphopeptide mapping. Anal Chem 73：393 - 404.

Atkinson B G，Atkinson K H. 1982. Schistosoma mansoni：one-and two-dimensional electrophoresis of proteins synthesized in vitro by males，females，and juveniles. Exp Parasitol 53：26 - 38.

Barrett T，Could H J. 1973. Tissue and species specificity of non-histone chromatin proteins. Biochim Biophys Acta 294：165 - 170.

Bendixen C，Gangloff S，Rothstein R. 1994. A yeast mating-selection scheme for detection of protein-protein interactions. Nucleic Acids Res 22：1778 - 1779.

Berggard T，Linse S，James P. 2007. Methods for the detection and analysis of protein-protein interactions. Proteomics 7：2833 - 2842.

Bjellpvist B，Pasquali C，Ravier F，et al 1993. A nonlinear wide-range immobilized pH gradients for two-dimensional electrophoresis and its definition in a relevant pH scale. Electrophoresis 14 (12)：1357 - 1365.

Bottari P，Aebersold R，et al. 2004. Design and synthesis of visible isotope-coded affinity tags for the absolute quantification of specific proteins in complex mixtures. Bioconjug Chem 15 (2)：380 - 388.

Brush M. 1998. Dye hard：protein gel staining products. Scientists 12：16 - 22.

Cabriel O，Gersten D G. 1992. Staining for enzymatic activity after gel electrophoresis. Anal. Biochem. （2003）：1 - 21.

Cagney G，Emili A. 2002. De novo peptide sequencing and quantitative profiling of complex protein mixtures using mass-coded abundance tagging. Nature Biotech 20：163 - 170.

Cahill D J . 2001. Protein and antibody arrays and their medical applications. J Immunol Methods 250 （1 - 2）：81 - 91.

Castellanos-Serra L，Hardy E. 2001. Detection of biomolecules in electrophoresis gel with salts of imidazole and zinc Ⅱ：a decade of research. Electrophoresis 22 （5）：864 - 873.

Castellanos-Serra L，Proenza W，Huerta V，et al. 1999. Proteome analysis of polyacrylamide gels-separated protein visualized by reversible mutative staining using imidazole-zine salts. Electrophoresis 20 （4 - 5）：732 - 737.

Chakraborty A，Regnier F E. 2002. Global internal standard technology for comparative proteomics. J Chromatogr A 949：173 - 184.

Chamrad D C，Korting G，Stuhler K，et al. 2004. Evaluation of algorithms for protein identification from sequence databases using mass spectrometry data. Proteomics 4 （3）：619 - 628.

Chen Z，Southwick K，Thulin C D. 2004. Initial analysis of the phosphoproteome of Chinese hamster ovary cells using electrophoresis. Journal of Biomolecular Techniques 15 （4） 249 - 256.

Chiari M，Righetti PG. 1992. Two-dimensional polyacrylamide gel electrophoresis immobilized pH gradient in the first dimension. The state of the art and controversy of vertical versus horizontal systems. Electrophoresis （13）：187 - 191.

Christoph Kannicht. 2002. Post Translational Modifications of Proteins-tools for Functional Proteomics. New Jersey：Humana Press Totowa.

Conrads T P，Alving K，Veenstra T D. 2001. Quantitative analysis of bacterial and mammalian proteomes. Anal Chem 73 （9）：2132 - 2139.

Dale G，Latner A L. 1969. Isoeletric focusing of serum proteins in acrylamide gels followed by electrophoresis. Clin Chim Acta 24：61 - 68.

DeSouza L，et al. 2005. Search for cancer markers from endometrial tissues using differentially labeled tags iTRAQ and cICAT . J Proteome Res 4 （2）：377 - 386.

Elion E A，Wang Y. 2004. Making protein immuno-precipitates. Methods Mol Biol 284：1 - 14.

Fehrenbach E，Zieker D，Niess A M，et al. 2003. Microarray technology—the future analyses tool in exercise physiology？ Exerc Immunol Rev 9：58 - 69.

Fields S，Song O K. 1989. A novel genetic system to detect protein-protein interactions. Nature 340：245 - 6.

Fields S，Sternglanz R. 1994. The two-hybrid system：an assay for protein-protein interactions. Trends in Genetics 10：286 - 92.

Flajolet M，Rotondo G，Daviet L，et al. 2000. A genomic approach of the hepatitis C virus generates a protein interaction map. Gene 242 （1 - 2）：369 - 379.

Friedman D，Hill S，Keller J，et al. 2004. Proteome analysis of human colon cancer by two-dimensional difference gel electrophoresis and mass spectrometry. Proteomics 4 （3）：793 - 811.

Fromont Racine M，Rain J C，Legrain P. 1997. Toward a functional analysis of the yeast genome through exhaustive two hybrid screens. Nat Genet 16 （1）：277 - 282.

Gatti A，Traugh J A. 1999. A Two-dimension peptide gel electrophoresis system for phosphopeptide mapping and amino acid sequectin. Anal Biochem 266：198 - 204.

Gorg A，Obermaier C，Boguth G，et al. 1997. Very alkaline immobilized pH gradients for two-dimensional electrophoresis of ribosomal and nuclear proteins. Electrophoresis 18 （3 - 4）：328 - 337.

Gorg A，Postel W，Friedrich C，et al. 1991. Temperature-dependent spot positional variability in two-dimensional polypeptide patterns. Electrophoresis 12：653 - 658.

Gorg A，Postel W，Gunther S. 1998. The current state of two-dimensional electrophoresis with immobilized pH gradients. Electrophoresis 9 (9)：531 - 546.

Gorg A，Postel W，Weser J，et al. 1998. Approach to stationary two-dimensional pattern：influence of focusing time an immobilized /carrier ampholytes concentrations. Electrophoresis 9 (1)：37 - 46.

Goshe M B，Smith R D. 2003. Stable isotope-coded proteomic mass spectrometry. Curr Opin Biotechnol 14 (1)：101 - 109.

Guo X，Ying W，Wan J. 2001. Proteomic characterization of early-stage differentiation of mouse embryonic stem cells into neural cells induced by all-trans retinoic acid in vitro. Electrophoresis 22 (14)：3067 - 3075.

Gygi S P，Rist B，Gerber S A，et al. 1999. Quantitative analysis of complex protein mixtures using isotope-coded affinity tags. Nat Biotechnol 17 (10)：994 - 999.

Haab B B，DunhamM J，Brown P O. 2001. Protein microarrays for highly parallel detection and quantitation of specific proteins and antibodies in complex solutions. Genome Biol (2)：1 - 13.

Haebel S，Albrecht T，Sparbier K，et al. 1998. Electrophoresis-related protein modification：alkylation of carboxy residues revealed by mass spectrometry. Electrophoresis 19 (5)：679 - 686.

Hames B D，Rickwood. 1990. Gel electrophoresis of Proteion：A Pratical Approach. Second Edition. Oxford：IRL Press.

Hopper R K，Carroll S，Aponte A M，et al. 2006. Mitochondrial matrix phosphoproteome：effect of extra mitochondrial calcium. Biochemistry 45 (8)：2524 - 2536.

Hudelist G，Pacher Zavisin M，Singer C，et al. 2004. Use of high-throughput protein array for profiling of differentially expressed proteins in normal and malignant breast tissue. Breast Cancer Res Treat 86 (3)：281 - 291.

Humphery-Simth I，Cordwell S J，Blacksrock W P. 1997. Proteome research：complementarity and limitations with respect to the RNA and DNA words. Electrophoresis 18：1217 - 1242.

Ippel J H，Laurice Pouvreau，Toos Kroef，et al. 2004. In vivo uniform ^{15}N-isotope labelling of plants：using the greenhouse for structural proteomics. Proteomics 4 (1)：226 - 234.

Isaac Wirgin，John R Waldman. 2004. Resistance to contaminants in North American fish populations. Undamentaland Molecular Mechanisms of Mutagenesis 18：73 - 100.

John Parrington，Kevin Coward. 2002. Use of emerging genomic and proteomic technologies in fish physiology. Aquaticliving Resources 15：193 - 196.

Jones A M，Bennett M H，Mansfield J W，et al. 2006. Analysis of the defence phosphoproteome of *Arabidopsis thaliana* using differential mass tagging. Proteomics 6 (14)：4155 - 4165.

Karla L Ewalt Robert W Haigis ，Regina Rooney，et al. 2001. Detection of biological toxins on an active electronic microchip. Analytical Biochemistry 289 (2)：162 - 172.

Kim M G，Shin Y B，Jung J M，et al. 2005. Enhanced sensitivity of surface plasmon resonance (SPR) immunoassays using a peroxidase-catalyzed precipitation reaction and its application to a protein microarray. J Immunol Methods 297 (1 - 2)：125 - 130.

Klose J，Kobalz U. 1995. Two-dimensional electrophoresis of proteins：an updated protocol and implications for a functional analysis of the genome. Electrophoresis (16)：1034 - 1059.

Kolin A. New York：Methods of Biochemical Analysis. 1958. Wiley Interscience. 6：259 - 288.

Krijgsveld J，Albert J R Heck. 2003. Quantitative proteomics by metabolic labeling with stable isotopes . Nat Biotechnol 21 (8)：927 - 931.

Kuyama H，WatanabeM，Toda C. 2003. An approach to quantitative proteome analysis by labeling tryptophan residues. Rapid Commun Mass Spectrom 17: 1642 - 1650.

Laemmli U K. 1970. Cleavage of structural protein during the assembly of the head of bacteriophage T4. Nature 227 (259): 680 - 685

Lambin P Anal. 1979. Molecular weight estimation of proteins by electrophoresis in linear. Biochem. (98): 160 - 168.

Lee C, Levin A, Branton D. 1987. Copper staning: a five-minute protein stain for sodium dodecyl sulfate-polyacrylamide gels. Anal Biochem 166 (2) 308 - 312.

Lemkin P F, Lipkin L E. 1981. GELLAB: A computer system for 2D gel electrophoresis analysis. Ⅱ. Pairing spots. Comput Biomed Res 14: 355 - 380.

Lemkin P F, Lipkin L E. GELLAB: 1981. a computer system for two-dimensional gel electrophoresis analysis. Ⅲ. Multiple two-dimensional gel analysis. Comput Biomed Res 14: 272 - 297.

Lian Z, Kluger Y, Greenbaum D S, et al. 2002. Genomic and proteomic analysis of the myeloid differentiation program: global analysis of gene expression during induced differentiation in the MPRO cell line. Blood 100 (9): 3209 - 3220.

Lu Y, Bottari P, Turecek F, et al. 2004. Absolute quantification of specific proteins in complex mixtures using visible isotope-coded affinity tags. Anal Chem 76 (14): 4104 - 4111.

Luo Z W, Zhu L, Xie W F. 2006. Advances in isobaric tags for relative and absolute quantitation techniques research. China Biotechnology 26 (10): 83 - 87.

Macko V, Stegemann H. 1969. Mapping of potato proteins by combined and electrophoresis identification of varieties. Hoppe-seyler'Z Physiol Chem 350: 917 - 919.

Margolis J, Kenrick K G. 1969. Two-dimensional resolution of plasma by combination of polyacrylamide disc and gradient gel electrophoresis. Nature 221: 1056 - 1057.

Martini O H W, Gould H J. 1971. Enumeration of rabbit reticulocyte ribosomal proteins. J Mol Biol 62: 403 - 405.

Masters S C. 2004. Co-immunoprecipitation from transfected cells. Methods Mol Biol 261: 337 - 350.

Matsuzawa S, Reed J C. 2007. Yeast and mammalian two-hybrid systems for studying proteinprotein interactions. Methods Mol Biol 383: 215 - 225.

Michael J Huddleston, Roland S Annan. 1993. Selective detection of phosphopeptides in complex mixtures by electrospray liquid chromatography/mass spectrometry. Am. Soc. Mass Spectrom (4): 710 - 717.

Nam H W, Simpson R, Kim Y S. 2005. N-terminal isotope tagging with propionic anhydride: proteomic analysis of myogenic differentiation of C2C12 cells. J Chromatogr B Analyt Technol Biomed Life Sci 9: 12.

Neubauer G, Mann M. 1999. Mapping of phosphorylation sites of gelisolated proteins by nanoelectrospray tandem mass spectrometry: potentials and limitations. Anal Chem 71: 235 - 242.

Neuhoff V, Arold N, Taube D, et al. 1998. Imprpoved staining of proteins in polyacrylamide gels including isoeletric focusing gels with clear background at nanogram sensitivity using Coomassie brilliant blue G - 250 and R - 250. Electrophoresis 9 (6): 255 - 262.

Neuhoff V Stamm R, Eibl H. 1985. Clear background and highly sensitive protein staining with Coomassie blue dyes in polyacrylamide gels. Electrophoresis 6: 427 - 448.

Neuhoff V Stamm R, Pardowitz I, Arold N, et al. 1990. Essential problems in quantification of protein following colloidal staining with Coomassie brilliant blue dyes in polyacrylamide gels, and their solution. Electrophoresis 11 (2): 101 - 117.

O'Farrell PH. 1975. High resolution two-dimensional electrophoresis of proteins. J Biol Chem 26: 4007 - 4021.

Oda Y, Huang K, Cross F R, et al. 1999. Accurate quantification of protein expression and sitespecific phosphorylation. Proc Natl Acad Sci Usa 96: 6591 - 6596.

Oda Y，Nagasu T，Chait B T. 2001. Enrichment analysis of phosphorylated proteins as a tool for probing the phosphoproteome. Nat Biotechnol 19：379 - 382.

Osborne M A，Dalton S，Kochan J P. 1995. The yeast tribrid system-genetic detection of transphosphorylated ITAMSH 2-interactions. Biotechnology (N Y) 13 (13)：1474 - 1478.

Paspuali C，Fialka I，Huber L A. 1997. Preparative two-dimensional gel electrophoresis of membrane proteins. Electrophoresis 18：2573 - 2581.

Pavel Arenkov，Alexander Kukhtin，Anne Gemmell. et al. 2000. Protein microchips：use for immunoassay and enzymatic reactions. Analytical Biochemistry 278 (2)：123 - 131.

Pearce A，Svendsen C N. 1999. Characterization of stem cell expression using two-dimensional electrophoresis. Electrophoresis 20 (4 - 5)：969 - 970.

Perkins D N，Pappin D J，Creasy D M，et al. 1999. Probability-based protein identification by searching sequence databases using mass spectrometry data. Electrophoresis 20 (18)：3551 - 3567.

Qin J，Chait B T. 1997. Identification and Characterization of Posttranslational Modifications of proteins by Mtrap ion mass spectrometry. Anal Chem 69：4002 - 4009.

Quintana F J，Merbl Y，Sahar E，et al. 2006. Antigen-chip technology for accessing global information about the state of the body. Lupus 15 (7)：428 - 430.

Rabilloud T，Adessi C，Giraudel A，et al. 1997. Improvement of the solubilization of proteins in two-dimensional electrophoresis with immobilized pH gradients. Electrophoresis 18：307 - 316.

Raymond S，Weintraub L. 1959. Acrylamide gel as a supporting medium for zone elctrophoresis. Science 30：711.

Riggs L，Seeley E H，Regnier F E. 2005. Quantification of phosphoproteins with global internal standard technology. J Chromatogr B Analyt Technol Biomed Life Sci 817 (1)：89 - 96.

Righetti PG. 1990. Immobilized PH Gradients：Theory and Methodology. Elsevier，Amsterdam.

Righetti PG. 1983. Isoelectric Focusing：Theory，Methodology and Appllications. Elsevier，Amsterdam.

Ross PL，Huang Y N，Marchese J N，et al. 2004. Multi Plexed protein quantitation in *Saccharomyces cerevisiae* using amine-reactive isobaric tagging reagents. Mol Cell Proteomics 3 (12)：1154 - 1169.

Rothe G M，Purkhanbaba H. 1982. Determination of molecular-weights and stokes RADLL of non-denatured proteins by polyacrylamide gradient gel-electrophoresis. Electrophoresis 3 (1)：33 - 42.

Ruud M T de Wildt，Chris R Mundy，Barbara D Gorick，et al. 2001. Antibody arrays for high-throughput screening of antibody-antigen interactions. Nature Biotechnology 18 (9)：989 - 994.

Sakai J，Kojima S，Yanagi K，et al. 2005. ^{18}O-labeling quantitative proteomics using an ion trap mass spectrometer. Proteomics 5 (1)：16 - 23.

Schneider L V，Hall M P. 2005. Stable isotope methods for high-precision proteomics. Drug Discov Today 10 (5)：353 - 363.

Sengupta D J，Zhang B，Kraemer B，et al. 1996. A three-hybrid system to detect RNA-protein interactions in vivo. Proc Natl Acad Sci USA 93 (16)：8496 - 8501.

Seong S Y，Choi C Y. 2003. Current status of protein chip development in terms of fabrication and application. Proteomics (3)：2176 - 2189.

Sergeeva A，Kolonin M G，Molldrem J J，et al. 2006. Display technologies：application for the discovery of drug and gene delivery agents. Adv Drug Deliv Rev 58：1622 - 1654.

Shapiro A L，Vinuela E，Maizel J V. 1967. Molecular weight estimation of polypeptide chains by electrophoresis in SDS-polyacrylamide gels. Biochem. Biophys. Res. Commun. (28)：815.

Shi S D，Hemling M E，Carr S A，et al. 2001. Phosphopeptide/phosphoprotein mapping by electron capure dissociation mass spectrometry. Anal Chem 73：19 - 22.

Shi T，Dong F，Liou L S，et al. 2004. Differential protein profiling in renal-cell. Carcinoma Mol Carcinog 40 (1)：47 - 61.

Sidhu S S，Koide S. 2007. Phage display for engineering and analyzing protein interaction interfaces. Curr Opin Struct Biol 17：481 - 487.

Sjenior K. 1999. Fingerprinting disease with protein chip arrays. Mol Med Today 5 (8)：326 - 327.

Smithies O，Poulik M D. 1956. Two-dimensional electrophoresis of serum protein. Nature 177：1033

Steen H，Kuster B，Fernandez M，et al. 2002. Tyrosine phosphorylation mapping of the epidermal growth factor receptor signaling pathway. J Biol Chem 277：1031 - 1039.

Steinberg T H，Chernokalskaya E，Berggren K. 2000. Sitive fluorescence protein detection in isoelectric focusing gels using a ruthenium metal chelate stain. Electrophoresis 21 (3)：486 - 496.

Stierum R，Gaspari M，Dommels Y，et al. 2003. Proteome analysis reveals novel proteins associated with proliferation and differentiation of the colorectal cancer cell line Caco - 2. Biochim Biophys Acta 1650 (1 - 2)：73 - 91.

Sullivan K F，Kay S A. 1998. Green fluorescent proteins. Methods in Cell Biology 58：386 - 389.

Svensson H. 1948. Adances in Protein Chemistry. New York：Acedemic Press.

Svensson H. 1961. Isoelectric fractionation，analysis，and characterization of ampholytes in natural pH gradients. Acta Chem. Scand. (15)：325 - 341.

Swank R T，Munkres K D. 1971. Molecular weight analysis of oligopeptides by electrophoresis in polyacrylamide gel with sodium dodecyl sulfate. Anal. Biochem. (29)：462.

Tornonage T，Matsushita K，Yarnaguchi S，et al. 2004. Identification of altered protein expression and post-translated modifications in primary colorectal cancer by using agarose two-dimensional gel electrophoresis. Clin Cancer Res 10 (6)：2007 - 2014.

Unlu M，Morgan M E，Minden J S. 1997. Difference gel electrophoresis：a single gel method for detecting changes in protein extracts. Electrophoresis 18 (11)：2071 - 2077.

Urbanowska T，Mangialaio S，Zickler C，et al. 2006. Protein microarray platform for the multiplex analysis of biomarkers in human sera. J Immunol Methods 316 (1 - 2)：1 - 7.

Urwin V E，Jackson P. 1993. Two-dimensional polyacrylamide gel electrophoresis of protein labeled with the fluorophore monobromobimane prior to first-dimensional isoelectric focusing：imaging of the fluorescent protein spot patterns using a cooled charge-coupled device. Anal Biochem 209 (1)：57 - 62.

Uyttendaele I，Lemmens I，Verhee A，et al. 2007. Mammalian protein-protein interaction trap (MAPPIT) analysis of STAT5，CIS，and SOCS2 interactions with the growth hormone receptor. Mol Endocrinol 21：2821 - 2831.

Von Eggeling F，Davies H，Lomas L，et al. 2000. Tissue-specific microdissection coupled with protein chip array technologies：applications in cancer research. Biotechniques 29：1066 - 1070.

Wang S，Zhang X，Regnier F E. 2002. Quantitative proteomics strategy involving the selection of peptides containing both cysteine and histidine from tryptic digests of cell lysates. J Chromatogr A 949：153 - 162.

Wang Y K，et al. 2001. Inverse ^{18}O labeling mass spectrometry for the rapid identification of marker/target proteins. Anal Chem 73 (15)：3742 - 3750.

Wei-Jun Qian，Matthew E Monroe，Tao Liu，et al. 2005. Quantitative proteome analysis of human plasma following in Vivo lipopolysaccharide administration using ^{16}O/^{18}O labeling and the accurate mass and time tag approach. Mol Cell Proteomics 4 (5)：700 - 709.

Weissinger E M，Wittke S，Kaiser T，et al. 2004. Proteomic patterns established with capillary electrophoresis and mass spectrometry for diagnostic purpose. Kidney Int 65 (6)：2426 - 2434.

Wilkins M R，Gasteiger E，Bairoch A，et al. 1999. Protein identification and analysis tools in the ExPASy server. Methods Mol Biol 112: 531 - 552.

Wilkins M. 1996. Progress with proteome projects: why all proteins expressed by a genome should be identified and how to do it. Biotechnol Genet Eng Rev (13): 19 - 50.

Wilm M, Shevchenko A, Houthaeve T, at al. 1996. Femtomole sequencing of proteins from polyacrylamide gels by nano-electrospray mass spectrometry. Nature 379: 466 - 469.

Wu C C, MacCoss M J, Howell K E, et al. 2004. Metabolic labeling of mammalian organisms with stable isotopes for quantitative proteomic analysis. Anal Chem 76 (17): 4951 - 4959.

Wu Y, Lemkin PF, Upton K. 1993. A fast spot segmentation algorithm for two-dimensional gel electrophoresis analysis. Electrophoresis 14 (12): 1351 - 1356.

Zhang H, YanW, Aebersold R. 2004. Chemical probes and tandem mass spectrometry: a strategy for the quantitative analysis of proteomes and subproteomes. Curr Op in Chem Biol 8: 66 - 75.

Zhang R, Sioma C S, Thompson R A, Xiong L. 2002. Controlling deuterium isotope effects in comparative proteomics. Anal Chem 74 (15): 3662 - 3669.

Zhang W, Czernik A J, Yungwirth T, et al. 1994. Matrix-assisted laser desorption mass spectrometric peptide mapping of proteins separated by two-dimensional gel electrophoresis: Determination of phosphorylation in synapsin I. protein Sci 3 (4): 677 - 686.

Zhou H, Boyle R, Aebersold R. 2004. Quantitative protein analysis by solid phase isotope tagging and mass spectrometry. Methods Mol Biol 261: 511 - 518.

Zhou H, Ranish J A, Watts J D, et al. 2002. Quantitative proteome analysis by solid-phase isotope tagging and mass spectrometry. Nat Biotechnol 20 (5): 512 - 515.

图书在版编目（CIP）数据

蛋白质组学/李维平主编．—北京：中国农业出版社，
2009.7（2018.8 重印）
普通高等教育"十一五"国家级规划教材．全国高等
农林院校"十一五"规划教材
ISBN 978-7-109-13922-0

Ⅰ.蛋…　Ⅱ.李…　Ⅲ.蛋白质－基因组－高等学校－教
材　Ⅳ.Q51

中国版本图书馆 CIP 数据核字（2009）第 093471 号

中国农业出版社出版
（北京市朝阳区农展馆北路 2 号）
（邮政编码 100125）
责任编辑　李国忠

北京中兴印刷有限公司印刷　　新华书店北京发行所发行
2009 年 8 月第 1 版　2018 年 8 月北京第 2 次印刷

开本：820mm×1080mm　1/16　印张：20
字数：470 千字
定价：39.50 元
（凡本版图书出现印刷、装订错误，请向出版社发行部调换）